Avec le soutien du

CNL
Centre national du livre

Méthodes mathématiques

pour les

sciences physiques

COLLECTION ENSEIGNEMENT DES SCIENCES, 3

COLLECTION ENSEIGNEMENT DES SCIENCES

1.	Henri Cartan	Théorie élémentaire des fonctions analytiques
3.	Laurent Schwartz	Méthodes mathématiques pour les sciences physiques
5.	Roger Godement	Cours d'algèbre
7.	Gustave Choquet	L'enseignement de la géométrie
14.	Paul Malliavin	Géométrie différentielle intrinsèque
16.	Claude Cohen-Tannoudji *et al.*	Mécanique quantique. 2 volumes
17.	François Chapeville *et al.*	Biochimie
25.	Jean Bussac, Paul Reuss	Traité de neutronique
26.	Max Bausset	Dynamiques
27.	Luc Valentin	Le monde subatomique
28.	Luc Valentin	Physique subatomique II
29.	Luc Valentin	L'univers mécanique
30.	Pierre Laszlo	Cours de chimie organique
31.	Michel Sakarovitch	Optimisation. Graphes et programmation
32.	Michel Sakarovitch	Optimisation. Programmation discrète
33.	Pierre Bergé *et al.*	L'ordre dans le chaos
34.	Jean-Paul Larpent	Eléments de microbiologie
35.	M. Blanchard-Desce *et al.*	Chimie organique expérimentale
36.	Ch. Vidal, H. Lemarchand	La réaction créatrice
37.	Bernard Diu *et al.*	Eléments de physique statistique
38.	Jacques Baranger *et al.*	Analyse numérique
39.	Luc Valentin	Noyaux et particules. Modèles et symétries
40.	F. Diener, G. Reeb	Analyse Non Standard
41.	P. Papon, J. Leblond	Thermodynamique des états de la matière
42.	Laurent Schwartz	Analyse I. Théorie des ensembles et topologie
43.	Laurent Schwartz	Analyse II. Calcul différentiel et équations diff.
44.	Laurent Schwartz	Analyse III. Calcul intégral
45.	Laurent Schwartz	Analyse IV. Applications de la théorie de la mesure
46.	Ch. Vidal *et al.*	Au-delà de l'équilibre
47.	Laurent Jolivet	La déformation des continents
48.	Sextant	Optique expérimentale
49.	Éric Suraud	Physique des collisions nucléaires

Laurent Schwartz

Méthodes mathématiques

pour les

sciences physiques

HERMANN ÉDITEURS DES SCIENCES ET DES ARTS

ISBN 2 7056 5213 2

Table des matières

Avant-propos

Ce livre traite des méthodes mathématiques de la physique. En ce sens, ce n'est pas un recueil de « recettes » à appliquer à plus ou moins bon escient. Les êtres qu'on y rencontre sont des êtres mathématiques définis avec soin. Leurs propriétés élémentaires y sont démontrées et des exemples, empruntés aux sciences physiques, montrent comment ils doivent être utilisés.

Ce livre élémentaire et concis n'a pas l'ambition d'être un véritable traité; aussi, dans les questions qui auraient exigé de trop longs développements, seuls les résultats essentiels sont énoncés sans démonstration.

Les connaissances exigées, pour lire ce livre avec profit, sont celles qui font l'objet des cours actuels de propédeutique augmentées de quelques notions sur l'algèbre linéaire et sur les fonctions d'une variable complexe.

A la fin de chaque chapitre, des exercices sont proposés au lecteur. Ils sont, dans la mesure du possible, classés par ordre de difficulté croissante. Certains sont une application directe du cours; d'autres abordent des questions nouvelles. Mais tous sont du niveau du certificat de méthodes mathématiques de la physique de la Faculté des Sciences de Paris.

Je tiens à remercier Mlle Denise Huet, qui a bien voulu apporter un certain nombre de compléments à la rédaction antérieure de mes fascicules de Méthodes Mathématiques de la Physique[1], ainsi que rédiger complètement les §§ 2 et 3 du chapitre VII, le chapitre IX, et tous les exercices. Une partie des énoncés de ces exercices sont dus à MM. Gourdin, Hennequin et Trèves[2].

LAURENT SCHWARTZ

1. Centre de Documentation Universitaire, Paris.
2. Association Corporative des Étudiants en Sciences, Paris.

Chapitre I

Compléments de calcul intégral : séries et intégrales

1. Compléments sur les séries

1. Séries sommables

La notion de sommabilité est une extension de la notion de convergence absolue, au cas où les termes de la série dépendent d'un ensemble d'indices I quelconque, et où par conséquent il n'y a pas d'ordre des termes de la série.

Les termes de la série seront indifféremment des nombres réels ou complexes; nous les supposerons réels pour simplifier.

Définition

I étant un ensemble d'indices quelconque, et $(u_i)_{i \in I}$ une famille de nombres réels paramétrée par l'ensemble d'indices I, on dit que la série :

$$\sum_{i \in I} u_i$$

est sommable et de somme S, et on écrit :

$$\sum_{i \in I} u_i = S \tag{I, 1; 1}$$

si, quel que soit $\varepsilon > 0$, il existe un sous-ensemble *fini* d'indices $J \subset I$ tel que, pour tout sous-ensemble fini d'indices $K \supset J$, on ait :

$$|S - S_K| \leqslant \varepsilon \tag{I, 1; 2}$$

avec

$$S_K = \sum_{i \in K} u_i. \tag{I, 1; 3}$$

Remarque. Quel que soit l'ensemble d'indices I, si tous les u_i sont nuls, $\sum_{i \in I} u_i$ est sommable et la somme S est nulle.

Propriétés des séries sommables

Proposition 1. *Unicité de la somme. Si on a :*

$$\sum_{i \in I} u_i = S \qquad \text{et} \qquad \sum_{i \in I} u_i = S'$$

alors, on a

$$S' = S.$$

En effet, quel que soit $\varepsilon > 0$, il existe $J_1 \subset I$, tel que $K \supset J_1$, entraîne $|S - S_K| \leqslant \varepsilon$, et $J_2 \subset I$ tel que $K \supset J_2$ entraîne $|S' - S_K| \leqslant \varepsilon$. Prenons $K = J_1 \cup J_2$; alors, on a à la fois $|S - S_K| \leqslant \varepsilon$ et $|S' - S_K| \leqslant \varepsilon$, donc $|S - S'| \leqslant 2\varepsilon$; Comme ε est arbitraire, on a $S = S'$. C.Q.F.D.

Proposition 2. *Si* $\sum_{i \in I} u_i$ *et* $\sum_{i \in I} v_i$ *sont deux séries sommables, de sommes respectives* S *et* T, *alors la série* $\sum_{i \in I} (\lambda u_i + \mu v_i)$, *où* λ *et* μ *sont des constantes, est sommable et a pour somme* $\lambda S + \mu T$.

En effet, pour $\varepsilon > 0$ donné, il existe un ensemble fini d'indices $J_1 \subset I$ tel que pour tout ensemble fini d'indices $K_1 \supset J_1$, on ait :

$$|S - S_{K_1}| \leqslant \frac{\varepsilon}{(|\lambda| + |\mu|)}$$

et un ensemble fini d'indices $J_2 \subset I$ tel que pour tout ensemble fini d'indices $K_2 \supset J_2$ on ait

$$|T - T_{K_2}| \leqslant \frac{\varepsilon}{(|\lambda| + |\mu|)}.$$

Par suite, pour tout ensemble fini d'indices $K \supset J_1 \cup J_2$, on a

$$|\lambda S - \lambda S_K| \leqslant \frac{|\lambda|\varepsilon}{(|\lambda| + |\mu|)} \qquad \text{et} \qquad |\mu T - \mu T_K| \leqslant \frac{|\mu|\varepsilon}{(|\lambda| + |\mu|)},$$

d'où

$$|(\lambda S + \mu T) - (\lambda S_K + \mu T_K)| \leqslant \varepsilon \qquad \text{C.Q.F.D.}$$

Proposition 3. *Séries à termes positifs.*
Si tous les u_i *sont* $\geqslant 0$, *pour que*

$$\sum_{i \in I} u_i$$

soit sommable, il faut et il suffit que toutes les sommes partielles S_K *correspondant aux sous-ensembles finis* K *de* I, *soient bornées par un nombre* $M > 0$, *fixe; dans ce cas*

$$\sum_{i \in I} u_i = \operatorname*{Sup}_{K \text{ fini}} (S_K). \tag{I, 1; 4}$$

En effet, supposons d'abord la série sommable. Alors, à $\varepsilon = 1$ (par exemple) correspond un sous-ensemble fini $J \subset I$ tel que, pour tout K fini $\supset J$, on ait

$$S_K \leqslant S + 1. \tag{I, 1; 5}$$

Si K est un ensemble fini quelconque d'indices, posons $K_1 = J \cup K$, on aura :

$$S_K \leqslant S_{K_1} \leqslant S + 1 \tag{I, 1; 6}$$

donc toutes les sommes S_K sont bien bornées.

Réciproquement, supposons toutes les S_K bornées, soit B leur borne supérieure. Alors quel que soit $\varepsilon > 0$, il existe un sous-ensemble fini $J \subset I$ tel que :

$$B - \varepsilon \leqslant S_J \leqslant B \tag{I, 1; 7}$$

Pour tout K fini $\supset J$, on aura :

$$B - \varepsilon \leqslant S_K \leqslant B \tag{I, 1; 8}$$

donc : $\sum_{i \in I} u_i$ est sommable et de somme B.

Proposition 4. *Critère de Cauchy* (voir démonstration plus loin).
Pour que $\sum_{i \in I} u_i$ *soit sommable, il faut et il suffit que les* u_i *vérifient le critère de Cauchy :*
— *quel que soit* $\varepsilon > 0$ *il existe* J *fini* $\subset I$ *tel que, pour tout sous-ensemble fini d'indices* K *sans élément commun avec* J [1], *on ait :*

$$|S_K| \leqslant \varepsilon. \tag{I, 1; 9}$$

1. C'est-à-dire que tout K fini $\subset I - J$.

Proposition 5. *Conséquence du critère de Cauchy.*

Si la série $\sum_{i \in I} u_i$ *est sommable, toute série partielle* $\sum_{i \in J} u_i$, *où* J *est un sous-ensemble quelconque de* I, *est sommable.*

Si J *est un sous-ensemble fini de* I *tel que, pour* K *fini* $\supset$ J, *on ait :*

(I, 1; 10) $$|S - S_K| \leqslant \varepsilon$$

on a la même inégalité pour K *infini* $\supset$ J.

Si $J_1, J_2, \ldots, J_n \subset I$ *sont sans élément commun, et si* $J = J_1 \cup J_2 \cup \cdots \cup J_n$, *on a :*

(I, 1; 11) $$S_J = S_{J_1} + S_{J_2} + \cdots + S_{J_n}$$

dès que l'un des 2 membres a un sens.

Proposition 6. *Corollaire du critère de Cauchy.*

Pour que $\sum_{i \in I} u_i$ *soit sommable, il faut et il suffit que* $\sum_{i \in I} |u_i|$ *soit sommable, et alors :*

(I, 1; 12) $$\left|\sum_{i \in I} u_i\right| \leqslant \sum_{i \in I} |u_i|$$

Si $\sum_{i \in I} v_i$ *est une série à termes positifs sommable, et si :*

(I, 1; 13) $$|u_i| \leqslant v_i$$

alors la série $\sum_{i \in I} u_i$ *est sommable, et de plus :*

(I, 1; 14) $$\left|\sum_{i \in I} u_i\right| \leqslant \sum_{i \in I} v_i.$$

Démonstrations des propositions 4, 5, 6.

1° Si $\sum_{i \in I} u_i$ est sommable, le critère de Cauchy est vérifié. En effet, quel que soit $\varepsilon > 0$ il existe J fini $\subset$ I tel que, si K est fini et sans élément commun avec J, on ait à la fois :

(I, 1; 15) $$|S_J - S| \leqslant \frac{\varepsilon}{2} \quad \text{et} \quad |S_{J \cup K} - S| \leqslant \frac{\varepsilon}{2},$$

on aura alors :

(I, 1; 16) $$|S_{J \cup K} - S_J| \leqslant \varepsilon.$$

Mais :

(I, 1; 17) $$S_{J\cup K} - S_J = S_K$$

d'où

(I, 1; 18) $$S_K| \leqslant \varepsilon$$

2° Si une série satisfait au critère de Cauchy, toute série partielle satisfait *a fortiori* au critère de Cauchy. C'est évident. En particulier la série partielle formée des $u_i \geqslant 0$ et la série partielle formée des $u_i \leqslant 0$.

3° Si une série à termes $\geqslant 0$ (ou à termes $\leqslant 0$) satisfait au critère de Cauchy, elle est sommable. En effet on voit immédiatement que ses sommes partielles sont bornées, et il suffit d'appliquer la proposition 3.

En combinant 2° et 3°, on voit que si une série satisfait au critère de Cauchy, la série de ses termes positifs et la série de ses termes $\leqslant 0$ sont toutes deux sommables. Posons, pour un nombre réel x :

(I, 1; 19) $$\begin{array}{llll} x^+ = x & \text{si } x \geqslant 0, & x^+ = 0 & \text{si } x \leqslant 0 \\ x^- = -x & \text{si } x \leqslant 0, & x^- = 0 & \text{si } x \geqslant 0 \end{array}$$

on a :

(I, 1; 20) $$\begin{array}{ll} x^+ \geqslant 0 & x^- \geqslant 0 \\ x = x^+ - x^- & |x| = x^+ + x^- \end{array}$$

Alors on vient de voir que si $\sum_{i \in I} u_i$ satisfait au critère de Cauchy, les séries $\sum_{i \in I} u_i^+$ et $\sum_{i \in I} u_i^-$ sont toutes deux sommables. On en déduit que leur différence $\sum_{i \in I} u_i$ est sommable, ce qui, avec le 1°, démontre la proposition 4, et en outre que la somme $\sum_{i \in I} |u_i|$ est sommable, et que l'on a l'inégalité (I, 1; 12).

Réciproquement, si $\sum_{i \in I} |u_i|$ est sommable, les sommes partielles sont bornées, donc $\sum_{i \in I} u_i^+$ et $\sum_{i \in I} u_i^-$ sont sommables, et leur différence $\sum_{i \in I} u_i$ est sommable, ce qui démontre la première partie de la proposition 6; la 2e partie est alors évidente, car si $\sum_{i \in I} v_i$ est sommable, ses sommes partielles sont bornées, donc *a fortiori* celles de $\sum_{i \in I} |u_i|$. L'inégalité (I, 1; 14) résulte alors de (I, 1; 12).

4° Reste la proposition 5. Si la série $\sum_{i \in I} u_i$ est sommable, elle vérifie le critère de Cauchy; alors *a fortiori* les sommes partielles (voir 2°), qui sont donc sommables. Si J est un ensemble d'indices tel que, pour tout K_1 fini $\supset$ J, on ait :

$$|S - S_{K_1}| \leqslant \varepsilon \tag{I, 1; 21}$$

alors, si K est un ensemble infini d'indices contenant J, il existe, quel que soit $\eta > 0$, un ensemble fini d'indices K_1, $J \subset K_1 \subset K$ tel que :

$$|S_K - S_{K_1}| \leqslant \eta \tag{I, 1; 22}$$

$\left(\text{définition de la sommabilité de } \sum_{i \in K} u_i\right)$. Alors on aura :

$$|S_K - S_{K_1}| \leqslant \eta, \qquad |S - S_{K_1}| \leqslant \varepsilon \tag{I, 1; 23}$$

donc :

$$|S - S_K| \leqslant \varepsilon + \eta \tag{I, 1; 24}$$

et, comme η est arbitraire :

$$|S - S_K| \leqslant \varepsilon \tag{I, 1; 25}$$

(avec K infini).

Enfin la partie de la proposition 5 relative à une décomposition :

$$J = J_1 \cup J_2 \cup \ldots \cup J_n$$

est évidente.

Remarque. Appliquons le critère de Cauchy à un ensemble $K \subset I$, sans élément commun avec J, et réduit à *un seul* élément k. On aura $|S_k| = |u_k| \leqslant \varepsilon$. Ainsi :

Si $\sum_{i \in I} u_i$ *est sommable, alors quel que soit* $\varepsilon > 0$, *il existe un sous-ensemble fini* J *de* I *tel que, pour tout* $k \notin J$, *on ait* $|u_k| \leqslant \varepsilon$.

Cela peut s'exprimer en disant :

Si $\sum_{i \in I} u_i$ *est sommable, le terme général* u_i *tend vers* 0 (notion indépendante de l'ordre des termes).

PROPOSITION 7. *Si* J_n $(n = 0, 1, 2, \ldots)$ *est une suite de sous-ensembles, finis ou non, de* I, *telle que, quel que soit* J *fini* $\subset$ I, *l'ensemble* J_n *contienne* J *pour* n *assez grand, alors, si* $\sum_{i \in I} u_i$ *est sommable et de somme* S, S_{J_n} *converge vers* S *lorsque* $n \to \infty$.

En effet, quel que soit $\varepsilon > 0$, il existe J fini $\subset$ I tel que, pour tout K (fini ou non) $\supset$ J, on ait :

$$|S - S_K| \leqslant \varepsilon. \tag{I, 1; 26}$$

Alors on suppose qu'il existe n_0 tel que, pour $n \geqslant n_0$, J_n contienne J ; donc, pour $n \geqslant n_0$ on a :

$$|S - S_{J_n}| \leqslant \varepsilon \qquad \text{C.Q.F.D.} \tag{I, 1; 27}$$

PROPOSITION 8. *Sommabilité et absolue convergence.*

Si l'ensemble d'indices I *est l'ensemble* N *des entiers positifs ou nuls, pour que* $\sum_{i \in I} u_i$ *soit sommable, il faut et il suffit que cette série soit absolument convergente, et alors sa somme au sens de la théorie des séries sommables est identique à sa somme au sens de la théorie des séries convergentes.*

En effet, supposons $\sum_{i \in I} u_i$ sommable. Alors $\sum_{i \in I} |u_i|$ est aussi sommable. Appelons J_n le sous-ensemble formé des entiers $0, 1, 2, \ldots, n$ la proposition 7, appliquée à $\sum_{i \in I} |u_i|$, montre que les quantités $\sum_{0 \leqslant \nu \leqslant n} |u_\nu|$ ont une limite pour $n \to \infty$, donc la série est absolument convergente. La même proposition 7 appliquée à $\sum_{i \in I} u_i$ montre que :

$$\lim_{n \to \infty} S_{J_n} = S \tag{I, 1; 28}$$

donc que les sommes au sens des deux théories sont les mêmes (S_{J_n} étant ce qu'on appelle S_n dans la théorie des séries).

Réciproquement supposons la série absolument convergente. Alors les sommes partielles $\sum_{0 \leqslant \nu \leqslant n} |u_\nu|$ sont bornées, d'où on déduit immédiatement que toutes les sommes partielles S_J (J fini $\subset$ I) relatives à la série $\sum_{i \in I} |u_i|$ sont bornées ; donc la série $\sum_{i \in I} |u_i|$ est sommable, et par suite $\sum_{i \in I} u_i$ est sommable.

Corollaire. Si une série est absolument convergente, elle reste absolument convergente et conserve la même somme si on modifie l'ordre de ses termes.

En effet, elle est alors sommable, et la sommabilité aussi bien que la somme ne dépendent pas d'un ordre des termes.

Sommation par paquets ou associativité

Proposition 9. *Supposons que l'ensemble d'indices* I *soit réunion d'une famille de sous-ensembles* $I_\alpha (\alpha \in A)$:

(I, 1 ; 29)
$$I = \bigcup_{\alpha \in A} I_\alpha$$

ces sous-ensembles étant 2 à 2 sans élément commun[1]. *Alors si la série* $\sum_{i \in I} u_i$ *est sommable, chacune des séries* $\sum_{i \in I_\alpha} u_i$ *est sommable de somme* σ_α, *la série* $\sum_{\alpha \in A} \sigma_\alpha$ *est sommable, et l'on a :*

(I, 1 ; 30)
$$\sum_{i \in I} u_i = \sum_{\alpha \in A} \sigma_\alpha = \sum_{\alpha \in A} \Big(\sum_{i \in I_\alpha} u_i \Big).$$

Démonstration. Le fait que chaque somme $\sum_{i \in I_\alpha} u_i$ soit sommable résulte de la proposition 5.

Puisque $\sum_{i \in I} u_i$ est sommable, il existe, quel que soit $\varepsilon > 0$, un ensemble fini d'indices $J \subset I$ tel que, si K est un ensemble fini ou infini d'indices contenant J, on ait :

$$|S - S_K| \leqslant \varepsilon.$$

Soit B le sous-ensemble fini de A formé de tous les indices $\alpha \in A$ tels que $I_\alpha \cap J \neq \emptyset$. Alors, quel que soit le sous-ensemble fini C de A contenant B, $\bigcup_{\alpha \in C} I_\alpha$ est un sous-ensemble K d'indices de I contenant J de sorte que :

(I, 1 ; 31)
$$\Big| S - \sum_{i \in \bigcup_{\alpha \in C} I_\alpha} u_i \Big| \leqslant \varepsilon.$$

Mais d'après la fin de la proposition 5 :

(I, 1 ; 32)
$$\sum_{i \in \bigcup_{\alpha \in C} I_\alpha} u_i = \sum_{\alpha \in C} \sigma_\alpha$$

1. C'est-à-dire tels que $I_\alpha \cap I_\beta = \emptyset$ où $\emptyset$ est l'ensemble vide.

C étant fini; on a donc bien :

(I, 1; 33) $$\left|S - \sum_{\alpha \in C} \sigma_\alpha\right| \leqslant \varepsilon$$

donc $\sum_{\alpha \in A} \sigma_\alpha$ est sommable et de somme S. C.Q.F.D.

Attention : la réciproque n'est pas vraie. Il peut arriver que chaque série $\sum_{i \in I_\alpha} u_i$ soit sommable de somme σ_α, et que $\sum_{\alpha \in A} \sigma_\alpha$ soit sommable, sans que $\sum_{i \in I} u_i$ soit sommable. Dans ce cas, si B est un autre ensemble d'indices, $(I_\beta)_{\beta \in B}$ un autre partage de I en sous-ensembles 2 à 2 sans élément commun, il peut arriver que chaque expression

(I, 1; 34) $$\sum_{\alpha \in A}\Big(\sum_{i \in I_\alpha} u_i\Big), \quad \sum_{\beta \in B}\Big(\sum_{i \in I_\beta} u_i\Big)$$

ait un sens et qu'elles ne soient pas égales.

Exemple. A est l'ensemble des entiers $n \geqslant 0$. A chaque $\alpha = n$ correspond I_α formé de 2 éléments, n et $-n$ (un seul si $n = 0$). $I = \bigcup_\alpha I_\alpha$ est l'ensemble des entiers de signe quelconque. Pour i entier $\in$ I, posons $u_i = i$. Alors $\sum_{i \in I} u_i$ n'est pas sommable puisque :

(I, 1; 35) $$\sum_{i \geqslant 0} u_i = 0 + 1 + 2 + \cdots = +\infty.$$

Mais :

(I, 1; 36) $$\sum_{i \in I_\alpha} u_i = \alpha - \alpha = 0 = \sigma_\alpha$$

donc :

(I, 1; 37) $$\sum_{\alpha \in A} \sigma_\alpha = \sum 0 = 0.$$

Chaque série $\sum_{i \in I_\alpha} u_i$ est donc sommable, de somme 0; $\sum_{\alpha \in A} \sigma_\alpha = \sum 0 = 0$ est sommable, alors que $\sum_{i \in I} u_i$ ne l'est pas.

Proposition 10. *Réciproque particulière de la proposition* 9.
Si tous les u_i sont $\geqslant 0$, et si on convient d'appeler $+\infty$ la somme d'une série divergente à termes $\geqslant 0$, on a toujours :

(I, 1; 38) $$\sum_{i \in I} u_i = \sum_{\alpha \in A}\Big(\sum_{i \in I_\alpha} u_i\Big)$$

la valeur des 2 membres étant finie ou $+\infty$.

C'est une sorte de réciproque de la proposition 9 : si $u_i \geqslant 0$, si $\sum_{i \in I_\alpha} u_i$ est sommable de somme σ_α, et si $\sum_{\alpha \in A} \sigma_\alpha = \sigma$ est sommable, alors $\sum_{i \in I} u_i$ est sommable. Posons en effet $\sum_{\alpha \in A} \sigma_\alpha = \sigma$. Toute somme finie $\sum_{\alpha \in C} \sigma_\alpha$ est majorée par σ.

Soit alors J un sous-ensemble fini quelconque de I, C l'ensemble (fini) des éléments α de A tels que $I_\alpha \cap J \neq \emptyset$.

D'après la fin de la proposition 5, on a, C étant fini,

$$\sum_{i \in \bigcup_{\alpha \in C} I_\alpha} u_i = \sum_{\alpha \in C} \sigma_\alpha \tag{I, 1; 39}$$

Mais $S_J \leqslant \sum_{i \in \bigcup_{\alpha \in C} I_\alpha} u_i$ et $\sum_{\alpha \in C} \sigma_\alpha \leqslant \sigma$, d'où $S_J \leqslant \sigma$

Ainsi toutes les sommes S_J sont majorées par σ, et $\sum_{i \in I} u_i$ est sommable d'après la proposition 3.

Proposition 11. *Conséquence de la proposition 9. Si les séries :*

$$\sum_{i \in I} u_i \qquad \text{et} \qquad \sum_{j \in J} v_j$$

sont sommables, de sommes U *et* V, *la série*

$$\sum_{(i, j) \in I \times J} u_i v_j, \tag{I, 1; 40}$$

produit des 2 premières, est sommable, de somme :

$$W = UV \tag{I, 1; 41}$$

En effet la sommation par paquets donne :

$$\sum_{(i, j) \in I \times J} u_i v_j = \sum_{i \in I} \left(\sum_{j \in J} u_i v_j \right) = \sum_{i \in I} \left(u_i \sum_{j \in J} v_j \right) = \sum_{\in I} (u_i V) = V \sum_{i \in I} u_i = VU$$

cela montre que, *si l'on peut sommer par paquets*, la série $\sum_{i, j \in I \times J} u_i v_j$ a bien pour somme UV. Mais pour avoir le droit de sommer par paquets, il faudrait d'abord savoir que la série $\sum_{(i,j)\in I\times J} u_i v_j$ est sommable.

Cependant, si les u_i et v_j sont tous $\geqslant 0$, on a toujours le droit de sommer par paquets (proposition 10); donc le théorème est démontré dans ce cas.

Si les u_i et v_j sont quelconques, on se ramène aux $|u_i|$ et $|v_j|$; on sait que $\sum_{i\in I}|u_i|$ et $\sum_{j\in J}|v_j|$ sont sommables d'après la proposition 6 donc que $\sum_{(i,j)\in I\times J} |u_i|\,|v_j|$ est sommable, de somme $\left(\sum_{i\in I}|u_i|\right)\left(\sum_{j\in J}|v_j|\right)$; donc $\sum_{(i,j)\in I\times J} u_i v_j$ est aussi sommable.

Remarque. Si I et J sont l'ensemble des entiers $\geqslant 0$, la série produit est une série double où l'ensemble des indices est l'ensemble des couples (m, n) de 2 entiers $\geqslant 0$. On somme souvent la série produit par paquets en posant :

(I, 1; 42) $$W_n = \sum_{i+j=n} u_i v_j \qquad UV = \sum_{n=0}^{\infty} W_n$$

Exemples numériques de séries sommables. La série

(I, 1; 43) $$\sum_{\substack{(m,n)\\ m \text{ entier} \geqslant 1\\ n \text{ entier} \geqslant 1}} \left(\frac{1}{m+n}\right)^{\alpha}$$

est sommable pour $\alpha > 2$, non sommable pour $\alpha \leqslant 2$.
Plus généralement la série

(I, 1; 44) $$\sum_{\substack{p_1, p_2, \ldots, p_n\\ p_i \text{ entiers} \geqslant 1}} \left(\frac{1}{p_1 + p_2 + \cdots + p_n}\right)^{\alpha}$$

est sommable pour $\alpha > n$, non sommable pour $\alpha \leqslant n$. Le développement de $(p_1 + p_2 + \cdots + p_n)^n$ montre en effet que cette quantité est $\geqslant p_1 p_2 \ldots p_n n! \geqslant p_1 p_2 \ldots p_n$ donc :

(I, 1; 45)
$$\left(\frac{1}{p_1 + p_2 + \cdots + p_n}\right)^{\alpha} = \left[\left(\frac{1}{p_1 + p_2 + \cdots + p_n}\right)^{n}\right]^{\frac{\alpha}{n}} < \left(\frac{1}{p_1 p_2 \ldots p_n}\right)^{\frac{\alpha}{n}}$$

donc la série donnée est majorée par

$$\text{(I, 1; 46)} \qquad \sum\left(\frac{1}{p_1}\right)^{\frac{\alpha}{n}}\sum\left(\frac{1}{p_2}\right)^{\frac{\alpha}{n}}\cdots\sum\left(\frac{1}{p_n}\right)^{\frac{\alpha}{n}}$$

Si $\alpha > n$, $\frac{\alpha}{n} > 1$ et cette série est sommable.

Supposons au contraire $\alpha \leqslant n$. Sommons par paquets (série à termes $\geqslant 0$) : la série vaut :

$$\text{(I, 1; 47)} \qquad \sum_{p_1=1}^{\infty}\left[\sum_{p_2,\ldots,p_n}\left(\frac{1}{p_1+p_2+\cdots+p_n}\right)^{\alpha}\right]$$

avec

$$\text{(I, 1; 48)} \qquad \sum_{p_2,\ldots,p_n}\left(\frac{1}{p_1+p_2+\cdots+p_n}\right)^{\alpha} \geqslant \sum_{\substack{1\leqslant p_2\leqslant p_1\\ \cdots\cdots\\ 1\leqslant p_n\leqslant p_1}}\left(\frac{1}{p_1+p_2+\cdots+p_n}\right)^{\alpha} \geqslant \left(\frac{1}{np_1}\right)^{\alpha} p_1^{n-1}.$$

Donc la série cherchée a une somme $\geqslant \left(\frac{1}{n}\right)^{\alpha}\sum_{p_1=1}^{\infty}\left(\frac{1}{p_1}\right)^{\alpha+1-n}$.

Comme $\alpha \leqslant n$, $\alpha+1-n \leqslant 1$ et la série est divergente.

Remarque. On a :

$$\text{(I, 1; 49)} \qquad \frac{1}{\sqrt{n}}(p_1+p_2+\cdots+p_n) \leqslant \sqrt{p_1^2+p_2^2+\cdots+p_n^2} \leqslant p_1+p_2+\cdots+p_n.$$

Donc la série $\sum_{p_1,p_2,\ldots,p_n}\left(\frac{1}{\sqrt{p_1^2+p_2^2+\cdots+p_n^2}}\right)^{\alpha}$ est de même nature, sommable pour $\alpha > n$, non sommable pour $\alpha \leqslant n$.

2. Séries semi-convergentes

Nous supposons ici que l'ensemble d'indices I est l'ensemble N des entiers $\geqslant 0$; il existe donc un ordre naturel des termes de la série.

Théorème d'Abel

Le critère le plus important, dans le cas où une série $\sum_{n=0}^{\infty} u_n$ n'est pas absolument convergente, est *le théorème des séries alternées.* Il se généralise par *le théorème d'Abel:*

Si $u_n = a_n b_n$ où la suite des a_n est $\geqslant 0$ décroissante et tend vers zéro *quand* $n \to \infty$, *et où les* b_n *sont des nombres complexes tels que les quantités*

$$|\sigma_{m,n}| = |b_m + b_{m+1} + \cdots + b_n|$$

soient majorées par une constante $\sigma \geqslant 0$, *la série est convergente, et le reste est majoré en module par* σ *fois le premier terme négligé.*

En effet, calculons :

$$\text{(I, 1; 50)} \quad \begin{aligned} S_{0,n} &= a_0 b_0 + a_1 b_1 + \cdots + a_n b_n \\ &= a_0\sigma_{0,0} + a_1(\sigma_{0,1} - \sigma_{0,0}) + \cdots + a_n(\sigma_{0,n} - \sigma_{0,n-1}) \\ &= (a_0 - a_1)\sigma_{0,0} + (a_1 - a_2)\sigma_{0,1} + \cdots + (a_{n-1} - a_n)\sigma_{0,n-1} + a_n\sigma_{0,n}. \end{aligned}$$

Le terme différent des autres, $\sigma_{0,n}a_n$, converge vers zéro lorsque $n \to \infty$ puisque $a_n \to 0$ et que $|\sigma_{0,n}| \leqslant \sigma$. Il reste à montrer que :

$$\text{(I, 1; 51)} \qquad \sum_{k=0}^{n-1}(a_k - a_{k+1})\sigma_{0,k}$$

a une limite pour $n \to \infty$. Cela revient à montrer que la série de terme général :

$$\text{(I, 1; 52)} \qquad v_k = (a_k - a_{k+1})\sigma_{0,k}$$

converge. Or elle est absolument convergente, puisque :

$$\text{(I, 1; 53)} \qquad |v_k| \leqslant (a_k - a_{k+1})\sigma$$

d'où :

$$\text{(I, 1; 54)} \quad \sum_{k=0}^{n-1}|v_k| \leqslant \sum_{k=0}^{k=+\infty}|v_k| \leqslant (a_0 - a_1)\sigma + \cdots + (a_{n-1} - a_n)\sigma + \cdots = a_0\sigma$$

ce qui démontre la convergence de la série donnée.

La convergence une fois démontrée, on a la majoration :

$$\text{(I, 1; 55)} \qquad |S_{0,n}| \leqslant a_n\sigma + a_0\sigma$$

donc :

$$\text{(I, 1; 56)} \qquad |S_0| \leqslant a_0\sigma, \qquad \text{avec} \qquad S_0 = \sum_{n=0}^{\infty} a_n b_n.$$

Le même calcul commencé au terme a_{m+1}, compte tenu de ce que :

(I, 1; 57) $$R_m = \lim_{n \to \infty} S_{m+1,\,n}$$

donne :

(I, 1; 58) $$|R_m| \leqslant a_{m+1}\sigma \qquad \text{C.Q.F.D}$$

Exemples.

1) *Série alternée :*

(I, 1; 59) $$b_n = (-1)^n \qquad \sigma = 1$$

d'où :

(I, 1; 60) $$|R_m| \leqslant a_{m+1}.$$

On sait que dans ce cas, le reste est en outre du même signe que le premier terme négligé.

2) *Série trigonométrique :*

(I, 1; 61) $$\sum_{n=-\infty}^{n=+\infty} a_n e^{ni\theta}.$$

On dira que cette série converge si chacune des deux séries :

(I, 1; 62) $$\sum_{n=0}^{\infty} a_n e^{ni\theta} \qquad \text{et} \qquad \sum_{n=-\infty}^{0} a_n e^{ni\theta}$$

converge séparément. Ici :

(I, 1; 63) $$b_n = e^{ni\theta}, \qquad \sigma_{m,\,n} = e^{mi\theta} + e^{(m+1)i\theta} + \cdots + e^{ni\theta}$$

D'une part, si $e^{i\theta} \neq 1$ on a :

(I, 1; 64) $$\sigma_{m,\,n} = \frac{e^{(n+1)i\theta} - e^{mi\theta}}{e^{i\theta} - 1}, \qquad |\sigma_{m,\,n}| \leqslant \frac{2}{|e^{i\theta} - 1|}.$$

D'autre part, si $e^{i\theta} = 1$

(I, 1; 65) $$\sigma_{m,\,n} = n - m + 1$$

ne sera pas borné. Conclusion : si a_n est une suite $\geqslant 0$ décroissante et tendant vers zéro pour $n \to \infty$, la série

$$\sum_{n=0}^{\infty} a_n e^{ni\theta} \tag{I, 1; 66}$$

est convergente pour $\theta \neq 2k\pi$ et le reste est majoré en module par $a_{n+1} \dfrac{2}{|e^{i\theta} - 1|}$.

Bien entendu, en prenant les parties réelle et imaginaire, on a une propriété analogue pour les séries :

$$\sum_{n=0}^{\infty} a_n \cos n\theta, \qquad \sum_{n=0}^{\infty} a_n \sin n\theta. \tag{I, 1; 67}$$

Mais pour cette dernière, la convergente a lieu même pour $\theta = 2k\pi$, puisqu'alors tous les termes de la série sont nuls.

2. Compléments sur l'intégration

1. L'intégrale de Lebesgue [1]

Intégrale simple

L'intégrale de Lebesgue, qui généralise l'intégrale de Riemann, est une fonctionnelle qui, à toute fonction réelle ou complexe de la variable x appartenant à une famille déterminée, dite famille des fonctions sommables fait correspondre son intégrale, un nombre réel ou complexe noté :

$$\int_{-\infty}^{+\infty} f(x)\,dx \quad \text{ou} \quad \int_{\mathrm{R}} f(x)\,dx \quad \text{ou} \quad \int f(x)\,dx \quad \text{ou} \quad \int f. \tag{I, 2; 1}$$

A cause de la grande difficulté de la théorie, nous ne donnerons pas la condition nécessaire et suffisante pour qu'une fonction soit sommable, ni la méthode de calcul de son intégrale, mais un certain nombre de résultats essentiels, sans démonstration.

Ensemble de mesure nulle sur la droite R

On appelle fonction caractéristique d'un sous-ensemble E de R, la fonction φ_{E} égale à 1 en tout point $x \in \mathrm{E}$ et à 0 en tout point $x \notin \mathrm{E}$.

1. L'intégrale de Lebesgue est indispensable à la théorie de l'espace de Hilbert, elle-même indispensable en mécanique ondulatoire et en théorie des équations aux dérivées partielles et équations intégrales.

Définition 1. *Lorsque* E *est un ensemble ouvert, on appelle mesure de* E, *la borne supérieure des intégrales des fonctions continues* $\geqslant 0$, *nulles en dehors d'un intervalle borné, et majorées par la fonction caractéristique.*

Par exemple, si E est l'intervalle $]a, b[$, sa mesure est $(b - a)$.

Définition 2. *On dit qu'un ensemble* E *de la droite est de mesure nulle, si pour tout* $\varepsilon > 0$, *il existe un ensemble ouvert, de mesure* $\leqslant \varepsilon$, *qui contient l'ensemble* E.

Exemple. Un point est de mesure nulle.

Propriétés des ensembles de mesure nulle

Proposition 12. *Tout ensemble contenu dans un ensemble de mesure nulle, est de mesure nulle.*

Proposition 13. *Tout ensemble* E *qui est réunion d'un nombre fini ou d'une infinité dénombrable d'ensembles de mesure nulle, est de mesure nulle.*

Conséquence. Un point étant de mesure nulle, tout ensemble dénombrable de points est de mesure nulle. Par exemple, l'ensemble des rationnels, qui est dénombrable, est de mesure nulle.

Remarques.

1) La proposition 13 ne subsiste pas pour la réunion d'une infinité non dénombrable d'ensembles E_i.

Par exemple $E = R$ est la réunion d'ensembles E_i réduits chacun à un seul point, donc mes $E_i = 0$. Pourtant la mesure de E, qui est infinie n'est pas nulle.

Cela prouve d'ailleurs que l'ensemble R n'est pas dénombrable !

2) Il existe des ensembles non dénombrables qui sont quand même de mesure nulle.

Soit P une propriété relative à des points x de la droite R. On dit que P est vérifiée presque partout ou en presque tous les points x de R, si l'ensemble des points x qui ne vérifient pas P est de mesure nulle. Ainsi presque tous les nombres sont irrationnels.

Il résulte alors de la proposition 13 la

Proposition 14. *Si* (P_i) *est une famille finie ou dénombrable de propriétés relatives à des points* x *de* R, *chacune vérifiée presque partout, et si nous appelons* P *la propriété qui consiste, pour x, à vérifier à la fois toutes les propriétés* (P_i), *alors* P *est vérifiée presque partout.*

Fonctions mesurables

Définition 3. *On dit qu'une fonction f est mesurable si elle est presque partout limite d'une suite de fonctions continues.*

Ceci signifie qu'il existe une suite de fonctions continues, $f_m(x)$, telle que l'on ait $f(x) = \lim_{m \to \infty} f_m(x)$, pour chaque x sauf pour un ensemble de points x de mesure nulle.

En particulier, toute fonction continue sauf aux points x d'un ensemble de mesure nulle, est mesurable.

Propriétés des fonctions mesurables

Proposition 15. *Toute fonction continue d'un nombre fini de fonctions mesurables est mesurable. En particulier, si f et g sont mesurables, alors $f+g$, fg, $\sup(f, g)$, $\inf(f, g)$, $|f|$, et f/g si $g \neq 0$ partout, sont mesurables.*

Toute fonction f, limite simple d'une suite de fonctions mesurables f_n est mesurable. Les fonctions non mesurables sont tellement irrégulières qu'on n'en connaît pas une seule explicitement; on sait seulement en montrer théoriquement l'existence, en utilisant un axiome dit axiome de choix qui ne permet pas d'en construire pratiquement une. C'est dire que toutes les fonctions que peut rencontrer un physicien sont sûrement mesurables. *C'est pourquoi nous supposerons dans toute la suite, que toutes les fonctions considérées sont mesurables, sans le spécifier à chaque fois.*

Fonctions sommables

Proposition 16. *Pour qu'une fonction soit sommable il est nécessaire qu'elle soit mesurable. Elle doit en outre, ne pas être « trop grande ».*

Propriétés des fonctions sommables

Proposition 17. *Pour que f soit sommable, il faut et suffit que $|f|$ le soit. Si g est sommable $\geqslant 0$ et si $|f| \leqslant g$, f est sommable.*

Proposition 18. *Si f et g sont sommables, et si λ est une constante, $f+g$ et λf sont sommables et:*

$$\text{(I, 2; 2)} \qquad \int (f+g) = \int f + \int g, \qquad \int \lambda f = \lambda \int f.$$

L'ensemble des fonctions sommables est donc un *espace vectoriel, noté* $\mathfrak{L}^1$. Sur cet espace $\mathfrak{L}^1$, l'intégrale est une forme ou fonctionnelle *linéaire.*

PROPOSITION 19.

(I, 2; 3) *Si* $f \geqslant 0$, $\int f \geqslant 0$. *Si* $|f| \leqslant g$, $\left|\int f\right| \leqslant \int |f| \leqslant \int g$.

On dit que l'intégrale est une fonctionnelle $\geqslant 0$.

Remarque. Si $f \geqslant 0$ est mesurable mais non sommable, on notera

$$\int f = +\infty.$$

PROPOSITION 20. *Une fonction bornée f, nulle en dehors d'un intervalle fini (a, b), est sommable. Si en outre f est intégrable au sens de Riemann dans (a, b), son intégrale de Lebesgue coïncide avec son intégrale de Riemann dans l'intervalle (a, b). Si dans (a, b) on a :*

(I, 2; 4) $$m \leqslant f(x) \leqslant M \; [\text{resp } |f(x)| \leqslant M]$$

on a

(I, 2; 5) $$m(b-a) \leqslant \int f(x)\, dx \leqslant M(b-a),$$

(I, 2; 6) $$\left[\text{resp } \left|\int f(x)\, dx\right| \leqslant M(b-a).\right]$$

PROPOSITION 21. *f étant une fonction réelle ou complexe, A, M étant 2 nombres > 0 quelconques, appelons $f_{A,M}$ la fonction égale à $f(x)$ lorsque $-A \leqslant x \leqslant A$ et que $|f(x)| \leqslant M$, et égale à 0 en tous les autres points x. Pour que f soit sommable, il faut et il suffit que $\int |f_{A,M}|$ soit bornée indépendamment de A et M.*

Pour qu'une fonction f n'ayant qu'un nombre fini de points de discontinuité soit sommable, il faut et il suffit que son intégrale, au sens de la théorie des « intégrales impropres » de Riemann, soit absolument convergente, et son intégrale de Lebesgue est alors identique à son « intégrale impropre ».

PROPOSITION 22. *Si f est une fonction presque partout nulle, elle est sommable et son intégrale est nulle. Si deux fonctions f et g sont presque partout égales et si f est sommable, g est sommable et $\int f = \int g$*

Ceci permet de dire si une fonction f est sommable et de calculer son intégrale, même si elle n'est pas définie partout sur R ou si elle prend la valeur $\mp \infty$ en certains points.

En effet, on appellera f_1 une fonction égale à f en tout point x où $f(x)$ est définie et $\neq \mp \infty$, et à n'importe quelle valeur finie ailleurs. Pourvu que f soit partout presque définie et presque partout $\neq \mp \infty$ la sommabilité de f_1 et la valeur de l'intégrale sont indépendantes de l'arbitraire qui existe dans sa définition; f sera dite sommable si f_1 est sommable et on posera $\int f = \int f_1$.

Proposition 23 (réciproque de la proposition 22). *Si* $f \geqslant 0$, *et si* $\int f = 0$, *alors* f *est presque partout nulle. Si* $f \geqslant g$, *et si* $\int f = \int g$, *alors* f *et* g *sont presque partout égales.*

On dira que deux fonctions f et g, presque partout définies et presque partout $\neq \infty$ sont équivalentes si elles sont presque partout égales.

Une classe de fonctions sera l'ensemble des fonctions (presque partout définies et partout finies) presque partout égales à une fonction définie et finie.

On appelle L^1 l'espace vectoriel des classes de fonctions sommables. C'est le quotient de l'espace vectoriel $\mathfrak{L}^1$ des fonctions sommables, par le sous-espace des fonctions presque partout nulles. Comme l'intégrale d'une fonction sommable ne dépend que de sa classe, l'intégrale est une forme ou fonctionnelle sur l'espace L^1.

Mesure des ensembles sur R

Si E est l'intervalle $]a, b[$, sa mesure $(b - a)$ est aussi l'intégrale de sa fonction caractéristique. De façon générale on dira qu'un ensemble E est mesurable si sa fonction caractéristique φ_E est mesurable. On appelle mesure de E, qu'on notera mes E, l'intégrale $\int \varphi_E \geqslant 0$. Si φ_E est sommable, E sera dit sommable. Si φ_E est non sommable, on notera mes $E = + \infty$.

Proposition 24. *La mesure (finie ou infinie) de la réunion* E *d'un nombre fini ou d'une infinité dénombrable d'ensembles* E_i *est au plus égale à la somme de leurs mesures:* mes $E \leqslant \sum_i$ mes E_i *(série à termes* $\geqslant 0$).

On a mes $E = \sum_i$ mes E_i, *si les* E_i *sont deux à deux sans point commun.*

Intégrale sur un ensemble

Soit E un sous-ensemble de R, f une fonction réelle ou complexe définie sur E. On dira que f est sommable sur E si la fonction f_0 égale à $f(x)$ pour $x \in E$ et à 0 pour $x \notin E$ est sommable sur R; on appellera alors intégrale de f sur E le nombre :

$$\int_E f(x)\,dx = \int f_0(x)\,dx. \tag{I, 2; 7}$$

C'est pourquoi il n'était pas nécessaire de faire une théorie spéciale de l'intégrale sur un intervalle fini (a, b) avant l'intégrale sur R, puisqu'elle en est un cas particulier évident.
On sait que si $a \leqslant b$, on a l'habitude d'appeler $\int_a^b f(x)\,dx$ l'intégrale de f sur l'intervalle (a, b), et si $b \leqslant a$, d'appeler $\int_a^b f(x)\,dx$ l'opposé $-\int_b^a f(x)\,dx$ de l'intégrale de f sur l'intervalle (b, a).
Si f était définie sur E, la fonction f_0 n'est autre que $f\varphi_E$ et

$$\int_E f(x)\,dx = \int_R f(x)\varphi_E(x)\,dx. \tag{I, 2; 8}$$

On a la majoration suivante :

si pour $x \in E$, $m \leqslant f(x) \leqslant M$ [resp $|f(x)| \leqslant M$]

alors $m(\text{mes } E) \leqslant \int_E f(x)\,dx \leqslant M(\text{mes } E)$

$$\left[\text{resp } \left|\int_E f(x)\,dx\right| \leqslant M(\text{mes } E)\right]$$

(majoration qui n'a d'intérêt que si mes E est fini).
Si E est de mesure nulle, $\int_E f(x)\,dx = 0$ quelle que soit f.

Changement de variables

Soit (a, b) un intervalle borné, $x = \xi(t)$ une fonction continue, à dérivée continue $\xi'(t)$ de la variable t pour $\alpha \leqslant t \leqslant \beta$. On suppose que $\xi(\alpha) = a$, $\xi(\beta) = b$. Alors si $f(x)$ est une fonction continue sur $\xi((\alpha, \beta))$ on sait que $\int_a^b f(x)\,dx$ peut s'écrire :

$$\int_\alpha^\beta f(\xi(t))\xi'(t)dt.$$

Supposons $\xi(t)$ *monotone*. Si alors on appelle T l'intervalle (α, β)

ou (β, α) selon que $\alpha \leqslant \beta$ ou $\beta \leqslant \alpha$, X l'intervalle (a, b) ou (b, a) selon que $a \leqslant b$ et $b \leqslant a$, on a, quels que soient les positions respectives de a et b, de α et β :

$$(\text{I}, 2; 9) \qquad \int_X f(x)\,dx = \int_T f(\xi(t))|\xi'(t)|dt,$$

(supposons, par exemple $\alpha \leqslant \beta$. Si ξ est croissante, on a $a \leqslant b$, et $\int_X = \int_a^b$, $\int_T = \int_\alpha^\beta$; on a $\xi'(t) \geqslant 0$ donc $|\xi'(t)| = \xi'(t)$. Si au contraire ξ est décroissante, on a $b \leqslant a$, $\int_X = -\int_\alpha^b$, $\int_T = \int_\alpha^\beta$, et $|\xi'(t)| = -\xi'(t)$).

On peut alors généraliser :

Proposition 25. *Si* T *est un ensemble de* R, $x = \xi(t)$ *une fonction continue à dérivée continue, définie sur un ensemble ouvert contenant* T, *et soit* X *l'ensemble parcouru par* x *lorsque* t *parcourt* T ; *on suppose de plus que l'application* ξ *est biunivoque sur* T. *Alors pour que* $f(x)$ *soit sommable sur* X, *il faut et il suffit que* $f(\xi(t))\,|\xi'(t)|$ *soit sommable sur* T, *et alors* :

$$(\text{I}, 2; 10) \qquad \int_X f(x)\,dx = \int_T f(\xi(t))|\xi'(t)|\,dt$$

Intégrale multiple

C'est une fonctionnelle qui à toute fonction sommable f de n variables $x_1, x_2, \ldots, x_n$ fait correspondre un nombre, son intégrale, notée :

$$(\text{I}, 2; 11) \qquad \iint \cdots \int_{R^n} f(x_1, \ldots, x_n)\,dx_1\,dx_2, \ldots, dx_n$$

ou

$$\iint \cdots \int_{R^n} f \quad \text{ou} \quad \iint \cdots \int f.$$

En appelant x le point de l'espace à n dimensions R^n de coordonnées $x_1, \ldots, x_n$ et en posant $dx = dx_1\,dx_2, \ldots, dx_n$ (souvent appelé élément de volume) on pourra considérer f comme fonction définie sur R^n et noter son intégrale :

$$(\text{I}, 2; 12) \qquad \iint \cdots \int f(x)\,dx.$$

L'intégrale multiple a des propriétés analogues à celles de l'intégrale simple. La mesure des ensembles de R^n est évidemment la mesure volumétrique. Ainsi la mesure du parallélépipède (que nous appellerons pavé) défini par les inégalités $a_i \leqslant x_i \leqslant b_i$, $i = 1, 2, \ldots, n$, est

$$\prod_{\nu=1}^{\nu=n} (b_\nu - a_\nu). \tag{I, 2; 13}$$

Si $f(x)$ est compris entre m et M sur ce pavé, son intégrale sur ce pavé est comprise entre :

$$m\prod_{\nu=1}^{\nu=n} (b_\nu - a_\nu) \quad \text{et} \quad M\prod_{\nu=1}^{\nu=n} (b_\nu - a_\nu). \tag{I, 2; 14}$$

Une courbe, une surface, une sous-variété de dimension $k \leqslant n-1$ est de mesure nulle si elle est assez régulière (par exemple si elle a partout une sous-variété linéaire tangente variant continuement) ; cela donne des exemples simples d'ensembles non dénombrables de mesure nulle.

Changement de variables dans les intégrales multiples

La règle donnée pour une variable se généralise comme suit :

Proposition 26. *Soit* T *un ensemble de* R^n, $x = \xi(t)$ *une application de* T *dans* R^n *définie par n fonctions,* $x_i = \xi_i(t_1, \ldots, t_n)$ $i = 1, 2, \ldots, n$, *les* ξ_i *étant définies, continues, à dérivées partielles du premier ordre continues dans un ensemble ouvert de* R^n *contenant* T ; *on suppose de plus que* ξ *est biunivoque sur* T. *Appelons* $\mathrm{J}(t) = \mathrm{J}(t_1, \ldots, t_n)$ *le déterminant jacobien de l'application* ξ, *déterminant des* $\dfrac{\partial \xi_i}{\partial t_j}$. *Alors, pour que* $f(x)$ *soit sommable sur l'ensemble* X *parcouru par* x, *lorsque t parcourt* T, *il faut et il suffit que* $f(\xi(t))\,|\mathrm{J}(t)|$ *soit sommable sur* T, *et alors :*

$$\iint \cdots \int_{\mathrm{X}} f(x_1, \ldots, x_n)\, dx_1\, dx_2, \ldots, dx_n \tag{I, 2; 15}$$
$$= \iint \cdots \int_{\mathrm{T}} f[\xi_1(t_1, \ldots, t_n), \xi_2(t_1, \ldots, t_n), \xi_n(t_1, \ldots, t_n)]\,|\mathrm{J}(t_1, \ldots, t_n)|\, dt_1, \ldots, dt_n,$$

$$\mathrm{J}(t_1, \ldots, t_n) = \begin{vmatrix} \dfrac{\partial \xi_1}{\partial t_1} & \dfrac{\partial \xi_1}{\partial t_2} & \cdots & \dfrac{\partial \xi_1}{\partial t_i} & \cdots & \dfrac{\partial \xi_1}{\partial t_n} \\ \dfrac{\partial \xi_2}{\partial t_1} & \dfrac{\partial \xi_2}{\partial t_2} & \cdots & \dfrac{\partial \xi_2}{\partial t_i} & \cdots & \dfrac{\partial \xi_2}{\partial t_n} \\ \cdots & \cdots & \cdots & \cdots & \cdots & \cdots \\ \cdots & \cdots & \cdots & \cdots & \cdots & \cdots \\ \dfrac{\partial \xi_k}{\partial t_1} & \dfrac{\partial \xi_k}{\partial t_2} & \cdots & \dfrac{\partial \xi_k}{\partial t_i} & \cdots & \dfrac{\partial \xi_k}{\partial t_n} \\ \cdots & \cdots & \cdots & \cdots & \cdots & \cdots \\ \dfrac{\partial \xi_n}{\partial t_1} & \dfrac{\partial \xi_n}{\partial t_2} & \cdots & \dfrac{\partial \xi_n}{\partial t_i} & \cdots & \dfrac{\partial \xi_n}{\partial t_n} \end{vmatrix} \tag{I, 2; 16}$$

Exemple. Posons dans le plan R^2 : $x = r \cos \theta$, $y = r \sin \theta$. Prenons $X = R^2$. Prenons pour T l'ensemble de valeurs $0 < r$, $0 \leqslant \theta < 2\pi$ augmenté de l'élément $r = 0$, $\theta = 0$ de façon que $(r, \theta) \to (x, y)$ soit biunivoque sur T.

Ici

$$\text{(I, 2; 17)} \qquad J(r, \theta) = \begin{vmatrix} \cos\theta & -r\sin\theta \\ \sin\theta & r\cos\theta \end{vmatrix} = r$$

donc, pour que $f(x, y)$ soit sommable sur R^2, il faut et il suffit que $f(r \cos \theta, r \sin \theta)\, r$ soit sommable sur T, et alors

$$\text{(I, 2; 18)} \qquad \iint_{R^2} f(x, y)\, dx\, dy = \iint_T f(r\cos\theta, r\sin\theta)\, r\, dr\, d\theta.$$

On peut remplacer l'intégrale $\iint_T$ par l'intégrale sur l'ensemble $0 \leqslant r$, $0 \leqslant \theta \leqslant 2\pi$ qui dans le plan des coordonnées cartésiennes r, θ est une demi-bande d'épaisseur 2π parallèle à l'axe des r, car cela revient à ajouter à T l'ensemble $r > 0$, $\theta = 2\pi$ et l'ensemble $r = 0$, $0 < \theta \leqslant 2\pi$, qui sont des droites ou segments de droites du plan des (r, θ), donc des ensembles de mesure nulle.

Calcul d'une intégrale double par intégrations simples successives. Théorème de Fubini-Lebesgue

Soit $f(x, y)$ une fonction continue de 2 variables x, y dans un pavé $a \leqslant x \leqslant a'$, $b \leqslant y \leqslant b'$. Pour tout x fixé, la fonction $y \to f(x, y)$ est une fonction continue d'une variable y, on peut donc l'intégrer sur l'intervalle (b, b'). L'intégrale obtenue $I(x)$ dépend de x, c'est donc une fonction de x définie dans l'intervalle (a, a'). Alors :

Proposition 27. *Si f est continue pour $a \leqslant x \leqslant a'$, $b \leqslant y \leqslant b'$, l'intégrale $I(x) = \int_b^{b'} f(x, y)\, dy$ est une fonction continue de x dans l'intervalle $a \leqslant x \leqslant a'$. Son intégrale $\int_a^{a'} I(x)\, dx$ n'est autre que $\iint_{\substack{a \leqslant x \leqslant a' \\ b \leqslant y \leqslant b'}} f(x, y)\, dx\, dy$.* On a donc :

(I, 2; 19)

$$\iint_{\substack{a \leqslant x \leqslant a' \\ b \leqslant y \leqslant b'}} f(x, y)\, dx\, dy = \int_a^{a'} dx \int_b^{b'} f(x, y)\, dy = \int_b^{b'} dy \int_a^{a'} f(x, y)\, dx.$$

Nous allons généraliser cette proposition dans le cas où f n'est plus nécessairement continue et où le pavé est remplacé par R^2 lui-même.

Proposition 28. *Si $f(x, y)$ est sommable sur R^2 la fonction $y \to f(x, y)$ pour x fixé est sommable par rapport à y, sauf pour certaines valeurs exceptionnelles de x qui forment un ensemble de mesure nulle.*

La quantité $\mathrm{I}(x) = \int_{-\infty}^{+\infty} f(x, y)\, dy$ *est donc une fonction de* x, *définie presque partout. Elle est sommable et son intégrale* $\int_{-\infty}^{+\infty} \mathrm{I}(x)\, dx$ *n'est autre que* $\iint_{\mathrm{R}^2} f(x, y)\, dx\, dy$. On a donc :

$$\text{(I, 2; 20)} \quad \iint_{\mathrm{R}^2} f(x, y)\, dy = \int_{-\infty}^{+\infty} dx \int_{-\infty}^{+\infty} f(x, y)\, dy = \int_{-\infty}^{+\infty} dy \int_{-\infty}^{+\infty} f(x, y)\, dx$$

Remarques. 1) Si $f(x, y)$ n'est pas sommable, il peut arriver que l'une des deux expressions :

$$\text{(I, 2; 21)} \quad \int_{-\infty}^{+\infty} dx \int_{-\infty}^{+\infty} f(x, y)\, dy, \qquad \int_{-\infty}^{+\infty} dy \int_{-\infty}^{+\infty} f(x, y)\, dx$$

ait un sens sans que l'autre ait un sens; il peut même arriver que chacune ait un sens et que les valeurs soient distinctes.

Exemple.

$$\text{(I, 2; 22)} \quad \begin{aligned} \int_0^1 dx \int_0^1 \frac{x^2 - y^2}{(x^2 + y^2)^2}\, dy &= \frac{\pi}{4} \\ \int_0^1 dy \int_0^1 \frac{x^2 - y^2}{(x^2 + y^2)^2}\, dx &= -\frac{\pi}{4} \end{aligned}$$

2) On ne pouvait pas espérer que $f(x, y)$ serait sommable en y pour toutes les valeurs de x. En effet on peut modifier $f(x, y)$ sur une verticale $x = a$ n'importe comment sans changer sa sommabilité, puisque la droite $x = a$ est un ensemble de mesure nulle dans R^2.

Cela permet de prendre pour fonction $y \to f(a, y)$ n'importe quelle fonction de y, donc n'ayant aucune raison d'être sommable en y. Mais l'ensemble des valeurs de x où une telle circonstance peut se produire étant de mesure nulle, $\mathrm{I}(x)$ est définie presque partout, et c'est la seule chose qui importe. Voir exemple, formule (I, 2; 61).

3) Le théorème de Fubini est à comparer au théorème de sommation par paquets dans les séries sommables. Or, on sait que ce théorème admet une réciproque dans le cas de séries à termes $\geqslant 0$. Il en est de même ici :

PROPOSITION 29. *Si* $f(x, y) \geqslant 0$ (f étant toujours supposée mesurable), *si la fonction* $y \rightarrow f(x, y)$ *pour* x *fixé est sommable en* y, *sauf pour certaines valeurs de* x *formant un ensemble de mesure nulle, si la fonction*

$I(x) = \int_{-\infty}^{+\infty} f(x, y)\, dy$ *ainsi définie presque partout est sommable en* x, *alors* $f(x, y)$ *est sommable et :*

$$\int_{-\infty}^{+\infty} I(x)\, dx = \iint_{R^2} f(x, y)\, dx\, dy. \tag{I, 2; 23}$$

Autrement dit, dans le cas d'une fonction $f(x, y) \geqslant 0$ les 3 intégrales :

$$\iint_{R^2} f(x, y)\, dx\, dy, \qquad \int_{-\infty}^{+\infty} dx \int_{-\infty}^{+\infty} f(x, y)\, dy, \tag{I, 2; 24}$$
$$\int_{-\infty}^{+\infty} dy \int_{-\infty}^{+\infty} f(x, y)\, dx$$

qui sont toujours définies, finies ou égales à $+\infty$, prennent toujours la même valeur.

Corollaire. Si f *est telle que l'une des intégrales* (I, 2; 24) *relative à* $|f|$ *ou a une majorante* $g \geqslant 0$ *de* $|f|$ *soit finie, les 3 intégrales* (I, 2; 24) *relatives à* f *ont un sens et sont égales.*

En effet $|f|$ est sommable, donc aussi f.

Naturellement, il est possible d'appliquer le théorème de Fubini pour une intégrale du type $\iint_E f(x, y)\, dx\, dy$ où E est un ensemble de R^2 pourvu que f soit sommable sur E ou que f soit $\geqslant 0$.

Comme cela revient à calculer $\iint_{R^2} f_0(x, y)\, dx\, dy$ où f_0 est la fonction définie sur E et prolongée par zéro pour $x \notin E$, il n'y a pas là un théorème nouveau. Soit $E(x)$ la « section de E » par la verticale d'abscisse x, c'est-à-dire l'ensemble des points y tels que $(x, y) \in E$. Alors on aura :

$$\iint_E f(x, y)\, dx\, dy = \int_{-\infty}^{+\infty} dx \int_{E(x)} f(x, y)\, dy. \tag{I, 2; 25}$$

Exemple. Primitive d'ordre n et reste de la formule de Taylor. Calculons pour f, fonction continue d'une variable :

$$\int_0^x d\xi \int_0^{\xi} f(t)\, dt. \tag{I, 2; 26}$$

C'est une primitive seconde de f, s'annulant pour $x = 0$ ainsi que sa dérivée première.
Supposons d'abord $x > 0$. L'intégrale s'écrit $\iint_E f(t)dt\,d\xi$ où E est l'ensemble des points (ξ, t) vérifiant $0 \leqslant \xi \leqslant x$, $0 \leqslant t \leqslant \xi$.
Elle peut donc aussi s'écrire :

$$\text{(I, 2; 27)} \qquad \int_0^x dt \int_t^x f(t)\,d\xi = \int_0^x (x - t)\,f(t)\,dt.$$

Elle s'exprime donc par une intégrale simple. On voit aisément que c'est encore vrai pour $x < 0$.
Plus généralement, si f est une fonction continue d'une variable, sa primitive n^ième^ s'annulant pour $x = 0$ ainsi que ses dérivées d'ordre $\leqslant n - 1$ s'écrit :

$$\text{(I, 2; 28)} \qquad \int_0^x d\xi_1 \int_0^{\xi_1} d\xi_2, \;\ldots,\; \int_0^{\xi_{n-1}} f(\xi_n)\,d\xi_n.$$

On peut montrer par récurrence que cette intégrale s'exprime par une intégrale simple :

$$\text{(I, 2; 29)} \qquad \int_0^x \frac{(x - t)^{n-1}}{(n - 1)\,!}\,f(t)\,dt.$$

C'est en effet vrai pour $n = 1$. Supposons que ce soit vrai pour $n \leqslant m - 1$, montrons-le pour $n = m$. L'intégrale (I, 2; 28) s'écrit alors

$$\text{(I, 2; 30)} \qquad \int_0^x d\xi_1 \int_0^{\xi_1} \frac{(\xi_1 - t)^{m-2}}{(m - 2)\,!}\,f(t)\,dt.$$

En invertissant l'ordre des intégrations comme dans (I, 2; 26-27) on obtient :

$$\text{(I, 2; 31)} \qquad \int_0^x f(t)\,dt \int_t^x \frac{(\xi_1 - t)^{m-2}}{(m - 2)\,!}\,d\xi_1 = \int_0^x \frac{(x - t)^{m-1}}{(m - 1)\,!}\,f(t)\,dt,$$

C.Q.F.D.

Soit alors f une fonction continue d'une variable, ayant des dérivées continues jusqu'à l'ordre $n + 1$ inclusivement. L'intégrale :

$$\text{(I, 2; 32)} \qquad \int_0^x \frac{(x - t)^n}{n\,!}\,f^{(n+1)}(t)\,dt$$

est une fonction de x, primitive $n + 1$^ième^ de $f^{(n+1)}$, nulle à l'origine ainsi que ses dérivées d'ordre $\leqslant n$. Alors f, qui est aussi une primitive $(n+1)$-ième de $f^{(n+1)}$, s'obtiendra en ajoutant à cette intégrale un polynôme de degré $\leqslant n$, dont les dérivées d'ordre $\leqslant n$ pour $x = 0$ sont celles de f. D'après la formule de Taylor relative aux polynômes, ce polynôme est donc :

$$\sum_{\nu=0}^{\nu=n} \frac{f^{(\nu)}(0)}{\nu!} x^\nu. \tag{I, 2; 33}$$

On a donc :

$$f(x) = \sum_{\nu=0}^{\nu=n} \frac{f^{(\nu)}(0)}{\nu!} x^\nu + \int_0^x \frac{(x-t)^n}{n!} f^{(n+1)}(t)\, dt. \tag{I, 2; 34}$$

C'est la formule de Taylor pour les fonctions, avec reste exprimé sous forme intégrale. Si la dérivée $n+1^{\text{ième}}$ de f dans l'intervalle $(0, x)$ est majorée en module par M, le reste est majorée par

$$\mathrm{M}\left|\int_0^x \frac{(x-t)^n}{n!} dt\right| = \mathrm{M}\left|\left[\frac{(x-t)^{n+1}}{(n+1)!}\right]_0^x\right| = \mathrm{M}\frac{|x|^{n+1}}{(n+1)!}; \tag{I, 2; 35}$$

c'est la majoration classique du reste de la formule de Taylor.

Extension aux intégrales multiples d'ordre quelconque

Une intégrale triple $\iiint_{\mathrm{R}^3} f(x, y, z)\, dx\, dy\, dz$ pourra si f est sommable ou si $f \geqslant 0$ se calculer par 3 intégrales simples successives :

$$\int_{-\infty}^{+\infty} dx \int_{-\infty}^{+\infty} dy \int_{-\infty}^{+\infty} f(x, y, z)\, dz. \tag{I, 2; 36}$$

Pour x et y fixés, l'intégrale en z a un sens, sauf pour certaines valeurs de (x, y) exceptionnelles, formant un ensemble de mesure nulle de l'espace R^2. L'intégrale $\mathrm{I}(x, y) = \int_{-\infty}^{+\infty} f(x, y, z)\, dz$ est donc définie presque partout. Elle est sommable en (x, y) et la méthode utilisée consiste à calculer son intégrale double $\iint_{\mathrm{R}^2} \mathrm{I}(x, y)\, dx\, dy$ par deux intégrations successives. Mais on aurait donc aussi pu écrire l'intégrale triple comme :

$$\iint_{\mathrm{R}^2} dx\, dy \int_{-\infty}^{+\infty} f(x, y, z)\, dz. \tag{I, 2; 37}$$

On pourra aussi effectuer d'abord une intégration double, puis une intégration simple :

(I, 2 ; 38) $$\int_{-\infty}^{+\infty} dx \iint_{\mathrm{R}^2} f(x, y, z)\, dy\, dz, \text{ etc...}$$

Proposition 30. *Si $f(x_1, \ldots, x_n)$ est un produit $f_1(x_1), \ldots, f_n(x_n)$ de fonctions dépendant d'une seule variable et dont aucune n'est presque partout nulle, pour qu'elle soit sommable, il faut et il suffit que chacune des fonctions $f_i(x_i)$ soit sommable, et l'intégrale de f est le produit des intégrales.*

$$\iint \cdots \int_{\mathrm{R}^n} f_1(x_1) f_2(x_2) \ldots, f_n(x_n)\, dx_1 \ldots dx_n = \prod_{\nu=1}^{\nu=n} \left(\int_{-\infty}^{+\infty} f_\nu(x_\nu)\, dx_\nu \right)$$

C'est évident si f est sommable en appliquant le théorème de Fubini. Toutefois il n'est pas nécessaire de supposer d'abord f sommable. Si chacune des fonctions $f_\nu(x_\nu)$ est sommable, chacune des fonctions $|f_\nu(x_\nu)|$ est sommable, mais comme alors ces fonctions sont $\geqslant 0$, on a le droit d'en déduire que $|f|$ est sommable, donc f est sommable.

Utilisation d'intégrales sphériques

Soit à calculer $\iint_{\mathrm{R}^2} f(x, y)\, dx\, dy$, f étant supposée sommable ou $\geqslant 0$. On peut toujours, par changement de variables, l'écrire :

(I, 2 ; 39) $$\iint_{\substack{0 \leqslant r \\ 0 \leqslant \theta \leqslant 2\pi}} f(r \cos \theta, r \sin \theta)\, dr\, d\theta$$

On pourra calculer cette intégrale double par 2 intégrations simples successives :

(I, 2 ; 40) $$\int_0^{\infty} dr \int_0^{2\pi} f(r \cos \theta, r \sin \theta)\, r d\theta$$

Remarquons que $r\, d\theta = ds$, élément de longueur sur la circonférence de rayon r.

Cette formule peut s'étendre dans l'espace à n dimensions, en admettant l'existence d'intégrales sur les sphères de centre O par rapport à l'aire $[(n-1)$ dimensionnelle$]$ $d\mathrm{S}$, et en admettant que cette intégrale possède des propriétés analogues aux intégrales simples ou multiples. Ainsi :

Proposition 31. *Soit $f(x_1, \ldots, x_n)$ une fonction de n variables, sommable ou $\geqslant 0$. Appelons $\mathrm{I}(r)$ l'intégrale $\iint \cdots \int f(x)\, d\mathrm{S}$ de la fonction*

f sur la sphère de centre O, de rayon r, par rapport à la mesure superficielle dS. $I(r)$ sera définie pour les valeurs de r pour lesquelles f est sommable par rapport à dS sur la sphère de rayon r (elle est alors définie pour presque toutes les valeurs de r si f est sommable); elle est aussi définie, finie ou égale à $+\infty$, pour toutes les valeurs de r si $f \geqslant 0$. On a alors:

(I, 2; 41)
$$\int \cdots \iint_{R^n} f(x)\, dx = \int_0^{\infty} I(r)\, dr = \int_0^{\infty} dr \iiint_{\sum x_i^2 = r^2} \cdots \int f\, dS$$

(toutes ces quantités étant finies si f est sommable sur R^n, finies $\geqslant 0$ ou égales à $+\infty$ si f est $\geqslant 0$).

Cas particulier. Supposons que f soit une fonction de la variable $r = \sqrt{\sum x_i^2}$: $f(x_1, x_2, ..., x_n) = f(r)$. Alors $\iint \cdots \int f\, dS$ est égale à $S(r)\, f(r)$, en désignant par $S(r)$ l'aire de la sphère de rayon r. Par raison d'homogénéité :

(I, 2; 42)
$$S(r) = S_n r^{n-1}$$

S_n étant l'aire de la sphère unité dans R^n.
Alors :

Proposition 32. *Si f est une fonction définie sur R^n, ne dépendant que de $\sqrt{\sum x_i^2} = r$, pour qu'elle soit sommable sur R^n, il faut et il suffit que $f(r)\, r^{n-1}$ soit sommable sur $(0, +\infty)$ et alors :*

(I, 2; 43)
$$\iint \cdots \int f(x_1, x_2, \ldots, x_n)\, dx_1\, dx_2 \ldots dx_n = S_n \int_0^{+\infty} f(r)\, r^{n-1}\, dr.$$

Remarques. 1) Contrairement au théorème de Fubini, il n'est pas nécessaire de supposer d'abord f sommable sur R^n. En effet si $f(r)r^{n-1}$ est sommable sur $(0, +\infty$, $|f(r)|r^{n-1}$ est aussi sommable sur $(0, +\infty)$, et comme il s'agit d'une fonction $\geqslant 0$, cela entraîne que $|f|$, donc f soit sommable sur R^n.

2) Cette formule ramène les intégrales multiples où figurent seulement des fonctions de r à des intégrales simples, pourvu que l'on connaisse S_n. Or $S_2 = 2\pi$, $S_3 = 4\pi$. On vérifie facilement que pour

la formule soit juste, il faut prendre $S_1 = 2$. Nous calculerons ultérieurement S_n pour toute valeur de n (chapitre VIII, formule (VIII, 1; 24)).

Remarquons dès maintenant que le volume de la boule de centre O, de rayon R, est :

$$\text{(I, 2; 44)}\quad B_n(R) = \iint_{\sqrt{\Sigma x_i^2} \leqslant R} \cdots \int 1 . dx_1, \ldots, dx_n = S_n \int_0^R r^{n-1}\, dr$$

$$\text{(I, 2; 45)}\quad B_n(R) = S_n \frac{R^n}{n}.$$

Exemple.

$$\text{(I, 2; 46)}\quad \begin{aligned} B_2(R) &= 2\pi . \frac{R^2}{2} = \pi R^2, \\ B_3(R) &= 4\pi . \frac{R^3}{3} = \frac{4}{3}\pi R^3 \end{aligned}$$

et aussi : $B_1(R) = 2 . R = 2\,R$.

Proposition 33. *L'intégrale*

$$\text{(I, 2; 47)}\quad \iint_{r \geqslant 1} \cdots \int \frac{dx_1 \ldots dx_n}{r^\alpha}$$

est finie pour $\alpha > n$, *infinie pour* $\alpha \leqslant n$; *l'intégrale :*

$$\text{(I, 2; 48)}\quad \iint_{r \leqslant 1} \cdots \int \frac{dx_1\, dx_2 \ldots dx_n}{r^\alpha}$$

est finie pour $\alpha < n$, *infinie pour* $\alpha \geqslant n$.

En effet, ces intégrales s'écrivent :

$$\text{(I, 2; 49)}\quad S_n \int_1^\infty r^{n-1-\alpha} dr; \quad S_n \int_0^1 r^{n-1-\alpha} dr.$$

Exemple. Potentiel newtonien d'une couche électrique homogène de densité μ *répartie dans une boule de rayon* R.

En un point à la distance r de la charge e, le champ est $\frac{e}{r^2}$ dirigé suivant le rayon vecteur, compté positivement dans le sens du rayon vecteur (c'est-à-dire répulsif si $e \geqslant 0$). Le potentiel créé par la charge e est donc $\frac{e}{r} + C$ à la distance r; on détermine la constante C en écrivant que le potentiel à l'infini est nul, d'où $C = 0$.

Alors le potentiel créé par une couche de densité $\mu(x)$ quelconque, au point a, est la somme des potentiels créés par les couches élémentaires $\mu(x)\,dx$, donc par définition

$$\text{(I, 2; 50)} \qquad \mathrm{U}(a) = \iiint \frac{\mu(x)}{|x-a|}\,dx$$

Appliquons cette formule au cas de la densité égale à la constante μ dans une boule de rayon R et à 0 en dehors, a étant le centre de la boule, que nous prendrons comme origine :

$$\text{(I, 2; 51)} \qquad \mathrm{U}(0) = \iiint_{|x|\leqslant \mathrm{R}} \frac{\mu}{|x|}\,dx = \iiint_{r\leqslant \mathrm{R}} \frac{\mu}{r}\,dx$$

$$= \mathrm{S}_3\mu \int_0^{\mathrm{R}} \frac{r^2}{r}\,dr = 4\pi.\frac{\mathrm{R}^2}{2}\,\mu = 2\pi \mathrm{R}^2\mu$$

Retrouvons cette formule en utilisant la loi de Newton relative à l'attraction de couches sphériques.

En un point extérieur à la boule, à la distance r du centre le champ est le même que si toute la charge était concentrée au centre de la boule, soit :

$$\text{(I, 2; 52)} \qquad \mathrm{H}(r) = \frac{4}{3}\pi \mathrm{R}^3 \frac{\mu}{r^2}, \qquad r \geqslant \mathrm{R}$$

dirigé suivant le rayon de vecteur et compté positivement dans le sens du rayon vecteur. On en déduit le potentiel, à la distance $r \geqslant \mathrm{R}$ de 0 :

$$\text{(I, 2; 53)} \qquad \mathrm{U}(r) = \frac{4}{3}\pi \mathrm{R}^3 \frac{\mu}{r} + \mathrm{C}_1 = \frac{4}{3}\pi \mathrm{R}^3 \frac{\mu}{r}$$

car $\mathrm{U}(\infty)$ doit être nul.

En un point à la distance $r \leqslant \mathrm{R}$ de 0, seules comptent les charges à une distance $\leqslant r$ de 0, et le champ est le même que si elles étaient concentrées au centre de la boule :

$$\text{(I, 2; 54)} \qquad \mathrm{H}(r) = \frac{4}{3}\pi r^3\mu\,.\,\frac{1}{r^2} = \frac{4}{3}\pi r\mu$$

compté positivement dans le sens du rayon vecteur.

Le potentiel correspondant, à la distance $r \leqslant \mathrm{R}$ de 0, est :

$$\text{(I, 2; 55)} \qquad \mathrm{U}(r) = -\frac{2}{3}\pi r^2\mu + \mathrm{C}_2, \qquad r \leqslant \mathrm{R}.$$

Nous déterminerons la constante C_2 en écrivant que U(R) est la quantité déjà trouvée formule (I, 2; 53)

(I, 2; 56) $$-\frac{2}{3}\pi R^2\mu + C_2 = \frac{4}{3}\pi R^2\mu$$

d'où

(I, 2, 57) $$C_2 = 2\pi R^2\mu,$$

ce qui donne, pour (I, 2; 55)

(I, 2; 58) $$U(r) = -\frac{2}{3}\pi r^2\mu + 2\pi R^2\mu, \qquad r \leqslant R$$

Il suffit alors de faire $r = 0$ pour retrouver

(I, 2; 59) $$U(0) = 2\pi R^2\mu,$$

formule identique à (I, 2; 51).

Remarques diverses.

1) On rappelle que $\vec{H} = -\overrightarrow{\text{grad}}\, U$, donc

(I, 2; 60) $$H(r) = -\frac{dU}{dr}.$$

A titre de vérification (pour éviter les fautes de signe) ! le champ va toujours dans le sens du potentiel décroissant.

2) L'intégrale (I, 2; 50) est sommable, dès que $\mu(x)$ est bornée et nulle en dehors d'un ensemble borné, car elle est majorée à un facteur près par celle de $\iiint_{r \leqslant r_0} \frac{dx}{r}$, nous sommes donc (proposition 33) dans le cas $\alpha = 1 < 3$.

Supposons qu'on calcule (I, 2; 51) par le théorème de Fubini (calcul recommandé à titre d'exercice). On aura, en appelant ξ, η, ζ, les coordonnées de $x \in R^3$.

(I, 2; 61) $$U(0) = \mu \iint_{\xi^2+\eta^2<R^2} d\xi\, d\eta \int_{-\sqrt{R^2-\xi^2-\eta^2}}^{+\sqrt{R^2-\xi^2-\eta^2}} \frac{d\zeta}{\sqrt{\xi^2+\eta^2+\zeta^2}}$$

Pour ξ, η, fixés, l'intégrale en ζ est bien sommable, sauf pour $(\xi, \eta) = (0, 0)$, auquel cas elle se réduit à

(I, 2; 62) $$\int_{-R}^{+R} \frac{d\zeta}{|\zeta|} = +\infty$$

Nous retrouvons la circonstance indiquée à propos du théorème de Fubini (proposition 28, remarque 2).

Ici la fonction $I(\xi, \eta) = \int_{-\sqrt{R^2-\xi^2-\eta^2}}^{+\sqrt{R^2-\xi^2-\eta^2}} \frac{d\zeta}{\sqrt{\xi^2+\eta^2+\zeta^2}}$ est définie partout pour $(\xi^2+\eta^2 < R^2$. Elle doit être prise égale à 0 pour $\xi^2+\eta^2 \geqslant R^2)$ sauf pour $(\xi, \eta) = (0, 0)$.

3) La formule (I, 2; 60) n'est valable que si $H(r)$ est une fonction définie et continue de $r > 0$. C'est ce qui se passe ici, d'après les formules (I, 2; 52) et (I, 2; 54). Cela permet à l'avance d'affirmer que $U(r)$ est une fonction continue de r à dérivée première continue. C'est cette constatation qui justifie l'égalisation des 2 fonctions $U(r)$ trouvées dans les cas $r \geqslant R$ et $r \leqslant R$, pour $r = R$.

Si $H(r)$ est seulement défini pour presque toutes les valeurs de r et sommable en r sur tout intervalle fini, la formule (I, 2; 60) devient inexacte et doit être remplacée par

(I, 2; 63) $$U(r_1) - U(r_2) = -\int_{r_2}^{r_1} H(r)\, dr$$

et $U(r)$ est encore une fonction continue de r (voir plus loin, proposition 34).

D'une façon générale, on peut montrer sur la formule (I, 2; 50) que si $\mu(x)$ est bornée et nulle en dehors d'un ensemble borné, $U(a)$ est une fonction continue de a, à dérivées partielles du premier ordre continues (voir page 59).

Intégrale indéfinie, comme fonction de sa borne supérieure

Proposition 34 (Lebesgue). *Si $f(x)$ est une fonction d'une variable réelle x, définie presque partout et sommable dans l'intervalle fini ou infini (a, b), l'intégrale indéfinie $F(x) = \int_a^x f(\xi)\, d\xi$ est continue pour tout $x \in (a, b)$, et admet pour presque toutes les valeurs de x une dérivée égale à $f(x)$.*

Remarque. On ne pouvait pas espérer que $F(x)$ ait *partout* une dérivée égale à $f(x)$, car si on modifie f sur un ensemble de mesure nulle, cela ne modifie pas F. Aux points x (formant un ensemble de mesure nulle) où l'on n'a pas $F'(x) = f(x)$, F peut avoir une dérivée différente de $f(x)$ ou n'avoir pas de dérivée du tout.

2. Intégrales impropres de Lebesgue semi-convergentes

Soit (a, b) un intervalle, fini ou infini, de la droite réelle, et f une fonction sommable dans $(a, b - \varepsilon)$, quel que soit $\varepsilon > 0$. Qu'elle soit ou non sommable dans (a, b) il peut arriver que :

$$\int_a^{b-\varepsilon} f(x)\, dx \quad \text{ait une limite pour} \quad \varepsilon \to 0;$$

on dit alors que l'intégrale de f dans (a, b) est convergente et on la note $\int_a^{\to b} f(x)\, dx$ $\left(\text{ou } \int_a^b f(x)\, dx\right.$ comme pour l'intégrale d'une fonction sommable). Si $\int_a^{\to b} |f(x)|\, dx$ est convergente, l'intégrale est dite absolument dans (a, b), f est alors sommable, et réciproquement; sinon, l'intégrale est dite semi-convergente.

Même définition pour $\int_{\to a}^{b} f(x)\, dx$, $\int_{\to a}^{\to b} f(x)\, dx$ (qui a un sens si, pour un point c entre a et b, chacune des intégrales $\int_{\to a}^{c}$, $\int_c^{\to b}$ a un sens).

Théorème d'Abel

Si pour $x > a$, $f(x)$ est un produit $\alpha(x)\, \beta(x)$, où $\alpha(x)$ est une fonction $\geqslant 0$ décroissante, tendant vers 0 pour $x \to +\infty$, β continue, et si

$$\sigma_{c,d} = \int_c^d \beta(x)\, dx \tag{I, 2; 64}$$

est majorée en module par une constante σ fixe, $\int_a^{\to +\infty} f(x)\, dx$ est convergente, et le « reste » $\int_A^{\to +\infty} f(x)\, dx$ est majoré en module par

$$\sigma\alpha(A). \tag{I, 2; 65}$$

Nous nous bornerons à le démontrer lorsque $\alpha(x)$ est continue et dérivable, donc à dérivée $\alpha' \leqslant 0$.

La fonction $\sigma_{a,x}$ est une primitive de $\beta(x)$ et on peut faire une intégration par parties :

$$\begin{aligned} \int_a^B f(x)\, dx &= [\sigma_{a,x}\alpha(x)]_{x=a}^{x=B} - \int_a^B \sigma_{a,x}\alpha'(x)\, dx \\ &= \sigma_{a,B}\alpha(B) - \int_a^B \sigma_{a,x}\alpha'(x)\, dx \end{aligned} \tag{I, 2; 66}$$

Pour $B \to \infty$, $\sigma_{a,B}$ est majoré par σ et $\alpha(B) \to 0$ donc le premier terme $\to 0$, et il reste à montrer que l'intégrale du deuxième membre a une limite pour $B \to \infty$, c'est-à-dire que $\int_a^{\to +\infty} \sigma_{a,x} \alpha'(x) dx$ est convergente. Or elle est même *absolument* convergente, car $|\sigma_{a,x}| \, |\alpha'(x)| \leqslant \sigma |\alpha'(x)|$ et :

$$\text{(I, 2; 67)} \qquad \int_a^B |\alpha'(x)| dx = -\int_a^B \alpha'(x) \, dx = \alpha(a) - \alpha(B) \to \alpha(a)$$

pour $B \to \infty$. Donc $\int_a^{\to +\infty} f(x) \, dx$ a bien un sens et de plus

$$\text{(I, 2; 68)} \qquad \left| \int_a^{\to +\infty} f(x) \, dx \right| \leqslant \int_a^{+\infty} |\sigma_{a,x}| |\alpha'(x)| dx \leqslant \sigma\alpha(a).$$

La même majoration appliquée à $\int_A^{\to +\infty} f(x) \, dx$ donne $\sigma\alpha(A)$.

C.Q.F.D.

Exemples. Intégrales trigonométriques.

$$\text{(I, 2; 69)} \qquad \int_a^{\to +\infty} \alpha(x) e^{i\lambda x} \, dx$$

a un sens pour λ réel $\neq 0$ si α est $\geqslant 0$ décroissante, et $\to 0$ pour $x \to \infty$.

En effet ici $\beta(x) = e^{i\lambda x}$, $\sigma_{cd} = \dfrac{e^{i\lambda d} - e^{i\lambda c}}{i\lambda}$, $\sigma \leqslant \dfrac{2}{|\lambda|}$. De même les intégrales :

$$\text{(I, 2; 70)} \qquad \int_a^{\to +\infty} \alpha(x) \cos \lambda x \, dx, \qquad \int_a^{\to +\infty} \alpha(x) \sin \lambda x \, dx$$

sont convergentes, avec les mêmes hypothèses sur $\alpha(x)$.

De plus la dernière a encore un sens pour $\lambda = 0$ puisqu'elle est nulle. Si $\alpha(x)$ n'est pas sommable, ces intégrales ne convergent pas absolument.

Considérons par exemple les intégrales :

(I, 2; 71)

$$I = \int_0^{\to +\infty} \frac{e^{i\lambda x}}{\sqrt{x}} dx, \qquad C = \int_0^{\to +\infty} \frac{\cos \lambda x}{\sqrt{x}} dx, \qquad S = \int_0^{\to +\infty} \frac{\sin \lambda x}{\sqrt{x}} dx.$$

Elles convergent pour $\lambda \neq 0$. Effectuons le changement de variables

$x = t^2$ (il est autorisé pour un intervalle fini $\int_0^B$, d'où par passage à la limite pour $\int_0^{\to +\infty}$). On en déduit que les intégrales :

(I, 2; 72)

$$\frac{I}{2} = \int_0^{\to +\infty} e^{i\lambda t^2} dt, \qquad \frac{C}{2} = \int_0^{\to +\infty} \cos \lambda t^2 dt, \qquad \frac{S}{2} = \int_0^{\to +\infty} \sin \lambda t^2 dt$$

sont semi-convergentes (alors même que $|e^{i\lambda t^2}| = 1$).

Ces intégrales sont les *intégrales de Fresnel*; on démontre que

$$\int_0^{\to +\infty} \cos t^2 \, dt = \int_0^{\to +\infty} \sin t^2 \, dt = \frac{\sqrt{\pi}}{2\sqrt{2}}.$$

Valeur principale de Cauchy

Soit f une fonction définie pour $a \leqslant x \leqslant b$, sommable dans $(a, c - \varepsilon)$ et dans $(c + \varepsilon, b)$ quel que soit $\varepsilon > 0$, non nécessairement dans (a, b). Habituellement on considère que $\int_a^b f(x)\, dx$ a un sens si chacune des intégrales $\int_a^{\to c}$, $\int_{\to c}^b$ a un sens. Cela vient à dire que $\int_a^{c-\eta} + \int_{c+\varepsilon}^b$ a une limite lorsque η et $\varepsilon \to 0$ indépendamment l'un de l'autre.

Il peut arriver que cette limite n'existe pas, mais qu'elle existe si $\eta = \varepsilon$, $\varepsilon \to 0$. On dit alors que l'intégrale de f est convergente en valeur principale de Cauchy et on note :

$$\text{vp} \int_a^b f(x)\, dx = \lim_{\varepsilon \to 0} \left(\int_a^{c-\varepsilon} + \int_{c+\varepsilon}^b \right)$$

Proposition 35. *Pour que vp $\int_a^b f(x)\, dx$ existe il faut et il suffit que f soit, au voisinage de $x = c$, la somme d'une fonction antisymétrique $f_1(f_1(c + u) = -f_1(c - u))$, et d'une fonction symétrique $f_2(f_2(c + u) = f_2(c - u))$ telle que $\int_{\to c} f_2(x)\, dx$ existe.*

Si $c = 0$, symétrique et antisymétrique s'appellent paire et impaire. Par le changement de variables $x = c + u$, on peut toujours se ramener à ce cas, nous supposerons donc $c = 0$. Toute fonction f est, d'une manière unique, somme d'une fonction paire et d'une fonction impaire, au voisinage de $x = 0$:

(I, 2; 73) $$f(x) = \frac{f(x) - f(-x)}{2} + \frac{f(x) + f(-x)}{2} = f_1(x) + f_2(x).$$

f_1 étant impaire, son intégrale dans un intervalle symétrique est nulle, donc, si α est choisi de façon que :

$$\text{(I, 2; 74)} \quad a \leqslant -\alpha < 0 < \alpha \leqslant b, \int_{-\alpha}^{-\varepsilon} f_1(x)\,dx + \int_{+\varepsilon}^{+\alpha} f_1(x)\,dx = 0.$$

Donc la convergence au sens vp dans (a, b), ou, ce qui revient au même dans $(-\alpha, +\alpha)$, est la même pour f et pour f_2. Par ailleurs, f_2 étant paire :

$$\text{(I, 2; 75)} \quad \int_{-\alpha}^{-\varepsilon} f_2(x)\,dx + \int_{+\varepsilon}^{+\alpha} f_2(x)\,dx = 2\int_{\varepsilon}^{\alpha} f_2(x)\,dx$$

de sorte que l'intégrale de f existe en vp si et seulement si $\int_{\to 0}^{\alpha} f_2(x)\,dx$ existe.

Exemple. Supposons que f admette au voisinage de $x = c$ un développement limité $f(x) = \dfrac{c_{-1}}{x-c} + c_0 + c_1(x-c) + \cdots$, l'intégrale existe en vp puisque $\dfrac{1}{x-c}$ est antisymétrique. Plus généralement si $f(x) = \dfrac{\varphi(x)}{x-c}$, φ continue au voisinage de $x = c$ et dérivable au point $x = c$, l'intégrale de f en vp existe car

$$f(x) = \frac{\varphi(c)}{x-c} + \frac{\varphi(x) - \varphi(c)}{x-c}$$

la première fonction étant antisymétrique, la deuxième bornée au voisinage de $x = c$.

Il existe de même une notion de vp pour l'intervalle $(-\infty, +\infty)$ si f est sommable dans tout l'intervalle fini, au sens $\text{vp}\int_{-\infty}^{\infty} f(x)\,dx = \lim\limits_{B\to\infty} \int_{-B}^{+B}$. Pour que cette vp existe, il faut et il suffit que $f = f_1 + f_2$, f_1 impaire, f_2 paire, et que $\int_0^{\to+\infty} f_2(x)\,dx$ existe.

On fera aisément les calculs suivants :

$$\text{(I, 2; 76)} \quad \text{vp}\int_a^b \frac{dx}{x} = \log\left|\frac{b}{a}\right| \quad \text{pourvu que} \quad a \neq 0,\ b \neq 0.$$

$$\text{(I, 2; 77)} \quad \text{vp}\int_{-\infty}^{+\infty} \frac{dx}{x} = 0 \quad \text{(fonction impaire).}$$

3. Fonctions représentées par des séries et des intégrales

1. Fonctions représentées par des séries

Soit $\sum_{i \in I} u_i(x)$ une série sommable pour toutes les valeurs d'un certain paramètre x, parcourant un ensemble E($u_i(x)$ est un nombre complexe pour tout i et tout x). La somme $f(x)$ est alors une fonction de x à valeurs complexes. Quelles sont les propriétés de $f(x)$ (continuité, dérivabilité, intégrabilité?) en fonction de celles des $u_i(x)$?

Le même problème se pose si $\sum_{n=0}^{\infty} u_n(x)$ est une série où l'ensemble d'indices est l'ensemble N des entiers $n \geqslant 0$, supposée convergente pour $x \in$ E.

Enfin, si $f_n(x)$ est une *suite* de fonctions à valeurs complexes, et si, pour tout $x \in$ E, $f_n(x)$ a une limite pour $n \to \infty$, cette limite $f(x) = \lim_{n \to \infty} f_n(x)$ peut aussi être étudiée en fonction des propriétés des f_n.

Convergence simple et convergence uniforme

La suite $f_n(x)$ est dite *simplement convergente* pour $n \to \infty$ vers $f(x)$, si, *pour tout x fixé*, les nombres $f_n(x)$ convergent pour $n \to \infty$ vers le nombre $f(x)$. Cela revient à dire que, x étant fixé, et $\varepsilon > 0$ donné, il existe N tel que $n \geqslant N$ entraîne $|f_n(x) - f(x)| \leqslant \varepsilon$. Ce nombre N dépend de ε *et de* x, c'est pourquoi nous l'écrirons $N(\varepsilon, x)$.

La suite $f_n(x)$ est dite *uniformément convergente* vers $f(x)$ pour $x \in$ E, si, $\varepsilon > 0$ étant donné, il existe un entier $N(\varepsilon)$ *indépendant de* x tel que, pour $n \geqslant N(\varepsilon)$ ont ait $|f(x) - f_n(x)| \leqslant \varepsilon$ quel que soit $x \in$ E. Introduisons la notion de *distance* de 2 fonctions numériques f, g, définies sur l'ensemble E :

$$d(f, g) = \sup_{x \in E} |f(x) - g(x)| \leqslant +\infty. \qquad \text{(I, 3; 1)}$$

Remarquons que, si f, g, h sont 3 fonctions $d(f, g) \leqslant d(f, h) + d(g, h)$ (inégalité du triangle). La suite f_n converge uniformément vers f pour $n \to \infty$ si $d(f, f_n)$ tend vers 0 pour $n \to \infty$; la convergence uniforme d'une suite de fonctions est ainsi ramenée à la convergence vers 0 d'une suite de nombres $d(f, f_n)$.

Exemples. A) $f_n(x) = x^n,\ 0 \leqslant x \leqslant 1.$

(I, 3; 2) $$\lim f_n(x) = \begin{vmatrix} 0 & \text{pour} & x \neq 1 \\ 1 & \text{pour} & x = 1 \end{vmatrix}$$

(I, 3; 3) $$|f(x) - f_n(x)| = \begin{vmatrix} x^n & \text{pour} & x \neq 1 \\ 0 & \text{pour} & x = 1 \end{vmatrix}$$

(I, 3; 4) $$|f(x) - f_n(x)| \leqslant \varepsilon \quad \text{pour} \quad n \log x \leqslant \log \varepsilon$$

ou $$n \geqslant \frac{\log \frac{1}{\varepsilon}}{\log \frac{1}{x}} \quad \text{mais} \quad \frac{\log \frac{1}{\varepsilon}}{\log \frac{1}{x}} \to \infty \quad \text{pour} \quad x \to 1,$$

donc la convergence n'est pas uniforme pour $0 \leqslant x \leqslant 1$, Elle n'est pas non plus uniforme pour $0 \leqslant x < 1$. (Mais elle est uniforme pour $0 \leqslant x \leqslant 1 - \delta$, $\delta > 0$, car alors on a $|f(x) - f_n(x)| \leqslant \varepsilon$ pour $n \geqslant \dfrac{\log \frac{1}{\varepsilon}}{\log \frac{1}{1-\delta}}$ quantité indépendante de x). D'ailleurs $d(f(x), f_n(x)) = 1$.

(I, 3; 5) $$\text{B)}\ f_n(x) = \frac{1}{1 + (x - n)^2}$$

translatée de la fonction fixe $\dfrac{1}{1 + x^2}$ par la translation $x \to x + n$. $f_n(x)$ converge vers 0 pour $n \to +\infty$, uniformément lorsque x parcourt un intervalle fini (a, b), car, pour n assez grand,

$$|f_n(x)| \leqslant \frac{1}{1 + (b - n)^2}$$

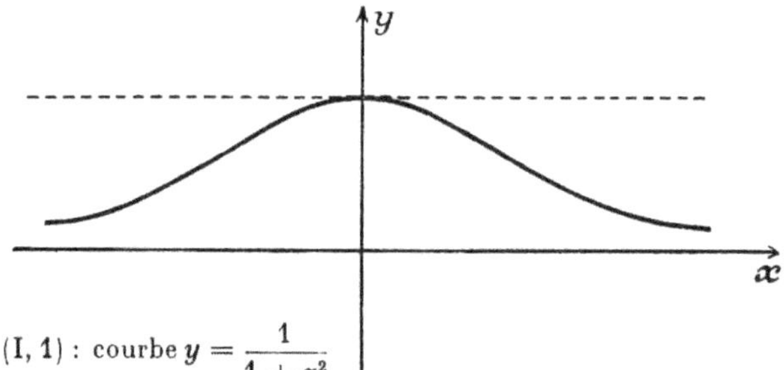

Figure (I, 1) : courbe $y = \dfrac{1}{1 + x^2}$

qui tend vers 0 pour $n \to \infty$; $f_n(x)$ tend même uniformément vers 0 sur toute demi-droite $(-\infty, b)$.

Mais elle ne tend pas vers 0 uniformément sur tout l'axe réel, car $d(f_n(x), 0) = 1$.

C) Une série $\sum_{n=0}^{n=\infty} u_n(x)$ converge uniformément pour $x \in E$, si les sommes partielles $S_n(x)$ convergent uniformément vers la somme $S(x)$ pour $n \to \infty$; ou encore si le reste $R_n(x)$ converge uniformément vers 0 pour $n \to \infty$, ou encore si $d_n = d(R_n(x), 0) = \sup_{x \in E} |R_n(x)| \to 0$ pour $n \to \infty$.

D) une série $\sum_{i \in I} u_i(x)$ est uniformément sommable pour $x \in E$, si, quelque soit $\varepsilon > 0$, il existe un ensemble fini J d'indices, dépendant de ε mais non de x, tel que, pour tout K, fini ou infini, contenant J, on ait $|S_K(x) - S(x)| \leqslant \varepsilon$, quel que soit $x \in E$.

E) Si $f_\lambda(x)$ est une fonction de x, dépendant d'un paramètre λ que nous supposerons par exemple réel, on dira que $f_\lambda(x)$ converge vers $f_{\lambda_0}(x)$ pour $\lambda \to \lambda_0$ uniformément pour $x \in E$, si $d(f_\lambda(x), f_{\lambda_0}(x))$ tend vers 0 pour $\lambda \to \lambda_0$.

Proposition 36. Critère de Cauchy. *Pour qu'une suite $f_n(x)$ de fonctions à valeurs complexes définies sur un ensemble* E *converge uniformément vers une limite, pour $n \to \infty$, il faut et il suffit que $d_{m,n} = d(f_m(x), f_n(x))$ converge vers 0 lorsque m et n tendent vers ∞. Pour qu'une série $\sum_{n=0}^{\infty} u_n(x)$ converge uniformément, il est nécessaire et suffisant que $d_{m,n} = d(S_m(x), S_n(x))$ converge vers 0 pour m et $n \to \infty$ (il est donc nécessaire que le terme général $u_n(x)$ tende vers 0, uniformément pour $x \in E$, pour $n \to \infty$). Pour qu'une série $\sum_{i \in I} u_i(x)$ soit uniformément sommable, il faut et il suffit que, quel que soit $\varepsilon > 0$, il existe un ensemble fini d'indices* J *dépendant de ε mais non de x, tel que, pour tout ensemble d'indices* K *sans élément commun avec* J, *on ait $|S_K(x)| \leqslant \varepsilon$, quel que soit x.*

Donnons seulement la démonstration pour une suite $f_n(x)$. Le cas de la série $\sum_{n=0}^{\infty} u_n(x)$ s'en déduit aussitôt, en posant $f_n(x) = S_n(x)$, le cas de $\sum_{i \in I} u_i(x)$ est conseillé comme exercice.

1) Supposons la suite f_n uniformément convergente vers f. Pour $\varepsilon > 0$, donné, il existe $N(\varepsilon)$ tel que, pour $n \geqslant N$, on ait $d(f, f_n) \leqslant \frac{\varepsilon}{2}$.

Alors pour $m \geqslant N$ et $n \geqslant N$, on aura $d(f, f_m) \leqslant \frac{\varepsilon}{2}$, $d(f, f_n) \leqslant \frac{\varepsilon}{2}$, d'où $d(f_m, f_n) \leqslant d(f, f_m) + d(f, f_n) \leqslant \varepsilon$, donc $d(f_m, f_n) \to 0$ pour m et $n \to \infty$.

2) Supposons maintenant que $\lim\limits_{m, n \to \infty} d(f_m, f_n) = 0$. Étant donné $\varepsilon > 0$, il existe $N(\varepsilon)$ tel que, pour $m \geqslant N$, $n \geqslant N$, on ait $|f_m(x) - f_n(x)| \leqslant \varepsilon$, quel que soit $x \in E$. Mais pour x fixé, la suite de nombres $f_n(x)$ est une suite de Cauchy, puisque $f_m(x) - f_n(x) \to 0$ pour m, $n \to \infty$. Donc on sait qu'elle converge vers une limite. Cette limite dépend du point x qu'on avait fixé, c'est donc une fonction $f(x)$. Mais de $\lim\limits_{m \to \infty} f_m(x) = f(x)$, pour x fixe, et de $|f_m(x) - f_n(x)| \leqslant \varepsilon$ pour $m \geqslant N(\varepsilon)$, $n \geqslant N(\varepsilon)$, on déduit $|f(x) - f_n(x)| \leqslant \varepsilon$ pour $n \geqslant N(\varepsilon)$ et x fixe; mais comme ce résultat est indépendant de x, on a $d(f, f_n) \leqslant \varepsilon$ pour $n \geqslant N(\varepsilon)$, et f_n converge vers f, pour $n \to \infty$, uniformément pour $x \in E$. C.Q.F.D.

Critères pratiques de convergence uniforme

Définition 4. Si $|u_i(x)| \leqslant v_i$, $v_i \geqslant 0$, *indépendant de* x, *et si* $\sum\limits_{i \in I} v_i$ *est sommable, la série* $\sum\limits_{i \in I} u_i(x)$ *(qui est sommable, d'après la proposition 6, pour tout* x*) est dite normalement sommable.*

Proposition 37. *Toute série normalement sommable, est uniformément sommable.*
En effet, soit J un ensemble fini d'indices, tel que, si K est un ensemble d'indices sans élément commun avec J, on ait $\sum\limits_{i \in K} v_i \leqslant \varepsilon$. Alors on a *a fortiori*

$$\left|\sum_{i \in K} u_i(x)\right| \leqslant \sum_{i \in K} |u_i(x)| \leqslant \varepsilon,$$

donc la série est uniformément sommable d'après le critère de Cauchy (proposition 36).

Exemples. A) Soit $\sum\limits_{n=0}^{\infty} a_n Z^n$ une série de puissances. Supposons que $\lim\limits_{n \to \infty} \left|\frac{a_{n+1}}{a_n}\right| = k$ fini.
Alors la série est normalement sommable pour $|Z| \leqslant \frac{1}{k} - \delta$, $\delta > 0$ quelconque. En effet, dans ce cas, on a :

$$|a_n Z^n| \leqslant |a_n| \left(\frac{1}{k} - \delta\right)^n,$$

et cette série numérique $\geqslant 0$ est sommable car la règle d'Alembert donne :

(I, 3; 6) $$\frac{u_{n+1}}{u_n} = \frac{a_{n+1}}{a_n}\left(\frac{1}{k} - \delta\right) \underset{n \to \infty}{\longrightarrow} k\left(\frac{1}{k} - \delta\right) < 1.$$

B) Soit $\sum a_n Z^n$ une série de puissances, et supposons que $\lim\limits_{n\to\infty} \sqrt[n]{|a_n|} = k$ fini. Alors la série est normalement sommable pour $|Z| \leqslant \frac{1}{k} - \delta$, $\delta > 0$ quelconque. Car alors $|a_n Z^n| \leqslant |a_n|\left(\frac{1}{k} - \delta\right)^n$ et cette série numérique à termes $u_n \geqslant 0$ est sommable d'après la règle de Cauchy ,car

(I, 3; 7) $$\sqrt[n]{u_n} = \sqrt[n]{|a_n|}\left(\frac{1}{k} - \delta\right) \underset{n \to \infty}{\longrightarrow} k\left(\frac{1}{k} - \delta\right) < 1.$$

C) La série $\sum\limits_{n=1}^{\infty} \frac{1}{n^\alpha}$ est sommable pour $\mathcal{R}\alpha > 1$[1]. Elle est normalement sommable pour l'ensemble des nombres complexes α tels que $\mathrm{R}\alpha \geqslant 1 + \delta$, quel que soit $\delta > 0$.
En effet, dans ce cas $\left|\frac{1}{n^\alpha}\right| \leqslant \frac{1}{n^{1+\delta}}$, terme général d'une série numérique $\geqslant 0$ sommable. Par contre cette série ne converge pas uniformément pour $\alpha > 1$, car

(I, 3; 8) $$\begin{aligned} & d(\mathrm{S}_{2n}(\alpha), \quad \mathrm{S}_n(\alpha)) \\ & = \sup_{\alpha > 1}\left[\frac{1}{(n+1)^\alpha} + \frac{1}{(n+2)^\alpha} + \cdots + \left(\frac{1}{2n}\right)^\alpha\right] \geqslant \sup_{\alpha > 1} \frac{n}{(2n)^\alpha} \\ & = \sup_{\alpha > 1} \frac{1}{2^\alpha} \frac{1}{n^{\alpha - 1}} = \frac{1}{2} \end{aligned}$$

ne tend pas vers 0 pour $n \to \infty$.

D) Série trigonométrique $\sum\limits_{n=-\infty}^{+\infty} a_n e^{ni\theta}$. Si la série $\sum |a_n|$ est sommable, alors, comme $|e^{ni\theta}| = 1$, la série donnée est normalement sommable quel que soit θ réel.
De même pour les séries $\sum\limits_{n=0}^{\infty} a_n \cos n\theta, \sum\limits_{n=1}^{\infty}{}' a_n \sin n\theta$.

Proposition 38. (Critère d'Abel). *Soit* $u_n(x) = a_n(x)\, b_n(x)$. *Supposons que, pour tout* x, *la suite* $a_n(x)$ *soit décroissante*, $\geqslant 0$, *et tende*

1. $\mathcal{R}\alpha$ = partie réelle de α.

vers 0, pour $n \to \infty$, uniformément pour $x \in \mathrm{E}$. Posons d'autre part :

(I, 3; 9) $$\sigma_{m,n}(x) = b_m(x) + b_{m+1}(x) + \cdots + b_n(x)$$

et supposons qu'il existe une constante σ, indépendante de m, n, x, telle que $|\sigma_{m,n}(x)| \leqslant \sigma$. Alors la série $\sum_{n=0}^{\infty} a_n(x)\, b_n(x)$ est uniformément convergente.

En effet, elle converge pour toute valeur de x, et on sait que

$$\mathrm{R}_n(x) \leqslant a_{n+1}(x)\sigma \leqslant a_{n+1}\sigma, \text{ avec}$$

$$a_{n-1} = \sup_{x \in \mathrm{E}} a_{n+1}(x), \text{ donc } (\mathrm{R}_n(x), 0) \leqslant a_{n+1}\sigma.$$

Comme la suite a_n converge vers 0, la proposition est démontrée.

Remarque. Le fait de supposer $a_n(x) \leqslant a_n$ et $a_n \to 0$ pour $n \to \infty$, n'entraîne pas que, pour tout x, la suite $a_n(x)$ soit décroissante il faut le vérifier soigneusement.

Exemples. A) Soit la série $\sum_{n=0}^{\infty} (-1)^n a_n(x)$, où $a_n(x)$ est $\geqslant 0$, décroissante pour tout x, et $a_n(x) \leqslant a_n$ avec $\lim_{n \to \infty} a_n = 0$. La série est uniformément convergente.

Par exemple la série $\sum_{n=1}^{\infty} \frac{(-1)^n}{n^\alpha}$ est uniformément convergente pour α réel $\geqslant \delta > 0$, car $\frac{1}{n^\alpha}$ est décroissante pour α fixé, et $\frac{1}{n^\alpha} \leqslant \frac{1}{n^\delta}$ avec $\lim_{n \to \infty} \frac{1}{n^\delta} = 0$.

Par contre, la série ne converge pas uniformément pour $\alpha > 0$, car le module du terme général, $\frac{1}{n^\alpha}$, ne tend pas uniformément vers 0 pour $n \to \infty$.

$$\left[d\left(\frac{1}{n^\alpha}, 0\right) = \sup_{\alpha > 0} \frac{1}{n^\alpha} = 1\right].$$

B) *Série trigonométrique.* $\sum_{n=-\infty}^{+\infty} a_n e^{ni\theta}$. Supposons que, pour $n \to \infty$, la suite a_n soit décroissante, et pour $n \to -\infty$, croissante, et $a_n \geqslant 0$. Alors on sait que pour $b_n = e^{ni\theta}$, on a $\sigma_{m,n}(0) < \frac{2}{|e^{i\theta} - 1|}$.

La série converge uniformément pour $|\theta - 2\mathrm{K}\pi| \geqslant \delta > 0$, car alors on peut prendre $\sigma = \frac{2}{|e^{i\delta} - 1|}$.

La série $\sum_{n=0}^{\infty} a_n \cos n\theta$ se comporte de façon analogue.

La série $\sum_{n=1}^{\infty} a_n \sin n\theta$ est convergente pour toutes les valeurs de θ, même $\theta = 2K\pi$ puisque tous ses termes sont nuls. Néanmoins elle ne converge *uniformément* que pour $|\theta - 2\,K\pi| \geqslant \delta > 0$.

Continuité de la limite d'une suite ou de la somme d'une série

Proposition 39. *Si la suite $f_n(x)$ converge vers $f(x)$ pour $n \to \infty$ uniformément lorsque x parcourt un ensemble* E *d'un espace euclidien* R^m *et si les $f_n(x)$ sont toutes continues en un point x_0 de* E, *$f(x)$ est continue en x_0.*

Écrivons en effet :

$$(I, 3; 10)\quad f(x) - f(x_0) = [f(x) - f_n(x)] + [f_n(x) - f_n(x_0)] + [f_n(x_0) - f(x_0)]$$

d'où :

$$(I, 3; 11)\quad |f(x) - f(x_0)| \leqslant |f(x) - f_n(x)| + |f_n(x) - f_n(x_0)| + |f_n(x_0) - f(x_0)|.$$

Étant donné $\varepsilon > 0$, choisissons n, assez grand pour que $|f(y) - f_n(y)| \leqslant \frac{\varepsilon}{3}$ pour tous les y de E.

Alors le premier et le troisième termes du deuxième membre sont majorés chacun par $\frac{\varepsilon}{3}$, quel que soit x. Le nombre n étant ainsi choisi, la fonction f_n est continue, donc il existe $\eta > 0$ tel que $|x - x_0| \leqslant \eta$ entraîne $|f_n(x) - f_n(x_0)| \leqslant \frac{\varepsilon}{3}$.

Alors, pour $|x - x_0| \leqslant \eta$, on aura :

$$|f(x) - f(x_0)| \leqslant \varepsilon \qquad \text{C.Q.F.D.}$$

Si la suite f_n converge simplement mais non uniformément, vers f pour $n \to \infty$, il se peut que f soit discontinue alors même que toutes les fonctions f_n sont continues. Ainsi dans l'exemple A page 49, $f_n(x) = x^n$ $0 \leqslant x \leqslant 1$, la limite $f(x)$ vaut 0 pour $x \neq 1$ et 1 pour $x = 1$, elle est discontinue au point $x_0 = 1$.

Le théorème est valable si l'on remplace une suite uniformément convergente de fonctions continues par une série uniformément convergente ou uniformément sommable de fonctions continues.

Mais la série $\sum_{n=0}^{\infty} x^n(1 - x)$ est sommable pour $0 \leqslant x \leqslant 1$ (pour $x < 1$ comme série géométrique, pour $x = 1$ parce que tous ses termes sont nuls) mais non uniformément. Sa somme vaut $\left(\frac{1}{1-x}\right)(1-x) = 1$ pour $x < 1$ et 0 pour $x = 1$, elle est discontinue au point $x = 1$.

Intégrabilité de la limite d'une suite ou de la somme d'une série

Proposition 40. *Si la suite de fonctions bornées $f_n(x)$ converge pour $n \to \infty$ vers la fonction $f(x)$, uniformément pour $x \in$ E, sous-ensemble de mesure finie de l'espace euclidien R^m, $\iint \cdots \int_F f_n(x)\,dx$ converge pour $n \to \infty$ vers $\iint \cdots \int_F f(x)\,dx$, si $F \subset E$ la convergence est uniforme par rapport à $F \subset E$.*

En effet [1] $\left|\iint \cdots \int_F f(x)\,dx - \iint \cdots \int_F f_n(x)\,dx\right| \leqslant (\text{mes } E)\, d(f, f_n)$.
Or $\varepsilon > 0$ étant donné, il existe N tel que l'on ait $d(f, f_n) \leqslant \frac{\varepsilon}{\text{mes } E}$ pour $n \geqslant N$; alors :

$$\left|\iint \cdots \int_F f(x)\,dx - \iint \cdots \int_F f_n(x)\,dx\right| \leqslant \varepsilon \tag{I, 3; 12}$$

quel que soit $F \subset E$, pour $n \geqslant N$.

Naturellement le théorème est valable pour une série uniformément convergente ou une série uniformément sommable :

$$\iint \cdots \int_F \left(\sum_{n=0}^{\infty} u_n(x)\right) dx = \sum_{n=0}^{\infty}\left(\iint \cdots \int_F u_n(x)\,dx\right) \tag{I, 3; 13}$$

(intégration sous le signe $\sum$ ou intervention des symboles $\int$ et $\sum$).
La proposition 40 se généralise :

Proposition 41 (Théorème de Lebesgue) (admis sans démonstration). *Si la suite de fonctions $f_n(x)$ définies dans R^m converge simplement vers $f(x)$ pour $n \to \infty$, et si les $f_n(x)$ sont majorées en module par une fonction $g \geqslant 0$ sommable fixe $\left(|f_n(x)| \leqslant g(x),\ g(x) \geqslant 0,\ \iint \cdots \int_{R^m} g(x)\,dx < +\infty\right)$, alors $f(x)$ est sommable et*

$$\iint \cdots \int_{R^m} f_n(x)\,dx$$

1. On voit immédiatement que f est aussi bornée.

converge vers

$$\iint \cdots \int_{\mathbf{R}^m} f(x)\,dx \qquad \textit{pour} \qquad n \to \infty.$$

Reprenons l'exemple A de la page 49. Bien qu'il n'y ait pas convergence uniforme, $\int_0^1 x^n\,dx = \frac{1}{n+1}$ converge pour $n \to \infty$ vers $0 = \int_0^1 f(x)\,dx$. La proposition 41 s'applique parce que $|f_n(x)| \leqslant 1$. Considérons par contre l'exemple suivant :

$$\text{(I, 3; 14)} \quad f_n(x) = \begin{cases} 0 & \text{pour} \quad x \leqslant 0 \quad \text{et} \quad x \geqslant \frac{1}{n}, \quad \text{voir fig. (I, 2)} \\ n^2 & \text{pour} \quad 0 < x < \frac{1}{n}. \end{cases}$$

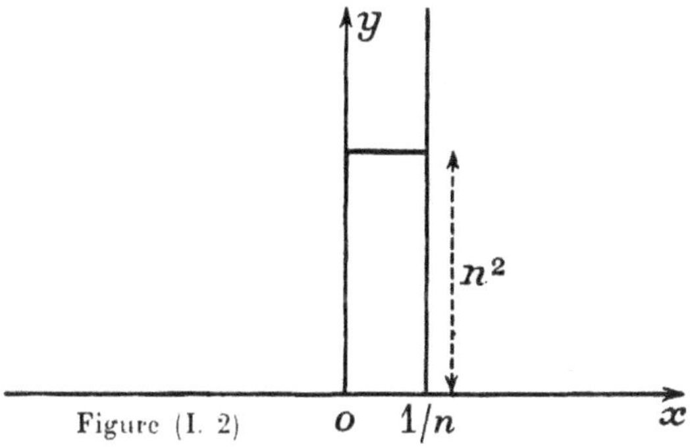

Figure (I. 2)

$f_n(x)$ converge vers 0 pour $n \to \infty$, quel que soit x (non uniformément). Mais $\int_0^1 f_n(x)\,dx = n^2 \frac{1}{n} = n$ tend vers $+\infty$ avec n. La proposition 41 ne s'applique pas parce que $f_n(x)$ n'est pas majorée par une fonction $g(x) \geqslant 0$ sommable indépendante de n.

Remarque. Il suffit même de supposer que $f_n(x)$ tend pour $n \to \infty$ vers $f(x)$, pour presque toutes les valeurs de x (avec toujours $|f_n(x)| \leqslant g(x)$, $g \geqslant 0$ sommable).

Corollaire. Si $f_n(x)$ converge simplement vers $f(x)$ pour $n \to \infty$, et si les f_n sont majorés en module par une constante fixe $\mathrm{M} \geqslant 0$, $\iint \cdots \int_{\mathrm{E}} f_n(x)\,dx$ converge pour $n \to \infty$ vers $\iint \cdots \int_{\mathrm{E}} f(x)\,dx$, si l'ensemble E est de mesure finie.

Il suffit d'appliquer la proposition 41, avec $g(x) = M$, sommable sur E de mesure finie. On voit combien ce corollaire est plus général que la proposition 40.

Le fait que E doive être de mesure finie, dans ce corollaire comme dans la proposition 40, est essentiel. Ainsi, si l'on prend :

$$f_n(x) = \begin{cases} \dfrac{1}{n} & \text{pour} \quad |x| \leqslant n^2 \\ 0 & \text{pour} \quad |x| > n^2 \end{cases} \tag{I, 3; 15}$$

f_n converge uniformément vers 0 pour $n \to \infty$, $\left(d(0, f_n) = \dfrac{1}{n}\right)$, cependant $\displaystyle\int_{-\infty}^{+\infty} f_n(x)\, dx = 2n^2 \cdot \frac{1}{n} = 2n$ tend vers $+\infty$ avec n. Dans le cas d'un intervalle infini, on doit soigneusement vérifier que les f_n sont majorées, non par une constante $M \geqslant 0$, mais par une fonction $g \geqslant 0$ *sommable.*

La proposition 41 n'est pas facile à utiliser dans le cas de séries. On a alors le critère suivant :

Proposition 42. 1) *Si l'ensemble d'indices* I *est dénombrable, si* $\sum_{i \in I} u_i(x)$ *est une série à termes* $\geqslant 0$, *on a toujours*

$$\iint \cdots \int_{R^m} \Big(\sum_{i \in I} u_i(x)\Big)\, dx = \sum_{i \in I} \iint \cdots \int_{R^m} u_i(x)\, dx, \tag{I, 3; 16}$$

les deux membres étant finis ou égaux à $+\infty$.

2) *Si* I *est dénombrable, si les* $u_i(x)$ *sont quelconques (réels ou complexes), et si*

$$\sum_{i \in I} \iint \cdots \int_{R^m} |u_i(x)|\, dx = \iint \cdots \int_{R^m} \Big(\sum_{i \in I} |u_i(x)|\Big)\, dx$$

est fini, alors d'une part chacune des fonctions $u_i(x)$ *est sommable en* x *sur* R^m *et la série* $\sum_{i \in I} \left(\iint \cdots \int_{R^m} u_i(x)\, dx\right)$ *est sommable; d'autre part pour presque toutes les valeurs de* x, *la série* $\sum_{i \in I} u_i(x)$ *est sommable, et sa somme est une fonction de* x, *définie presque partout, qui est sommable sur* R^m; *enfin :*

$$\iint \cdots \int_{R^m} \sum_{i \in I} u_i(x)\, dx = \sum_{i \in I} \iint \cdots \int_{R^m} u_i(x)\, dx. \tag{I, 3; 17}$$

La première partie de la proposition 42 est la plus importante : dans le cas de termes $u_i(x) \geqslant 0$, on peut toujours intervertir $\int$ et $\sum$ (comme on pouvait déjà intervertir 2 symboles $\sum$ dans la sommation par paquets des séries à termes $\geqslant 0$, et intervertir 2 symboles $\int$ dans le théorème de Fubini relatif à l'intégrale double d'une fonction $\geqslant 0$).

Il existe une autre généralisation de la proposition 40, correspondant à des intégrales impropres de Lebesgue (relatives par exemple à $\left(\int_a^{\to+\infty}\right)$ semi-convergentes. Nous ne la donnerons pas.

Dérivation de la limite d'une suite ou de la somme d'une série

On pourrait espérer que si f_n tend vers f pour $n \to \infty$ uniformément pour $a \leqslant x \leqslant b$ (cas d'une dimension, $m = 1$) et si les f_n sont dérivables et à dérivée continue, alors la suite f'_n converge uniformément vers une limite g pour $n \to \infty$, que f soit dérivable et que $f' = g$. *Il n'en est rien.*

Exemples. A) $\frac{e^{inx}}{\sqrt{n}}$ converge vers 0 pour $n \to \infty$ uniformément pour x réel; cependant la dérivée $i\sqrt{n}e^{inx}$ a pour module $\sqrt{n}$ qui tend vers $+\infty$ avec n.

B) Dans l'exemple précédent, la limite f était malgré tout dérivable ($f \equiv 0$).

Considérons la série $\sum_{n=0}^{\infty} \frac{\sin(3^n\theta)}{2^n}$. Son terme général est majoré en module par $\frac{1}{2^n}$, elle est donc uniformément sommable pour θ réel. Sa somme $f(\theta)$ est une fonction continue. La série dérivée $\sum_{n=0}^{\infty} \frac{3^n}{2^n} \cos 3^n\theta$. est divergente; *Weierstrass* a montré que $f(\theta)$ est une fonction continue partout sans dérivée.

Le théorème *vrai* est le suivant :

Proposition 43. *Si $f_n(x)$ est une suite de fonctions continues, dérivables, à dérivées continues, si $f'_n(x)$ converge pour $n \to \infty$ vers une limite $g(x)$, uniformément pour $a \leqslant x \leqslant b$, a et b finis, et si en un point particulier x_0 de (a, b) la suite $f_n(x_0)$ a une limite, pour $n \to \infty$, alors la suite $f_n(x)$ converge pour $n \to \infty$ vers une limite $f(x)$ uniformément pour $a \leqslant x \leqslant b$, $f(x)$ est dérivable et $f'(x) = g(x)$.*

On a en effet :

(I, 3; 18) $$f_n(x) = f_n(x_0) + \int_{x_0}^{x} f'_n(\xi)\, d\xi.$$

Par hypothèse $f_n(x_0)$ a une limite; d'après la proposition 40 l'intégrale a une limite qui n'est autre que $\int_{x_0}^{x} g(\xi)\, d\xi$, et sa convergence est uniforme par rapport à x. Cela prouve que f_n converge uniformément vers une limite f, et comme on a

$$f(x) = f(x_0) + \int_{x_0}^{x} g(\xi)\, d\xi$$

g continue, f est dérivable et $f' = g$. C.Q.F.D.

Ainsi, si on sait qu'une fonction est représentée par une série convergente ou sommable $f(x) = \sum_{n=0}^{\infty} u_n(x)$ et si l'on veut savoir si f est dérivable, on devra dériver formellement : $\sum_{n=0}^{\infty} u'_n(x)$: on devra alors s'assurer que la *série dérivée* $\sum_{n=0}^{\infty} u'_n(x)$ converge uniformément pour $a \leqslant x \leqslant b$: s'il en est ainsi f sera bien dérivable, et on aura $f'(x) = \sum_{n=0}^{\infty} u'_n(x)$. (Dérivation d'une série terme à terme ou sous le signe $\sum$). Si au contraire la série dérivée $\sum_{n=0}^{\infty} u'_n(x)$ ne converge pas uniformément, on ne pourra pas affirmer que f soit dérivable, et même si elle l'est, on ne pourra pas affirmer que sa dérivée *en un point* x_0 *soit* $\sum_{n=0}^{\infty} u'_n(x_0)$, si au point x_0 la série dérivée $\sum_{n=0}^{\infty} u'_n(x_0)$ converge.

Exemple. La série $\sum_{n=-\infty}^{n=+\infty} a_n e^{in\theta}$ représente une fonction continue, ayant des dérivées continues d'ordre $\leqslant k$, si $|a_n| \leqslant \frac{1}{n^{k+2}}$ pour $|n| \to \infty$.

2. Fonctions représentées par des intégrales

Pour simplifier, prenons partout des intégrales simples, l'extension aux intégrales multiples, se fait d'elle-même. Soit $F(x) = \int_a^b f(x, t)\, dt$. Pour tout x d'un ensemble E (que nous prendrons *pour simplifier* dans R) on suppose que l'intégrale a un sens (sommabilité, semi-convergence, etc...). Elle définit donc une fonction de x. Étudier la continuité, l'intégrabilité, la dérivabilité de F, à partir de propriétés analogues de f.

Continuité de l'intégrale Nous voulons voir si, pour $x \to x_0$, $\int_R f_x(t)\, dt \to \int_R f_{x_0}(t)\, dt$ en appelant $f_x(t)$ la fonction de t définie pour x fixé par f. Tous les résultats ont déjà été vus à propos de l'intégrabilité de la limite d'une suite (propositions 40 et 41).

Proposition 44 (correspondant à la proposition 40). *Si pour $x \to x_0$, $f_x(t)$ converge vers $f_{x_0}(t)$ uniformément lorsque t parcourt l'intervalle d'intégration (a, b) et si celui-ci est fini, $\int_{(ab)} f_x(t)\, dt$ converge vers $\int_{(ab)} f_{x_0}(t)\, dt$.*

En effet,

$$\text{(I, 3; 19)} \qquad \left|\int_{(ab)} \left(f_x(t) - f_{x_0}(t)\right) dt\right| \leqslant (b - a)\, d\left(f_x(t), f_{x_0}(t)\right)$$

Si donc $\varepsilon > 0$ est donné, il existe $\eta > 0$ tel que $|x - x_0| \leqslant \eta$ entraîne $d\left(f_x(t), f_{x_0}(t)\right) = \sup_{a \leqslant t \leqslant b} |f(x, t) - f(x_0, t)| \leqslant \frac{\varepsilon}{b - a}$, alors

$$|F(x) - F(x_0)| \leqslant \varepsilon.$$

Corollaire. Si l'intervalle d'intégration (a, b) est fini, et si pour $a \leqslant t \leqslant b$, $\alpha \leqslant x \leqslant \beta$, f est continue par rapport à l'ensemble des variables x, t, $F(x)$ est une fonction continue de x dans $\alpha \leqslant x \leqslant \beta$.
En effet, f est alors *uniformément* continue. Autrement dit, $\varepsilon > 0$ étant donné, il existe $\eta > 0$ tel que $|x_2 - x_1| \leqslant \eta$, $|t_2 - t_1| \leqslant \eta$ entraînent $|f(x_2, t_2) - f(x_1, t_1)| \leqslant \varepsilon$. Alors pour $|x - x_0| \leqslant \eta$ et t quelconque, on aura :

$$\text{(I, 3; 20)} \qquad |f_x(t) - f_{x_0}(t)| \leqslant \varepsilon \quad \text{ou} \quad d\left(f_x(t), f_{x_0}(t)\right) \leqslant \varepsilon$$

et on peut appliquer la proposition 44.

Remarque. Une fonction de x, t *séparément* continue par rapport à chaque variable quand l'autre est fixée, n'est pas nécessairement continue par rapport à l'ensemble des 2 variables.
Ainsi :

$$\text{(I, 3; 21)} \qquad f(x, t) = \begin{cases} \dfrac{xt}{x^2 + t^2} & \text{pour} \quad (x, t) \neq (0, 0) \\ 0 & \text{pour} \quad x = t = 0 \end{cases}$$

est séparément continue en x et en t à l'origine. Cependant elle n'est pas continue, car sur la droite $x = mt$, elle prend la valeur $\frac{m}{1+m^2}$ pour $t \neq 0$ et 0 pour $t = 0$.

Proposition 45 (Lebesgue) (correspondant à la proposition 41). *Si f est séparément continue en x au point $x = x_0$, pour presque toutes les valeurs de t, l'intervalle d'intégration étant quelconque, et si $f(x, t)$ est majorée en module par une fonction $g(t) \geqslant 0$ sommable,* F *est continue en x, au point x_0.*

Remarque. Dans certains cas, il y aura lieu de combiner les résultats donnés ici avec d'autres. C'est ce qui se passera si l'on a affaire à des intégrales impropres de Lebesgue semi-convergentes.

Considérons par exemple :

$$\text{(I, 3; 22)} \qquad F(x) = \int_{\to -\infty}^{\to +\infty} a(t) e^{itx}\, dt$$

Si $a(t)$ est sommable, la proposition 45 montre aussitôt que F est continue pour toutes les valeurs de x, car $|a(t)e^{itx}| = |a(t)|$ sommable. Mais supposons $a(t)$ non sommable, mais continue et, pour $t \to +\infty$ aussi bien que $t \to -\infty$, supposons $a(t) \geqslant 0$, monotone et tendant vers 0. Alors $F(x)$ est définie pour $x \neq 0$, d'après le théorème d'Abel. On considérera :

$$\text{(I, 3; 23)} \qquad F_n(x) = \int_{-n}^{n} a(t) e^{itx}\, dt$$

C'est, pour n fixé, une fonction continue de x, d'après la proposition 44 ou 45.

Lorsque $n \to \infty$, $F_n(x)$ converge vers $F(x)$, uniformément pour $x \geqslant \delta > 0$ d'après le théorème d'Abel (page 44). En effet

$$\text{(I, 3; 24)} \quad |F(x) - F_n(x)| \leqslant \left|\int_{n}^{\to +\infty}\right| + \left|\int_{\to -\infty}^{-n}\right| < \frac{2}{\delta}\big(a(n) + a(-n)\big)$$

Comme $a(t) \to 0$ pour $t \to \pm\infty$, il existe N tel que $n > N$ entraîne $a(n) \leqslant \varepsilon_1$, $a(-n) \leqslant \varepsilon_1$. Alors $|F(x) - F_n(x)| \leqslant \frac{4\varepsilon_1}{\delta}$. Si, $\varepsilon > 0$ étant donné, on a choisi $\varepsilon_1 = \frac{\delta}{4}\varepsilon$ on aura pour $|x| \geqslant \delta$, $d\big(F(x), F_n(x)\big) \leqslant \varepsilon$. La proposition 39 montre donc $F(x)$ est continue en tout point $x_0 \neq 0$.

Il en sera de même pour les intégrales $\int_0^{\to+\infty} a(t) \cos tx \, dt$, $\int_0^{\to+\infty} a(t) \sin tx \, dt$. Cette dernière existe aussi pour $x = 0$ mais on peut seulement appliquer le critère d'Abel *uniformément pour* $|x| \geqslant \delta > 0$, donc on peut seulement affirmer que l'intégrale représente une fonction définie pour tout x, et continue en tout point $x_0 \neq 0$. C'est ce que montrent de nombreux exemples.

Intégrabilité de l'intégrale

Il s'agit de savoir si $F(x)$ est sommable et si :

$$\int_\alpha^\beta F(x) \, dx = \int_\alpha^\beta dx \int_a^b f(x, t) \, dt$$

peut s'écrire : $\int_a^b dt \int_\alpha^\beta f(x, t) \, dx$.
Nous l'avons déjà vu (théorème de Fubini).

Dérivabilité de l'intégrale

Soit $E = \alpha \leqslant x \leqslant \beta$ intevalle fini.

PROPOSITION 46. *Si f admet une dérivée partielle $f'_x(x, t)$, pour presque toutes les valeurs de t, si $f'_x(x, t)$ est séparément continue en x pour presque toutes les valeurs de t, et majorée en module par $g(t) \geqslant 0$ sommable (intervalle (a, b) quelconque), si enfin $\int_a^b f(x, t) \, dt$ a un sens pour une valeur particulière $x = x_0$, il en est de même pour tout $x \in E$, l'intégrale $F(x)$ est continue et dérivable, et*

$$F'(x) = \int_a^b f'_x(x, t) \, dt \tag{I, 3; 25}$$

$\left(\text{dérivation sous le signe } \int\right)$.
Prenons $(a, b) = (-\infty, +\infty)$. D'abord $G(x) = \int_{-\infty}^{+\infty} f'_x(x, t) \, dt$ est continue. Ensuite :

$$\int_{x_0}^x G(\xi) \, d\xi = \int_{x_0}^x d\xi \int_{-\infty}^{+\infty} f'_\xi(\xi, t) \, dt = \int_{-\infty}^{+\infty} dt \int_{x_0}^x f'_\xi(\xi, t) \, d\xi \tag{I, 3; 26}$$

(l'interversion des intégrations est permise. En effet $|f'_\xi(\xi, t)| \leqslant g(t)$ et $g(t)$ est sommable en (ξ, t) pour $\alpha \leqslant \xi \leqslant \beta$ (intervalle fini), $-\infty \leqslant t \leqslant +\infty$, car elle est $\geqslant 0$, et $\int_\alpha^\beta d\xi \int_{-\infty}^{+\infty} g(t) \, dt$ est fini).

Finalement :

$$\text{(I, 3; 27)} \qquad \int_{x_0}^{x} G(\xi)\, d\xi = \int_{-\infty}^{+\infty} [f(x, t) - f(x_0, t)]\, dt.$$

Comme $\int_{-\infty}^{+\infty} f(x_0, t)\, dt$ est supposée avoir un sens, $\int_{-\infty}^{+\infty} f(x, t)\, dt$ a aussi un sens et définit une fonction $F(x)$, $x \in E$. De plus

$$\text{(I, 3; 28)} \qquad F(x) = F(x_0) + \int_{x_0}^{x} G(\xi)\, d\xi,$$

G continue, donc F est continue et dérivable, et $F'(x) = G(x)$.

Exemples. Ici encore il faudra souvent combiner ce théorème avec d'autres, dans le cas d'intégrales impropres de Lebesgue semi-convergentes :

Considérons par exemple :

$$\text{(I, 3; 29)} \qquad F(x) = \int_{-\infty}^{+\infty} \frac{e^{itx}}{1+t^2}\, dt.$$

Elle est continue, car $\frac{e^{itx}}{1+t^2}$ est continue en (x, t) et majorée en module par $\frac{1}{1+t^2}$ sommable. Dérivons formellement :

$$\text{(I, 3; 30)} \qquad F'(x) = \int_{-\infty}^{+\infty} e^{itx} \frac{it}{1+t^2}\, dt.$$

La fonction $\frac{t}{1+t^2}$ n'est pas sommable mais $\int_{\to -\infty}^{\to +\infty}$ existe d'après le théorème d'Abel pour $x \neq 0$. $\left[\frac{t}{1+t^2}\right.$ est bien décroissante pour $t \to +\infty$ et croissante pour $t \to -\infty$, car sa dérivée est $\left.\frac{1-t^2}{(1+t^2)^2}\right]$. Nous poserons : $F_n(x) = \int_{-n}^{+n} \frac{e^{itx}}{1+t^2}\, dt$, alors F_n est continue et dérivable pour tout x, et $F'_n(x) = \int_{-n}^{+n} e^{itx} \frac{it}{1+t^2}\, dt$. Pour $n \to \infty$, $F'_n(x)$ converge vers une limite $G(x) = \int_{\to -\infty}^{\to -\infty} e^{itx} \frac{it}{1+t^2}\, dt$, uniformément pour $|x| \geqslant \delta > 0$ $\left[\right.$le reste $\int_{-\infty}^{-n} + \int_{+n}^{+\infty}$ est majoré en module par $2 . \frac{2}{\delta} \frac{n}{1+n^2} \leqslant \varepsilon$ si on prend n assez grand pour que :

$\left.\frac{4n}{\delta(1+n^2)} \leqslant \varepsilon\right]$, tandis que $F_n(x)$ converge vers $F(x)$ uniformément pour x réel. Donc, d'après le théorème sur la dérivabilité de la limite d'une suite, F admet une dérivée en tout point $x_0 \neq 0$, et cette dérivée est continue :

$$\text{(I, 3; 31)} \qquad F'(x) = G(x) = \int_{\to -\infty}^{\to +\infty} e^{itx} \cdot \frac{it}{1+t^2}\, dt.$$

On ne peut plus rien dire pour la dérivée seconde car $\frac{e^{itx}(-t^2)}{1+t^2}$ ne donne plus d'intégrale convergente.
Nous verrons plus tard que :

$$\text{(I, 3; 32)} \qquad F(x) = \pi e^{-|x|}$$

$F(x)$ est bien continue pour tout x, admet une dérivée continue en tout point $x \neq 0$, elle admet même les dérivées successives de tous les ordres dans le complémentaire de l'origine $x = 0$, mais l'expression intégrale ne nous le montre pas.

Applications. Continuité et dérivabilité d'un potentiel de volume

Soit U le potentiel newtonien crée par une couche électrique de densité $\mu(x)$ bornée $\big(|\mu(x)| \leqslant M\big)$, nulle en dehors d'un ensemble borné X. On a (formule (I, 2; 50))

$$\text{(I, 3; 33)} \qquad U(a) = \iiint_X \frac{\mu(x)\, dx}{|x-a|}.$$

Nous voulons démontrer que $U(a)$ est une fonction continue de a. Cela ne résulte pas directement des théorèmes déjà vus, car la fonction à intégrer, $\frac{\mu(x)}{|x-a|}$, est infinie pour $x = a$, elle a donc une singularité variable avec a ; en particulier il ne saurait exister de majoration $\frac{|\mu(x)|}{|x-a|} \leqslant g(x)$, g sommable indépendante de a, puisque pour tout x, si nous prenons $a = x$, on devra avoir $g(x) = \infty$ (si $\mu(x) \neq 0$). Ici encore il faut une combinaison des méthodes indiquées.
On remarque d'abord que si a varie dans un ensemble ouvert Ω de R^3 ne contenant pas de charges $\big(\mu(x) = 0$ pour $x \in \Omega\big)$, $U(a)$ est une fonction continue de a et même indéfiniment dérivable, toutes ses dérivées partielles s'obtenant par dérivation sous le signe $\iiint$. En effet pour $a \in \Omega$ et $x \in \complement\Omega$, $\frac{1}{|x-a|}$ a des dérivées

partielles en a de tous les ordres continues, donc séparément continues en a, et bornées tant que a reste à une distance $\geqslant d > 0$ quelconque de la frontière de Ω; comme μ est borné et que le volume d'intégration est borné, les propositions 45 et 46 donnent bien le résultat annoncé. En particulier, si on appelle $a_i (i = 1, 2, 3)$ les coordonnées de a, on a :

$$\text{(I, 3; 34)} \qquad \frac{\partial^2}{\partial a_i^2} \mathrm{U}(a) = \iiint_{\mathrm{X}} \mu(x) \frac{\partial^2}{\partial a_i^2} \left(\frac{1}{|x - a|} \right) dx$$

donc, en posant $\Delta \mathrm{U}(a) = \sum_{i=1,2,3} \frac{\partial^2}{\partial a_i^2} \mathrm{U}(a)$ (l'opérateur différentiel Δ est appelé le laplacien), on a :

$$\text{(I, 3; 35)} \qquad \Delta \mathrm{U}(a) = \iiint_{\mathrm{X}} \mu(x) \Delta_a \frac{1}{|x - a|} dx = 0$$

car $\Delta_a \frac{1}{|x - a|} = 0$ pour $x \neq a$. Ainsi le potentiel $\mathrm{U}(a)$ est *harmonique* (ce qui signifie $\Delta \mathrm{U} = 0$) dans un ouvert Ω ne contenant pas de charges.

Passons maintenant au cas général.

Soit $a_0 \in \mathrm{R}^3$, $\rho > 0$. Majorons l'intégrale

$$\text{(I, 3; 36)} \qquad \iiint_{|x - a_0| \leqslant \rho} \frac{\mu(x)\, dx}{|x - a|}$$

Pour $|a - a_0| \leqslant 2\rho$, elle est majorée par

$$\text{(I, 3; 37)} \qquad \mathrm{M} \iiint_{|x - a| \leqslant 3\rho} \frac{dx}{|x - a|} = \mathrm{M} \iiint_{r \leqslant 3\rho} \frac{dx}{r} = 18\pi \mathrm{M} \rho^2$$

[formule (I, 2; 51)].

Pour $|a - a_0| \geqslant 2\rho$, on a $|x - a| \geqslant \rho$ dans le volume d'intégration, donc (I, 3; 36) est majorée par

$$\text{(I, 3; 38)} \qquad \frac{\mathrm{M}}{\rho} \iiint_{|x - a_0| \leqslant \rho} dx = \frac{\mathrm{M}}{\rho} \frac{4}{3} \pi \rho^3 = \frac{4}{3} \pi \mathrm{M} \rho^2.$$

Elle est donc aussi petite qu'on peut pour ρ assez petit, et cela indépendamment de la situation de $a_0 \in \mathrm{R}^3$. Autrement dit, la fonction de a, dépendant du paramètre ρ :

$$\text{(I, 3; 39)} \qquad \mathrm{U}_\rho(a) = \iiint_{\substack{|x - a_0| \geqslant \rho \\ x \in \mathrm{X}}} \frac{\mu(x)\, dx}{|x - a|}$$

converge, pour $\rho \to 0$, uniformément par rapport à a, vers la fonction $U(a)$.

En vertu de la proposition 39, il suffira, pour être sûr que U est continue au point a_0, de savoir que U_ρ est continue au point a_0, pour $\rho > 0$. Or pour $\rho > 0$, U_ρ est le potentiel d'une couche de densité 0 dans la boule $|x - a_0| \leqslant \rho$ et $\mu(x)$ en dehors de cette boule; donc d'après ce que nous avons vu, U_ρ est continue au point a_0.

Dérivons formellement sous le signe $\iiint$, on obtient la fonction

$$\text{(I, 3; 40)} \quad V_i(a) = \iiint_X \mu(x) \frac{\partial}{\partial a_i} \frac{1}{|x-a|} dx = \iiint_X \mu(x) \frac{x_i - a_i}{|x-a|^3} dx.$$

Comme $\left|\frac{x_i - a_i}{|x-a|^3}\right| \leqslant \frac{1}{|x-a|^2}$, on se retrouve dans le cas d'une singularité en a, du type $\frac{1}{r^\alpha}$, $\alpha = 2 < 3$; d'après la proposition 33 l'intégrale des 2e et 3e membres a un sens, et un raisonnement en tout point analogue à celui que nous venons de faire montre qu'elle représente une fonction continue de a. Reste à voir que cette fonction $V_i(a)$ est bien $\frac{\partial}{\partial a_i} U(a)$. Il faut pour cela utiliser comme dans la proposition 45 une méthode d'intégration, montrant que U est bien une intégrale indéfinie (partielle par rapport à a_i) de V_i. Plus précisément, si b et c sont 2 points (de coordonnées b_j, c_j, $j = 1, 2, 3$) situés sur une même parallèle à l'axe des x_i ($b_j = c_j$ pour $j \neq i$), nous n'avons qu'à montrer que

$$\text{(I, 3; 41)} \qquad \int_{b_i}^{c_i} V_i(a)\, da_i = U(c) - U(b),$$

étant entendu que, dans le premier membre, a a toutes ses coordonnées a_j, $j \neq i$, fixes et égales à $b_j = c_j$, la i-ème, seule variable, étant la variable d'intégration a_i. Cela s'écrit :

$$\text{(I, 3; 42)} \qquad \int_{b_i}^{c_i} da_i \iiint_X \mu(x) \frac{x_i - a_i}{|x-a|^3} dx.$$

Supposons que nous ayons le droit d'intervertir les intégrations; on obtient :

$$\text{(I, 3; 43)} \qquad \iiint \mu(x)\, dx \int_{b_i}^{c_i} \frac{\partial}{\partial a_i} \frac{1}{|x-a|} da_i.$$

Or la seconde intégrale a un sens et vaut $\frac{1}{|x-c|}-\frac{1}{|x-b|}$, sauf lorsque x se trouve sur le segment (b, c), ensemble de mesure nulle dans R^3. Alors (I, 3; 43) vaut bien

$$\text{(I, 3; 44)} \qquad \iiint_X \frac{\mu(x)}{|x-c|}\,dx - \iiint_X \frac{\mu(x)}{|x-b|}\,dx = U(c) - U(b)$$

d'où (I, 3; 41).

Tout repose donc sur la possibilité d'intervertir les intégrations dans la formule (I, 3; 42). D'après le corollaire de la proposition 29 il suffit pour cela que

$$\text{(I, 3; 45)} \qquad \iiint_X |\mu(x)|\,dx \int_{b_i}^{c_i} \left| \frac{\partial}{\partial a_i} \frac{1}{|x-a|} \right| da_i$$

soit fini.

On a la majoration

$$\text{(I, 3; 46)} \qquad \int_{b_i}^{c_i} \left| \frac{\partial}{\partial a_i} \frac{1}{|x-a|} \right| da_i \leqslant \int_{b_i}^{c_i} \frac{da_i}{|x-a|^2}$$

$$\leqslant \int_{-\infty}^{+\infty} \frac{da_i}{(x_i-a_i)^2 + \sum_{j \neq i} (x_j - b_j)^2} = \int_{-\infty}^{+\infty} \frac{dt}{t^2+k^2} = \frac{\pi}{k}$$

avec

$$k^2 = \sum_{j \neq i} (x_j - b_j)^2.$$

Alors on aura pour (I, 3; 45) la majoration

$$\text{(I, 3; 47)} \qquad \pi M \iiint_X \frac{dx}{\sqrt{\sum_{j \neq i} (x_j - b_j)^2}}.$$

Prenons pour simplifier, $i = 1$; (I, 3; 47) s'exprime par Fubini (la fonction à intégrer est $\geqslant 0$) :

$$\text{(I, 3; 48)} \qquad \pi M \int_{x \in X} dx_1 \iint_{x \in X} \frac{dx_2\,dx_3}{\sqrt{(x_2-b_2)^2 + (x_3-b_3)^2}}.$$

L'intégrale double est à étendre à une aire bornée (puisque le volume d'intégration X est borné), et elle a au point (b_2, b_3) une singularité du type $\frac{1}{r^\alpha}$ avec $\alpha = 1 < 2$, donc elle est finie. L'intégrale en x_1 est finie aussi puisque X est borné, donc (I, 3; 48) est finie. C.Q.F.D.

Si maintenant, on essaie de calculer de la même manière les dérivées partielles du second ordre de U on tombe sur une difficulté. En effet, les dérivées partielles du second ordre (en a) de $\frac{1}{|x - a|}$ présentent, pour x voisin de a, une singularité du type $\frac{1}{r^\alpha}$ avec $\alpha = 3$, donc les intégrales obtenues n'ont pas de sens. Si l'on ne fait pas sur la densité μ des hypothèses supplémentaires, on vérifie par des exemples que U *n'est pas* 2 fois dérivable.

D'ailleurs la formule (I, 3; 35) est *toujours* fausse à l'intérieur des charges (alors qu'elle serait exacte si on pouvait dériver U en dérivant 2 fois sous le signe $\iiint$; ceci montre que les précautions mathématiques prises pour ces opérations ne sont pas exagérées); on sait en effet qu'on a la formule de Poisson (au moins si μ est 1 fois continuement différentiable) :

(I, 3; 49) $$\Delta U(a) = -4\pi\mu(a)$$

Toutes ces propriétés du potentiel seront vues sous un autre angle en utilisant le produit de convolution.

Remarque. (I, 3; 33) peut s'écrire par changement de variables

(I, 3; 50) $$U(a) = \iiint \frac{\mu(a - x)}{|x|}\, dx.$$

Supposons μ continue sur R^3 et non seulement bornée.

Alors $\frac{\mu(a - x)}{|x|}$ est séparément continue en a, sauf pour $x = 0$; elle est bornée par $\frac{M}{|x|}$, sommable puisque $|x| = r^\alpha$ avec $\alpha = 1 < 3$ et que le volume d'intégration est borné (ce volume est $X + a$, ensemble des points $x + a$ lorsque x parcourt X; cet ensemble est variable avec a, mais lorsque a reste borné, il reste contenu dans un volume borné fixe qu'on peut prendre pour ensemble d'intégration). Cela prouve, d'après la proposition 41, que U est continue. Cette démonstration, qui suppose μ continue, est plus simple que celle que nous avons donnée pour μ borné. Si μ est p fois continuement différentiable, on verra aussi aisément que U est p fois continuement différentiable, les dérivées se calculant par dérivation formelle sous le signe $\iiint$

$$\iiint \frac{1}{|x|}\frac{\partial}{\partial a_i}\mu(a-x)\,dx. \tag{I, 3; 51}$$

Exercices sur le chapitre I

Exercice I-1

Montrer que si une série $\sum_{n=0}^{\infty} u_n$ est semi-convergente, alors $\sum_{n=0}^{\infty} u_n^+$ et $\sum_{n=0}^{\infty} u_n^-$ sont toutes deux divergentes. En déduire que la série $\sum_{i\in\mathbb{N}} u_i$ ne satisfait pas au critère de Cauchy des séries sommables. On pourra commencer par étudier explicitement le cas de la série harmonique alternée.

Exercice I-2

Montrer que si une série $\sum_{n=0}^{\infty} u_n$ est semi-convergente, on peut par une modification de l'ordre des termes la rendre convergente et de somme arbitrairement donnée à l'avance et aussi la rendre divergente et de somme $+\infty$, et divergente et de somme $-\infty$.

Exercice I-3

Montrer que si une série $\sum_{n=0}^{\infty} u_n$ est convergente et reste convergente quel que soit l'ordre de ses termes, elle est absolument convergente.

Exercice I-4 (Fonctions caractéristiques d'ensembles)

On désigne par A et B deux sous-ensembles de R^n, et par A — B le sous-ensemble de R^n formé des points appartenant à A et n'appartenant pas à B.
On pose

$$A \Delta B = (A - B) \cup (B - A).$$

On désigne par χ_A (resp. χ_B) la fonction caractéristique de A (resp. B)
Montrer les formules :

$$\chi_{A\cap B} = \chi_A \chi_B \tag{1}$$
$$\chi_{A\cup B} = \chi_A + \chi_B - \chi_{A\cap B} \tag{2}$$
$$\chi_{A\Delta B} = |\chi_A - \chi_B| \tag{3}$$

On rapprochera la formule (2) de la proposition 24.

Exercice I-5 (Intégrales sphériques dans R^n).

Calculer, en fonction de l'aire S_n de la sphère unité, dans R^n, le volume d'une boule de rayon R, ainsi que le moment d'inertie d'une boule homogène, de rayon R, par rapport à son centre.

Exercice I-6

I. — On adopte les notations habituelles : $i = \sqrt{-1}$, $e^{it} = \cos t + i \sin t$, $|a + ib| = \sqrt{a^2 + b^2}$. On suppose x réel, $0 < x < 2$; montrer que

$$|e^{in\pi x} + e^{i(n+1)\pi x} + \cdots + e^{im\pi x}| \leqslant \frac{1}{\left|\sin \frac{\pi x}{2}\right|}.$$

L'inégalité évidente $|b| \leqslant |a + ib|$ donne alors

$$(1) \qquad |\sin n\pi x + \sin (n+1)\pi x + \cdots + \sin m\pi x| \leqslant \frac{1}{\left|\sin \frac{\pi x}{2}\right|}.$$

En se servant de la majoration (1) et de la formule

$$\begin{aligned} u_n v_n + u_{n+1} v_{n+1} + \cdots + u_m v_m = (u_n - u_{n+1}) v_n \\ + (u_{n+1} - u_{n+2})(v_n + v_{n+1}) + \cdots + u_m (v_n + v_{n+1} + \cdots + v_m) \end{aligned}$$

établir la majoration

$$(2) \qquad \left|\frac{1}{n} \sin n\pi x + \frac{1}{n+1} \sin (n+1)\pi x + \cdots + \frac{1}{m} \sin m\pi x\right| \leqslant \frac{1}{n} \frac{1}{\left|\sin \frac{\pi x}{2}\right|}.$$

II. — Montrer que la série trigonométrique

$$\begin{aligned} \frac{1}{12} + \frac{4}{\pi^3}\left(\sin \pi x + \frac{1}{3^3} \sin 3\pi x + \cdots + \frac{1}{(2p+1)^3} \sin (2p+1)\pi x + \cdots\right) \\ - \frac{1}{2\pi^2}\left(\cos 2\pi x + \frac{1}{2^2} \cos 4\pi x + \cdots + \frac{1}{p^2} \cos 2p\pi x + \cdots\right) \end{aligned}$$

converge pour tout $-1 \leqslant x \leqslant 1$. Elle définit dans l'intervalle $(-1, +1)$ une fonction à valeurs réelles, que nous nommerons $f(x)$.

III. — Montrer que la série obtenue en dérivant terme à terme $f(x)$ converge pour tout x tel que $0 < |x| < 1$. Notons $g(x)$ la série obtenue en dérivant $f(x)$ terme à terme; jusqu'ici $g(x)$ n'est définie que pour $-1 < x < 0$ et $0 < x < 1$. En sachant que la série de terme général $\frac{1}{n^2}$, a pour somme $\frac{\pi^2}{6}$, calculer $g(0)$. Prouver que $f(x)$ est une fonction continue de x en tout point de l'intervalle $(-1, +1)$.

IV. — On considère la fonction suivante, définie sur l'intervalle $(-1, +1)$:

$$G(x) = \begin{cases} 0 & \text{si} \quad -1 \leqslant x < 0, \\ 1 - 2x & \text{si} \quad 0 < x \leqslant 1. \end{cases}$$

On posera alors

$$G(0) = \frac{1}{2}(G(-0) + G(+0))$$

où l'on a posé

$$G(-0) = \lim_{\substack{x \to 0 \\ x < 0}} G(x) \qquad \text{et} \qquad G(+0) = \lim_{\substack{x \to 0 \\ x > 0}} G(x)$$

Écrire le développement en série de Fourier de $G(x)$. En déduire l'équation de $f(x)$ dans l'intervalle $(-1, 0)$ et son équation dans l'intervalle $(0, 1)$. De la valeur de $f(0)$, tirer celle de la série de terme général $\frac{1}{n^2}$. Que peut-on dire de la dérivée de f à l'origine?

Exercice I-7

I. — On pose

$$e_0(x) = e^{-x^2}, \qquad e_n(x) = \int_{-\infty}^{x} e_{n-1}(t)\, dt.$$

1° Montrer que ces fonctions existent.
2° Soient

$$f_1(x) = e_2(x), \qquad f_2(x), \ \ldots, \ f_n(x)$$

définies pour $n > 1$ par

$$f_n'''(x) + 2xf_n''(x) = \sum_{i=1}^{n-1} f_i(x) f_{n-i}''(x)$$

avec

$$\lim_{x \to -\infty} f_n(x) = \lim_{x \to -\infty} f_n'(x) = \lim_{x \to -\infty} e^{x^2} f_n''(x) = 0.$$

Montrer que $f_n''(x) \leqslant e_0(x) e_3^{n-1}(x)$, $f_n(x) \leqslant e_2(x) e_3^{n-1}(x)$ et en déduire que ces fonctions existent.

II. — 1° Soit $A > 0$ donné. Montrer que pour x inférieur à une certaine valeur $X_1(A)$ la série

$$(1) \qquad -2x + \sum_{i=1}^{\infty} A^i f_i(x)$$

converge et que sa somme est une intégrale de

$$(2) \qquad y''' = yy''.$$

2° Soit $Z_A(x)$ l'intégrale de (2) qui coïncide avec la somme de (1) quand $x < X_1(A)$ (la région d'existence de $Z_A(x)$ pourrait être distincte de la région de convergence de (1)).
Montrer en écrivant (2) sous la forme $y'' = Ce^{\int \gamma(x)\,dx}$ que ou bien $Z_A(x)$ existe quel que soit x ou bien $Z_A(x)$ existe pour $x < x_0(A)$ et devient infini quand x tend vers $x_0(A)$.

3° Montrer que pour toute valeur de x telle que $Z_A(x)$ existe, la somme $S_n(x)$ des n premiers termes de (1) est inférieure à $Z_A(x)$ (on montrera que $h(x) = Z_A(x) - S_n(x)$ satisfait à une équation différentielle qui implique $h''(x) \geqslant 0$).

4° En déduire que la région d'existence de $Z_A(x)$ coïncide avec la région de convergence de (1).

Exercice I-8

I. — On se propose d'obtenir la méthode d'intégration due à Feynman pour un produit de facteurs. A cet effet, on établit deux formules permettant de transformer un produit de n facteurs en une intégrale portant sur une puissance $n^{\text{ième}}$.

Première formule de Feynman: $\dfrac{1}{a_1 a_2 \ldots a_n} =$

$$(n-1)!\int_0^1 dx_1 \int_0^{1-x_1} dx_2 \ldots \int_0^{1-x_1-x_2-\cdots x_{n-2}} dx_{n-1} \frac{1}{[(a_{n-1}-a_n)x_{n-1} + (a_{n-2}-a_n)x_{n-2} + \cdots + (a_1-a_n)x_1 + a_n]^n}$$

$(a_i > 0)$.

1° Démontrer cette formule directement en utilisant les propriétés suivantes et les changements de variables indiqués :

$$\frac{1}{a_p} = \int_0^\infty e^{-a_p y_p}\,dy_p; \qquad X = \sum_{i=1}^n y_i; \qquad x_i = \frac{y_i}{X}.$$

On obtient une intégrale sur $n + 1$ variables liées par une relation. On effectue l'intégration sur X pour obtenir la formule ci-dessus.
2° Démontrer cette formule par récurrence.

Deuxième formule de Feynman: $\dfrac{1}{a_1 a_2 \ldots a_n} =$

$$(n-1)!\int_0^1 dx_1 \ldots \int_0^1 dx_{n-1} \frac{x_1^{n-2} x_2^{n-3} \ldots x_{n-2}}{[(a_n - a_{n-1})x_{n-1} \ldots x_1 + (a_{n-1} - a_{n-2})x_{n-2} \ldots x_1 + \cdots + (a_2 - a_1)x_1 + a$$

1° Démontrer cette formule par récurrence.

2° Montrer qu'il existe un changement de variable qui permet de passer de la première formule à la seconde. On remarquera que les limites d'intégration, dans le premier cas, sont variables et dans le deuxième cas fixes. Ceci doit conduire à trouver, à partir des premières variables, de nouvelles variables comprises cette fois entre 0 et 1.

II. — Application au calcul explicite d'une intégrale de l'espace à 4 dimensions.

$$\int d_4\mathrm{K} \frac{(\mathrm{A.K})(\mathrm{C.}(\mathrm{K}+\mathrm{V}))}{\mathrm{K}^2(\mathrm{K}^2+2(\mathrm{K.V}))\,(\mathrm{K}^2+2(\mathrm{K.W}))}$$

où A, C, K, V, W, sont des vecteurs de composantes A_i, C_i, K_i, V_i, W_i, $i = 1, 2, 3, 4$.

$$(\mathrm{A.V}) = (\mathrm{A.W}); \qquad (\mathrm{C.V}) = (\mathrm{C.W}); \qquad \mathrm{V}^2 = \mathrm{W}^2; \qquad (\mathrm{A.C}) = 0$$

$$(\mathrm{A.K}) = \mathrm{A}_1\mathrm{K}_1 + \mathrm{A}_2\mathrm{K}_2 + \mathrm{A}_3\mathrm{K}_3 + \mathrm{A}_4\mathrm{K}_4$$

$$\mathrm{K}^2 = \mathrm{K}_1^2 + \mathrm{K}_2^2 + \mathrm{K}_3^2 + \mathrm{K}_4^2$$

$$d_4\mathrm{K} = d\mathrm{K}_1 d\mathrm{K}_2 d\mathrm{K}_3 d\mathrm{K}_4$$

l'intégration est étendue à tout l'espace.

1° Appliquer la 1re formule de Feynman au produit

$$\frac{1}{\mathrm{K}^2(\mathrm{K}^2+2(\mathrm{K.V}))(\mathrm{K}^2+2(\mathrm{K.W}))}$$

2° Intégrer en K à l'aide d'un changement de variable linéaire et des coordonnées polaires dans l'espace à 4 dimensions :

$$\mathrm{S}_1 = \mathrm{R}\cos a_1; \qquad \mathrm{S}_2 = \mathrm{R}\cos a_2 \sin a_1; \qquad \mathrm{S}_3 = \mathrm{R}\sin a_1 \sin a_2 \cos a_3$$

$$\mathrm{S}_4 = \mathrm{R}\sin a_1 \sin a_2 \sin a_3.$$

3° On obtient alors une intégrale double en x_1 et x_2 que l'on résoudra à l'aide d'un changement de variable : $x_1 + x_2 = w$; $x_1 = uw$.

Exercice I-9
(Convergence de suites de fonctions)

I. — Soit E un espace vectoriel sur le corps des complexes C. On dit qu'une application $\vec{x} \to \|\vec{x}\|$ de E dans R est une norme si elle possède les propriétés suivantes :

$$\|\vec{x}\| \geqslant 0 \quad \text{pour tout} \quad \vec{x} \in \mathrm{E} \quad \text{et} \quad \|\vec{x}\| = 0 \Longleftrightarrow \vec{x} = \vec{0},$$

$$\|\lambda\vec{x}\| = |\lambda|\,\|\vec{x}\| \quad \text{pour tout} \quad \lambda \in \mathrm{C} \quad \text{et tout} \quad \vec{x} \in \mathrm{E},$$

$$\|\vec{x} + \vec{y}\| \leqslant \|\vec{x}\| + \|\vec{y}\| \quad \text{pour tout} \quad \vec{x}, \vec{y} \in \mathrm{E}.$$

On dit qu'une suite $\vec{x}_n$ de E converge vers $\vec{x}$ dans E pour la topologie définie par la norme $\|.\|$, et on écrit $\vec{x}_n \to \vec{x}$, si $\|\vec{x}_n - \vec{x}\| \to 0$ quand $n \to \infty$. On dit que $\vec{x}_n$ est une suite de Cauchy, pour la topologie définie par la norme $\|.\|$, si pour tout $\varepsilon > 0$, il existe un entier n_0, tel que pour tout couple d'entiers m, n tous deux supérieurs à n_0, on ait $\|\vec{x}_m - \vec{x}_n\| \leqslant \varepsilon$.
1° Montrer que si $\vec{x}_n \to \vec{x}$ et $\vec{y}_n \to \vec{y}$, dans E, alors $\vec{x}_n + \vec{y}_n \to \vec{x} + \vec{y}$.
2° Montrer que si $\vec{x}_n \to \vec{x}$ dans E, et si λ_n est une suite de nombres complexes qui converge vers λ, alors la suite $\lambda_n\vec{x}_n \to \lambda\vec{x}$ dans E.
3° Montrer que toute suite $\vec{x}_n$ qui converge dans E, est une suite de Cauchy. En général la réciproque de 3° est fausse et une suite de Cauchy dans E, ne converge pas obligatoirement vers un point de E.
Lorsque un espace vectoriel sur C est muni d'une norme pour laquelle toute suite de Cauchy converge vers un point de E, on dit que E est complet pour la topologie définie par cette norme, et E est alors appelé espace de Banach.

II. — On désigne par $\mathcal{E}^0_{[0,1]}$ l'espace vectoriel sur C des fonctions complexes définies et continues sur [0, 1]. On pose.

$$\|f\|_1 = \int_0^1 |f(t)|\,dt$$
$$\|f\|_2 = \sup_{t \in [0,1]} |f(t)|$$

1° Montrer que $\|f\|_1$ et $\|f\|_2$ définissent deux normes sur $\mathcal{E}^0_{[0,1]}$.

2° Montrer que si une suite de fonctions $f_n \in \mathcal{E}^0_{[0,1]}$ converge vers une fonction $f \in \mathcal{E}^0_{[0,1]}$ pour $\|.\|_1$, alors $f_n(t) \to f(t)$ simplement sur [0, 1].

3° Montrer, en construisant un contre-exemple, qu'une suite de fonctions $f_n \in \mathcal{E}^0_{[0,1]}$ qui converge simplement sur [0, 1] vers une fonction $f \in \mathcal{E}^0_{[0,1]}$ ne converge pas obligatoirement vers f pour $\|.\|_1$. (On pourra prendre par exemple $f_n(t) = 0$ pour $t = 0$ et $t \geqslant 1/n$, $= 2n^3t$ pour $0 < t \leqslant 1/2n$, et $= -n^3 2(t - 1/n)$ pour $1/2n \leqslant t \leqslant 1/n$).

4° Montrer que si $f_n \to f$ dans $\mathcal{E}^0_{[0,1]}$ pour $\|.\|_2$, alors $f_n \to f$ uniformément sur [0, 1] et que réciproquement, si $f_n \in \mathcal{E}^0_{[0,1]}$ converge vers f uniformément sur [0, 1], alors $f_n \to f$ dans $\mathcal{E}^0_{[0,1]}$ pour $\|.\|_2$.

5° Étant données deux normes $\|.\|_1$ et $\|.\|_2$ sur un espace vectoriel E, on dit que $\|.\|_2$ est plus fine que $\|.\|_1$ s'il existe une constante K telle que l'on ait pour tout $\vec{x} \in E$:

$$\|\vec{x}\|_1 \leqslant K\|\vec{x}\|_2$$

On dit que les deux normes sont équivalentes si chacune d'elles est plus fine que l'autre.
Montrer que sur $\mathcal{E}^0_{[0,1]}$, $\|.\|_2$ est plus fine que $\|.\|_1$.
En utilisant la suite de fonctions $f_n(t)$ définie sur [0, 1] par

$$f_n(t) = \begin{cases} 0 & \text{pour} \quad t \geqslant 1/n \\ -nt + 1 & \text{pour} \quad 0 \leqslant t \leqslant 1/n \end{cases}$$

montrer que $\|.\|_1$ et $\|.\|_2$ ne sont pas équivalentes

6° Montrer que pour $\|.\|_2$, $\mathcal{E}^0_{[0,1]}$ est un espace de Banach

7° On considère la suite de fonctions $f_n(t)$ définie sur [0, 1] par :

$$f_n(t) = \begin{cases} 0 & \text{pour} \quad t \leqslant 1/2 \\ n(t - 1/2) & \text{pour} \quad 1/2 \leqslant t \leqslant (1/2 + 1/n) \\ 1 & \text{pour} \quad t \geqslant (1/2 + 1/n) \end{cases}$$

Montrer que pour $\|.\|_1$, c'est une suite de Cauchy qui ne converge pas vers une fonction f de $\mathcal{E}^0_{[0,1]}$. Pour $\|.\|_1$, $\mathcal{E}^0_{[0,1]}$ n'est donc pas complet.

8° Une des questions ci-dessus est fausse. Laquelle?

Chapitre II

Théorie élémentaire des distributions

1. Définition des distributions

1. Espace vectoriel $\mathcal{D}$

$\mathcal{D}$ est un sous-espace vectoriel de l'espace vectoriel des fonctions à valeurs complexes définies sur R^n; une telle fonction de $x \in R^n$, est aussi une fonction de n variables réelles $x_1, x_2, \ldots, x_n$.
$\mathcal{D}$ est défini comme suit :

Pour qu'une fonction φ sur R^n, appartienne à $\mathcal{D}$, il faut et il suffit qu'elle soit indéfiniment dérivable, et qu'il existe un ensemble borné K de R^n en dehors duquel φ soit identiquement nulle.

Naturellement, K n'est pas le même pour toutes les fonctions φ de $\mathcal{D}$. Pour chaque fonction φ, si K est le plus petit ensemble *fermé*, en dehors duquel φ soit nulle, K est appelé le support de φ. Autrement dit, K est l'adhérence de l'ensemble des points x pour lesquels $\varphi(x) \neq 0$. D'où la

Définition 1

L'espace $\mathcal{D}$ est l'espace des fonctions complexes sur R^n, indéfiniment dérivables, à support borné.

Exemple. Si $n = 1$, la fonction φ définie comme suit :

$$\text{(II, 1; 1)} \quad \begin{cases} \varphi(x) = 0 & \text{si} \quad |x| \geqslant 1, \\ \varphi(x) = \exp\left(-\dfrac{1}{1-x^2}\right) & \text{pour} \quad |x| < 1, \end{cases}$$

appartient à $\mathcal{D}$. Son support, qui est l'intervalle $|x| \leqslant 1$, est en effet borné; elle est indéfiniment dérivable pour $|x| > 1$ puisqu'elle est alors identiquement nulle, et, pour $|x| < 1$, comme exponentielle d'une fonction indéfiniment dérivable; mais on montre aisément qu'elle est indéfiniment dérivable partout, toutes ses dérivées successives, pour $x = \pm 1$ étant nulles. Il est bon de remarquer que tout développement de Taylor limité de φ au voisinage de $x = \pm 1$ a tous ses termes nuls et se réduit donc à son terme complémentaire, la série de Taylor suivant les puissances de $x - 1$ ou $x + 1$ converge vers 0, puisque tous ses termes sont nuls, et ne représente pas la fonction $\varphi(x) > 0$, pour $|x| < 1$. Une telle circonstance se produira pour toute fonction $\varphi \in \mathcal{D}$ non identiquement nulle. Pour n dimensions, on a l'exemple analogue

$$\text{(II, 1; 2)} \quad \left\{ \begin{aligned} &\varphi(x) = 0 \quad \text{si} \quad r \geqslant 1 \\ &\varphi(x) = \exp\left(-\frac{1}{1-r^2}\right) \quad \text{si} \quad r < 1 \end{aligned} \right\} \quad r = |x| = \sqrt{\sum_{i=1}^{n} x_i^2}$$

Le fait que $\mathcal{D}$ soit un espace vectoriel résulte de ce que, si φ_1 et $\varphi_2 \in \mathcal{D}$, alors $\varphi_1 + \varphi_2 \in \mathcal{D}$, et si λ est un nombre complexe et $\varphi \in \mathcal{D}$, alors $\lambda\varphi \in \mathcal{D}$.

$\mathcal{D}$ est même une algèbre (ou un anneau) pour la multiplication ordinaire, parce que si φ_1 et $\varphi_2 \in \mathcal{D}$, alors $\varphi_1\varphi_2 \in \mathcal{D}$.

Plus généralement, si $\varphi \in \mathcal{D}$ et si ψ est une fonction indéfiniment dérivable à support non nécessairement borné, alors $\varphi\psi \in \mathcal{D}$, et le support de $\varphi\psi$ est contenu dans l'intersection des supports de φ et ψ.

Proposition 1. Théorème d'approximation. *Quel que soit* $\varepsilon > 0$, *toute fonction continue* f, *à support borné* K, *peut être uniformément approchée à* ε *près par une fonction* $\varphi \in \mathcal{D}$, *et on peut astreindre* φ *à avoir son support contenu dans un voisinage arbitraire du support* K *de* f.

Démonstration. d étant un nombre > 0, on appelle voisinage d'ordre d de l'ensemble K l'ensemble K_d des points dont la distance à K est $\leqslant d$. K_d est un ensemble fermé borné qui contient K. Nous voulons montrer que, étant donnés f, de support K, $\varepsilon > 0$ et $d > 0$, il existe $\varphi \in \mathcal{D}$, de support contenu dans K_d, telle que la « distance » de f et φ, c'est-à-dire $\sup_{x \in R} |f(x) - \varphi(x)|$, soit $\leqslant \varepsilon$. Pour cela, appelons θ_1 la fonction appartenant à $\mathcal{D}$, définie dans l'exemple de la formule (II, 1; 2). Posons ensuite

$$\text{(II, 1; 3)} \qquad \theta(x) = \frac{1}{k}\theta_1\left(\frac{x}{a}\right)$$

de sorte que le support de θ est la boule $|x| \leqslant a$; k est choisi égal à

$$\iint \cdots \int_{R^n} \theta_1\left(\frac{x}{a}\right) dx = a^n \iint \cdots \int_{R^n} \theta_1(y)\, dy > 0,$$

de façon que

$$\text{(II, 1; 4)} \qquad \iint_{R^n} \cdots \int \theta(x)\, dx = +1$$

Nous définirons alors φ comme suit

$$\text{(II, 1; 5)} \quad \varphi(x) = \iint_{R^n} \cdots \int f(x-\xi)\,\theta(\xi)\, d\xi$$
$$= \iint_{R^n} \cdots \int f(\xi)\,\theta(x-\xi)\, d\xi.$$

Montrons que si la constante $a > 0$ de la formule (II, 1; 3) définissant θ a été choisie assez petite, φ a toutes les propriétés voulues. D'abord si x n'appartient pas à K_a, on a $|x-\xi| > a$ pour tout $\xi \in K$; comme alors la deuxième intégrale se calcule en réalité non sur R^n mais sur K (à cause du terme $f(\xi)$), on aura $\theta(x-\xi) \equiv 0$ pour $\xi \in K$, donc $\varphi(x) = 0$. Ainsi φ est nulle en dehors de K_a, donc son support est contenu dans K_d si $a \leqslant d$. Ensuite φ est indéfiniment différentiable. En effet dans la deuxième intégrale on peut dériver par rapport à x sous le signe $\int$ autant de fois qu'on veut puisque l'ensemble d'intégration est borné (support de f) et que $f(\xi)\,\theta(x-\xi)$ a des dérivées en x de tout ordre, continues en x et ξ. Calculons enfin la différence $\varphi(x) - f(x)$: comme

$$\iint_{R^n} \cdots \int \theta(\xi)\, d\xi = 1,$$

on a

$$\text{(II, 1; 6)} \quad f(x) - \varphi(x) = \iint_{R^n} \cdots \int \big(f(x) - f(x-\xi)\big)\,\theta(\xi)\, d\xi.$$

Comme f est continue et à support borné, elle est uniformément continue. $\varepsilon > 0$ étant donné, on peut choisir $\eta > 0$, de façon que $|\xi| \leqslant \eta$ entraîne $|f(x) - f(x-\xi)| \leqslant \varepsilon$; comme l'intégrale (II, 1; 6) est justement calculée non sur R^n, mais sur le support de θ, c'est-à-dire $|\xi| \leqslant a$, on a dans cette intégrale $|f(x) - f(x - \xi)| \leqslant \varepsilon$ si a a été choisi $\leqslant \eta$; comme enfin $\iint_{R^n} \cdots \int \theta(\xi)\, d\xi = 1$, on a

$$|f(x) - \varphi(x)| \leqslant \varepsilon. \tag{II, 1; 7}$$

Donc pour $a \leqslant d$ et $a \leqslant \eta$, φ a toutes les propriétés voulues.

Topologie ou notion de convergence sur $\mathfrak{D}$

On dira qu'une suite de fonctions φ_j appartenant à $\mathfrak{D}$ converge (pour $j \to \infty$) vers une fonction φ de $\mathfrak{D}$ si :

1) *Les supports des φ_j sont contenus dans un même ensemble borné, indépendant de j.*

2) *Les dérivées de tout ordre m des φ_j convergent uniformément pour $j \to \infty$ vers les dérivées correspondantes de φ.*

C'est là une convergence « d'ordre infini », puisqu'elle implique la convergence uniforme pour toute dérivée. Remarquons que nous n'exigeons pas la convergence uniforme à la fois pour tous les ordres de dérivations, mais seulement la convergence uniforme pour chaque ordre de dérivations pris séparément.

2. Distributions

Définition 2

On appelle distribution T *une fonctionnelle linéaire continue sur l'espace vectoriel $\mathfrak{D}$.*

Cela signifie qu'à toute $\varphi \in \mathfrak{D}$, T associe un nombre complexe $T(\varphi)$, que nous noterons aussi $\langle T, \varphi \rangle$, avec les propriétés :

(II, 1; 8)
- $T(\varphi_1 + \varphi_2) = T(\varphi_1) + T(\varphi_2)$
- $T(\lambda\varphi) = \lambda T(\varphi)$, λ constante complexe.
- Si φ_j converge pour $j \to \infty$ vers φ au sens de la topologie de $\mathfrak{D}$, les nombres complexes $T(\varphi_j)$ convergent pour $j \to \infty$ vers le nombre complexe $T(\varphi)$.

Les distributions forment elle-mêmes un espace vectoriel $\mathfrak{D}'$ la somme $T_1 + T_2$ et le produit λT étant définis par

$$\begin{aligned} \langle T_1 + T_2, \varphi \rangle &= \langle T_1, \varphi \rangle + \langle T_2, \varphi \rangle \\ \langle \lambda T, \varphi \rangle &= \lambda \langle T, \varphi \rangle \end{aligned} \tag{II, 1; 9}$$

de sorte que le produit scalaire $\langle T, \varphi \rangle$, pour $T \in \mathfrak{D}'$ et $\varphi \in \mathfrak{D}$ est une forme bilinéaire.

L'espace $\mathcal{D}'$ est une partie de l'espace $\mathcal{D}^*$, dual de $\mathcal{D}$, ensemble de toutes les fonctionnelles linéaires, continues ou non, sur $\mathcal{D}$. On peut démontrer mathématiquement (avec l'axiome de choix) l'existence de fonctionnelles linéaires discontinues sur $\mathcal{D}$; mais on ne peut pas en citer explicitement une seule, et il y a peu de chance qu'on en rencontre jamais dans la pratique.

Exemples de distributions

Exemple I. Soit f une fonction localement sommable, c'est-à-dire sommable sur tout ensemble borné. Elle définit une distribution T_f par

$$\langle T_f, \varphi \rangle = \iint_{R^n} \cdots \int f(x)\,\varphi(x)\,dx. \tag{II, 1; 10}$$

Cette intégrale a bien un sens, car on intègre en réalité non sur R^n, mais sur le support borné de φ, de sorte que sur ce support, f est sommable et φ continue, donc $f\varphi$ sommable; d'autre part la valeur de l'intégrale est bien une fonctionnelle linéaire de φ.
Il reste à voir que cette fonctionnelle est continue sur $\mathcal{D}$. Supposons que φ_j converge vers φ dans $\mathcal{D}$ pour $j \to \infty$. Soit K un ensemble borné contenant les supports de toutes les fonctions φ_j:

$$|\langle T_f, \varphi_j \rangle - \langle T_f, \varphi \rangle| \leqslant \left(\iint_{K} \cdots \int |f(x)|\,dx \right) \max |\varphi - \varphi_j|. \tag{II, 1; 11}$$

Comme $\max |\varphi_j - \varphi|$ tend vers 0 pour $j \to \infty$, la différence converge bien vers 0.

Proposition 2. *Deux fonctions f, g définissent la même fonctionnelle $T_f = T_g$ si et seulement si elles sont presque partout égales.*
Si f et g sont presque partout égales, il est évident que $\langle T_f, \varphi \rangle = \langle T_g, \varphi \rangle$ quelle que soit $\varphi \in \mathcal{D}$. C'est la réciproque qu'il faut montrer. En posant $f - g = h$, on est ramené à ceci : *si h est une fonction localement sommable, si*

$$\iint_{R^n} \cdots \int h(x)\,\varphi(x)\,dx = 0 \tag{II, 1; 12}$$

quelle que soit $\varphi \in \mathcal{D}$, $h(x)$ est presque partout nulle.

1) Montrons d'abord qu'on a aussi $\iint_{R^n} \cdots \int h(x)\,\psi(x)\,dx = 0$ quelle que soit la fonction ψ, continue (non nécessairement dérivable) à support borné. Cela résulte du théorème d'approximation (prop. 1);

il existe, quels que soient $\varepsilon > 0$ et $d > 0$, une fonction $\varphi \in \mathcal{D}$ telle que $|\varphi - \psi| \leqslant \varepsilon$ et que, si ψ a pour support K, φ ait son support dans K_d.

$$\text{(II, 1; 13)} \qquad \left|\iint_{R^n} \cdots \int (\varphi(x) - \psi(x))h(x)\, dx\right| \leqslant \varepsilon \iint_{K_d} \cdots \int |h(x)|\, dx$$

Comme $\iint \cdots \int_{R^n} \varphi(x)\ h(x)\, dx = 0$ par hypothèse, on a

$$\text{(II, 1; 14)} \qquad \left|\iint_{R^n} \cdots \int \psi(x)h(x)\, dx\right| \leqslant \varepsilon \iint_{K_d} \cdots \int |h(x)|\, dx$$

Fixons d, et faisons tendre ε vers 0, on en déduit bien

$$\text{(II, 1; 15)} \qquad \iint_{R^n} \cdots \int h(x)\ \psi(x)\, dx = 0.$$

2) Soit maintenant $\chi(x)$ une fonction (mesurable) bornée, à support borné. Montrons qu'on a encore

$$\text{(II, 1; 16)} \qquad \iint_{R^n} \cdots \int h(x)\ \chi(x)\, dx = 0.$$

Nous nous appuierons sur la théorie de l'intégrale de Lebesgue : (chapitre I, définition 3).

Si χ est une fonction mesurable sur R^n il existe une suite de fonctions χ_j continues, qui pour $j \to \infty$ convergent presque partout vers χ.

Dans le cas qui nous occupe, χ étant à support borné, on peut toujours supposer que les χ_j gardent leur support dans un même ensemble borné indépendant de j; s'il n'en était pas ainsi, on pourrait en effet les remplacer par les fonctions $\alpha\chi_j$, α étant une fonction continue fixe égale à 1 sur le support de χ et à support borné.

D'autre part, χ étant bornée, on peut toujours supposer les χ_j bornées par $M = \sup|\chi|$; si en effet il n'en était pas ainsi, et si on pose

$$\chi_j(x) = \rho_j(x)e^{i\theta_j(x)},$$

on pourrait les remplacer par les fonctions $\sigma_j(x)e^{i\theta_j(x)}$,

$$\sigma_j(x) = \min(M,\ \rho_j(x))$$

Ces deux conditions étant réalisées, d'une part on a

$$\text{(II, 1; 17)} \qquad \iint_{R^n} \cdots \int h(x)\ \chi_j(x)\, dx = 0$$

puisque les χ_i sont des fonctions du type ψ, continues à supports bornés. D'autre part pour $j \to \infty$

(II, 1; 18)
$$\iint_{\mathrm{R}^n} \cdots \int h(x)\,\chi_j(x)\,dx \quad \text{tend vers} \quad \iint_{\mathrm{R}^n} \cdots \int h(x)\,\chi(x)\,dx.$$

[En effet $\chi_j(x)$ converge presque partout vers $\chi(x)$, et $|h(x)\,\chi_j(x)|$ est borné par $\mathrm{M}|h(x)|$ localement sommable, et de support contenu dans un ensemble borné donc sommable; cela résulte donc du théorème de Lebesgue]. On en déduit bien la formule (II, 1; 16).

3) Choisissons alors la fonction $\chi(x)$ suivante

$$\begin{cases} \chi(x) = 0, \quad \text{pour} \quad |x| > a \quad \text{ou} \quad h(x) = 0; \\ \chi(x) = e^{-i\omega(x)} \quad \text{si} \quad h(x) = r(x)e^{i\omega(x)}, \quad \text{pour} \quad |x| \leqslant a \quad \text{et} \quad h(x) \neq 0. \end{cases}$$

χ est mesurable, de module égale à 1 ou 0, de support contenu dans la boule $|x| \leqslant a$; on a donc, d'après (II, 1; 16)

(II, 1; 19)
$$\iint_{\mathrm{R}^n} \cdots \int h(x)\chi(x)\,dx = \iint_{|x| \leqslant a} \cdots \int |h(x)|\,dx = 0.$$

Ainsi $|h(x)|$ est une fonction $\geqslant 0$, dont l'intégrale dans la boule $|x| \leqslant a$ est nulle: donc $h(x)$ est presque partout nulle dans la boule $|x| \leqslant a$, et comme c'est vrai quel que soit a, h est presque partout nulle ce qu'il fallait démontrer.

Conséquence. Si l'on convient d'identifier 2 fonctions localement sommables f et g lorsqu'elles sont presque partout égales (ce qui revient à ne parler que de classes de fonctions localement sommables), les distributions constituent une généralisation de la notion de fonction localement sommable. C'est pourquoi dans la suite nous identifierons une fonction localement sommable f définie presque partout à la fonctionnelle T_f qu'elle définit, et nous écrirons

(II, 1; 20)
$$\langle f, \varphi \rangle = \langle \mathrm{T}_f, \varphi \rangle = \iint_{\mathrm{R}^n} \cdots \int f(x)\,\varphi(x)\,dx.$$

En particulier la fonctionnelle qui à chaque fonction φ fait correspondre son intégrale $\iint_{\mathrm{R}^n} \cdots \int \varphi(x)\,dx$ définit une distribution que nous identifions à la fonction $f = 1$.

Exemple II. Si f est une fonction localement sommable, D un symbole de dérivation partielle d'ordre quelconque en $x_1, x_2, \dots, x_n$, la fonctionnelle

$$\text{(II, 1; 21)} \quad \langle T, \varphi \rangle = \iint_{R^n} \cdots \int f(x)\, D\varphi(x)\, dx = \langle f, D\varphi \rangle$$

est une distribution.

Exemple III. *La distribution de Dirac* δ *est définie par*

$$\text{(II, 1; 22)} \qquad \langle \delta, \varphi \rangle = \varphi(0).$$

La distribution de Dirac $\delta_{(a)}$ au point a de R^n est définie par

$$\text{(II, 1; 23)} \qquad \langle \delta_{(a)}, \varphi \rangle = \varphi(a).$$

On définit de même des distributions

$$\text{(II, 1; 24)} \qquad \langle T, \varphi \rangle = D\varphi(a)$$

où D est une dérivée partielle quelconque.

Distributions mathématiques et distributions de charges en physique

On peut interpréter les distributions $T \in \mathcal{D}'$ comme des distributions de charges électriques ou magnétiques, ou de masses matérielles, etc...

On interprétera alors la distribution de Dirac $\delta_{(a)}$ comme représentant la masse $+1$ au point a de R^n, la distribution associée à une fonction f localement sommable comme la distribution de charge définie par la densité f (le volume V contient alors la charge $\iint_V \cdots \int f(x)\, dx$). La physique conduit alors à calculer de nombreuses expressions $\langle T, \varphi \rangle$, mais φ n'est pas en général dans $\mathcal{D}$; cela tient à ce que chaque distribution T peut être étendue comme fonctionnelle sur un ensemble plus grand que $\mathcal{D}$ dépendant de T; $\mathcal{D}$ est l'ensemble commun de définition de toutes ces fonctionnelles. Par exemple δ peut être étendue à toutes les fonctions φ continues à l'origine, f à toutes les fonctions φ telles que $f\varphi$ soit sommable, etc... C'est ainsi que pour calculer la charge totale, on calcule $\langle T, 1 \rangle$, ce qui donne $\iint_{R^n} \cdots \int f(x)\, dx$ pour $T = f$, $+1$ pour $T = \delta_{(a)}$; pour calculer le moment d'inertie par rapport à l'origine, on calcule $\langle T, r^2 \rangle$, ce qui donne $\iint \cdots \int_{R^n} f(x)\, r^2\, dx$ pour $T = f$, $|a|^2$ pour

$T = \delta_{(a)}$; pour calculer dans R^3 le potentiel newtonien au point $b \in R^3$, on calcule $\left\langle T, \frac{1}{|x-b|}\right\rangle$, ce qui donne

$$\iiint_{R^3} \frac{f(x)\,dx}{|x-b|} \quad \text{si} \quad T = f, \qquad \frac{1}{|a-b|} \quad \text{si} \quad T = \delta_{(a)} \ldots$$

Considérons la distribution de charges électriques définie par un doublet de moment électrique $+1$ placé en 0, sur la droite R. Cherchons la distribution mathématique qui lui correspond. Le doublet est la « limite » du système T_ε des 2 charges $\frac{1}{\varepsilon}, -\frac{1}{\varepsilon}$, aux points d'abscisses ε et 0, lorsque $\varepsilon \to 0$. Le système T_ε est attaché à la distribution mathématique définie par

$$\text{(II, 1; 25)} \qquad \langle T_\varepsilon, \varphi\rangle = \frac{1}{\varepsilon}\varphi(\varepsilon) - \frac{1}{\varepsilon}\varphi(0) = \frac{\varphi(\varepsilon) - \varphi(0)}{\varepsilon};$$

lorsque $\varepsilon \to 0$, $\langle T_\varepsilon, \varphi\rangle$ tend vers $\varphi'(0)$. Nous sommes donc amenés à ***définir*** le doublet par la distribution

$$\text{(II, 1; 26)} \qquad \langle T, \varphi\rangle = \varphi'(0)$$

et cette définition évite tout passage à la limite.

Dans R^n le doublet de moment électrique $\mathfrak{M}$, orienté suivant une direction donnée, placé en un point $a \in R^n$, est défini par la distribution

$$\text{(II, 1; 27)} \qquad \langle T, \varphi\rangle = \mathfrak{M} D\varphi(a),$$

$D\varphi$ étant la dérivée de φ prise suivant la direction donnée. L'analogie entre distributions mathématiques et distributions physiques n'est pas à démontrer; *les distributions mathématiques constituent une définition mathématique correcte des distributions rencontrées en physique.*

Les distributions rencontrées en physique suggèrent de nouvelles distributions mathématiques. Par exemple, la distribution de charges répartie sur une surface S avec la densité superficielle ρ est définie par

$$\text{(II, 1; 28)} \qquad \langle T, \varphi\rangle = \iint_S \rho(x)\varphi(x)\,dS$$

(Cette distribution ne doit pas être confondue avec la distribution définie par une densité *volumétrique* f, identifiée à la fonction f elle-même.)

La distribution de doublets répartie sur une surface S, d'orientation normale, de densité superficielle de moment ρ, sera définie par

(II, 1; 29) $$\langle T, \varphi \rangle = \iint_S \rho(x) \frac{d\varphi}{dn} dS$$

A la suite de Dirac, les usagers de la physique quantique utilisent au lieu de la distribution δ, une « fonction de Dirac » vérifiant

(II, 1; 30) $$\begin{cases} \delta(x) = 0 \quad \text{pour} \quad x \neq 0 \\ \delta(0) = +\infty \\ \iint_{R^n} \cdots \int \delta(x)\, dx = +1 \end{cases}$$

Plus généralement on représentera souvent par $T(x)$ une distribution sur l'espace R^n de la variable x, et alors $< T, \varphi >$ s'écrira par convention

$$\iint_{R^n} \cdots \int T(x)\varphi(x)\, dx$$

De telles propriétés sont contradictoires, et une telle fonction ne saurait exister; car si δ est presque partout nulle, son intégrale de Lebesgue est nulle. D'ailleurs la fonction $k\,\delta(x)$ prendrait les mêmes valeurs que δ, 0 et $+\infty$, et son intégrale (égale à k) ne serait pas la même. Naturellement les physiciens savent bien qu'il ne s'agit pas là d'une « vraie » fonction, mais d'un outil symbolique. Néanmoins, il est plus prudent de garder la notion « distribution », d'écrire $\langle \delta, \varphi \rangle$ et non $\delta(x)$, si ce n'est pour trouver intuitivement des formules qu'il restera à démontrer rigoureusement en termes de distributions.

De même $\delta_{(a)}$ est couramment écrit $\delta(x - a)$, et la formule (II, 1; 23) s'écrit :

(II, 1; 31) $$\iint_{R^n} \cdots \int \delta(x - a)\varphi(x)\, dx = \varphi(a).$$

3. Support d'une distribution

On dit qu'une distribution T est nulle dans un ouvert Ω de R^n, si pour toute fonction φ de $\mathfrak{D}$, ayant son support dans Ω, $\langle T, \varphi \rangle = 0$. Par application du :

Principe du recollement des morceaux

Soit $\{\Omega_i\}$ une famille finie ou infinie d'ouverts de réunion Ω; soit, d'autre part $\{T_i\}$ une famille de distributions dépendant du même ensemble d'indices. La distribution T_i[1] *est définie dans l'ouvert Ω_i;*

1. Une distribution sur un ouvert Ω, est une forme linéaire continue sur le sous-espace de $\mathfrak{D}$, formé des fonctions φ ayant leur support dans Ω.

on suppose de plus que, si Ω_i et Ω_j ont une intersection non vide, T_i *et* T_j *coïncident dans cette intersection. Alors il existe une distribution et une seule,* T, *définie dans* Ω, *qui coïncide avec* T_i *dans chaque ouvert* Ω_i.

(que nous admettons), au cas où toutes les T_i sont nulles, on voit que si une distribution est nulle dans une famille d'ouverts, elle est nulle dans leur réunion. Par suite la réunion de tous les ensembles ouverts où une distribution T est nulle, est encore un ensemble ouvert où T est nulle et c'est le plus grand. C'est le complémentaire de cet ensemble que l'on appelle le support de T. On peut encore dire que le support de T est le plus petit ensemble fermé en dehors duquel T est nulle. Pour qu'un point appartienne au support de T, il faut et il suffit que T ne soit nulle dans aucun voisinage de ce point.

Exemples. Si T est une fonction continue, son support en tant que distribution coïncide avec son support en tant que fonction. Le support de la distribution de Dirac $\delta_{(a)}$, au point a, se réduit au seul point a.

Remarque. Si le support de T et le support de φ sont sans point commun on a $\langle T, \varphi\rangle = 0$.

2. Dérivation des distributions

1. *Définition*

Nous allons chercher à définir la dérivée $\frac{\partial T}{\partial x_1}$ d'une distribution T sur R^n par rapport à la variable x_1, de façon que, si T est une fonction f continue à dérivées continues, on retrouve $\frac{\partial f}{\partial x_1}$ au sens usuel.

Soit donc f une fonction continuement différentiable.

$$\left\langle \frac{\partial f}{\partial x_1}, \varphi \right\rangle = \iint_{R^n} \cdots \int \frac{\partial f}{\partial x_1} \varphi \, dx. \tag{II, 2; 1}$$

Le théorème de Fubini, dans le cas facile de fonctions continues et d'un ensemble d'intégration borné, nous donne

$$\iint_{x_2, x_3, \ldots, x_n} \int dx_2 \ldots dx_n \int_{-\infty}^{+\infty} \frac{\partial f}{\partial x_1} \varphi \, dx_1. \tag{II, 2; 2}$$

Intégrons par parties l'intégrale simple. Elle devient

$$\text{(II, 2; 3)} \qquad [f\varphi]_{-\infty}^{+\infty} - \int_{-\infty}^{+\infty} f \frac{\partial \varphi}{\partial x_1} dx_1.$$

Le terme tout intégré disparaît, puisque φ est nulle en dehors d'un ensemble borné. Il reste donc

$$\text{(II, 2; 4)} \qquad -\iint_{x_2, \ldots, x_n} \int dx_2 \ldots dx_n \int_{-\infty}^{+\infty} f \frac{\partial \varphi}{\partial x_1} dx_1$$
$$= -\iint_{\mathbf{R}^n} \cdots \int f \frac{\partial \varphi}{\partial x_1} dx = -\left\langle f, \frac{\partial \varphi}{\partial x_1} \right\rangle.$$

Finalement

$$\text{(II, 2; 5)} \qquad \left\langle \frac{\partial f}{\partial x_1}, \varphi \right\rangle = -\left\langle f, \frac{\partial \varphi}{\partial x_1} \right\rangle.$$

Nous sommes donc conduits à *définir* la dérivée $\frac{\partial \mathrm{T}}{\partial x_1}$ de T par la formule

$$\text{(II, 2; 6)} \qquad \left\langle \frac{\partial \mathrm{T}}{\partial x_1}, \varphi \right\rangle = -\left\langle \mathrm{T}, \frac{\partial \varphi}{\partial x_1} \right\rangle$$

Cela définit bien $\frac{\partial \mathrm{T}}{\partial x_1}$ comme une distribution; c'est en effet une fonctionnelle linéaire de φ; si de plus φ_j converge vers φ dans $\mathcal{D}$ pour $j \to \infty$, $\frac{\partial \varphi_j}{\partial x_1}$ converge vers $\frac{\partial \varphi}{\partial x_1}$ dans $\mathcal{D}$ d'après la définition même de cette convergence, et comme T est une distribution, $\left\langle \mathrm{T}, \frac{\partial \varphi_j}{\partial x_1} \right\rangle$ converge vers $\left\langle \mathrm{T}, \frac{\partial \varphi}{\partial x_1} \right\rangle$; cela prouve que $\left\langle \frac{\partial \mathrm{T}}{\partial x_1}, \varphi_j \right\rangle$ converge vers $\left\langle \frac{\partial \mathrm{T}}{\partial x_1}, \varphi \right\rangle$ donc que $\frac{\partial \mathrm{T}}{\partial x_1}$ est bien une distribution. Il en est de même pour les dérivés $\frac{\partial \mathrm{T}}{\partial x_i}$. Cherchons maintenant une dérivée du deuxième ordre, $\frac{\partial^2 \mathrm{T}}{\partial x_i \partial x_j}$. On aura

$$\text{(II, 2; 7)} \qquad \left\langle \frac{\partial^2 \mathrm{T}}{\partial x_i \partial x_j}, \varphi \right\rangle = -\left\langle \frac{\partial \mathrm{T}}{\partial x_j}, \frac{\partial \varphi}{\partial x_i} \right\rangle = +\left\langle \mathrm{T}, \frac{\partial^2 \varphi}{\partial x_j \partial x_i} \right\rangle$$
$$\left\langle \frac{\partial^2 \mathrm{T}}{\partial x_j \partial x_i}, \varphi \right\rangle = -\left\langle \frac{\partial \mathrm{T}}{\partial x_i}, \frac{\partial \varphi}{\partial x_j} \right\rangle = +\left\langle \mathrm{T}, \frac{\partial^2 \varphi}{\partial x_i \partial x_j} \right\rangle$$

Comme on sait que, φ ayant des dérivées du deuxième ordre continues, $\frac{\partial^2\varphi}{\partial x_i \partial x_j} = \frac{\partial^2\varphi}{\partial x_j \partial x_i}$, on en déduit que

(II, 2; 8) $$\frac{\partial^2 T}{\partial x_i \partial x_j} = \frac{\partial^2 T}{\partial x_j \partial x_i}.$$

Plus généralement, soit $p = (p_1, p_2, \ldots, p_n)$ un système de n entiers $\geqslant 0$. On appellera D^p la dérivation

$$\left(\frac{\partial}{\partial x_1}\right)^{p_1}\left(\frac{\partial}{\partial x_2}\right)^{p_2}\cdots\left(\frac{\partial}{\partial x_n}\right)^{p_n}.$$

On posera $|p| = p_1 + p_2 + \cdots + p_n$, ordre de la dérivation. On aura la formule

(II, 2; 9) $$\langle D^p T, \varphi\rangle = (-1)^{|p|}\langle T, D^p\varphi\rangle$$

d'où :

Proposition 3. *Toute distribution* T *a des dérivées successives de tous les ordres, et on peut intervertir l'ordre des dérivations. On a*

(II, 2; 9) $$\langle D^p T, \varphi\rangle = (-1)^{|p|}\langle T, D^p\varphi\rangle,$$
$$D^p = \prod_i \left(\frac{\partial}{\partial x_i}\right)^{p_i}, \qquad |p| = \sum_i p_i.$$

Remarques. En particulier, toute fonction continue ou même localement sommable f a des dérivées successives de tous les ordres; mais ce ne sont pas en général des fonctions. Les distributions sont un peu pour les fonctions ce que sont les nombres complexes pour les nombres réels; toute équation algébrique à coefficients réels ou complexes a des racines complexes, toute fonction localement sommable ou toute distribution a des dérivées successives de tous ordres qui sont des distributions.

Généralisation

Soit D un opérateur différentiel à coefficients constants.

(II, 2; 10) $$D = \sum_p A_p D^p,$$

on appelle opérateur différentiel transposé (on dit parfois adjoint) l'opérateur ${}^tD$ défini par

(II, 2; 11) $${}^tD = \sum_p (-1)^{|p|} A_p D^p.$$

On a alors la formule

(II, 2; 12) $$\langle DT, \varphi\rangle = \langle T, {}'D\varphi\rangle.$$

On a $''D = D$ et

(II, 2; 13) $$\langle {}'DT, \varphi\rangle = \langle T, D\varphi\rangle.$$

Par exemple, si D est le laplacien $\Delta = \sum \frac{\partial^2}{\partial x_i^2}$, on a

(II, 2; 14) $$\langle \Delta T, \varphi\rangle = \langle T, \Delta\varphi\rangle.$$

2. Exemples de dérivées dans le cas d'une dimension, $n = 1$

Si f est une fonction continuement différentiable, sa dérivée distribution coïcide avec sa dérivée usuelle, d'après la formule (II, 2; 5).

Fonctions discontinues

Prenons pour T la fonction d'Heaviside Y, égale à 0 pour $x < 0$, à $+ 1$ pour $x > 0$ (il n'est pas nécessaire de la définir pour $x = 0$, qui est un ensemble de mesure nulle). Cette fonction fondamentale dans le calcul symbolique est utilisée en électricité sous le nom d'« échelon unité ».

(II, 2; 15) $$\langle Y', \varphi\rangle = -\langle Y, \varphi'\rangle = -\int_{-\infty}^{+\infty} Y(x)\varphi'(x)\,dx$$
$$= -\int_0^{\infty} \varphi'(x)\,dx = -\big(\varphi(x)\big)_{x=0}^{x=\infty} = \varphi(0) = \langle \delta, \varphi\rangle$$

On a donc

(II, 2; 16) $$Y' = \delta$$

δ est appelé par les électriciens « impulsion unité ». On voit que la discontinuité de Y apparaît sous forme d'une masse ponctuelle dans sa dérivée.

Les dérivées suivantes sont les dérivées successives de δ

(II, 2; 17) $$\langle \delta', \varphi\rangle = -\langle \delta, \varphi'\rangle = -\varphi'(0)$$

δ' est un doublet de moment -1 placé à l'origine

(II, 2; 18) $$\langle \delta^{(m)}, \varphi\rangle = (-1)^m \varphi^{(m)}(0)$$

Généralisons. Soit f une fonction indéfiniment dérivable (au sens usuel de la théorie des fonctions) pour $x < 0$ et pour $x > 0$, telle que chacune de ces dérivées ait une limite à gauche et une limite à droite pour $x = 0$; on appellera σ_m le « saut » de la dérivée m-ième pour $x = 0$, c'est-à-dire la différence « limite à droite moins limite à gauche ». Nous appellerons $f', f'', \ldots$, les dérivées de f prises au sens des distributions; et $\{f'\}, \{f''\}$, les distributions représentées par les fonctions égales aux dérivées usuelles pour $x < 0$ et $x > 0$ et non définies pour $x = 0$. (Par exemple si $f = Y$, $f' = \delta$, et $\{f'\} = 0$.)

(II, 2; 19)
$$\langle f', \varphi \rangle = -\langle f, \varphi' \rangle = -\int_{-\infty}^{+\infty} f(x)\varphi'(x)\,dx = -\int_{-\infty}^{0} - \int_{0}^{+\infty}$$

(II, 2; 20)
$$-\int_0^\infty f(x)\varphi'(x)\,dx = -\big(f(x)\,\varphi(x)\big)_{x=0}^{x=+\infty} + \int_0^\infty f'(x)\varphi(x)\,dx$$
$$= f(0+)\,\varphi(0) + \int_0^\infty f'(x)\,\varphi(x)\,dx.$$

De même

(II, 2; 21)
$$-\int_{-\infty}^{0} f(x)\,\varphi'(x)\,dx = -f(0-)\,\varphi(0) + \int_{-\infty}^{0} f'(x)\,\varphi(x)\,dx.$$

En ajoutant

(II, 2; 22)
$$-\langle f, \varphi' \rangle = \sigma_0\varphi(0) + \int_{-\infty}^{+\infty} f'(x)\,\varphi(x)\,dx$$

(II, 2; 23)
$$f' = \{f'\} + \sigma_0\delta.$$

Ici encore la discontinuité de f apparaît dans sa dérivée sous forme d'une masse ponctuelle. En dérivant de nouveau :

Proposition 4. *On a les formules :*

(II, 2; 24)
$$\begin{cases} f' = \{f'\} + \sigma_0\delta \\ f'' = \{f''\} + \sigma_0\delta' + \sigma_1\delta \\ \dots\dots\dots\dots\dots\dots\dots\dots \\ f^{(m)} = \{f^{(m)}\} + \sigma_0\delta^{(m-1)} + \sigma_1\delta^{(m-2)} + \cdots + \sigma_{m-1}\delta. \end{cases}$$

Par exemple, la fonction égale à 0 pour $x < 0$, à $\cos x$ (ou $\sin x$) pour $x > 0$, a pour dérivée la fonction égale à 0 pour $x < 0$, à $-\sin x$ (ou $\cos x$) pour $x > 0$, augmentée de δ (ou 0). On écrit

(II, 2; 25)
$$\big(Y(x)\cos x\big)' = -Y(x)\sin x + \delta,$$
$$\big(Y(x)\sin x\big)' = Y(x)\cos x.$$

La distribution $vp\,\dfrac{1}{x}$.

La fonction $\frac{1}{x}$ ne définit pas une distribution, car elle n'est pas sommable au voisinage de $x = 0$. Mais on sait que l'intégrale

(II, 2; 26) $$vp \int_{-\infty}^{+\infty} \frac{\varphi(x)}{x} dx = \lim_{\varepsilon \to 0} \int_{|x| \geqslant \varepsilon}$$

a un sens pour $\varphi \in \mathfrak{D}$ (et même si φ est à support borné et une fois dérivable à l'origine); vp veut dire : valeur principale de Cauchy [1]. On définit ainsi une forme linéaire de φ. Cette forme est continue. Supposons en effet que φ_j converge vers φ dans $\mathfrak{D}$ pour $j \to \infty$ (on peut toujours supposer $\varphi = 0$ en considérant les $\varphi_j - \varphi$) et soit $(-A, +A)$ un intervalle contenant les supports des φ_j. On a :

(II, 2; 27) $$vp \int_{-\infty}^{+\infty} \frac{\varphi_j}{x} dx = \varphi_j(0)\, vp \int_{-A}^{+A} \frac{dx}{x} + vp \int_{-A}^{+A} \frac{\varphi_j(x) - \varphi_j(0)}{x} dx.$$

Le premier terme est nul car $vp \int_{-A}^{+A} \frac{dx}{x} = 0 \left(\text{parce que } \frac{1}{x} \text{ est impaire} \right)$.
Dans le deuxième terme, on peut supprimer vp parce que l'intégrale est sommable au voisinage de 0, et la formule des accroissements finis

(II, 2; 28) $$\left| \frac{\varphi_j(x) - \varphi_j(0)}{x} \right| \leqslant \max |\varphi_j'|$$

montre que

(II, 2; 29) $$\left| vp \int_{-\infty}^{+\infty} \frac{\varphi_j}{x} dx \right| \leqslant 2A \max |\varphi_j'|$$

qui tend vers 0 pour $j \to \infty$ en vertu de la définition de la convergence des φ_j vers 0 dans $\mathfrak{D}$.
La distribution ainsi définie se note $vp\, \frac{1}{x}$. On a

(II, 2; 30) $$\left\langle vp \frac{1}{x}, \varphi \right\rangle = vp \int_{-\infty}^{+\infty} \frac{\varphi(x)}{x} dx.$$

La mécanique quantique utilise constamment les 2 distributions :

(II, 2; 31) $$\left. \begin{aligned} \delta^+ &= \frac{\delta}{2} + \frac{1}{2i\pi} vp \frac{1}{x} \\ \delta^- &= \frac{\delta}{2} - \frac{1}{2i\pi} vp \frac{1}{x} \end{aligned} \right\} \delta = \delta^+ + \delta^-$$

1. Chapitre 1, Compléments de Calcul Intégral, p. 46.

Remarquons enfin que $\log|x|$, étant localement sommable, définit une distribution, et qu'on a :

$$\text{(II, 2; 32)} \quad \langle (\log|x|)', \varphi\rangle = -\langle \log|x|, \varphi'\rangle = -\int_{-\infty}^{+\infty} \log|x|\,\varphi'(x)\,dx = -\int_{-\infty}^{0} - \int_{0}^{+\infty}$$

$$\text{(II, 2; 33)} \quad -\int_0^{+\infty} \log x\,\varphi'(x)\,dx = -\lim_{\varepsilon\to 0}\int_\varepsilon^\infty \log x\varphi'(x)\,dx$$
$$= \lim_{\varepsilon\to 0}\left[\left(-\log x\,\varphi(x)\right)_\varepsilon^{+\infty} + \int_\varepsilon^\infty \frac{\varphi(x)}{x}\,dx\right]$$
$$= \lim_{\varepsilon\to 0}\left((\log\varepsilon)\varphi(\varepsilon) + \int_\varepsilon^\infty \frac{\varphi(x)}{x}\,dx\right).$$

Mais $(\log\varepsilon)\,\big(\varphi(\varepsilon) - \varphi(0)\big)$ tend vers 0 pour $\varepsilon \to 0$, car

$$|\varphi(\varepsilon) - \varphi(0)| \leqslant \varepsilon \max|\varphi'|$$

et $\varepsilon \log\varepsilon \to 0$. En remplaçant donc $(\log\varepsilon)\varphi(\varepsilon)$ par

$$(\log\varepsilon)\varphi(0) + (\log\varepsilon)\big(\varphi(\varepsilon) - \varphi(0)\big),$$

puis par $(\log\varepsilon)\varphi(0)$, on obtient finalement

$$\text{(II, 2; 34)} \quad -\int_0^{+\infty} \log|x|\varphi'(x)\,dx = \lim_{\varepsilon\to 0}\left[(\log\varepsilon)\varphi(0) + \int_\varepsilon^\infty \frac{\varphi(x)}{x}\,dx\right]$$

De même

$$\text{(II, 2; 35)} \quad -\int_{-\infty}^{0} \log|x|\varphi'(x)dx = \lim_{\varepsilon\to 0}\left[-(\log\varepsilon)\varphi(0) + \int_{-\infty}^{-\varepsilon} \frac{\varphi(x)}{x}\,dx\right]$$

En ajoutant

(II, 2; 36)

$$-\int_{-\infty}^{+\infty} \log|x|\varphi'(x)dx = \lim_{\varepsilon\to 0}\left[\int_{|x|\geqslant\varepsilon} \frac{\varphi(x)}{x}\,dx\right] = vp\int_{-\infty}^{+\infty} \frac{\varphi(x)}{x}\,dx$$

d'où finalement

$$\text{(II, 2; 37)} \qquad (\log|x|)' = vp\,\frac{1}{x}.$$

3. Exemples de dérivées dans le cas de plusieurs variables; n quelconque

Soit f une fonction indéfiniment dérivable dans le complémentaire d'une hypersurface régulière (S), et telle que chaque dérivée partielle ait une limite de part et d'autre de (S) en chaque point de (S). La différence entre ces limites sera le saut de la dérivée partielle correspondante, qui n'est défini que pour un sens déterminé de « traversée » de la surface (S), et qui change de signe lorsqu'on change le sens de cette traversée; ce saut est une fonction définie sur la surface (S). Appelons comme pour $n = 1$, $D^p f$ une dérivée de f au sens des distributions, et $\{D^p f\}$ la distribution représentée par la fonction dérivée usuelle, définie pour $x \notin (S)$ et non définie pour $x \in (S)$ ((S) est une surface, donc un ensemble de mesure nulle).

(II, 2; 38) $$\left\langle \frac{\partial f}{\partial x_1}, \varphi \right\rangle = -\left\langle f, \frac{\partial \varphi}{\partial x_1} \right\rangle = -\iint_{R^n} \cdots \int f(x) \frac{\partial \varphi}{\partial x_1} dx$$
$$= -\int_{x_2 \ldots x_n} \cdots \int dx_2 \ldots dx_n \int_{-\infty}^{+\infty} f(x) \frac{\partial \varphi}{\partial x_1} dx_1$$

En utilisant (II, 2; 22) on trouve

(II, 2; 39) $$\int_{x_2 \ldots x_n} \cdots \int dx_2 \ldots dx_n \left[\sigma_0 \varphi + \int_{-\infty}^{+\infty} \frac{\partial f}{\partial x_1} \varphi \, dx_1 \right],$$

σ_0 étant la discontinuité de f lorsqu'on traverse (S) dans le sens de l'axe des x_1, calculée au point d'intersection de (S) avec la parallèle à l'axe des x_1 de coordonnées $x_2, \ldots, x_n$: φ est à calculer au même point dans le produit $\sigma_0 \varphi$.

(II, 2; 40) $$\left\langle \frac{\partial f}{\partial x_1}, \varphi \right\rangle = \int_{(S)} \cdots \int \sigma_0 \varphi \, dx_2 \ldots dx_n + \iint \cdots \int_{R^n} \frac{\partial f}{\partial x_1} \varphi \, dx.$$

L'intégrale de surface peut se remplacer par

(II, 2; 41) $$\int_{(S)} \cdots \int \sigma_0 \varphi \cos \theta_1 \, dS,$$

θ_1 étant l'angle de l'axe des x_1 avec la normale à (S) dans le sens de traversée correspondant à la croissance de x_1. Sous cette forme, l'intégrale est évidemment indépendante de tout sens de traversée, car si on change le sens de traversée, $\cos \theta_1$ et σ_0 changent de signe; l'important est que le sens de traversée soit le même pour le calcul du saut de f et pour l'orientation de la normale. La distribution

(II, 2; 42) $$\langle T, \varphi \rangle = \int_{(S)} \cdots \int \sigma_0 \varphi \cos \theta_1 \, dS$$

correspond à des masses placées sur (S) avec la densité superficielle $\sigma_0 \cos \theta_1$; on peut noter symboliquement cette distribution $(\sigma_0 \cos \theta_1)\, \delta_{(S)}$. Alors, pour une dérivée quelconque $\frac{\partial}{\partial x_i}$

(II, 2; 43) $$\frac{\partial f}{\partial x_i} = \left\{ \frac{\partial f}{\partial x_i} \right\} + (\sigma_0 \cos \theta_i)\, \delta_{(S)}$$

formule qui généralise (II, 2; 23). Dérivons encore une fois :

(II, 2; 44) $$\frac{\partial^2 f}{\partial x_i^2} = \left\{ \frac{\partial^2 f}{\partial x_i^2} \right\} + \frac{\partial}{\partial x_i} \left[(\sigma_0 \cos \theta_i)\, \delta_{(S)} \right] + \sigma_i \cos \theta_i \delta_{(S)}$$

σ_i étant le saut de $\frac{\partial f}{\partial x_i}$ à la traversée de (S). On en déduit $\Delta f = \sum_i \frac{\partial^2 f}{\partial x_i^2}$, que nous allons trasnformer :

a) $\sum_i \sigma_i \cos \theta_i$ est le saut σ_ν de $\sum_i \cos \theta_i \frac{\partial f}{\partial x_i} = \frac{\partial f}{\partial \nu}$, dérivée normale. Le saut de la dérivée normale est indépendant de toute orientation

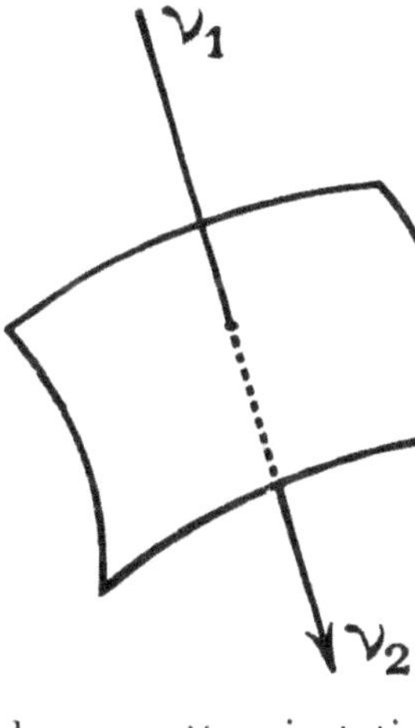

Figure (II, 1)

de la normale; changer cette orientation, c'est changer le signe dans le calcul du saut et dans la dérivée normale elle-même, donc le saut et de la dérivée normale reste inchangé. On peut définir directement ce saut sans parler de sens de traversée : c'est $\left\{ \frac{\partial f}{\partial \nu_1} \right\} + \left\{ \frac{\partial f}{\partial \nu_2} \right\}$, somme des dérivées normales de chaque côté de (S)

(II, 2; 45) *b*) $$\left\langle \sum_i \frac{\partial}{\partial x_i} (\sigma_0 \cos \theta_i \delta_{(S)}),\ \varphi \right\rangle$$
$$= -\int \cdots \int_S \sum_i \cos \theta_i \frac{\partial \varphi}{\partial x_i} \sigma_0 \, dx = -\int \cdots \int_S \frac{\partial \varphi}{\partial \nu} \sigma_0 \, dS.$$

Cette expression ne dépend pas non plus du choix d'un sens de la normale; changer ce sens, c'est changer de signe à la fois σ_0 et $\frac{\partial \varphi}{\partial \nu}$. La distribution correspondante est formée de doublets orientés sur la normale $\vec{\nu}$, avec la densité superficielle de moment $-\sigma_0$. On peut représenter cette distribution par $\frac{\partial}{\partial \nu}(\sigma_0 \delta_{(S)})$, ou par

$$\frac{\partial}{\partial \nu_1}(f_1 \delta_{(S)}) + \frac{\partial}{\partial \nu_2}(f_2 \delta_{(S)}),$$

expression qui ne nécessite aucun choix d'un sens de traversée.

Finalement la formule qui généralise la deuxième formule (II, 2; 24) est

$$\text{(II, 2; 46)} \quad \Delta f = \{\Delta f\} + \left(\left\{\frac{\partial f}{\partial \nu_1}\right\} + \left\{\frac{\partial f}{\partial \nu_2}\right\}\right)\delta_{(S)} + \frac{\partial}{\partial \nu_1}(f_1 \delta_{(S)}) + \frac{\partial}{\partial \nu_2}(f_2 \delta_{(S)})$$
$$= \{\Delta f\} + \sigma_1 \delta_{(S)} + \frac{\partial}{\partial \nu}(\sigma_0 \delta_{(S)}).$$

Cas particulier : Formule de Green

Supposons que (S) limite un volume (V), et que f soit nulle en dehors de V. (II, 2; 46) s'écrit

$$\text{(II, 2; 47)} \quad \langle \Delta f, \varphi \rangle = \langle f, \Delta \varphi \rangle = \iint_V \cdots \int f \Delta \varphi \, dx$$
$$= \langle \{\Delta f\}, \varphi \rangle + \left\langle \frac{\partial f}{\partial \nu_i} \delta_{(S)}, \varphi \right\rangle + \left\langle \frac{\partial}{\partial \nu_i}(f \delta_{(S)}), \varphi \right\rangle$$
$$= \iint_V \cdots \int \Delta f \varphi \, dx + \int_S \cdots \int \frac{\partial f}{\partial \nu_i} \varphi \, dS - \int_S \cdots \int f \frac{\partial \varphi}{\partial \nu_i} \, dS.$$

ou

Proposition 5. *(Formule de Green.)*

$$\text{(II, 2; 48)} \quad \iint_V \cdots \int (f \Delta \varphi - \varphi \Delta f) \, dx + \int_S \cdots \int \left(f \frac{\partial \varphi}{\partial \nu_i} - \varphi \frac{\partial f}{\partial \nu_i}\right) dS = 0.$$

ν_i étant la *normale intérieure*.

On aurait pu en sens inverse, déduire (II, 2; 46) de la formule de Green (II, 2; 48).

Laplacien de la fonction $\frac{1}{r^{n-2}}$, $r = \sqrt{\sum_i x_i^2}$, dans R^n

La fonction $\frac{1}{r^{n-2}}$ est harmonique dans le complémentaire de l'origine. En effet, pour une fonction f ne dépendant que de r, on a (au sens de la théorie des fonctions)

$$\text{(II, 2; 49)} \qquad \frac{\partial f}{\partial x_i} = \frac{df}{dr}\frac{\partial r}{\partial x_i} = \frac{df}{dr}\frac{x_i}{r}$$

$$\frac{\partial^2 f}{\partial x_i^2} = \frac{d^2 f}{dr^2}\left(\frac{x_i}{r}\right)^2 + \frac{df}{dr}\left(\frac{1}{r} - \frac{x_i^2}{r^3}\right).$$

$$\text{(II, 2; 50)} \qquad \Delta f = \frac{d^2 f}{dr^2} + \frac{n-1}{r}\frac{df}{dr}.$$

Une fonction de r harmonique, c'est-à-dire vérifiant $\Delta f = 0$, vérifie donc l'équation différentielle (type d'Euler) :

$$\text{(II, 2; 51)} \qquad \Delta f = \frac{d^2 f}{dr^2} + \frac{n-1}{r}\frac{df}{dr} = 0,$$

qui a pour solutions :

$$\text{(II, 2; 52)} \qquad \begin{cases} f = \dfrac{A}{r^{n-2}} + B, & \text{A, B, constantes, si } n \neq 2; \\ f = A \log \dfrac{1}{r} + B, & \text{A, B, constantes, si } n = 2. \end{cases}$$

Une fonction constante est harmonique partout, mais $\frac{1}{r^{n-2}}$ (pour $n \neq 2$) et $\log\frac{1}{r}$ pour $n = 2$, ont une singularité à l'origine. Elles sont encore sommables au voisinage de 0 (car $n-2 < n$) donc définissent des distributions dont nous allons chercher le laplacien ; nous devons nous attendre à trouver une distribution concentrée à l'origine.

Première méthode

$$\text{(II, 2; 53)} \qquad \left\langle \Delta \frac{1}{r^{n-2}}, \varphi \right\rangle = \left\langle \frac{1}{r^{n-2}}, \Delta\varphi \right\rangle = \iint_{R^n} \cdots \int \frac{1}{r^{n-2}} \Delta\varphi \, dx$$

$$= \lim_{\varepsilon \to 0} \iint_{r \geq \varepsilon} \cdots \int \frac{1}{r^{n-2}} \Delta\varphi \, dx.$$

L'intégrale $\iint_{r \geq \varepsilon} \cdots \int \frac{1}{r^{n-2}} \Delta\varphi \, dx$ peut s'évaluer par la formule de Green (II, 2; 48) relative au volume V_ε défini par $r \geq \varepsilon$ et limité par la sphère (S_ε) : $r = \varepsilon$; ou, ce qui revient au même, en remarquant qu'elle représente $\langle \rho_\varepsilon, \Delta\varphi \rangle = \langle \Delta\rho_\varepsilon, \varphi \rangle$ où ρ_ε est la fonction égale à 0 pour $r < \varepsilon$, $\frac{1}{r^{n-2}}$ pour $r > \varepsilon$, présentant des sauts sur la surface $r = \varepsilon$, et en appliquant (II, 2; 46). En remarquant que si le sens de traversée et le sens de la normale sont dirigés vers l'intérieur du domaine, on a $\frac{\partial}{\partial \nu_i} = \frac{\partial}{\partial r}$, et compte tenu de ce que

$$\left\{\Delta \frac{1}{r^{n-2}}\right\} = 0,$$

on trouve

$$\text{(II, 2; 54)} \quad \iint_{r \geq \varepsilon} \cdots \int \frac{1}{r^{n-2}} \Delta\varphi \, dx = \int_{r=\varepsilon} \cdots \int \frac{1}{\varepsilon^{n-2}} \frac{\partial \varphi}{\partial r} dS + \int_{r=\varepsilon} \cdots \int \frac{-(n-2)}{\varepsilon^{n-1}} \varphi \, dS.$$

Lorsque $\varepsilon \to 0$, $\frac{\partial \varphi}{\partial r} = \sum_i \frac{x_i}{r} \frac{\partial \varphi}{\partial x_i}$ reste borné, l'aire de la surface d'intégration est $S_n \varepsilon^{n-1}$, S_n étant l'aire de la sphère unité dans R^n, donc la première intégrale de surface est de l'ordre de ε et tend vers 0 avec ε. La deuxième peut s'écrire

$$\text{(II, 2; 55)} \quad \int_{r=\varepsilon} \cdots \int \left(\frac{-(n-2)}{\varepsilon^{n-1}}\right) \varphi(0) dS + \int_{r=\varepsilon} \cdots \int \left(\frac{-(n-2)}{\varepsilon^{n-1}}\right) (\varphi(x) - \varphi(0)) dS.$$

Dans (II, 2; 55), la première intégrale vaut $-(n-2)\varphi(0)S_n$. La deuxième, comme $|\varphi(x) - \varphi(0)| \leqslant |x|\sqrt{n} \max\limits_{\substack{|x| \leqslant r \\ i=1,2,\ldots,n}} \left|\frac{\partial \varphi}{\partial x_i}\right| = \varepsilon\sqrt{n} \max \left|\frac{\partial \varphi}{\partial x_i}\right|$, est de l'ordre de $\frac{\varepsilon \cdot \varepsilon^{n-1}}{\varepsilon^{n-1}} = \varepsilon$ donc tend vers 0 avec ε. Finalement

$$\text{(II, 2; 56)} \quad \left\langle \Delta \frac{1}{r^{n-2}}, \varphi \right\rangle = -(n-2) \, S_n \varphi(0),$$

ou

$$\text{(II, 2; 57)} \quad \Delta \frac{1}{r^{n-2}} = -(n-2) S_n \delta = -(n-2) \frac{2\pi^{\frac{n}{2}}}{\Gamma\left(\frac{n}{2}\right)} \delta.$$

Deuxième méthode

Appelons $\bar{\psi}(r)$ la moyenne de ψ sur la sphère de rayon r. En utilisant le calcul d'une intégrale multiple par intégration superficielle sur la sphère de rayon r suivie d'une intégration en r[1], et compte tenu de ce que

$$\int_{|x|=r} \cdots \int \psi(x) \, dS = S_n r^{n-1} \bar{\psi}(r),$$

1. Chapitre I, proposition 31.

on a

(II, 2; 58) $$\left\langle \Delta \frac{1}{r^{n-2}}, \varphi \right\rangle = \left\langle \frac{1}{r^{n-2}}, \Delta\varphi \right\rangle = \iint_{\mathrm{R}^n} \cdots \int \frac{1}{r^{n-2}} \Delta\varphi \, dx = \mathrm{S}_n \int_0^{+\infty} \frac{r^{n-1}}{r^{n-2}} \overline{\Delta\varphi}(r) \, dr.$$

On sait que le laplacien est invariant par rotation autour de l'origine. On peut en déduire (nous l'admettrons) que :

(II, 2; 59) $$\overline{\Delta\varphi} = \Delta\bar{\varphi} = \frac{d^2}{dr^2}\bar{\varphi}(r) + \frac{n-1}{r}\frac{d}{dr}\bar{\varphi}(r).$$

Alors (II, 2; 58) devient :

(II, 2; 60)
$$\mathrm{S}_n \int_0^{+\infty} r\left(\bar{\varphi}'' + \frac{n-1}{r}\bar{\varphi}'\right) dr = \mathrm{S}_n \int_0^{+\infty} \left[(r\bar{\varphi}')' + (n-2)\,\bar{\varphi}'\right] dr$$
$$= \mathrm{S}_n\left[r\bar{\varphi}' + (n-2)\,\bar{\varphi}\right]_0^{+\infty} = -(n-2)\,\mathrm{S}_n\bar{\varphi}(0) = -(n-2)\,\mathrm{S}_n\varphi(0)$$

ce qui est (II, 2; 56) d'où à nouveau (II, 2; 57).

Pour $n = 2$, $\frac{1}{r^{n-2}} = 1$ a un laplacien nul; c'est $\log \frac{1}{r}$ dont le laplacien est concentré à l'origine, et son laplacien se calcule de manière analogue. Résumons :

Proposition 6. $\Delta \frac{1}{r^{n-2}} = -(n-2)\,\mathrm{S}_n\delta$, *pour n entier positif différent de* 2 *et pour* $n = 2$, $\Delta \log \frac{1}{r} = -2\pi\delta$.

Cas particuliers

(II, 2; 61) $$\begin{cases} n = 1 : \Delta|x| = 2\delta \\ n = 3 : \Delta \frac{1}{r} = -4\pi\delta. \end{cases}$$

Nous verrons des applications de cette formule à la théorie des potentiels newtoniens. On sait que le potentiel d'une distribution de charge de densité f vérifie, si f est assez régulière, l'équation de Poisson $\Delta\mathrm{U} = -4\pi f$. Si au lieu d'une distribution de charges de densité f, nous prenons une charge unique $+1$ placée à l'origine, c'est-à-dire δ, son potentiel est $\mathrm{U} = \frac{1}{r}$; il vérifie aussi l'équation de Poisson (II, 2; 61). En réalité, c'est à partir de l'équation de Poisson dans le cas d'une charge élémentaire que nous la démontrerons dans le cas général.

3. Multiplication des distributions

La multiplication ST de 2 distributions arbitraires S, T, n'est pas possible. Ainsi, si f est une fonction localement sommable, elle définit une distribution; mais f^2 n'a aucune raison d'être aussi localement sommable $\left(\text{exemple : pour } n = 1,\ f(x) = \frac{1}{\sqrt{|x|}},\ f^2 = \frac{1}{|x|}\right)$ donc ne définira pas de distribution. Plus T est « irrégulière », plus S doit être « régulière », si l'on veut que le produit ait un sens. Nous nous contenterons de définir le produit lorsque l'une des 2 distributions est arbitraire, l'autre une fonction indéfiniment dérivable au sens usuel.

Soit donc α une telle fonction, définissons αT, T $\in \mathcal{D}'$. Supposons d'abord T $= f$, fonction localement sommable; nous voulons dans ce cas que αf soit le produit usuel :

$$\text{(II, 3; 1)} \quad \langle \alpha f, \varphi \rangle = \iint_{\mathbf{R}^n} \cdots \int \big(\alpha(x) f(x)\big) \varphi(x)\, dx$$
$$= \iint_{\mathbf{R}^n} \cdots \int f(x) \big(\alpha(x) \varphi(x)\big)\, dx = \langle f, \alpha\varphi \rangle.$$

Nous sommes donc amenés à définir αT pour T arbitraire par :

Proposition 7. *Il existe un produit αT, T distribution arbitraire, α fonction indéfiniment dérivable au sens usuel, défini par :*

$$\text{(II, 3; 2)} \qquad \langle \alpha \mathrm{T}, \varphi \rangle = \langle \mathrm{T}, \alpha\varphi \rangle$$

Cela définit bien αT comme une nouvelle distribution. Le deuxième membre est en effet bien défini (car $\alpha\varphi$ est indéfiniment dérivable en vertu de la formule de Leibnitz pour les dérivées successives d'un produit; son support est contenu dans celui de φ, donc borné), et dépend linéairement de φ; d'autre part si φ_j converge vers 0 dans $\mathcal{D}$ pour $j \to \infty$, elle garde son support dans un ensemble borné fixe, donc il en est de même de $\alpha\varphi_j$, et chaque dérivés de φ_j converge uniformément vers 0, donc aussi chaque dérivée de $\alpha\varphi_j$ toujours à cause de la formule de Leibnitz. On voit pourquoi il est essentiel que α soit indéfiniment dérivable au sens usuel. Toutefois si T est une distribution « d'ordre $\leqslant m$ », c'est-à-dire prolongeable en une fonctionnelle linéaire continue sur l'espace $\mathcal{D}^m$ des fonctions, m fois continuement différentiables à supports bornés (muni d'une topologie analogue à celle de $\mathcal{D}$ mais faisant seulement intervenir la convergence uniforme de toute dérivée d'ordre $\leqslant m$ de φ_j), on pourra calculer αT si α est seulement une fonction m fois continuement différentiable au sens usuel.

Exemples.

(II, 3; 3) $$\langle \alpha\delta, \varphi\rangle = \langle \delta, \alpha\varphi\rangle = \alpha(0)\varphi(0) = \langle \alpha(0)\delta, \varphi\rangle$$

d'où

(II, 3; 4) $$\alpha\delta = \alpha(0)\delta.$$

Tout produit où intervient δ est proportionnel à δ. (Remarquons que δ est une distribution « d'ordre 0 », et que $\alpha\delta$ est défini dès que α est continue au voisinage de l'origine.) En particulier, pour $n = 1$:

(II, 3; 5) $$x\delta = 0.$$

Sur la droite ($n = 1$) :

(II, 3; 6) $$\begin{aligned}\langle \alpha\delta', \varphi\rangle &= \langle \delta', \alpha\varphi\rangle = -(\alpha\varphi)'_{x=0}\\ &= -\alpha(0)\varphi'(0) - \alpha'(0)\varphi(0) = \langle \alpha(0)\delta' - \alpha'(0)\delta, \varphi\rangle\end{aligned}$$

d'où

(II, 3; 7) $$\alpha\delta' = \alpha(0)\delta' - \alpha'(0)\delta.$$

En particulier

(II, 3; 8) $$x\delta' = -\delta \qquad x^2\delta' = 0$$

Plus généralement

(II, 3; 9) $$x\delta^{(m)} = -m\delta^{(m-1)}.$$

On a le résultat important suivant :

Proposition 8. *Pour qu'une distribution* T *sur* R ($n = 1$) *vérifie*

(II, 3; 10) $$x\mathrm{T} = 0,$$

il faut et il suffit que T *soit proportionnelle à* δ :

(II, 3; 11) $$T = C\delta.$$

(Autrement dit, δ est, à un facteur près, l'unique vecteur propre de l'opérateur de multiplication par x correspondant à la valeur propre $\lambda = 0$. Pour une valeur propre λ réelle quelconque, ce sera $\delta(x - \lambda)$.)
Nous venons de voir qu'on a $x\delta = 0$. C'est une réciproque qu'il faut montrer.
Soit T vérifiant (II, 3; 10), on a

(II, 3; 12) $$\langle xT, \varphi\rangle = \langle T, x\varphi\rangle = 0.$$

Donc T est nul sur toute fonction $\chi \in \mathcal{D}$ de la forme $\chi = x\varphi$, $\varphi \in \mathcal{D}$. Mais pour qu'une fonction χ de $\mathcal{D}$ soit de la forme $x\varphi$, il faut et il suffit qu'elle s'annule à l'origine : $\chi(0) = 0$. [C'est évidemment nécessaire ; c'est suffisant car si $\chi(0) = 0$, la fonction $\varphi(x) = \frac{\chi(x)}{x}$ est indéfiniment dérivable (en dehors de $x = 0$ c'est évident, mais la formule de Taylor appliquée à χ montre que c'est encore vrai partout).] Soit alors θ une fonction fixe de $\mathcal{D}$ telle que $\theta(0) = 1$. On a, pour toute $\psi \in \mathcal{D}$:

(II, 3; 13) $$\psi = \lambda\theta + \chi, \qquad \lambda = \psi(0), \quad \chi(0) = 0.$$

On en déduit $T(\chi) = 0$ d'où

(II, 3; 14) $$T(\psi) = \lambda T(\theta) = C\psi(0)$$

avec $C = T(\theta)$, ce qui donne bien $T = C\delta$, ce qu'il fallait démontrer.

Remarque. On a la même proposition, si l'on remplace x par n'importe quelle fonction α indéfiniment dérivable, ayant l'origine comme unique racine multiple d'ordre 1. Car alors $\frac{x}{\alpha}$ est indéfiniment dérivable, et de $\alpha T = 0$ on déduit $xT = \frac{x}{\alpha}\alpha T = 0$ (et vice versa).

Proposition 9. *On a la formule de dérivation du produit :*

(II, 3; 15) $$\frac{\partial}{\partial x_i}(\alpha T) = \frac{\partial \alpha}{\partial x_i} T + \alpha \frac{\partial T}{\partial x_i}.$$

En effet

$$\left\langle \frac{\partial}{\partial x_i}(\alpha T), \varphi \right\rangle = -\left\langle \alpha T, \frac{\partial \varphi}{\partial x_i} \right\rangle = -\left\langle T, \alpha \frac{\partial \varphi}{\partial x_i} \right\rangle$$

$$\text{(II, 3; 16)} \quad \left\langle \frac{\partial \alpha}{\partial x_i} T, \varphi \right\rangle = \left\langle T, \frac{\partial \alpha}{\partial x_i} \varphi \right\rangle$$

$$\left\langle \alpha \frac{\partial T}{\partial x_i}, \varphi \right\rangle = \left\langle \frac{\partial T}{\partial x_i}, \alpha\varphi \right\rangle = -\left\langle T, \frac{\partial}{\partial x_i}(\alpha\varphi) \right\rangle.$$

Compte tenu de la linéarité de T, cela revient à monter

$$\text{(II, 3; 17)} \qquad -\alpha \frac{\partial \varphi}{\partial x_i} = \frac{\partial \alpha}{\partial x_i} \varphi - \frac{\partial}{\partial x_i}(\alpha\varphi)$$

ce qui est formule de dérivation de $\alpha\varphi$ écrite dans un ordre différent.

4. Topologie dans l'espace des distributions. Convergence des distributions. Séries de distributions

On dit que des distributions T_j convergent vers la distribution T pour $j \to \infty$ si, quelle que soit $\varphi \in \mathcal{D}$, les nombres complexes $\langle T_j, \varphi \rangle$ convergent vers le nombre complexe $\langle T, \varphi \rangle$ pour $j \to \infty$. Les T étant condisérées comme fonctionnelles sur $\mathcal{D}$, la convergence que nous introduisons ainsi est la *convergence simple.*

On dira qu'une série $\sum_{i \in I} T_i$ est sommable de somme T si, quelle que soit $\varphi \in \mathcal{D}$, la série numérique $\sum_{i \in I} \langle T_i, \varphi \rangle$ est sommable, de somme $\langle T, \varphi \rangle$. De même pour la notion de série convergente si I est l'ensemble N des entiers $\geqslant 0$.

Proposition 10. *Si* T_j *est une suite de distribution telle que pour* $j \to \infty$, $\langle T_j, \varphi \rangle$ *ait une limite, quelle que soit* $\varphi \in \mathcal{D}$, *la suite* T_j *a une limite dans* $\mathcal{D}'$.

Si $\sum_{i \in I} T_i$ *est une série de distributions telle que, pour toute* $\varphi \in \mathcal{D}$, *la série* $\sum_{i \in I} \langle T_i, \varphi \rangle$ *soit sommable, la série* $\sum_{i \in I} T_i$ *est sommable dans* $\mathcal{D}'$.

Même énoncé pour les séries convergentes si $I = N$.

Ces divers énoncés sont naturellement équivalents. Prenons le premier. Si $\langle T_j\ \varphi\rangle$ a une limite pour $j \to \infty$, on peut appeler cette limite $\langle T, \varphi\rangle$. Cela définit T comme une fonctionnelle sur $\mathcal{D}$. Cette fonctionnelle est évidemment linéaire. Si on peut prouver qu'elle est continue, ce sera une distribution, et comme T_j converge vers T, le théorème sera démontré. Mais la continuité de T est un phénomène très spécial tenant à la linéarité des fonctionnelles et à des propriétés particulières de l'espace $\mathcal{D}$; il n'est pas usuel en effet qu'une limite *simple* de fonctionnelles continues soit continue. Nous admettrons cette continuité de T, qui est de démonstration délicate.

Proposition 11. *Si des fonctions f_j convergent vers une fonction limite f, pour $j \to \infty$, pour la convergence simple presque partout, et si les f_j sont majorées en module indépendamment de j par une fonction $g \geqslant 0$ localement sommable, les distributions f_j convergent vers la distribution f.*

En effet, d'après le théorème de Lebesgue sur la convergence d'une suite d'intégrales, les $\int\int_{R^n} \cdots \int f_j\varphi\, dx$ convergent pour $j \to \infty$ vers $\int\int_{R^n} \cdots \int f\varphi\, dx$.

Cas particulier. Si des fonctions localement sommables f_j convergent vers une limite f pour $j \to \infty$, uniformément sur tout ensemble borné, les distributions f_j convergent vers la distribution f.

Proposition 12. *La dérivation est une opération linéaire continue dans $\mathcal{D}'$. Si des distributions T_j convergent pour $j \to \infty$, vers une distribution T, les dérivées T'_j convergent vers T'. Toute série sommable ou convergente est dérivable terme à terme sous le signe Σ.*

Supposons par exemple que T_j converge vers T. Montrons que T'_j converge vers T'. On a $\langle T'_j, \varphi\rangle = -\langle T_j, \varphi'\rangle$. Comme les T_j convergent vers T, cette expression tend vers $-\langle T, \varphi'\rangle = \langle T', \varphi\rangle$. On a donc $\lim_{j\to\infty} \langle T'_j, \varphi\rangle = \langle T', \varphi\rangle$ donc $\lim_{j\to\infty} T'_j = T'$.

Remarque. On sait par contre que si des fonctions continues et dérivables au sens usuel f_j convergent uniformément vers une limite f, f n'est pas nécessairement dérivable au sens usuel, et que, même si elle l'est, les f'_j ne convergent pas nécessairement vers f' même pour la convergence simple. Mais f' existe toujours au sens des distributions, et les f'_j convergent toujours vers f' dans $\mathcal{D}'$.

Proposition 13. *Si f_j est une fonction $\geqslant 0$ pour $|x| \leqslant k$, $k > 0$ fixe, si f_j converge vers 0 pour $j \to \infty$ uniformément dans tout ensemble $0 < a \leqslant |x| \leqslant \frac{1}{a} < \infty$, si enfin $\iint_{|x| \leqslant a} \cdots \int f_j(x)\, dx$ converge vers $+1$ pour $j \to \infty$ quel que soit $a > 0$, f_j converge vers δ pour $j \to \infty$.*

Soit en effet $\varphi \in \mathcal{D}$.

$$\text{(II, 4; 1)} \qquad \begin{aligned} \langle f_j, \varphi \rangle &= \iint_{\mathbf{R}^n} \cdots \int f_j(x)\varphi(x)\, dx \\ &= \iint_{|x| \leqslant a} \cdots \int \varphi(0) f_j(x)\, dx \\ &+ \iint_{|x| \leqslant a} \cdots \int (\varphi(x) - \varphi(0)) f_j(x)\, dx \\ &+ \iint_{|x| > a} \cdots \int \varphi(x) f_j(x)\, dx. \end{aligned}$$

Majorons d'abord le deuxième terme :

$$\text{(II, 4; 2)} \qquad |\varphi(x) - \varphi(0)| \leqslant |x| \sqrt{n} \max_{i=1,2,\ldots,n} \left|\frac{\partial \varphi}{\partial x_i}\right|.$$

Soit M le maximum du module des dérivées premières de φ. La deuxième intégrale est majorée par

$$a\sqrt{n}\, \mathrm{M} \iint_{|x| \leqslant a} \cdots \int |f_j(x)|\, dx.$$

Choisissons $a \leqslant k$, alors l'intégrale vaut

$$\iint_{|x| \leqslant a} \cdots \int f_j(x)\, dx \leqslant \iint_{|x| \leqslant k} \cdots \int f_j(x)\, dx.$$

Comme $\iint_{|x| \leqslant k} \cdots \int f_j(x)\, dx$ converge vers 1 pour $j \to \infty$, il est majoré par une constante K. La deuxième intégrale du troisième membre de (II, 4; 1) est donc majorée par $a\mathrm{KM}\sqrt{n}$. Choisissons $a \leqslant \frac{\varepsilon}{3\mathrm{KM}\sqrt{n}}$; le deuxième terme de (II, 4; 1) est donc majoré par $\frac{\varepsilon}{3}$ indépendamment de j.

Choisissons alors a *une fois pour toutes*, de façon à satisfaire aux conditions précédentes $\left(a \leqslant k,\ a \leqslant \frac{\varepsilon}{3\mathrm{KM}\sqrt{n}}\right)$, et en outre assez petit pour que le support de φ soit contenu dans $|x| \leqslant \frac{1}{a}$. Alors

le troisième terme de (II, 4; 1) converge vers 0 pour $j \to \infty$ puisque f_j converge vers 0 uniformément pour $a \leqslant |x| \leqslant \frac{1}{a}$. Donc il existe j_1 tel que pour $j \geqslant j_1$ ce troisième terme soit majoré par $\frac{\varepsilon}{3}$.
Enfin le premier terme vaut $\varphi(0) \iint_{|x| \leqslant a} \cdots \int f_j(x)\, dx$. Comme $\iint_{|x| \leqslant a} \cdots \int f_j(x)\, dx$ converge vers 1 pour $j \to \infty$, ce terme converge vers $\varphi(0)$ pour $j \to \infty$, et il existe j_2 que pour $j \geqslant j_2$ il diffère de $\varphi(0)$ d'au plus $\frac{\varepsilon}{3}$.
Alors si $j_0 = \max(j_1, j_2)$, pour $j \geqslant j_0$ on a $|\langle f_j, \varphi\rangle - \langle \delta, \varphi\rangle| \leqslant \varepsilon$ ce qu'il fallait démontrer.

Remarque. L'hypothèse $f_j \geqslant 0$ pour $|x| \leqslant k$ n'est pas nécessaire, elle peut être remplacée par :
pour $k > 0$ convenable fixé, $\iint_{|x| \leqslant k} \cdots \int |f_j(x)|\, dx$
est borné par K, indépendant de j.

Exemples.

1)

$$\text{(II, 4; 3)} \qquad f_\varepsilon \text{ égale à } \begin{cases} 0 & \text{pour } |x| > \varepsilon \\ \dfrac{n}{\varepsilon^n S_n} & \text{pour } |x| < \varepsilon \end{cases}$$

converge vers δ pour $\varepsilon \to 0$.
En effet $f_\varepsilon \geqslant 0$ partout; pour $|x| \geqslant a$, f_ε est nul dès que $\varepsilon < a$; enfin

$$\text{(II, 4; 4)} \qquad \iint_{|x| \leqslant a} \cdots \int f_\varepsilon(x)\, dx = \iint_{\substack{|x| \leqslant \varepsilon \\ \text{si } \varepsilon \leqslant a}} \cdots \int = \frac{n}{\varepsilon^n S_n} V_\varepsilon$$

si V_ε est le volume de la boule de rayon ε; ce volume est précisément $\frac{\varepsilon^n S_n}{n}$, donc l'intégrale de f_ε vaut toujours 1.

2)

$$\text{(II, 4; 5)} \qquad f_\varepsilon = \frac{1}{\varepsilon^n (\sqrt{2\pi})^n} e^{-\frac{r^2}{2\varepsilon^2}}$$

converge vers δ pour $\varepsilon \to 0$.

D'abord $f_\varepsilon \geqslant 0$. Pour $|x| \geqslant a$, la fonction est majorée par $\frac{1}{\varepsilon^n(\sqrt{2\pi})^n} e^{-\frac{a^2}{2\varepsilon^2}}$ qui converge vers 0 pour $\varepsilon \to 0$.
Enfin

(II, 4; 6)

$$\iint_{|x|\leqslant a} \cdots \int \frac{1}{\varepsilon^n(\sqrt{2\pi})^n} e^{-\frac{r^2}{2\varepsilon^2}} dx = \iint_{|x|\leqslant \frac{a}{\varepsilon}} \cdots \int \frac{1}{(\sqrt{2\pi})^n} e^{-\frac{r^2}{2}} dx$$

qui tend, pour $\varepsilon \to 0$, vers

$$\iint_{\mathrm{R}^n} \cdots \int \frac{1}{(\sqrt{2\pi})^n} e^{-\frac{r^2}{2}} dx = +1. \tag{II, 4; 7}$$

Remarquons qu'on pouvait, au lieu de la fonction précédente, prendre :

$$\frac{1}{\varepsilon^n} e^{-\pi\frac{r^2}{\varepsilon^2}} \tag{II, 4; 8}$$

car

$$\iint_{\mathrm{R}^n} \cdots \int e^{-\pi r^2} dx = +1. \tag{II, 4; 9}$$

Proposition 14. *Il suffit, pour qu'une série trigonométrique* $\sum_{k=-\infty}^{+\infty} a_k e^{2i\pi kx} (n=1)$ *soit sommable dans* $\mathcal{D}'$, *que les coefficients* a_k *soient majorés en module pour* $|k| \to \infty$, *par une puissance* $\mathrm{A}|k|^\alpha$ *de* $|k|$, $\alpha \geqslant 0$ *convenable.*
Supprimons d'abord le terme a_0, considérons la série :

$$\sum_{\substack{k=-\infty \\ k\neq 0}}^{+\infty} \frac{a_k}{(2i\pi k)^{\beta+2}} e^{2i\pi kx} \tag{II, 4; 10}$$

β entier $\geqslant \alpha$. Le terme général de cette série est majoré en module par $\frac{\mathrm{A}}{k^2}$ donc la série (II, 4; 10) est uniformément sommable sur la droite réelle, et sa somme est une fonction continue f.
En dérivant terme à terme $\beta + 2$ fois, au sens des distributions, on obtient

$$\sum_{k=-\infty}^{k=+\infty} a_k e^{2i\pi kx} = a_0 + f^{(\beta+2)} \tag{II, 4; 11}$$

ce qu'il fallait démontrer.

On voit de plus que la somme de la série trigonométrique est une distribution de période 1, somme de la constante a_0 et d'une dérivée (au sens des distributions) d'une fonction continue périodique f.
On voit par cet exemple combien nombreuses sont les séries trigonométriques convergentes dans $\mathcal{D}'$. Une telle série permet de représenter des *distributions* par des séries de fonctions, et même des séries de fonctions indéfiniment dérivables au sens usuel, les exponentielles.
On démontre que toute distribution périodique est développable dans $\mathcal{D}'$ en série trigonométrique; et que la condition suffisante de convergence: $|a_k|$ majoré par $|k|^\alpha$, α convenable, pour $|k| \to \infty$, est aussi nécessaire.
Par exemple, on montre que la série

$$\text{(II, 4; 12)} \qquad \sum_{k=-\infty}^{+\infty} e^{2i\pi kx}$$

converge vers la distribution périodique $\sum\limits_{l=-\infty}^{=\infty} \delta_{(l)}$, formée d'une masse $+1$ en chaque point d'abscisse entière. Par dérivation

$$\text{(II, 4; 13)} \qquad \sum_{k=-\infty}^{+\infty} (2i\pi k)^m e^{2i\pi kx} = \sum_{l=-\infty}^{+\infty} \delta_{(l)}^{(m)}$$

5. Distributions à support borné

Espace $\mathcal{E}$

C'est l'espace des fonctions complexes, sur R^n, indéfiniment dérivables à support quelconque.
Soit T une distribution à support borné K, et φ une fonction de $\mathcal{E}$. Soit α une fonction de $\mathcal{D}$ égale à 1 sur un voisinage du support K de T. Alors $(\alpha\varphi) \in \mathcal{D}$ et $\langle T, \alpha\varphi \rangle$ est parfaitement déterminé. Montrons que ce nombre est indépendant de la fonction α choisie. Si β est une autre fonction de $\mathcal{D}$ égale à 1 sur un voisinage de K, alors $(\alpha - \beta)\varphi$ est une fonction de $\mathcal{D}$ qui a son support dans le complémentaire de K. Par suite

$$\text{(II, 5; 1)} \qquad \langle T, \alpha\varphi \rangle - \langle T, \beta\varphi \rangle = \langle T, (\alpha - \beta)\varphi \rangle = 0.$$

C.Q.F.D.

Nous pouvons donc poser :

(II, 5; 2) $\langle T, \varphi \rangle = \langle T, \alpha\varphi \rangle$ pour toute $\varphi \in \mathcal{E}$.

Topologie ou notion de convergence sur $\mathcal{E}$

On dit que des $\varphi_j \to 0$ dans $\mathcal{E}$, si elles convergent uniformément vers 0 sur tout compact, ainsi que chacune de leurs dérivées.
On voit alors facilement qu'une distribution à support borné est une fonctionnelle linéaire continue sur $\mathcal{E}$.
Réciproquement, une fonctionnelle linéaire continue sur $\mathcal{E}$, $L(\varphi)$ définit une distribution à support borné. En effet :

1) Toute fonction φ de $\mathcal{D}$ est dans $\mathcal{E}$, et, si des $\varphi_j \to 0$ dans $\mathcal{D}$ elles convergent, à fortiori dans $\mathcal{E}$. Par suite L est une fonctionnelle linéaire continue sur $\mathcal{D}$, donc définit une distribution $T \in \mathcal{D}'$, telle que

(II, 5; 3) $L(\varphi) = \langle T, \varphi \rangle$ pour toute $\varphi \in \mathcal{D}$.

2) T est à support borné. En effet, si T n'était pas à support borné, on pourrait trouver une suite de fonctions $\varphi_n \in \mathcal{D}$, à support dans le complémentaire de $|x| < n$, et telles que $\langle T, \varphi_n \rangle = 1$. Mais $\varphi_n \to 0$ dans $\mathcal{E}$, et comme L est continue sur $\mathcal{E}$, par hypothèse, $L(\varphi_n)$ convergerait vers 0. On ne peut donc avoir $\langle T, \varphi_n \rangle = L(\varphi_n) = 1$, pour tout n.

3) On a

(II, 5; 4) $L(\varphi) = \langle T, \varphi \rangle$ pour toute $\varphi \in \mathcal{E}$.

En effet, soit α_j une suite de fonctions de $\mathcal{D}$, avec $\alpha_j(x) = 1$ pour $|x| < j$ et $\alpha_j(x) = 0$ pour $|x| \geqslant 2j$. Alors, $\alpha_j\varphi \in \mathcal{D}$ et $\alpha_j\varphi \to \varphi$ dans $\mathcal{E}$, quand $j \to \infty$, et par suite $L(\alpha_j\varphi)$ converge vers $L(\varphi)$. Mais, pour j suffisamment grand, K est contenu dans $|x| < j$, donc, d'après (II, 5; 2) :

(II, 5; 5) $\langle T, \varphi \rangle = \langle T, \alpha_j\varphi \rangle$.

Mais, d'après (II, 5; 3) :

(II, 5; 6) $\langle T, \alpha_j\varphi \rangle = L(\alpha_j\varphi)$ pour tout j.

On a donc pour j suffisamment grand :

(II, 5; 7) $$\langle T, \varphi\rangle = L(\alpha_j\varphi).$$

D'où le résultat annoncé, par passage à la limite.
En résumé :

PROPOSITION 15. *Les distributions à support borné forment un espace vectoriel $\mathcal{E}'$ qui n'est autre que l'espace des fonctionnelles linéaires continues sur l'espace $\mathcal{E}$.*

Exercices sur le chapitre II

Distributions sur la droite

Exercice II-1

Y(x) désignant la fonction d'Heaviside, calculer, au sens des distributions :

$$\left(\frac{d}{dx} - \lambda\right) Y(x)e^{\lambda x}$$
$$\left(\frac{d^2}{dx^2} + \omega^2\right) \frac{Y(x)\sin \omega x}{\omega}$$
$$\frac{d^m}{dx^m}\frac{Y(x)x^{m-1}}{(m-1)!} \text{ pour } m \text{ entier} \geqslant 1.$$

Exercice II-2

Calculer, au sens des distributions, les dérivées successives de $|x|$.

Exercice II-3

Toutes les dérivées sont à calculer au sens des distributions.

1° Calculer les dérivées successives de $|\cos x|$.

2° Calculer les dérivées successives de la distribution U(x) définie par

$$U(x) = \begin{cases} +1 & \text{pour} \quad (2k-1)\frac{\pi}{2} < x < (2k+1)\frac{\pi}{2} \\ -1 & \text{pour} \quad (2k+1)\frac{\pi}{2} < x < (2k+3)\frac{\pi}{2} \end{cases}$$

où k prend toutes les valeurs entières paires positives, négatives ou nulle.

3° Retrouver les résultats de 1° en écrivant $|\cos x| = U(x) \cos x$, et en utilisant la formule (II, 3; 15).

Exercice II-4

Même exercice que l'exercice II 3 où $|\cos x|$ est remplacé par $|\sin x|$ et $U(x)$ par la distribution $V(x)$ définie par

$$V(x) = \begin{cases} +1 & \text{pour} \quad 2k\pi < x < (2k+1)\pi \\ -1 & \text{pour} \quad (2k+1)\pi < x < (2k+2)\pi \end{cases}$$

où k prend toutes les valeurs entières positives, négatives ou nulle.

Exercice II-5

Calculer, au sens des distributions, les dérivées d'ordre, 1, 2, 3, 4 des deux distributions

$$T_1 = |x| \sin x$$
$$T_2 = |x| \cos x$$

Exercice II-6

Trouver une distribution $F(t) = Y(t)f(t)$, où $Y(t)$ est la fonction d'Heaviside, et où $f(t)$ est une fonction deux fois continument dérivable, qui vérifie, au sens des distributions l'équation

$$a\frac{d^2F}{dt^2} + b\frac{dF}{dt} + cF = m\delta + n\delta'$$

où a, b, c, m, n, sont des constantes données.

Cas particuliers.

1° $a = c = 1$; $b = 2$; $m = n = 1$.

2° $a = 1$; $b = 0$; $c = 4$; $m = 1$; $n = 0$.

3° $a = 1$; $b = 0$; $c = -4$; $m = 2$; $n = 1$.

Exercice II-7.
(Interrogation écrite, Paris, 1958)

Soit $G(x)$ une fonction de la variable réelle x, ayant les propriétés suivantes :

a) elle est nulle pour $x < -1$ et pour $x > +1$.

b) elle est indéfiniment dérivable dans chacun des intervalles $-1 < x < \xi$ et $\xi < x < +1$, ξ étant un nombre donné, $-1 < \xi < +1$;

c) G et ses dérivées ont des discontinuités de première espèce aux points $x = -1$, $x = \xi$, $x = +1$.

Première question.

Calculer, au sens des distributions, $\frac{d^2G}{dx^2} + \omega^2 G$ (ω réel donné), en fonction des dérivées usuelles de G.

Deuxième question.

Est-il possible de déterminer G et des constantes α et β pour que l'on ait

$$(1) \qquad \frac{d^2G}{dx^2} + \omega^2 G = \delta_{(\xi)} + \alpha\delta_{(-1)} + \beta\delta_{(+1)}$$

($\delta_{(a)}$ désignant la masse unité au point a)

Montrer que, sauf si ω est de la forme $k\frac{\pi}{2}$, k entier $\neq 0$, ce problème a une solution et une *seule*; calculer alors G et les constantes α et β.

Troisième question.

Soit φ une fonction inconnue de $\mathcal{D}$, dont on sait seulement qu'elle vérifie

$$(2) \qquad \frac{d^2\varphi}{dx^2} + \omega^2\varphi = \psi(x), \qquad \varphi(-1) = L, \qquad \varphi(+1) = M,$$

la fonction ψ et les constantes L et M étant connues.

Montrer que la formule (1) permet de calculer $\varphi(\xi)$ pour tout ξ de l'intervalle $(-1, +1)$ sauf pour les valeurs exceptionnelles de ω.

Exercice II-8

Soit l'équation différentielle du second ordre

$$(1) \qquad \left(\frac{d^2}{dx^2} + k^2\right)\psi_k(x) = -4\pi\rho(x)$$

que l'on se propose de résoudre par la méthode dite des fonctions de Green.

On appelle fonction de Green une fonction solution de

$$(2) \qquad \left(\frac{d^2}{dx^2} + k^2\right)G_k(x, x') = -4\pi\delta(x - x')$$

où la source est cette fois la distribution de Dirac au point x'.

On fait varier x sur l'intervalle $(0, +\infty)$ et on suppose que $\rho(x)$ est intégrable dans ce domaine.

1° Montrer, par intégration de (2) que la fonction $\frac{\partial}{\partial x} G_k(x, x')$ présente au point $x = x'$ un saut que l'on calculera.

2° Si $u_1(x)$ et $u_2(x)$ sont deux solutions linéairement indépendantes de l'équation homogène.

$$(3) \qquad \left(\frac{d^2}{dx^2} + k^2\right)u(x) = 0$$

la fonction

$$\lambda u_1(x_<)u_2(x_>) \qquad \text{où} \qquad \begin{cases} x_< \text{ est le plus petit de } x \text{ et } x' \\ x_> \text{ est le plus grand de } x \text{ et } x' \end{cases}$$

où λ est une constante par rapport à x et x', est une fonction de Green.

3° Montrer que si $\psi_k(x)$ et $G_k(x, x')$ obéissent aux mêmes conditions limites, on a

$$\psi_k(x) = \int_0^\infty G_k(x, x')\rho(x')dx'$$

4° On prend les conditions aux limites suivantes :

a) $\psi_k(0) = 0$.

b) $\psi_k(x)$ équivalent à e^{ikx} pour $x \to \infty$.
Trouver les $\psi_k(x)$ et $G_k(x, x')$ correspondants.

Exercice II-9

1° Montrer que pour toute fonction ψ indéfiniment dérivable sur R et tout intervalle borné (a, b),

$$\int_a^b \sin \lambda x \psi(x)\, dx \qquad \text{et} \qquad \int_a^b \cos \lambda x \psi(x)\, dx$$

convergent vers 0, quand $\lambda \to \infty$.

2° En déduire, en utilisant la décomposition

$$\varphi(x) = \varphi(0) + (\varphi(x) - \varphi(0))$$

que la distribution

$$\frac{\sin \lambda x}{x}$$

converge, dans $\mathcal{D}'$, vers $\pi\delta$, quand $\lambda \to \infty$.

3° Montrer que pour λ réel, l'application

$$\varphi \in \mathcal{D} \to vp \int_{-\infty}^{+\infty} \frac{(\cos \lambda x)\varphi(x)}{x}\, dx$$

définit une distribution notée

$$vp.\frac{\cos \lambda x}{x}$$

et montrer que cette distribution converge vers 0 dans $\mathcal{D}'$ quand $\lambda \to \infty$.

Exercice II-10

Quelles sont les limites, dans $\mathcal{D}'$, quand $n \to \infty$, de

a)
$$f_n(x) = \frac{n}{\sqrt{\pi}} e^{-n^2x^2}.$$

b)
$$F_n(x) = \int_{-\infty}^{x} f_n(t)\, dt.$$

Exercice II-11

Montrer que la multiplication par une fonction $\alpha \in \mathcal{E}$ est une application linéaire continue dans $\mathcal{D}'$. Trouver les limites, dans $\mathcal{D}'$, quand $a \to 0$, de

$$\frac{a}{x^2 + a^2} \quad \text{et} \quad \frac{ax}{x^2 + a^2} \qquad a > 0.$$

Exercice II-12

Trouver les limites, dans $\mathcal{D}'$, quand $h \to 0$, des distributions suivantes :

a) $\dfrac{\delta_{(h)} - \delta_{(-h)}}{2h}$,

b) $\dfrac{\delta_{(2h)} + \delta_{(-2h)} - 2\delta_{(0)}}{4h^2}$,

c) $\dfrac{\delta_{(nh)} - C_1^n\delta_{(n-2)h} + \cdots + (-1)^p C_p^n \delta_{(n-2p)h} + \cdots + (-1)^n \delta_{(-nh)}}{2^n h^n}$,

avec
$$C_p^n = \frac{n!}{p!\,(n-p)!}.$$

Exercice II-13

On se place sur la droite réelle R, pour simplifier.
Pour m entier $\geqslant 0$, on désigne par $\mathcal{D}^m$ l'espace des fonctions, définies sur R, à valeurs complexes, m fois continument dérivables, à support borné. On munit $\mathcal{D}^m$ de la topologie suivante :
$\varphi_j \to \varphi$ dans $\mathcal{D}^m$, si les φ_j ont leur support dans un même ensemble borné, et si pour chaque entier p, $0 \leqslant p \leqslant m$, $\dfrac{d^p\varphi_j}{dx^p} \to \dfrac{d^p\varphi}{dx^p}$ uniformément. On appelle distribution d'ordre $\leqslant m$, sur la droite, un élément du dual topologique $\mathcal{D}'^m$ de $\mathcal{D}^m$, *i.e.* une forme linéaire continue sur l'espace $\mathcal{D}^m$. Les distributions d'ordre 0 s'appellent aussi les mesures.

1° Montrer que, pour tout entier $m \geqslant 0$, $T \in \mathcal{D}'^m$ entraîne $T \in \mathcal{D}'$ et que si m et n sont deux entiers avec $m > n$, $T \in \mathcal{D}'^n$ entraîne $T \in \mathcal{D}'^m$.

2° Montrer que pour chaque m entier $\geqslant 0$, la distribution

$$\delta^{(m)}\ (\varphi \to (-1)^m \varphi^{(m)}(0))$$

appartient à $\mathcal{D}'^m$, mais n'appartient à aucun $\mathcal{D}'^j$ avec $j < m$.

3° Montrer que l'application qui à $\varphi \in \mathcal{D}$ fait correspondre

$$T(\varphi) = \sum_{n=0}^{\infty} \frac{d^n \varphi(n)}{dx^n}$$

définit une distribution qui ne peut pas être d'ordre fini.

Exercice II-14

I. — Montrer que l'application qui à $\varphi \in \mathcal{D}$ fait correspondre

$$\text{Pf.} \int_{-\infty}^{+\infty} \frac{\varphi(x)}{x^2}\, dx = \lim_{\varepsilon \to 0} \left[\int_{-\infty}^{-\varepsilon} \frac{\varphi(x)}{x^2}\, dx + \int_{\varepsilon}^{\infty} \frac{\varphi(x)}{x^2}\, dx - 2\,\frac{\varphi(0)}{\varepsilon} \right]$$

(le symbole Pf., devant l'intégrale signifie : partie finie) définit une distribution que l'on notera $\text{Pf}\,\frac{1}{x^2}$ $\left(\text{pseudo fonction } \frac{1}{x^2}\right)$. Calculer $\frac{d}{dx}\left(vp.\,\frac{1}{x}\right)$ (au sens des distributions).

II. — Montrer que l'application qui à $\varphi \in \mathcal{D}$ fait correspondre

$$\text{Pf.} \int_{0}^{\infty} \frac{\varphi(x)}{x}\, dx = \lim_{\varepsilon \to 0} \left[\int_{\varepsilon}^{\infty} \frac{\varphi(x)}{x}\, dx + \varphi(0) \operatorname{Log} \varepsilon \right],$$

définit une distribution que l'on notera $\text{Pf}\,\frac{Y(x)}{x}$.
Même question pour l'application qui à $\varphi \in \mathcal{D}$ fait correspondre

$$\text{Pf} \int_{0}^{\infty} \frac{\varphi(x)}{x^2}\, dx = \lim_{\varepsilon \to 0} \left[\int_{\varepsilon}^{\infty} \frac{\varphi(x)}{x^2}\, dx - \frac{\varphi(0)}{\varepsilon} + \varphi'(0) \operatorname{Log} \varepsilon \right].$$

On notera $\text{Pf}\,\frac{Y(x)}{x^2}$ la distribution ainsi définie.
Calculer la dérivée de la distribution $\text{Pf}\,\frac{Y(x)}{x}$.

III. — On définit la distribution $\text{Pf}\,\frac{Y(-x)}{x}$ $\left(\text{resp. Pf. } \frac{Y(-x)}{x^2}\right)$ par

$$\left\langle \text{Pf}\,\frac{Y(-x)}{x}, \varphi \right\rangle = \text{Pf} \int_{-\infty}^{0} \frac{\varphi(x)}{x}\, dx = \lim_{\varepsilon \to 0} \left[\int_{-\infty}^{-\varepsilon} \frac{\varphi(x)}{x}\, dx - \varphi(0) \operatorname{Log} \varepsilon \right]$$

(resp.

$$\left\langle \text{Pf}\,\frac{Y(-x)}{x^2}, \varphi \right\rangle = \text{Pf.} \int_{-\infty}^{0} \frac{\varphi(x)}{x^2}\, dx = \lim_{\varepsilon \to 0} \left[\int_{-\infty}^{-\varepsilon} \frac{\varphi(x)}{x^2}\, dx - \frac{\varphi(0)}{\varepsilon} - \varphi'(0) \operatorname{Log} \varepsilon \right]$$

Calculer la dérivée de la distribution Pf $\frac{Y(-x)}{x}$. Montrer que

$$vp.\frac{1}{x} = \text{Pf}\,\frac{Y(x)}{x} + \text{Pf}\,\frac{Y(-x)}{x},$$

et retrouver, en utilisant les résultats de II et III, la dérivée de $vp.\frac{1}{x}$ calculée dans I.

IV. — Calculer la dérivée de la distribution :

$$\text{Pf}\,\frac{1}{|x|} = \text{Pf}\,\frac{Y(x)}{x} - \text{Pf}\,\frac{Y(-x)}{x}.$$

V. — Trouver toutes les distributions T vérifiant

$$x.T = vp.\frac{1}{x}.$$

Exercice II-15

Calculer $x^k\delta_{(0)}^{(l)}$; former des équations différentielles linéaires dont $\delta_{(0)}$ soit solution.

Exercice II-16

Trouver toutes les distributions T_n, vérifiant l'équation

(E_n) $\qquad x^n T_n = 1 \qquad n$ entier $\geqslant 1$.

On remarquera que si T_n est une solution de (E_n), alors T_n' est, à une constante près, solution de (E_{n+1}).

Distributions dans R^n

Exercice II-17

Dans le plan (x, y), on considère le cercle (C) d'équation $x^2 + y^2 = 1$. Soit U la distribution définie par la fonction égale à 0 en dehors de (C) et égale, à l'intérieur de (C) à

$$\text{Log}\left[\frac{(x-a)^2+y^2}{(ax-1)^2+a^2y^2}\right].$$

Calculer ΔU, au sens des distributions.

Exercice II-18

Dans le plan (x, y) on appelle fonction d'Heaviside la fonction $Y(x, y)$ égale à 1 pour $x > 0$, $y > 0$, et à 0 ailleurs. Montrer que l'on a, au sens des distributions :

$$\frac{\partial^2 Y}{\partial x \partial y} = \delta.$$

Exercice II-19

Dans le plan (x, y) on considère le carré ABCD :

$$A(1, 1); \qquad B(2, 0); \qquad C(3, 1); \qquad D(2, 2)$$

Soit T la distribution définie par la fonction égale à 1 dans le carré et à 0 ailleurs. Calculer, au sens des distributions;

$$\frac{\partial^2 T}{\partial y^2} - \frac{\partial^2 T}{\partial x^2}.$$

Exercice II-20

Dans le plan (x, t) on désigne par (C) le cone :

$$v^2 t^2 - x^2 \geqslant 0; \qquad t \geqslant 0$$

où v est une constante donnée.
Soit $E(x, t)$ la distribution :

$$E(x\ t) = \begin{cases} A \text{ dans (C)} \\ O \text{ ailleurs,} \end{cases}$$

où A est aussi une constante.
Calculer, au sens des distributions

$$\frac{1}{v^2}\frac{\partial^2 E}{\partial t^2} - \frac{\partial^2 E}{\partial x^2}.$$

Déterminer A en fonction de v pour que E soit solution élémentaire de l'opérateur

$$\frac{1}{v^2}\frac{\partial^2}{\partial t^2} - \frac{\partial^2}{\partial x^2}.$$

Exercice II-21

Montrer que l'on a, au sens des distributions :

$$\left(\frac{\partial}{\partial x} + i\frac{\partial}{\partial y}\right)\cdot\left(\frac{1}{x + iy}\right) = 2\pi\delta.$$

Exercice II-22

Calculer $\Delta\left(\text{Log}\,\frac{1}{r}\right)$ dans R^2.

Exercice II-23

Montrer qu'on a dans R^n, pour $n \geqslant 3$, au sens des distributions

$$\Delta\frac{1}{r^m} = \left\{\Delta\frac{1}{r^m}\right\} \qquad \text{pour} \qquad m < n - 2.$$

Calculer au sens des distributions pour une fonction φ indéfiniment dérivable,

$$\Delta\left(\frac{\varphi}{r^{n-2}}\right).$$

Exemples. $\varphi = e^{-kr}$; $\varphi = \sin kr$. Le résultat est applicable bien que ces fonctions ne soient pas dérivables à l'origine.

Exercice II-24

Calculer, dans R^n, au sens des distributions $\Delta^k(r^{2k-n} \operatorname{Log} r)$ pour $2k - n$ entier pair $\geqslant 0$.

Exercice II-25

Dans le plan (x, t) on pose $E(x, t) = \frac{Y(t)}{2\sqrt{\pi t}} e^{-\frac{x^2}{4t}}$.
Calculer, au sens des distributions

$$\frac{\partial E}{\partial t} - \frac{\partial^2 E}{\partial x^2}.$$

Exercice II-26

Dans R^3, on considère une fonction $f(r)$ ne dépendant que de $r = \sqrt{x^2 + y^2 + z^2}$ solution pour $r \neq 0$ de l'équation :

$$\Delta f + a^2 f = 0.$$

Écrire l'équation différentielle à laquelle satisfait $g(r) = rf(r)$. Montrer que si $l = \lim_{r \to 0} [rf(r)]$, on a au sens des distributions

$$(\Delta + a^2)f = kl\delta$$

où k est une constante $\neq 0$ que l'on calculera

Exercice II-27

Trouver une solution élémentaire de l'opérateur

$$\frac{\partial^2}{\partial x \partial y} - a\frac{\partial}{\partial x} - b\frac{\partial}{\partial y} + ab$$

où a et b sont deux nombres complexes donnés.

Exercice II-28

Solution élémentaire de $\square = \frac{1}{v^2}\frac{\partial^2}{\partial t^2} - \frac{\partial^2}{\partial x^2} - \frac{\partial^2}{\partial y^2}$

I. — On pose $\rho = v^2 t^2 - x^2 - y^2$.

1) Montrer que, pour une fonction $f(\rho)$ qui ne dépend que de ρ, on a

$$\square f = Df$$

où

(1) $$D_\rho = 4\rho \frac{d^2}{d\rho^2} + 6\frac{d}{d\rho}.$$

2) Pour $\varepsilon > 0$, on désigne par $Y_\varepsilon(\rho)$ la fonction :

$$Y_\varepsilon(\rho) = \begin{cases} 1 \text{ pour } \rho > \varepsilon, \\ 0 \text{ pour } \rho < \varepsilon. \end{cases}$$

Calculer, au sens des distributions

$$D\frac{Y_\varepsilon(\rho)}{\sqrt{\rho}}$$

où D est donné par (1).

3) T étant une distribution en ρ, on a pour toute fonction φ indéfiniment dérivable de la variable ρ, à support borné

$$\langle DT,\ \varphi\rangle = \langle T,\ D^*\varphi\rangle$$

où D* est un opérateur différentiel que l'on déterminera.

II. — Dans l'espace (x, y, t) on désigne par (C) le cone d'ondes futur

$$\begin{cases} v^2t^2 - x^2 - y^2 \geqslant 0, \\ t \geqslant 0. \end{cases}$$

Soit $E(x, y, t)$ la distribution définie par

$$E(x,\ y,\ t) = \begin{cases} \dfrac{v}{2\pi}\dfrac{1}{\sqrt{v^2t^2 - x^2 - y^2}} & \text{dans (C)}, \\ 0 \text{ ailleurs.} \end{cases}$$

1° Montrer que pour toute fonction $\varphi(x, y, t)$ indéfiniment dérivable à support borné, on a

$$(2) \qquad \langle \Box E,\ \varphi\rangle = \frac{1}{2\pi}\int_0^\infty \frac{d\rho}{\sqrt{\rho}}\iint_{R^2}\frac{\Box\varphi r\,dr\,d\theta}{2\sqrt{r^2+\rho}}.$$

[On prendra comme nouvelles variables, les coordonnées polaires r et θ dans le plan (x, y) et ρ].

2° Pour toute fonction $\varphi(x, y, t) \in \mathcal{D}$, on pose

$$(3) \qquad \tilde{\varphi}(\rho) = v\iint_{R^2}\frac{\varphi\left(r\cos\theta, r\sin\theta, \dfrac{1}{v}\sqrt{r^2+\rho}\right)}{2\sqrt{r^2+\rho}}r\,dr\,d\theta.$$

En admettant que $\widetilde{\Box\varphi} = D^*\tilde{\varphi}$, montrer que l'on a

$$\langle \Box E, \varphi\rangle = -\frac{2}{\pi v}\lim_{\varepsilon\to 0}\left[\sqrt{\varepsilon}\left(\frac{d\tilde{\varphi}}{dr}\right)_{\rho=\varepsilon}\right].$$

III. — 1° En désignant, pour r et t fixés, par $\bar{\varphi}(r, t)$ la moyenne de $\varphi(x, y, t)$ sur le cercle d'équation $x^2 + y^2 = r^2$, montrer que :

$$\left(\frac{d\tilde{\varphi}}{d\rho}\right)_{\rho=\varepsilon} = \frac{\pi}{2}\left[\int_0^\infty \frac{d\bar{\varphi}}{dt}\frac{r\,dr}{(r^2+\varepsilon)} - \nu\int_0^\infty \bar{\varphi}\left(r, \frac{1}{\nu}\sqrt{r^2+\varepsilon}\right)\frac{r\,dr}{(r^2+\varepsilon)^{3/2}}\right].$$

2° En intégrant par parties la deuxième intégrale du second membre, montrer que

$$\left(\frac{d\tilde{\varphi}}{d\rho}\right)_{\rho=\varepsilon} = -\frac{\pi\nu}{2\sqrt{\varepsilon}}\,\bar{\varphi}\left(0, \frac{\sqrt{\varepsilon}}{\nu}\right) + A(\varepsilon\,;\varphi)$$

où $\sqrt{\varepsilon}\,A(\varepsilon\,;\varphi) \to 0$ quand $\varepsilon \to 0$.

3° En déduire que E (x, y, t) définie dans II est la solution élémentaire cherchée.

Chapitre III

La convolution

1. Produit tensoriel de distributions

1. Produit tensoriel de deux distributions

Soit X^m et Y^n, deux espaces Euclidiens à m et n dimensions, de points génériques $x(x_1, x_2, \ldots, x_m)$ et $y(y_1, y_2, \ldots, y_n)$. Appelons Z^{m+n} le produit $X^m \times Y^n$, ensemble des points

$$(x, y) = (x_1, x_2, \ldots, x_m, y_1, y_2, \ldots, y_n);$$

c'est un espace euclidien à $m + n$ dimensions.
Si $f(x)$ est une fonction numérique sur X^m, $g(y)$ une fonction numérique sur Y^n, ce que nous appelons leur produit tensoriel $f(x) \otimes g(y)$, est la fonction $h(x, y) = f(x)g(y)$ définie sur Z^{m+n}.
Si en particulier, f et g sont localement sommable sur X^m et Y^n, h est localement sommable sur Z^{m+n}, de sorte qu'on peut espérer étendre de produit tensoriel aux distributions.
Appelons $(\mathcal{D})_x$, $(\mathcal{D})_y$, $(\mathcal{D})_{x,y}$, les espaces $\mathcal{D}$ de fonctions indéfiniment dérivables à support borné, sur X^m, Y^n, $X^m \times Y^n$ respectivement; $(\mathcal{D}')_x$, $(\mathcal{D}')_y$, $(\mathcal{D}')_{x,y}$ les espaces de distributions $\mathcal{D}'$ correspondants.
Soit $\varphi(x, y) \in (\mathcal{D})_{x,y}$ une fonction de la forme $u(x)v(y)$, avec $u(x) \in (\mathcal{D})_x$ et $v(y) \in (\mathcal{D})_y$. Alors

$$(\text{III}, 1; 1) \quad \langle f(x) \otimes g(y),\ u(x)v(y)\rangle$$
$$= \int_{X^m \times Y^n} \cdots \int f(x)g(y)u(x)v(y)\, dx\, dy$$
$$= \int_{X^m} f(x)u(x)\, dx \int_{Y^n} g(y)v(y)dy = \langle f, u\rangle\ \langle g, v\rangle.$$

Si, maintenant φ n'est plus de cette forme, on a la règle de Fubini :

$$(\text{III}, 1, 2) \quad \langle f(x) \otimes g(y),\ \varphi(x, y)\rangle = \int_{X^m \times Y^n} \cdots \int f(x)g(y)\varphi(x, y)\, dx\, dy$$
$$= \int_{X^m} f(x)\, dx \int_{Y^n} g(y)\varphi(x, y)\, dy = \langle f(x), \langle g(y), \varphi(x, y)\rangle\rangle$$

et de même

(III, 1; 3) $\langle f(x)\otimes g(y), \varphi(x, y)\rangle = \langle g(y), \langle f(x), \varphi(x, y)\rangle\rangle$.

Par généralisation, on *démontre* les propriétés suivantes :

Proposition 1. *Si* $S_x \in (\mathcal{D}')_x$ *et* $T_y \in (\mathcal{D}')_y$, *il existe une distribution* $W_{x,y} \in (\mathcal{D}')_{x,y}$, *bien déterminée et unique, telle que l'on ait, pour toute* $\varphi \in (\mathcal{D})_{x,y}$ *de la forme* $\varphi(x, y) = u(x)\,v(y)$, *avec* $u \in (\mathcal{D})_x$ *et* $v \in (\mathcal{D})_y$:

(III, 1; 4) $\langle W_{x,y}, u(x)\,v(y)\rangle = \langle S, u\rangle \langle T, v\rangle$.

On l'appelle produit tensoriel des distributions S *et* T, *et on la note* $S \otimes T$. *Pour* $\varphi(x, y) \in (\mathcal{D})_{x,y}$, *on peut calculer* $\langle W, \varphi\rangle$ *par la règle de Fubini. On fixe* x. *Alors* $\varphi(x, y)$ *comme fonction de* y *seul, appartient à* $(\mathcal{D})_y$, *et on peut calculer*

(III, 1; 5) $\theta(x) = \langle T_y, \varphi(x, y)\rangle$

Ce nombre dépend de x; *en tant que fonction de* x, θ *appartient à* $(\mathcal{D})_x$, *et on peut calculer* $\langle S, \theta\rangle$. *On a :*

(III, 1; 6) $\langle W, \varphi\rangle = \langle S, \theta\rangle = \langle S_x, \langle T_y, \varphi(x, y)\rangle\rangle$

et de même

(III, 1; 7) $\langle W, \varphi\rangle = \langle T_y, \langle S_x, \varphi(x, y)\rangle\rangle$.

En ce qui concerne le support de W, on a la

Proposition 2. *Le support de* W *est le produit* $A \times B$ *des supports de* S *et* T, *c'est-à-dire l'ensemble des points* (x, y) *où* $x \in A$ *et* $y \in B$.

Démonstration de la proposition 2

1) Soit $\varphi(x, y)$ une fonction de $(\mathcal{D})_{x,y}$ ayant son support dans le complémentaire de $A \times B$. Pour $x \in A$, $y \to \varphi(x, y)$ a son support dans le complémentaire de B et par suite $\theta(x) = 0$. Donc $\theta(x)$ a son support dans le complémentaire de A, ce qui entraîne $\langle S_x, \theta(x)\rangle = 0$, c'est-à-dire $\langle W, \varphi\rangle = 0$. Ceci montre que le support de W est contenu dans $A \times B$.

2) Sur la formule (III, 1; 4) on voit facilement que tout point de $A \times B$ appartient effectivement au support de W.

Exemples et formules.

1) Une fonction est dite indépendante de x, si elle est de la forme $g(y) = 1_x \otimes g(y)$. Nous dirons de même d'une distribution qu'elle est indépendante de x si elle est de la forme $1_x \otimes T_y$. Elle vérifiera alors :

$$\text{(III, 1; 8)} \quad \langle 1_x \otimes T_y, \varphi \rangle = \int_{X^m} \langle T_y, \varphi(x, y) \rangle \, dx = \left\langle T_y, \int_{X^m} \varphi(x, y) \, dx \right\rangle.$$

2) Si D_x^p est une dérivation par rapport à x, D_y^q une dérivation par rapport à y, on a :

$$\text{(III, 1; 9)} \qquad D_x^p D_y^q (S_x \otimes T_y) = (D_x^p S_x) \otimes (D_y^q T_y).$$

3)

$$\text{(III, 1; 10)} \qquad \delta_x \otimes \delta_y = \delta_{x, y}.$$

4) Soit alors Y la fonction d'Heaviside de n variables, égale à 1 dans le « quadrant » $x_1 \geqslant 0, \ x_2 \geqslant 0, \ \ldots, \ x_n \geqslant 0$, et à 0 ailleurs. Elle est le produit tensoriel $Y(x_1) \otimes Y(x_2) \otimes \ldots \otimes Y(x_n)$. Comme

$$\frac{d}{dx_i} Y(x_i) = \delta_{x_i}$$

on aura

$$\text{(III, 1; 11)} \qquad \frac{\partial^n}{\partial x_1 \partial x_2 \ldots \partial x_n} Y = \delta_{x_1, x_2, \ldots, x_n}.$$

2. Produit tensoriel de plusieurs distributions

Ce qui vient d'être dit au sujet de deux distributions, s'étend sans difficulté au produit tensoriel d'un nombre fini de distributions. Ce produit est associatif. Si X^l, Y^m, Z^n, sont trois espaces euclidiens, de dimensions respectives, l, m, n, R_x, S_y, T_z, trois distributions sur ces espaces, on définit $R_x \otimes S_y \otimes T_z$ par

$$\text{(III, 1; 12)} \qquad \langle R_x \otimes S_y \otimes T_z, \ u(x) v(y) w(z) \rangle = \langle R, u \rangle \langle S, v \rangle \langle T, w \rangle.$$

Pour $\varphi \in (\mathcal{D})_{x, y, z}$, $\langle R_x \otimes S_y \otimes T_z, \ \varphi \rangle$ se calculera encore par la règle de Fubini, et on a :

$$\text{(III, 1; 13)} \quad R_x \otimes S_y \otimes T_z = R_x \otimes (S_y \otimes T_z) = (R_x \otimes S_y) \otimes T_z.$$

2. La convolution

1. Convolution de deux distributions

Définition

Soient S, T deux distributions sur R^n. On appelle produit de convolution $S * T$ une nouvelle distribution sur R^n, définie par :

$$\text{(III, 2; 1)} \qquad \langle S * T, \varphi \rangle = \langle S_\xi \otimes T_\eta, \varphi(\xi + \eta) \rangle.$$

Si $S * T$ existe, il est visible qu'il en est de même de $T * S$ et qu'ils sont égaux.

Dans le deuxième membre, on forme $S_\xi \otimes T_\eta$, distribution sur l'espace euclidien à $2n$ dimensions de la variable (ξ, η); si dans $\varphi(x)$ on remplace x par $\xi + \eta$ (somme des vecteurs dans R^n), on obtient $\varphi(\xi + \eta)$ fonction du couple (ξ, η), et le deuxième membre est susceptible de posséder un sens.

$S_\xi \otimes T_\eta$ existe toujours. Si A et B sont les supports de S et T dans R^n, le support de $S_\xi \otimes T_\eta$ est $A \times B$, ensemble des couples (ξ, η) tels que $\xi \in A$, $\eta \in B$. $\varphi(\xi + \eta)$ est bien une fonction indéfiniment dérivable de ξ, η; mais elle n'est pas à support borné. Si, en effet, K est le support de φ, son support est l'ensemble des couples (ξ, η) tels que $\xi + \eta \in K$, « bande » parallèle au « second bissecteur » d'équation : $\xi + \eta = 0$ (ce qui, dans l'espace à $2n$ dimensions signifie le sous-espace à n dimensions d'équations : $\xi_1 + \eta_1 = 0, \ldots, \xi_n + \eta_n = 0$).

Mais le second membre aura un sens si le support de $S_\xi \otimes T_\eta$ et celui de $\varphi(\xi + \eta)$ ont une intersection bornée, c'est-à-dire si l'ensemble des points (ξ, η) vérifiant $\xi \in A$, $\eta \in B$, $\xi + \eta \in K$, est borné.

Comme $\langle S * T, \varphi \rangle$ doit être définie pour *toute* $\varphi \in (\mathcal{D})_x$ l'ensemble précédent doit être borné *quel que soit* l'ensemble borné K. En conclusion :

Proposition 3. *Le produit de convolution* $S * T$, ***défini par*** (III, 2; 1) ***a un sens, si les supports*** A ***et*** B ***de*** S ***et*** T ***sont tels que, pour*** $\xi \in A$ ***et*** $\eta \in B$, $\xi + \eta$ ***ne puisse rester borné que si*** ξ ***et*** η ***restent bornés tous les deux. Ce produit est commutatif :*** $S * T = T * S$.

Exemple 1. *Si l'une au moins des deux distributions* S, T *a un support borné,* $S * T$ *existe.*

Soit en effet A borné. Alors $\xi \in A$ est nécessairement borné; si $\xi + \eta$ est borné, $\eta = (\xi + \eta) - \xi$ est aussi borné.

Exemple 2. *Convolution sur le cercle.*
Soit Γ le cercle de centre O, de rayon $\frac{T}{2\pi}$, de longueur T, dans le plan euclidien. L'étude des distributions sur Γ sera faite à propos des distributions périodiques et des séries de Fourier. L'addition $\xi + \eta$ est ici l'addition des arcs (l'origine étant le point $s = 0$ de Γ). Comme tous les supports sont bornés, la convolution a toujours un sens.

Exemple 3. Sur la droite R, nous dirons qu'une distribution a un support « limité à gauche » s'il est contenu dans une demi-droite $(a, +\infty)$.
Supposons alors que S et T aient toutes deux leur support limité à gauche; A et B sont contenus dans une demi-droite $(a, +\infty)$. D'abord ξ et η sont toujours $\geqslant a$. Si $\xi + \eta$ est borné, il reste $\leqslant C$ constante; comme $\xi \geqslant a$, on aura $\eta \leqslant C - a$, et de même $\xi \leqslant C - a$, donc ξ et η restent bornés, et $S * T$ existe.
$S * T$ existe encore si S et T ont toutes deux leur support « limité à droite »; par contre si l'une a son support limité à gauche, l'autre à droite, $S * T$ n'a pas de raison d'exister.

Exemple 4. Supposons que dans l'espace R^4 (espace-temps) A soit situé dans le cône d'ondes d'avenir :

$$t = x_4 \geqslant 0, \quad x_4^2 - x_1^2 - x_2^2 - x_3^2 \geqslant 0$$

et que B soit situé dans le demi-espace $t = x_4 \geqslant 0$.
Soit alors $\xi \in A$, $\eta \in B$, $\xi + \eta$ borné. D'abord $\xi_4 + \eta_4$ reste $\leqslant C$; comme $\xi_4 \geqslant 0$ et $\eta_4 \geqslant 0$, ξ_4 et η_4 sont tous deux compris entre 0 et C donc bornés (exemple 3).
Comme alors $\xi_4^2 \geqslant \xi_1^2 + \xi_2^2 + \xi_3^2$, ξ_1, ξ_2 et ξ_3 restent bornés. Comme enfin $\xi_1 + \eta_1$ reste borné, η_1 lui aussi doit rester borné, et de même η_2 et η_3 donc finalement ξ et η restent bornés, et $S * T$ possède un sens.

Propriétés fondamentales

PROPOSITION 4. *Si* S *et* T *sont deux fonctions* f *et* g (*localement sommables, et définies seulement presque partout*), *et si leurs supports* A *et* B *vérifient les conditions de la proposition* 3, $S * T$ *est une fonction* h (*localement sommable*) *définie presque partout par la formule :*

$$\text{(III, 2; 2)} \quad h(x) = \int_{R^n} f(x - t)\, g(t)\, dt = \int_{R^n} f(t)\, g(x - t)\, dt.$$

On a en effet, en posant $W = f * g$:

(III, 2; 3) $$\langle W, \varphi \rangle = \langle f_\xi g_\eta, \varphi(\xi + \eta) \rangle = \iint f(\xi)\, g(\eta)\, \varphi(\xi + \eta)\, d\xi\, d\eta.$$

Les conditions relatives aux supports A et B assurent que cette intégrale double a un sens, car f et g étant localement sommables $f(\xi)\, g(\eta)\, \varphi(\xi + \eta)$ est localement sommable mais son support est borné, donc elle est sommable.
Faisons le changement de variables :
$x = \xi + \eta$, $t = \eta$; le déterminant jacobien de cette transformation est 1, donc :

$$d\xi\, d\eta = dx\, dt$$

et :

(III, 2; 4)

$$\langle W, \varphi \rangle = \iint f(x - t)\, g(t)\, \varphi(x)\, dx\, dt = \int_{R^n} dx \int_{R^n} \varphi(x) f(x - t)\, g(t)\, dt.$$

D'après le thérorème de Fubini, l'intégrale de droite a un sens pour presque toutes les valeurs de x. Donc l'intégrale $\int_{R^n} f(x - t) g(t)\, dt$ a un sens pour presque toutes les valeurs de x pour lesquelles $\varphi(x) \neq 0$; mais comme il en est ainsi pour toute $\varphi(x) \in (\mathcal{D})_x$, elle a un sens pour presque toutes les valeurs de x, et sa valeur $h(x)$ est une fonction définie presque partout. Toujours d'après Fubini, $\varphi(x) h(x)$ est sommable, donc h est localement sommable; et :

(III, 2; 5) $$\langle W, \varphi \rangle = \int_{R^n} h(x)\, \varphi(x)\, dx = \langle h, \varphi \rangle$$

ce qui prouve bien que $W = h$.
L'autre formule (III, 2; 2) aurait été obtenue en posant $\xi = t$, $\xi + \eta = x$, ou encore par le changement de t en $x - t$ dans la première formule (III, 2; 2).

Remarque. Si f et g sont des fonctions *continues* ou même si l'une d'elles est continue ou simplement localement bornée, et l'autre localement sommable, on démontre que $h = f * g$ est continue.
Dans le cas de deux fonctions, $f * g$ peut posséder un sens même si les conditions relatives aux supports ne sont pas réalisées. Par exemple si l'une des deux fonctions est *sommable sur* R^n, l'autre

bornée sur $\mathbb{R}^n$, $f * g$ a un sens, et c'est une fonction continue bornée sur $\mathbb{R}^n$, l'intégrale (III, 2; 2) ayant alors évidemment un sens pour *toutes* les valeurs de x; on aura de plus la majoration, si f est sommable et g bornée :

$$\text{(III, 2; 6)} \qquad |h(x)| \leqslant \int_{\mathbb{R}^n} |f(x)|\, dx \sup_{x \in \mathbb{R}^n} |g(x)|$$

ou

$$\text{(III, 2; 7)} \qquad \|h\|_{L^\infty} \leqslant \|f\|_{L^1} \|g\|_{L^\infty}.$$

Dans le cas où f et g sont dans L^1, $f * g$ a toujours un sens, est dans L^1, et on a

$$\text{(III, 2; 8)} \qquad \|f * g\|_{L^1} \leqslant \|f\|_{L^1} \|g\|_{L^1}.$$

Dans le cas de l'exemple 3, où l'on suppose que les deux fonctions f et g ont leurs supports dans $(0, +\infty)$, h a aussi son support dans $(0, +\infty)$ et la formule (III, 2; 2) devient :

$$\text{(III, 2; 9)} \quad h(x) = \begin{cases} 0 & \text{pour} \quad x \leqslant 0 \\ \displaystyle\int_0^x f(x-t) g(t)\, dt & \text{pour} \quad x \geqslant 0. \end{cases}$$

Exemples.

1) $$\text{(III, 2; 10)} \qquad Y_{(\lambda)}^{(\alpha)}(x) = Y(x) \frac{x^{\alpha-1}}{\Gamma(\alpha)} e^{\lambda x}, \ \alpha > 0$$

λ complexe quelconque.

$$\text{(III, 2; 11)} \qquad Y_{(\lambda)}^{(\alpha)} * Y_{(\lambda)}^{(\beta)} = Y_{(\lambda)}^{(\alpha+\beta)}.$$

En effet, le produit est nul pour $x \leqslant 0$, et pour $x \geqslant 0$ vaut :

$$\text{(III, 2; 12)} \quad (Y_{(\lambda)}^{(\alpha)} * Y_{(\lambda)}^{(\beta)})(x) = \int_0^x \frac{(x-t)^{\alpha-1}}{\Gamma(\alpha)} \frac{t^{\beta-1}}{\Gamma(\beta)} e^{\lambda(x-t)} e^{\lambda t}\, dt$$
$$= \frac{x^{\alpha+\beta-1} e^{\lambda x}}{\Gamma(\alpha)\Gamma(\beta)} \int_0^1 (1-u)^{\alpha-1} u^{\beta-1}\, du \quad \text{(en posant } t = xu\text{)}.$$

Or l'intégrale est $B(\alpha, \beta) = \dfrac{\Gamma(\alpha)\Gamma(\beta)}{\Gamma(\alpha+\beta)}$ d'où le résultat.
En particulier :

$$\text{(III, 2; 13)} \qquad Y_{(\lambda)}^{(n)}(x) = Y(x) \frac{x^{n-1}}{(n-1)!} e^{\lambda x}$$

est la puissance $n^{\text{ième}}$ de convolution de $Y(x)e^{\lambda x}$. Ces convolutions jouent un rôle dans la théorie de la dérivation d'ordre non entier et dans le calcul des probabilités

2) (III, 2; 14) $$G_\sigma(x) = \frac{1}{\sigma\sqrt{2\pi}} e^{-\frac{x^2}{2\sigma^2}}; \quad \sigma > 0$$

(III, 2; 15) $$G_\sigma * G_\tau = G_{\sqrt{\sigma^2+\tau^2}}.$$

En effet :

(III, 2; 16) $$\begin{aligned}(G_\sigma * G_\tau)(x) &= \frac{1}{2\pi\sigma\tau}\int_{-\infty}^{+\infty} e^{-\frac{(x-t)^2}{2\sigma^2}-\frac{t^2}{2\tau^2}}\,dt \\ &= \frac{1}{2\pi\sigma\tau}\int_{-\infty}^{+\infty} e^{-\frac{x^2}{2\sigma^2}+\frac{xt}{\sigma^2}-\frac{t^2}{2}\left(\frac{1}{\sigma^2}+\frac{1}{\tau^2}\right)}\,dt \\ &= \frac{1}{2\pi\sigma\tau} e^{-\frac{x^2}{2(\sigma^2+\tau^2)}}\int_{-\infty}^{+\infty} e^{-\frac{1}{2}\frac{\sigma^2+\tau^2}{\sigma^2\tau^2}\left(t-\frac{\tau^2}{\sigma^2+\tau^2}x\right)^2}\,dt.\end{aligned}$$

Faisons le changement de variables

(III, 2; 17) $$\frac{\sqrt{\sigma^2+\tau^2}}{\sigma\tau}\left(t-\frac{\tau^2}{\sigma^2+\tau^2}x\right)=u$$

la dernière intégrale devient :

(III, 2; 18) $$\frac{\sigma\tau}{\sqrt{\sigma^2+\tau^2}}\int_{-\infty}^{+\infty} e^{-\frac{u^2}{2}}\,du = \sqrt{2\pi}\,\frac{\sigma\tau}{\sqrt{\sigma^2+\tau^2}}$$

d'où :

(III, 2; 19) $$\begin{aligned}(G_\sigma * G_\tau)(x) &= \frac{1}{\sqrt{2\pi}\sqrt{\sigma^2+\tau^2}} e^{-\frac{x^2}{2(\sigma^2+\tau^2)}} \\ &= G_{\sqrt{\sigma^2+\tau^2}}(x)\end{aligned}$$

La formule (III, 2; 15) ainsi démontrée joue un rôle fondamental en calcul des probabilités. G_σ, considérée comme « densité de probabilité » est la distribution de Gauss (la courbe représentative de $y = G_\sigma(x)$ est une « courbe en cloche ») de valeur moyenne 0

$$\left(\int_{-\infty}^{+\infty} xG_\sigma(x)\,dx = 0\right)$$

et d'écart quadratique moyen $\sigma\left(\int_{-\infty}^{+\infty} x^2G_\sigma(x)\,dx\right)^{1/2} = \sigma$.

Si deux variables aléatoires réelles indépendantes obéissent à la loi de Gauss, avec les écarts moyens σ et τ, leur somme obéit à la loi de probabilité définie par :

$$G_\sigma * G_\tau$$

c'est encore une loi de Gauss d'écart : $\sqrt{\sigma^2 + \tau^2}$.
En particulier la somme de n variables aléatoires indépendantes obéissant à la même loi de Gauss, d'écart σ, obéit à la loi de Gauss d'écart $\sigma\sqrt{n}$.
C'est le phénomène qui permet de dire que l'erreur à laquelle on doit s'attendre en faisant la somme de n quantités ayant la même loi d'erreur est de l'ordre de $\sqrt{n}$ fois l'erreur de chaque mesure; en divisant par n, on voit que la moyenne arithmétique des résultats de n mesures donne une erreur de l'ordre de : $\frac{1}{\sqrt{n}}$ fois l'erreur de chaque mesure.
Si au lieu de G_σ on prend :

$$\text{(III, 2; 20)} \qquad H_\sigma(x) = \frac{1}{\sigma} e^{-\pi\frac{x^2}{\sigma^2}}; \quad \sigma > 0,$$

on a encore :

$$\text{(III, 2; 21)} \qquad H_\sigma * H_\tau = H_{\sqrt{\sigma^2+\tau^2}}$$

3) Posons :

$$\text{(III, 2; 22)} \qquad P_a(x) = \frac{1}{\pi}\frac{a}{x^2 + a^2}, \quad a > 0.$$

Alors une intégration montre que :

$$\text{(III, 2; 23)} \qquad P_a * P_b = P_{a+b}.$$

Proposition 5. *Si α est une fonction indéfiniment dérivable (au sens usuel), T une distribution, $T * \alpha$ est une fonction indéfiniment dérivable (au sens usuel) donnée par la formule :*

$$\text{(III, 2; 24)} \qquad (T * \alpha)(x) = \langle T_t, \alpha(x - t)\rangle.$$

On dit que la convolution avec α est une régularisation de T par α; α est aussi appelée régularisante et $T * \alpha$ régularisée de T par α.
Tout d'abord $h(x) = \langle T_t, \alpha(x - t)\rangle$ a la signification suivante :
On fixe x, alors $\alpha(x - t)$ considérée comme fonction de t seul, est dans $\mathfrak{D}$, et on peut lui appliquer la fonctionnelle T_t. Le résultat est bien une fonction de x; cette fonction est bien indéfiniment

dérivable en x en vertu de ce que nous avons admis à propos du produit tensoriel (voir fonction θ dans la proposition 1). Reste à voir que cette fonction coïncide avec $T * \alpha$ en tant que distribution :

$$\text{(III, 2; 25)} \quad \begin{aligned} \langle T * \alpha, \varphi \rangle &= \langle T_\xi \otimes \alpha(\eta), \varphi(\xi + \eta) \rangle \\ &= \langle T_\xi, \langle \alpha(\eta), \varphi(\xi + \eta) \rangle \rangle \\ &= \left\langle T_\xi, \int_{R^n} \alpha(\eta) \varphi(\xi + \eta) \, d\eta \right\rangle \\ &= \left\langle T_\xi, \int_{R^n} \alpha(x - \xi) \varphi(x) \, dx \right\rangle \\ &= \langle T_\xi, \langle \varphi(x), \alpha(x - \xi) \rangle \rangle \\ &= \langle T_\xi \otimes \varphi(x), \alpha(x - \xi) \rangle \\ &= \langle \varphi(x), \langle T_\xi, \alpha(x - \xi) \rangle \rangle \\ &= \int_{R^n} (\langle T_\xi, \alpha(x - \xi) \rangle) \varphi(x) \, dx \\ &= \int_{R^n} h(x) \varphi(x) \, dx = \langle h, \varphi \rangle \quad \text{C.Q.F.D.} \end{aligned}$$

Remarque. Si T est une fonction f, (III, 2; 24) redonne

$$\text{(III, 2; 26)} \qquad (f * \alpha)(x) = \int_{R^n} f(t) \alpha(x - t) \, dt$$

que nous avions démontré lorsque α est une fonction localement sommable non nécessairement dérivable.

Exemples.

1) $T * 1$ est la constante $\langle T, 1 \rangle$.

2) Si α est un polynôme de degré $\leqslant m$, $T * \alpha$ est aussi un polynôme de degré $\leqslant m$: par exemple pour une variable ($n = 1$) :

$$\text{(III, 2; 27)} \quad (T * \alpha)(x) = \langle T_t, \alpha(x - t) \rangle = \sum_{k \leqslant m} \frac{x^k}{k!} \langle T_t, \alpha^{(k)}(-t) \rangle.$$

3) Dans le cas d'une dimension ($n = 1$) si T est à support borné, on appelle *transformée de Laplace* de T la fonction holomorphe de la variable complexe λ définie par :

$$\text{(III, 2; 28)} \qquad \mathcal{T}(\lambda) = \langle T_x, e^{-\lambda x} \rangle$$

Considérons alors $S * T$[1], soit $U(\lambda)$ sa transformée de Laplace :

$$\text{(III, 2; 29)} \quad \begin{aligned} U(\lambda) &= \langle S * T, e^{-\lambda x} \rangle = \langle S_\xi \otimes T_\eta, e^{-\lambda(\xi+\eta)} \rangle \\ &= \langle S_\xi \otimes T_\eta, e^{-\lambda\xi} e^{-\lambda\eta} \rangle \\ &= \langle S_\xi, e^{-\lambda\xi} \rangle \langle T_\eta, e^{-\lambda\eta} \rangle \\ &= \mathcal{S}(\lambda)\mathcal{T}(\lambda). \end{aligned}$$

La transformée de Laplace de $S * T$ est le produit (ordinaire) des transformées de Laplace de S et T.

Proposition 6. *On a les trois formules :*

$$\text{(III, 2; 30)} \qquad \delta * T = T$$

$$\text{(III, 2; 31)} \qquad \delta_{(a)} * T = \tau_a T, \quad \delta_{(a)} * \delta_{(b)} = \delta_{(a+b)}$$

$$\text{(III, 2; 32)} \qquad \delta' * T = T'.$$

En effet :

$$\text{(III, 2; 33)} \quad \begin{aligned} \langle \delta * T, \varphi \rangle &= \langle \delta_\xi \otimes T_\eta, \varphi(\xi + \eta) \rangle \\ &= \langle T_\eta, \langle \delta_\xi, \varphi(\xi + \eta) \rangle \rangle = \langle T_\eta, \varphi(\eta) \rangle = \langle T, \varphi \rangle \end{aligned}$$

d'où (III, 2; 30). Cette formule très importante montre que, pour la convolution, δ *est l'unité.* En physique théorique, la formule (III, 2; 30) est très souvent écrite (incorrectement) :

$$\text{(III, 2; 34)} \qquad \int f(x-t)\delta(t)\,dt = \int f(t)\delta(x-t)\,dt = f(x)$$

et considérée comme la propriété essentielle de δ.

Dans la formule (III, 2; 31) (qui contient (III, 2; 30) comme cas particulier), $\delta_{(a)}$ est la masse un té au point a, qu'on écrit aussi $\delta(x-a)$, et $\tau_a T$ est la translatée de T, par la translation a, qu'on écrit aussi T_{x-a} (ou, en physique, $T(x-a)$) ; on a vu que cette translatée peut se définir par :

$$\text{(III, 2; 35)} \qquad \langle \tau_a T, \varphi \rangle = \langle T_x, \varphi(x + a) \rangle,$$

(III, 2; 31) se démontre alors immédiatement :

$$\text{(III, 2; 36)} \quad \begin{aligned} \langle \delta_{(a)} * T, \varphi \rangle &= \langle \delta_{(a)\xi} \otimes T_\eta, \varphi(\xi + \eta) \rangle \\ &= \langle T_\eta, \langle \delta_{(a)\xi}, \varphi(\xi + \eta) \rangle \rangle = \langle T_\eta, \varphi(a + \eta) \rangle \\ &= \langle \tau_a T, \varphi \rangle. \end{aligned}$$

1. Si $S \in \mathcal{E}'$ et si $T \in \mathcal{E}'$ alors $S * T \in \mathcal{E}'$. Voir plus loin, corollaire de la proposition 8.

Un cas particulier de (III, 2; 31) s'obtient en posant :

$$T = \delta_{(b)} \qquad \text{d'où} \qquad \delta_{(a)} * \delta_{(b)} = \delta_{(a+b)}.$$

Enfin, pour (III, 2; 32)

(III, 2; 37) $$\begin{aligned} \langle \delta' * T, \varphi \rangle &= \langle \delta'_\xi \otimes T_\eta, \varphi(\xi + \eta) \rangle \\ &= \langle T_\eta, \langle \delta'_\xi, \varphi(\xi + \eta) \rangle \rangle \\ &= \langle T_\eta, -\varphi'(\eta) \rangle = -\langle T, \varphi' \rangle \\ &= \langle T', \varphi \rangle \end{aligned}$$

C.Q.F.D.

Naturellement on a, de la même manière :

(III, 2; 38) $$\delta^{(m)} * T = T^{(m)}.$$

De même si D est un opérateur différentiel à coefficients constants dans R^n, on a :

(III, 2; 39) $$D\delta * T = DT.$$

En particulier, si D est le laplacien :

$$\Delta = \sum_{i=1}^{n} \frac{\partial^2}{\partial x_i^2} \quad \text{dans } R^n \text{ ou, dans } R^4 \text{ (espace-temps)}$$

le d'alembertien :

$$\Box = \frac{1}{v^2}\frac{\partial^2}{\partial t^2} - \frac{\partial^2}{\partial x^2} - \frac{\partial^2}{\partial y^2} - \frac{\partial^2}{\partial z^2} = \frac{1}{v^2}\frac{\partial^2}{\partial t^2} - \Delta,$$

on aura :

(III, 2;40) $$\begin{aligned} \Delta\delta * T &= \Delta T \\ \Box\delta * T &= \Box T. \end{aligned}$$

En physique quantique, la formule (III, 2; 32) est souvent écrite (incorrectement) :

(III, 2; 41) $$\int \delta'(x - t)\, f(t)\, dt = f'(x)$$

et obtenue par « différentiation sous le signe $\int$ » à partir de la formule (III, 2; 34) elle-même incorrecte.

Proposition 7. *Si* S_j, T_j, *sont deux suites de distributions dépendant d'un indice entier* j, *si, pour* $j \to \infty$, S_j *et* T_j *tendent (dans* $\mathcal{D}'$*)*

vers S *et* T *respectivement, et si les* S_j *et* T_j *ont leurs supports dans des ensembles fermés fixes* A *et* B *de* R^n *tels que, pour* $\xi \in A$ *et* $\eta \in B$, $\xi + \eta$ *ne puisse rester borné que si* ξ *et* η *restent tous deux bornés, alors* $S_j * T_j$ *converge pour* $j \to \infty$ *vers* $S * T$ (*continuité de la convolution*).
Nous admettrons ce théorème.
En particulier nous avons vu que δ peut s'obtenir comme limite (dans $\mathcal{D}'$) de fonctions indéfiniment dérivables α; alors $T = T * \delta$ est limite de ses régularisées $T * \alpha$. En particulier on démontre qu'on peut trouver une suite de *polynômes* α convergeant vers δ; alors, si T est à support borné, T est limite des polynômes $T * \alpha$, ce qui est une expression du théorème de Weierstrass :
Toute distribution est limite (dans $\mathcal{D}'$*) d'une suite de polynômes.*

PROPOSITION 8. *Si* S *et* T *ont leurs supports dans* A *et* $B \subset R^n$, $S * T$ *a son support contenu dans* $\overline{A + B}$, *adhérence de l'ensemble des* $\xi + \eta$ ($\xi \in A$, $\eta \in B$).
Pour le voir nous allons montrer que si φ a son support K dans le complémentaire Ω de $\overline{A + B}$,

$$\langle S * T,\ \varphi \rangle = 0.$$

Mais :

$$\langle S * T,\ \varphi \rangle = \langle S_\xi \otimes T_\eta,\ \varphi(\xi + \eta) \rangle$$

Le support de $S_\xi \otimes T_\eta$ est contenu dans $A_\xi \times B_\eta$, ensemble des couples (ξ, η), $\xi \in A$, $\eta \in B$; le support de $\varphi(\xi + \eta)$ est l'ensemble des couples (ξ, η) tels que $\xi + \eta \in K$.
Ces deux supports ont une intersection vide car $\xi \in A$, $\eta \in B$, entraîne $\xi + \eta \in A + B$; or $A + B$ et K ont une intersection vide. Donc le produit scalaire est bien nul. Comme Ω est ouvert ($\overline{A + B}$ étant fermé) cela prouve que $S * T = 0$ dans Ω, donc $S * T$ a bien son support dans $\overline{A + B}$.

Corollaire. Si S *et* T *ont leurs supports bornés, il en est de même de* $S * T$; *si* ($n = 1$) S *et* T *ont leurs supports limités à gauche, respectivement dans les demi-droites* $(a, +\infty)$, $(b, +\infty)$, $S * T$ *a son support dans la demi-droite* $(a + b, +\infty)$; *si* S *et* T ($n = 4$) *ont leurs supports dans le cône d'ondes d'avenir* $t \geqslant 0$, $t^2 - x^2 - y^2 - z^2 \geqslant 0$, *il en est de même de* $S * T$.

2. Définition du produit de convolution de plusieurs distributions Associativité de la convolution

Soient R, S, T trois distributions sur R^n, de supports respectifs A, B, C.
On définira leur produit de convolution $R * T * S$ par :

$$\text{(III, 2; 42)} \quad \langle R * S * T,\ \varphi\rangle = \langle R_\xi \otimes S_\eta \otimes T_\zeta,\ \varphi(\xi + \eta + \zeta)\rangle$$

Il a un sens si, pour $\xi \in A$, $\eta \in B$, $\zeta \in C$, la somme $\xi + \eta + \zeta$ ne peut rester bornée que lorsque ξ, η, ζ restent tous trois bornés. L'associativité du produit tensoriel (formule (III, 1; 13)) donne l'associativité de la convolution :

$$\text{(III, 2; 43)} \qquad R * S * T = (R * S) * T = R * (S * T).$$

Mais *les deux derniers termes peuvent avoir un sens et ne pas être égaux* si les supports A, B, C n'ont pas la propriété ci-dessus : *le produit de convolution n'est associatif que si* $R * S * T$ *défini par* (III, 2; 42) *a un sens.*

Exemple. $1 * \delta' * Y$, Y fonction d'Heaviside.

$$\text{(III, 2; 44)} \qquad \begin{aligned} (1 * \delta') * Y &= 0 * Y = 0 \\ 1 * (\delta' * Y) &= 1 * \delta = 1 \end{aligned}$$

La formule (III, 2; 43) a les applications suivantes.

Proposition 9. *Le produit de convolution de plusieurs distributions a un sens, et il est associatif et commutatif dans l'un quelconque des cas suivants :*

1) *toutes les distributions, sauf une au plus, ont leurs supports bornés;*

2) $n = 1$, *toutes les distributions ont leur support limités à gauche;*

3) $n = 4$, *toutes les distributions ont leur support dans le demi-espace* $t \geqslant 0$, *et en outre toutes sauf une au plus dans le cône d'ondes d'avenir* $t \geqslant 0$, $t^2 - x^2 - y^2 - z^2 \geqslant 0$.

Proposition 10. *Pour translater ou dériver un produit de convolution, on translate ou dérive l'un quelconque des facteurs au choix.*
Démontrons-le pour la dérivation :

$$\text{(III, 2; 45)} \quad \begin{aligned} (S * T)' &= \delta' * (S * T) = \delta' * S * T \\ &= (\delta' * S) * T = S' * T \\ \text{et aussi} \quad &= S * \delta' * T = S * (\delta' * T) = S * T'. \end{aligned}$$

Naturellement il en est encore ainsi si l'on remplace la dérivation par n'importe quel opérateur différentiel D à coefficients constants :

(III, 2; 46) $$D(S * T) = DS * T = S * DT$$

Applications à la théorie du potentiel newtonien ($n = 3$).
Le potentiel U d'une distribution de charges de densité continue $\rho(x)$ est défini par :

(III, 2; 47) $$U(x) = \iiint_{R^3} \frac{\rho(t)\,dt}{|x - t|}$$

$|\xi|$ désignant la distance euclidienne de ξ à l'origine. Ceci n'est autre que :

(III, 2; 48) $$U = \rho * \frac{1}{|x|} = \rho * \frac{1}{r}, \qquad r = \sqrt{x^2 + y^2 + z^2}.$$

Nous sommes amenés à définir le potentiel d'une distribution quelconque T par :

(III, 2; 49) $$U = T * \frac{1}{r},$$

Naturellement un tel potentiel est alors lui-même une distribution, non nécessairement une fonction.
Calculons ΔU. D'après (III, 2; 46) on a

(III, 2; 50) $$\Delta U = T * \Delta \frac{1}{r} = T * (-4\pi\delta) = -4\pi T$$

On a donc la formule de Poisson.

Proposition 11. *Formule de Poisson.*
Si $U = T * \frac{1}{r}$ *est le potentiel d'une distribution* T, *on a :*

(III, 2; 51) $$\Delta U = -4\pi T.$$

Application au calcul des probabilités ($n = 1$, *pour simplifier*).
En calcul des probabilités, on définit la loi de probabilité d'une variable réelle par *la distribution de probabilités*. Si cette distribution est une fonction $f(x)$ (localement sommable), la probabilité pour que la variable soit choisie dans (a, b) est :

$$\int_a^b f(x)\,dx.$$

On a nécessairement $f(x) \geqslant 0$; f est nécessairement sommable et :

$$\int_{-\infty}^{+\infty} f(x)\, dx = +1.$$

Mais une distribution telle que $\delta_{(a)}$ définit aussi une loi de probabilité, dans laquelle la valeur $x = a$ est *certaine*. Une distribution telle que :

$$\frac{1}{3}\,\delta_{(a)} + \frac{2}{3}\,\delta_{(b)}$$

définit une loi de probabilité dans laquelle x ne peut prendre que les deux valeurs $x = a$ (avec la probabilité 1/3) et $x = b$ (avec la probabilité 2/3).

Une distribution définit une loi de probabilité si et seulement si elle est $\geqslant 0$, $(\langle T, \varphi\rangle \geqslant 0$ *pour* $\varphi \geqslant 0)$ *et de masse totale* $+1$ $(\langle T, 1\rangle = 1)$.

(Si T n'est pas à support borné, $\langle T, 1\rangle$ n'a pas de sens à priori. On le définit, pour $T \geqslant 0$, comme la borne supérieure de $\langle T, \varphi\rangle$ pour $\varphi \in \mathcal{D}$, $0 \leqslant \varphi \leqslant 1$).

Si deux variables aléatoires réelles indépendantes ont des lois de probabilité, définies par les distributions S et T, leur somme a une loi de probabilité, dont on démontre qu'elle est définie par la distribution $S * T$. La proposition suivante évidente d'après les définitions est alors essentielle en calcul des probabilités :

Proposition 12. $S \geqslant 0$ *et* $T \geqslant 0$ *entraînent* $S * T \geqslant 0$. $\langle S, 1\rangle = 1$ *et* $\langle T, 1\rangle = 1$ *entraînent* $\langle S * T, 1\rangle = 1$.

3. Équations de convolution

Soit $\mathcal{A}'$ une *algèbre de convolution*, c'est-à-dire un sous-espace vectoriel de l'espace $\mathcal{D}'$ tel que le produit de convolution de 2 distributions ou d'un nombre fini quelconque de distributions appartenant à $\mathcal{A}'$ soit toujours défini et soit dans $\mathcal{A}'$, que ce produit soit commutatif et associatif, et enfin que $\delta \in \mathcal{A}'$.

Exemples usuels.

1) $\mathcal{A}' = \mathcal{D}'(\Gamma)$ algèbre de convolution de *toutes les* distributions sur le cercle.

2) $\mathcal{A}' = \mathcal{E}'$ algèbre de convolution des distributions à support borné dans R^n.

3) $\mathcal{A}' = \mathcal{D}'_+$ algèbre de convolution des distributions à support contenu dans la demi-droite $x \geqslant 0$ $(n = 1)$.

4) Dans R^4 (espace-temps) algèbre de convolution des distributions à support dans le cône d'ondes d'avenir $t \geqslant 0$,

$$t^2 - x^2 - y^2 - z^2 \geqslant 0.$$

Dans une algèbre de convolution, une équation de convolution est une équation de la forme

$$\text{(III, 2; 52)} \qquad A * X = B$$

où A est le coefficient de l'équation, B le second membre, et X l'inconnue; A et B sont dans $\mathcal{A}'$ et on cherche X dans $\mathcal{A}'$ également.

Proposition 13. *Si* A *est donné, pour que* (III, 2; 52) *ait au moins une solution quel que soit le second membre* B, *il faut et il suffit que* A *ait un inverse dans l'algèbre* $\mathcal{A}'$, *c'est-à-dire qu'il existe un élément* A^{-1} *vérifiant*

$$\text{(III, 2; 53)} \qquad A * A^{-1} = A^{-1} * A = \delta.$$

Dans ce cas, l'inverse est unique et (III, 2; 52) *a toujours une solution et une seule, donnée par*

$$\text{(III, 2; 54)} \qquad X = A^{-1} * B.$$

Si, en effet, (III, 2; 52) a toujours *au moins* une solution, pour tout B, il en est ainsi pour $B = \delta$, donc A a un inverse A^{-1}. Réciproquement, supposons que A ait un inverse A^{-1}. Alors, par convolution des deux membres avec A^{-1}, on déduit de (III, 2; 52)

$$\text{(III, 2; 55)} \qquad A^{-1} * A * X = A^{-1} * B$$

c'est-à-dire (III, 2; 54). De même, de (III, 2; 54) on déduit (III, 2; 52) par convolution des deux membres avec A.
Donc, si A^{-1} existe, (III, 2; 54) est équivalent à (III, 2; 52), c'est-à-dire l'équation (III, 2; 52) admet une solution unique donnée par (III, 2; 54); en particulier, l'inverse de A est unique puisqu'il est solution de (III, 2; 52) pour $B = \delta$.
A^{-1} *est aussi appelé la solution élémentaire de l'équation de convolution* (III, 2; 52).
La recherche de la solution élémentaire est donc le problème essentiel de la résolution de l'équation.

Remarques. 1) Les choses ne se présentent plus du tout de la même manière si l'on n'est pas dans une algèbre de convolution. Par exemple, si dans R^3, $A = \Delta\delta$, il existe un inverse $A^{-1} = -\frac{1}{4\pi r}$. Mais A^{-1} a pour support l'espace entier, et $\mathcal{D}'$ n'est pas une algèbre de convolution. Les deux équations (III, 2; 52) et (III, 2; 54) ne sont plus équivalentes. Par exemple, de (III, 2; 52) on ne peut plus déduire (III, 2; 54), car, si on compose les deux membres avec A^{-1}, le terme $A^{-1} * A * X$ n'a pas de sens si X n'est pas à support borné. On pourra donc seulement dire que, si X est à support borné, (auquel cas B l'est aussi) et vérifie (III, 2; 52), X est donné par (III, 2; 54). On ne peut pas prouver l'unicité de la solution de (III, 2; 52) d'ailleurs cette unicité est fausse, car l'équation homogène

$$\Delta\delta * X = 0 \qquad \text{ou} \qquad \Delta X = 0$$

a une infinité de solutions, les « distributions harmoniques », en particulier les fonctions harmoniques usuelles.
De même l'équation (III, 2; 54) n'a de sens que si B est à support borné, auquel cas on en déduit bien (III, 2; 52); ainsi on a bien une solution particulière :

$$X = -\frac{1}{4\pi r} * B$$

de $\Delta X = B$, lorsque B est à support borné (cette solution est conforme à la formule de Poisson); la solution générale est

$$X = -\frac{1}{4\pi r} * B + \text{distribution harmonique.}$$

Si B n'est pas à support borné, cette méthode ne permet pas de prouver l'existence d'une solution.

2) Si A n'a pas d'inverse A^{-1} l'équation (III, 2; 52) n'a pas de solution pour $B = \delta$. Mais pour certaines valeurs de B, elle a des solutions; elle peut en avoir une seule ou une infinité (la différence entre deux d'entre elles étant une solution de l'équation homogène $A * X = 0$). Dans l'algèbre $\mathcal{D}'(\Gamma)$ (exemple 1) les 2 cas peuvent se produire; dans $\mathcal{E}'$ et dans $\mathcal{D}'_+$, il n'y a jamais plus d'une solution. Si A est fonction indéfiniment différentiable, il ne peut pas y avoir d'inverse, car d'après la proposition 5, $A * A^{-1}$ est une fonction indéfiniment dérivable, donc ne saurait être égal à δ.

Proposition 14. *Si* D *est un opérateur différentiel d'ordre m à coefficients constants* ($n = 1$, *une variable*) *de plus haut coefficient* 1 :

$$D = \frac{d^m}{dx^m} + a_1 \frac{d^{m-1}}{dx^{m-1}} + \cdots + a_{m-1}\frac{d}{dx} + a_m \tag{III, 2; 56}$$

$D\delta$ *est inversible dans* $\mathcal{D}'_+$ *et son inverse est le produit de* Y (*fonction d'Heaviside*) *par la solution* Z *de l'équation homogène* $DZ = 0$, *vérifiant les « conditions initiales »* :

$$Z(0) = Z'(0), \ldots, Z^{(m-2)}(0) = 0, \qquad Z^{(m-1)}(0) = 1. \tag{III, 2; 57}$$

En effet la fonction YZ a des discontinuités à l'origine, ses dérivées se calculent donc suivant une méthode connue. On peut d'ailleurs aussi dériver le produit YZ par la règle de dérivation du produit, puisque Z est indéfiniment dérivable :

$$\left\{\begin{array}{l} (YZ)' = YZ' + \delta Z(0) \\ (YZ)'' = YZ'' + \delta Z'(0) + \delta' Z(0) \\ \cdots\cdots\cdots\cdots\cdots\cdots\cdots\cdots\cdots\cdots \\ (YZ)^{(m-1)} = YZ^{(m-1)} + \delta Z^{(m-2)}(0) + \cdots + \delta^{(m-2)}Z(0) \\ (YZ)^m = YZ^{(m)} + \delta Z^{(m-1)}(0) + \cdots + \delta^{(m-1)}Z(0). \end{array}\right. \tag{III, 2; 58}$$

Compte tenu des hypothèses sur Z, cela revient à :

$$\begin{array}{ll} (YZ)^{(k)} = YZ^{(k)} \quad \text{pour} \quad k \leqslant m-1 \\ (YZ)^{(m)} = YZ^{(m)} + \delta. \end{array} \tag{III, 2; 59}$$

On en déduit :

$$D\delta * (YZ) = D(YZ) = YDZ + \delta \tag{III, 2; 60}$$

et comme Z est solution de l'équation homogène $DZ = 0$ on a bien :

$$D(YZ) = \delta. \qquad \text{C.Q.F.D.} \tag{III, 2; 61}$$

Exemples et conséquences.
La solution élémentaire de :

$$D = \left(\frac{d}{dx} - \lambda\right) \quad (\lambda \text{ complexe arbitraire})$$

est :

$$(\delta' - \lambda\delta)^{-1} = Y(x)e^{\lambda x}. \tag{III, 2; 62}$$

La solution élémentaire de :

$$D = \left(\frac{d^2}{dx^2} + \omega^2\right) \quad (\omega \text{ réel})$$

est :

(III, 2; 63) $$(\delta'' + \omega^2\delta)^{-1} = Y(x)\frac{\sin \omega x}{\omega}.$$

La solution élémentaire de :

$$D = \left(\frac{d}{dx} - \lambda\right)^m$$

est :

(III, 2; 64) $$(\delta' - \lambda\delta)^{-m} = Y(x)e^{\lambda x}\frac{x^{m-1}}{(m-1)!}.$$

Comme application, cherchons la solution de l'équation (*au sens de la théorie des fonctions*) :

(III, 2; 65) $$Dz = f,$$

où D est donné par (III, 2; 56), où f est une fonction donnée, avec les conditions initiales

(III, 2; 66) $$z^{(k)}(0) = z_k \qquad \text{donnés} \qquad k \leqslant m - 1$$

Cherchons la fonction Yz. Elle appartient à $\mathcal{D}'_+$ et vérifie (au sens des distributions) les équations (III, 2; 58), d'où

(III, 2; 67) $$D(Yz) = YDz + \sum_{k=0}^{m-1} e_k\delta^{(k)}$$

avec

(III, 2; 68) $$\begin{cases} Dz = f \\ e_k = z_{m-1-k} + a_1 z_{m-2-k} + \cdots + a_{m-k-1}z_0 \end{cases}$$

d'où la solution, en posant $(D\delta)^{-1} = YZ$:

(III, 2; 69) $$Yz = YZ * \left(Yf + \sum_{k=0}^{m-1} e_k\delta^{(k)}\right)$$

c'est-à-dire, pour $x \geqslant 0$, la fonction :

(III, 2; 70) $$z(x) = \int_0^x Z(x-t)f(t)\,dt + \sum_{k=0}^{m-1} e_k Z^{(k)}.$$

Ainsi la solution particulière Z de l'équation homogène DZ = 0, avec les conditions initiales (III, 2; 57) permet de résoudre l'équation non homogène avec n'importe quel second membre f et n'importe quelles conditions initiales.
Pour trouver z pour $x \leqslant 0$, il faudrait raisonner dans $\mathcal{D}'_-$, algèbre de convolution des distributions ayant leur support dans $(-\infty, 0)$ et chercher $-Y(-x)z$. La solution élémentaire est ici $-Y(-x)Z$, les formules (III, 2; 58) sont à modifier en remplaçant partout $Y(x)$ par $-Y(-x)$ et de même (III, 2; 69), ce qui finalement, pour $x \leqslant 0$, donne la même formule (III, 2; 70).
D'ailleurs une dérivation sous le signe $\int$ montre directement que $z(x)$ donnée par (III, 2; 70) est solution de (III, 2; 65), avec les conditions initiales (III, 2; 66). En effet *(les dérivations étant prises au sens usuel)* :

$$\text{(III, 2; 71)} \quad \frac{d}{dx}\int_0^x Z(x-t)f(t)\,dt = \int_0^x Z'(x-t)f(t)\,dt + Z_0 f(x) = \int_0^x Z'(x-t)f(t)\,dt$$

puisque $Z_0 = 0$. De même :

$$\text{(III, 2; 72)} \quad \frac{d^k}{dx^k}\int_0^x Z(x-t)f(t)\,dt = \int_0^x Z^{(k)}(x-t)f(t)\,dt, \quad k \leqslant m-1.$$

$$\frac{d^m}{dx^m}\int_0^x Z(x-t)f(t)\,dt = \int_0^x Z^{(m)}(x-t)f(t)dt + f(x).$$

D'où :

$$\text{(III, 2; 73)} \quad D\int_0^x Z(x-t)f(t)\,dt = \int_0^x DZ(x-t)f(t)\,dt + f(x) = f(x)$$

puisque DZ = 0.
Donc, compte tenu de ce que les dérivées $Z^{(k)}$ vérifient la même équation que Z elle-même :

$$\text{(III, 2; 74)} \qquad D(Z^{(k)}) = 0$$

on a bien :

$$\text{(III, 2; 75)} \qquad Dz = f.$$

Resterait à vérifier que z satisfait bien aux conditions initiales voulues, ce que nous ne ferons pas ici.

Proposition 15. *Si* A_1 *et* A_2 *sont inversibles dans l'algèbre* $\mathcal{D}'_+$, $A_1 * A_2$ *est inversible, et son inverse est :*

$$\text{(III, 2; 76)} \qquad (A_1 * A_2)^{-1} = A_1^{-1} * A_2^{-1}.$$

On a en effet :

$$\text{(III, 2; 77)} \qquad \begin{aligned}(A_1 * A_2) * (A_1^{-1} * A_2^{-1}) &= (A_1 * A_1^{-1}) * (A_2 * A_2^{-1}) \\ &= \delta * \delta = \delta.\end{aligned}$$

Application. Soit D un opérateur différentiel à coefficients constants (III, 2; 56). Le polynôme :

$$\text{(III, 2; 78)} \qquad P(z) = z^m + a_1 z^{m-1} + \cdots + a_{m-1} z + a_m$$

se décompose en facteurs :

$$\text{(III, 2; 79)} \qquad P(z) = (z - z_1)(z - z_2) \ \ldots \ (z - z_m)$$

les z_j étant distincts ou non. On en déduit :

$$\text{(III, 2; 80)} \qquad D = \left(\frac{d}{dx} - z_1\right)\left(\frac{d}{dx} - z_2\right)\cdots\left(\frac{d}{dx} - z_m\right)$$

ou

$$\text{(III, 2; 81)} \qquad D\delta = (\delta' - z_1\delta) * (\delta' - z_2\delta) \cdots * (\delta' - z_m\delta)$$

Alors l'inverse $(D\delta)^{-1}$ existe et est donné par la formule suivante, compte tenu de (III, 2; 62)

$$\text{(III, 2; 82)} \qquad (D\delta)^{-1} = Y(x)e^{z_1 x} * Y(x)e^{z_2 x} * \cdots * Y(x)e^{z_m x}$$

En particulier :

$$\text{(III, 2; 83)} \qquad \begin{aligned}(\delta' - \lambda\delta)^{-m} &= Y(x)e^{\lambda x} * Y(x)e^{\lambda x} \cdots * Y(x)e^{\lambda x} \\ &= Y(x)e^{\lambda x} \frac{x^{m-1}}{(m-1)!}\end{aligned}$$

d'après (III, 2; 13). On retrouve bien (III, 2; 64).

Calcul symbolique d'Heaviside

Dans l'algèbre $\mathcal{D}'_+$, comme dans toute algèbre, avec élément unité, on peut utiliser la décomposition d'une fraction rationnelle en éléments simples. Appelons p l'élément δ' de $\mathcal{D}'_+$ et 1 l'élément unité δ; si λ est un scalaire, λ ou $\lambda 1$ désignera $\lambda\delta$. Soit à trouver, D étant l'opérateur différentiel (III, 2; 56), l'inverse $(D\delta)^{-1}$. Utilisons (III, 2; 79) mais en groupant les racines confondues :

(III, 2; 84) $$P(z) = \prod_j (z - z_j)^{k_j}.$$

Nous avons à trouver l'inverse dans $\mathcal{D}'_+$ de l'élément $\prod_j (p - z_j)^{k_j}$. La décomposition en éléments simples donne :

(III, 2; 85) $$\frac{1}{\prod_j (p - z_j)^{k_j}} = \sum_j \left(\frac{c_{j,k_j}}{(p - z_j)^{k_j}} + \cdots + \frac{c_{j,1}}{p - z_j} \right)$$

Or, nous considérons :

(III, 2; 86) $$\frac{1}{(p - z_j)^{k_j}} = Y(x) e^{z_j x} \frac{x^{k_j - 1}}{(k_j - 1)!}.$$

On peut donc exprimer $(D\delta)^{-1}$ comme somme de quantités connues. Par exemple retrouvons (III, 2; 63) à partir de (III, 2; 62). L'inverse de $\delta'' + \omega^2\delta$ s'écrit :

$$\frac{1}{p^2 + \omega^2}$$

Or :

(III, 2; 87) $$\frac{1}{p^2 + \omega^2} = \frac{1}{2\omega i} \left(\frac{-1}{p + \omega i} + \frac{+1}{p - \omega i} \right)$$

d'où :

(III, 2; 88) $$(\delta'' + \omega^2\delta)^{-1} = \frac{1}{2\omega i} (-Y(x) e^{-i\omega x} + Y(x) e^{i\omega x}) = Y(x) \frac{\sin \omega x}{\omega}.$$

Comme autre exemple résolvons l'équation intégrale :

(III, 2; 89) $$\int_0^x \cos (x - t) f(t)\, dt = g(x)$$

g donné, f inconnue, $x \geqslant 0$.
Cela revient à :

(III, 2; 90) $$Y(x) \cos x * f = g.$$

La quantité $Y(x) \cos x = Y(x) \left(\frac{e^{ix} + e^{-ix}}{2} \right)$ s'écrit dans $\mathcal{D}'_+$

(III, 2; 91) $$Y(x) \cos x = \frac{1}{2} \left(\frac{1}{p - i} + \frac{1}{p + i} \right) = \frac{p}{p^2 + 1}$$

L'inverse dans $\mathcal{D}'_+$ est :

(III, 2; 92) $$\frac{p^2+1}{p} = p + \frac{1}{p} = \delta' + Y(x)$$

On peut d'ailleurs le vérifier :

(III, 2; 93) $$\begin{aligned} Y(x) \cos(x) * (\delta' + Y) &= (Y \cos x)' + Y \cos x * Y \\ &= (- Y(x) \sin x + \delta) + Y(x) \int_0^x \cos t \, dt = \delta. \end{aligned}$$

La solution de (III, 2; 90) est alors :

(III, 2; 94) $$f = g * (\delta' + Y) = g' + Y(x) \int_0^x g(t)\, dt$$

Naturellement g' doit être pris au sens des distributions. Par conséquent (III, 2; 90) n'a pour solution une fonction que si g' est une fonction.

Equations intégrales de Volterra

Considérons, pour $x \geqslant 0$, l'équation

(III, 2; 95) $$f(x) + \int_0^x K(x-t) f(t)\, dt = g(x);$$

le second membre g et le noyau K sont des *fonctions* localement sommables données, la solution f est une fonction inconnue. Si nous prolongeons f, g, K par 0 pour $x < 0$, nous avons là une équation de convolution dans $\mathcal{D}'_+$, du type (III, 2; 52), avec $A = \delta + K$, $X = f$, $B = g$.

Proposition 16. $A = \delta + K$ *est inversible dans* $\mathcal{D}'_+$, *quelle que soit la fonction* $K \in \mathcal{D}'_+$, *et son inverse est de la forme* $\delta + H$, *où* H *est une fonction de* $\mathcal{D}'_+$.

Nous nous bornerons à le montrer lorsque la fonction K est non seulement localement sommable, mais localement bornée c'est-à-dire bornée sur tout intervalle fini. Posons alors symboliquement, comme à la page 141, $\delta = 1$, $K = q$. Nous avons à inverser $1 + q$; il est naturel de prendre pour inverse la série $1 - q + q^2 + \cdots + (-1)^n q^n \ldots$ si elle est convergente. Cela revient à calculer

(III, 2; 96) $$E = \delta - K + K^{*2} + \cdots + (-1)^n K^{*n} + \cdots$$

où K^{*n} désigne le produit de convolution de n fonctions égales à K.

Montrons que cette série est convergente dans $\mathcal{D}'_+$; à part le premier terme δ, tous les termes sont des fonctions, et il suffira de montrer que, sur tout intervalle $(0, a)$ fini, K^{*n} est majoré en module par le terme général d'une série numérique convergente. Appelons M_a le maximum du module de $K(x)$ pour $0 \leqslant x \leqslant a$. On a, pour $0 \leqslant x \leqslant a$:

$$\text{(III, 2; 97)} \qquad |K^{*2}(x)| = \left| \int_0^x K(x-t)\, K(t)\, dt \right| \leqslant x M_a^2.$$

Plus généralement, supposons démontré que, pour $0 \leqslant x \leqslant a$:

$$\text{(III, 2; 98)} \qquad |K^{*(n-1)}(x)| \leqslant \frac{x^{n-2}}{(n-2)!} M_a^{n-1}.$$

Alors

$$\text{(III, 2; 99)} \qquad |K^{*n}(x)| = \left| \int_0^x K^{*(n-1)}(t)\, K(x-t)\, dt \right| \leqslant M_a^n \int_0^x \frac{t^{n-2}}{(n-2)!}\, dt = \frac{x^{n-1}}{(n-1)!} M_a^n.$$

On a donc démontré, par récurrence sur n, que dans l'intervalle $0 \leqslant x \leqslant a$ on a la majoration uniforme

$$\text{(III, 2; 100)} \qquad |K^{*n}(x)| \leqslant M_a^n \frac{a^{n-1}}{(n-1)!}$$

terme général d'une série numérique convergente.

Il reste à montrer que la distribution E ainsi calculée vérifie bien $A * E = \delta$; comme le produit de convolution peut se calculer terme à terme (proposition 7), on est ramené à vérifier, toujours en posant $\delta = 1$, $K = q$, la formule

$$\text{(III, 2; 101)} \qquad (1+q)(1 - q + q^2 + \cdots + (-1)^n q^n + \cdots) = 1$$

qui est évidente.

Finalement, si l'on pose

$$\text{(III, 2; 102)} \qquad \begin{aligned} -H &= K - K^{*2} + K^{*3} + \cdots + (-1)^{n-1} K^{*n} + \cdots \\ A^{-1} &= \delta + H. \end{aligned}$$

H est une fonction (nulle pour $x < 0$) (et si K est continue, H est une fonction continue comme somme d'une série de fonctions continues, uniformément convergente sur tout intervelle fini $(0, a)$), et la solution de (III, 2; 95) est donnée par

$$\text{(III, 2; 103)} \qquad \begin{cases} f = A^{-1} * g = (\delta + H) * g \\ \text{ou} \\ f(x) = g(x) + \int_0^x H(x-t)\, g(t)\, dt. \end{cases}$$

La solution f est donnée, à partir du 2e membre g, par une formule analogue à celle qui donne g à partir de f.

Remarques.

1) L'équation (III, 2; 95) est dite équation intégrale de 2e espèce. L'équation de 1re espèce est

$$\text{(III, 2; 104)} \qquad \int_0^x K(x-t) f(t)\, dt = g(x),$$

qui est une équation de convolution, avec cette fois $A = K$. La situation est alors tout à fait différente. Il se peut très bien qu'il n'y ait pas d'inverse A^{-1} (par exemple si K, toujours prolongée par 0 pour $x < 0$, est une fonction indéfiniment dérivable; la proposition 5 montre alors en effet que, quelle soit $E \in \mathcal{D}'_+$, $K * E$ est une fonction indéfiniment dérivable, donc ne saurait être égale à δ).

Si A^{-1} existe, c'est une distribution qui n'est jamais une fonction (car si E est une fonction, $K * E$ est une fonction, donc ne saurait être égal à δ); ainsi f n'est jamais donnée à partir de g comme g partir de f. Par exemple, si $K(x)$ est la fonction $Y(x)\dfrac{x^{m-1}}{(m-1)!}$, la formule (III, 2; 64) montre que $A^{-1} = \delta^{(m)}$.

2) Il y a des équations intégrales de Volterra qui ne sont pas des équations de convolution, par exemple l'équation générale de 2e espèce :

$$\text{(III, 2; 105)} \qquad f(x) + \int_0^x K(x, \xi) f(\xi)\, d\xi = g(x),$$

où K est une fonction continue de 2 variables, x, ξ, avec $x \geqslant 0$, $0 \leqslant \xi \leqslant x$.

On est amené à poser

$$\text{(III, 2; 106)} \quad \begin{cases} K^{(2)}(x, \xi) = \int_\xi^x K(x, \eta) K(\eta, \xi)\, d\eta, \\ \dots\dots\dots\dots\dots\dots\dots\dots \\ K^{(n)}(x, \xi) = \int_\xi^x K^{(n-1)}(x, \eta) K(\eta, \xi)\, d\eta. \end{cases}$$

(III, 2; 107)

$$-H(x, \xi) = K(x, \xi) - K^{(2)}(x, \xi) + \cdots + (-1)^{n-1} K^{(n)}(x, \xi) + \cdots,$$

(série uniformément convergente pour $0 \leqslant \xi \leqslant x \leqslant a$) et la résolution de l'équation (III, 2; 105) est donnée par :

$$\text{(III, 2; 108)} \qquad f(x) = g(x) + \int_0^x H(x, \xi) g(\xi) d\xi$$

Sytèmes d'équations de convolution

Un système de n équations de convolution à n distributions inconnues est de la forme

$$\text{(III, 2; 109)} \quad \begin{cases} A_{11} * X_1 + A_{12} * X_2 + \cdots + A_{1n} * X_n = B_1 \\ \dots\dots\dots\dots\dots\dots\dots\dots \\ A_{i1} * X_1 + A_{i2} * X_2 + \cdots + A_{in} * X_n = B_i \\ \dots\dots\dots\dots\dots\dots\dots\dots \\ A_{n1} * X_1 + A_{n2} * X_2 + \cdots + A_{nn} * X_n = B_n \end{cases}$$

où les A_{ij} sont les coefficients, les B_i les seconds membres, les X_i les inconnues; tous ces éléments sont dans une algèbre de convolution $\mathcal{A}'$.

Propposition 17. *Pour que le système* (III, 2; 109) *à coefficients données* A_{ij}, *ait au moins une solution quels que soient les seconds membres* B_i, *il faut et il suffit que le déterminant* Δ *(de convolution) des* A_{ij} *ait un inverse dans* $\mathcal{A}'$. *Cet inverse est alors unique et* (III, 2; 109) *a une solution unique quels que soient les seconds membres, donnée par :*

$$\text{(III, 2; 110)} \quad \begin{cases} X_1 = C_{11} * B_1 + C_{12} * B_2 + \cdots + C_{1n} * B_n \\ X_2 = C_{21} * B_1 + C_{22} * B_2 + \cdots + C_{2n} * B_n \\ \dots\dots\dots\dots\dots\dots\dots\dots \\ X_n = C_{n1} * B_1 + C_{n2} * B_2 + \cdots + B_{nn} * B_n \end{cases}$$

où les C_{ij} *forment la martice* (C) *inverse de la matrice* (A) *des* A_{ij}. Naturellement les produits qui interviennent dans le calcul des

déterminants sont des produits de convolution. Par exemple en déterminant tel que $\begin{vmatrix} L & M \\ P & Q \end{vmatrix}$ sera $L * Q - M * P$.
L'équation (III, 2; 109) s'écrit sous la forme matricielle

$$(A) * (X) = (B) \tag{III, 2; 111}$$

où (A) est la matrice des A_{ij}, tandis que (X) et (B) sont les matrices à n lignes et 1 colonne

$$(X) = \begin{pmatrix} X_1 \\ X_2 \\ \vdots \\ X_n \end{pmatrix}, \qquad (B) = \begin{pmatrix} B_1 \\ B_2 \\ \vdots \\ B_n \end{pmatrix} \tag{III, 2; 112}$$

1) Supposons d'abord qu'il y ait au moins une solution quel que soit le second membre. Prenons pour (B) le système $B_j = \delta$, $B_k = 0$ pour $k \neq j$; soit $X_i = C_{ij}$, $i = 1, 2, ..., n$ la solution correspondante; faisons ensuite prendre à j les valeurs 1, 2, ..., n. Par définition on a donc

$$\sum_k A_{ik} * C_{kj} = \begin{cases} 0 & \text{si} \quad i \neq j \\ \delta & \text{si} \quad i = j \end{cases} \tag{III, 2; 113}$$

où, en termes matriciels :

$$(A) * (C) = (\delta I) \tag{III, 2; 114}$$

où (δI) est la matrice carrée dont les termes valent δ sur la diagonale principale, 0 ailleurs.
On en déduit entre les déterminants la relation

$$\text{dét}\,(A) * \text{dét}\,(C) = \text{dét}\,(\delta I) = \delta \tag{III, 2; 115}$$

ce qui prouve bien que $\Delta = \text{dét}\,(A)$ est inversible dans l'algèbre $\mathcal{A}'$.

2) Réciproquement supposons Δ inversible, soit Δ^{-1} son inverse. Soit α_{ij} le mineur relatif à A_{ij} dans le déterminant de (A). Définissons la matrice (C) par

$$C_{ij} = \Delta^{-1} * \alpha_{ji}. \tag{III, 2; 116}$$

Les calculs classiques de matrices montrent que

$$(A) * (C) = (C) * (A) = (\delta I). \tag{III, 2; 117}$$

Soit alors (X) une solution de (III, 2; 111); en faisant la convolution à gauche avec (C), on a

$$\text{(III, 2; 118)} \quad (C) * (B) = (C) * (A) * (X) = (\delta I) * (X) = (X)$$

ou

$$(X) = (C) * (B).$$

Réciproquement, si (X) vérifie (III, 2; 118), en faisant la convolution à gauche avec A, on réobtient (III, 2; 111).
Donc (III, 2; 111) et (III, 2; 118) sont équivalents, autrement dit (III, 2; 111) a une solution unique donnée par (III, 2; 118); ou encore (III, 2; 109) a une solution unique donnée par (III, 2; 110). La matrice (C) est l'inverse de la matrice (A). Il n'y a en a pas d'autre, car de

$$\text{(III, 2; 119)} \qquad (A^{-1}) * (A) = (\delta I)$$

on déduit, en faisant le produit de convolution avec (C) :

$$\text{(III, 2; 120)} \qquad (A^{-1}) = (C).$$

Ces considérations s'appliquent en particulier aux systèmes électriques. Naturellement tout cela n'a rien à voir avec la convolution; ces règles sont vraies dans toute algèbre commutative, et ne sont que des propriétés générales des systèmes d'équations, des matrices et des déterminants. Remarquer que $\mathcal{A}'$ est commutative, mais que la convolution de deux matrices à coefficients dans $\mathcal{A}'$, n'est pas en général, commutative.

3. La convolution en physique

Considérons par exemple un circuit électrique comprenant des résistances, des selfs, des capacités. Si à partir d'une force électro-motrice et d'un courant nuls, on établit à partir d'un instant initial t_0 une force électromotrice $e(t)$, connue pour toutes les valeurs de $t \geqslant t_0$, un courant circule ayant une intensité $i(t)$; $i(t)$ sera alors une fonction déterminée, pour $t \geqslant t_0$.
Nous considérerons $e(t)$ et $i(t)$ comme des fonctions définies pour toutes les valeurs de t, mais nulles pour $t < t_0$. Ainsi, pour chaque *excitation* définie par la fonction $e(t)$, nous avons une *réponse*

définie par $i(t)$; cela définit un *opérateur*, qui a chaque $e(t)$ fait correspondre $i(t)$. Cet opérateur a les propriétés suivantes :

1) Il est linéaire. Si à $e(t)$ correspond $i(t)$, à $\lambda e(t)$ correspond $\lambda i(t)$; si à $e_1(t)$ et $e_2(t)$ correspondent respectivement $i_1(t)$ et $i_2(t)$, à $e_1(t) + e_2(t)$ correspond $i_1(t) + i_2(t)$.

2) Il commute avec les translations dans le temps, ce qui exprime l'invariabilité du système physique étudié au cours du temps. Cela veut dire que si à $e(t)$ correspond $i(t)$, à $e(t - t_1)$, obtenue par décalage dans le temps, correspond $i(t - t_1)$, obtenue par le même décalage dans le temps.

3) Si $e(t)$ est nulle pour $t < 0$, il en est de même de $i(t)$; de 2) on déduit alors que si $e(t) = 0$ pour $t < t_0$, il en est de même de $i(t)$. De ces hypothèses, on déduit habituellement, de façon intuitive, les conséquences suivantes :

Prenons comme excitation $e(t) = \delta(t)$, « fonction de Dirac ». (En réalité cela veut dire que $e(t)$ sera très grande, de l'ordre de $1/\varepsilon$, pendant un temps très court, $0 \leqslant t \leqslant \varepsilon$, et nulle ensuite.) Appelons $i(t) = A(t)$ la réponse du circuit. C'est ce qu'on appelle la *réponse impulsive*, ou réponse à l'impulsion unité. C'est une « fonction » de t, nulle pour $t < 0$, d'après 3) (mais qui n'a pas de raison d'être nulle pour $t > \varepsilon$, après suppression de la force électromotrice, à cause des selfs et capacités).

Considérons maintenant l'excitation décalée par rapport au temps, $e(t) = \delta(t - \tau)$. Alors d'après 2), la réponse correspondante est $i(t) = A(t - \tau)$. Mais alors n'importe quelle excitation $e(t)$ est « combinaison linéaire » sous forme « d'intégrale », d'excitations impulsives $\delta(t - \tau)$:

(III, 3; 1) $$e(t) = \int_0^t e(\tau)\delta(t - \tau)d\tau \qquad \text{ou} \qquad e = e * \delta.$$

D'après la linéarité (1), on en déduira que $i(t)$ est la combinaison correspondante des $A(t - \tau)$:

(III, 3; 2) $$i(t) = \int_0^t e(\tau)A(t - \tau)d\tau$$

ou

(III, 3; 3) $$i(t) = e(t) * A(t).$$

Le raisonnement utilisé est évidemment insuffisant au point de vue mathématique.

Tout d'abord il faut spécifier que l'opérateur est défini non seulement pour les fonctions nulles pour $t < 0$ mais pour les distributions de $\mathcal{D}'_+$ ayant leur support dans le demi-droite $(0 \leqslant t < +\infty)$, et qu'à une telle distribution correspond une distribution i appartenant aussi à $\mathcal{D}'_+$. Il est enfin nécessaire d'ajouter aux trois hypothèses une hypothèse de continuité :

4) Si des excitations e_j convergent pour $j \to \infty$ vers une excitation e (au sens de la convergence des distributions), les réponses i_j correspondant aux e_j convergent vers la réponse i correspondant à e,

Le fait de considérer des distributions est apparu naturellement dans le cas de la force électromotrice. Il est encore plus naturel dans le cas d'une intensité. Supposons un courant élémentaire représenté par le passage d'une *seule charge* q à l'instant τ au niveau de l'appareil mesurant l'intensité. L'intensité est la dérivée de la quantité d'électricité par rapport au temps; la quantité d'électricité passée est :
$qY(t - \tau)$, c'est-à-dire 0 pour $t < \tau$ et q pour $t \geqslant \tau$; l'intensité est donc $q\delta(t - \tau)$.

On sait que le passage d'un courant est d'ailleurs un phénomène discontinu, représenté par le passage successif d'une grande quantité de charges élémentaires, sensiblement équivalent au passage d'un courant continu.

La démonstration mathématique de la formule (III, 3; 3) se fait alors comme suit :

La formule (III, 3; 3) est vraie pour $e = \delta$ par définition de A; elle est alors vraie pour $e(t) = \delta(t - \tau)$ en vertu de 2); elle est alors vraie lorsque e est une combinaison linéaire finie d'impulsions :

$$e(t) = \Sigma_k e_k \delta(t - \tau_k)$$

d'après la linéarité 1). Elle est enfin vraie par continuité 4) toutes les fois que e est limite (dans $\mathcal{D}'_+$) de combinaisons linéaires finies d'impulsions. Or on *démontre* que toute distribution de $\mathcal{D}'_+$ est limite (dans $\mathcal{D}'_+$) de combinaisons linéaires finies de masses ponctuelles, donc (III, 3; 3) est vraie quelle que soit $e \in \mathcal{D}'_+$. C'est ce théorème de densité qui est au fond utilisé quand on écrit (III, 3; 2) et qu'on passe de (III, 3; 1) à (III, 3; 2); c'est lui qu'on retrouve quand on exprime que tout courant est constitué par le passage de charges ponctuelles ou que toute portion de matière est formée d'un grand nombre de masses ponctuelles.

Ainsi la réponse impulsive A *donne la réponse à toute excitation e par la formule* (III, 3; 3).

Dans le cas pratique où nous nous sommes placés, si R, L, C sont la résistance, la self-induction et la capacité du circuit, on a la formule, pour $t \geqslant 0$:

(III, 3; 4) $$e(t) = \mathrm{R}i(t) + \mathrm{L}\frac{di}{dt} + \frac{1}{\mathrm{C}}\int_0^t i(\tau)\,d\tau$$

ou

(III, 3; 5) $$e = \mathrm{Z} * i$$

avec

(III, 3; 6) $$\mathrm{Z} = \mathrm{R}\delta + \mathrm{L}\delta' + \frac{1}{\mathrm{C}}\mathrm{Y}.$$

La distribution $\mathrm{Z}(t)$ est l'*impédance* du circuit. Elle appartient à $\mathcal{D}'_+$ et donne e à partir de i par convolution. A, qu'on appelle aussi *l'admittance*, sera *l'inverse* de Z dans l'algèbre de convolution $\mathcal{D}'_+$:

(III, 3; 7) $$\mathrm{A} = \mathrm{Z}^{-1} \quad \text{ou} \quad \mathrm{A} * \mathrm{Z} = \delta$$

(III, 3; 7) s'écrit aussi, en dérivant les deux membres :

$$\left(\mathrm{L}\delta'' + \mathrm{R}\delta' + \frac{1}{\mathrm{C}}\delta\right) * \mathrm{A} = \delta'.$$

A est donc la fonction, égale à 0 pour $t < 0$, et pour $t \geqslant 0$ à la solution usuelle de l'équation homogène :

$$\mathrm{L}u'' + \mathrm{R}u' + \frac{1}{\mathrm{C}}u = 0$$

satisfaisant aux conditions initales :

$$u(0) = \frac{1}{\mathrm{L}}, \qquad u'(0) = -\frac{\mathrm{R}}{\mathrm{L}^2}$$

L'équation (III, 3; 7) correspond bien à (III, 3; 5) avec $e = \delta$ et $i = \mathrm{A}$.

Posons comme toujours $\delta = 1$ (unité de $\mathcal{D}'_+$), $\delta' = p$, $Y = \frac{1}{p}$:

(III, 3; 8) $$Z = R + Lp + \frac{1}{Cp} = \frac{Lp^2 + Rp + \frac{1}{C}}{p}.$$

Alors :

(III, 3; 9) $$A = \frac{p}{Lp^2 + Rp + \frac{1}{C}}$$

Les racines du dénominateur sont :

(III, 3; 10) $$p = -\frac{R}{2L} \pm \frac{\sqrt{R^2 - \frac{4L}{C}}}{2L} = -\frac{R}{2L} \pm j\sqrt{\frac{1}{LC} - \frac{R^2}{4L^2}}$$

(avec $j = \sqrt{-1}$ comme toujours en électricité).

Supposons R^2 petit devant L/C, alors :

(III, 3; 11) $$p \# -\frac{R}{2L} \pm \frac{j}{\sqrt{LC}}.$$

D'où le développement approximatif de (III, 3; 9)

(III, 3; 12)
$$A \# \frac{\frac{R}{2L} + \frac{j}{\sqrt{LC}}}{\frac{2jL}{\sqrt{LC}}\left(p + \frac{R}{2L} + \frac{j}{\sqrt{LC}}\right)} + \frac{-\frac{R}{2L} + \frac{j}{\sqrt{LC}}}{\frac{2jL}{\sqrt{LC}}\left(p + \frac{R}{2L} - \frac{j}{\sqrt{LC}}\right)}.$$

Compte tenu de ce que :

$$\frac{1}{p - \lambda} = Y(t)\, e^{\lambda t}$$

et de ce que R^2 est supposé petit devant L/C, on aura une expression :

(III, 3; 13) $$A(t) = \frac{Y(t)}{L} e^{-\frac{R}{2L}t} \cos 2\pi \frac{t}{T}.$$

(III, 3; 14) $$T = 2\pi\sqrt{LC}$$

période propre du cicruit, et $e^{-\frac{R}{2L}t}$ facteur d'amortissement.

Exercice. Faire tous les calculs sans négliger R^2 *devant* $\frac{L}{C}$.

L'exemple que nous venons de donner n'est qu'un cas très particulier. Toutes les fois qu'une fonction ou une distribution i dépend d'une autre e en vérifiant les hypothèses 1), 2), 3) et 4), il existe une réponse impulsive A telle que $i = A * e$.

Exemples.

1) On peut inverser les rôles de i et e. On peut prendre i comme excitation, e comme réponse, la réponse impulsive est alors l'impédance Z.

2) La réponse peut être l'excitant lui-même. Alors $A = \delta$.

3) L'excitation peut être formée de plusieurs distributions ou fonctions, par exemples $e_1(t)$, $e_2(t)$ et la réponse de plusieurs distributions ou fonctions par exemple $i_1(t)$, $i_2(t)$, $i_3(t)$. Ce sera le cas d'un circuit composé, où figurent deux forces électromotrices, et trois intensités inconnues. Il faudra alors utiliser des matrices.

On aura une formule :

$$\text{(III, 3; 15)} \qquad \begin{pmatrix} i_1 \\ i_2 \\ i_3 \end{pmatrix} = \begin{pmatrix} A_1^1 & A_1^2 \\ A_2^1 & A_2^2 \\ A_3^1 & A_3^2 \end{pmatrix} * \begin{pmatrix} e_1 \\ e_2 \end{pmatrix}$$

ce qui signifiera :

$$\text{(III, 3; 16)} \qquad \begin{aligned} i_1 &= A_1^1 * e_1 + A_1^2 * e_2 \\ i_2 &= A_2^1 * e_1 + A_2^2 * e_2 \\ i_3 &= A_3^1 * e_1 + A_3^2 * e_2. \end{aligned}$$

La réponse impulsive est donc une matrice, ici à trois lignes et deux colonnes. La signification de chacun de ses éléments est évidente : par exemple A_3^1 est la valeur de i_3 pour $e_1 = \delta$, $e_2 = 0$.

4) Une barre AB est susceptible de conduire la chaleur. Ses seuls échanges de chaleur avec l'extérieur se font au niveau de A et B, où elle est en contact avec des sources : en A, elle reçoit une quantité de chaleur variable avec le temps, débutant à l'instant $t = 0$, et de telle sorte que $e_1(t)$ soit la quantité de chaleur reçue par unité

de temps au voisinage de l'instant t; la quantité de chaleur reçue de l'instant initial à l'instant t est alors :

$$\int_0^t e_1(\tau)d\tau.$$

De même au point B, avec $e_2(t)$.
On cherche l'évolution de la température de la barre, sachant que la barre était à la température 0 pour $t < 0$. La température $U(x, t)$ au point x, à l'instant t, est alors pour tout x fixé, une fonction $i(t)$ qu'on peut prendre comme réponse, d'où les réponses impulsives $A_1(t)$, $A_2(t)$ (dépendant de x), et des formules :

$$\text{(III, 3; 17)} \quad \begin{cases} U(x, t) = A_1 * e_1 + A_2 * e_2 \\ \quad = \int_0^t A_1(x, t-\tau)e_1(\tau)d\tau + \int_0^t A_2(x, t-\tau)e_2(\tau)d\tau. \end{cases}$$

5) Même problème avec l'équation des ondes : résonance d'une chambre par excitation sonore extérieure, vibrations entretenues d'une corde ou d'un tuyau sonore, etc...

Remarques diverses.

1) Fréquemment on cherche à *déterminer expérimentalement* $A(t)$. Au lieu d'une impulsion unité $e(t) = \delta(t)$ parfois difficile à réaliser, on prend comme excitation l'échelon de Heaviside $e(t) = Y(t)$. La réponse est alors :

$$i = A * Y = \int_0^t A(\tau)\, d\tau$$

et on obtient A par dérivation $A = \dfrac{di}{dt}$. Mais il faut prendre garde alors à dériver au sens des distributions.
D'autre part, dans la pratique, si Y est plus réalisable que δ, une dérivée est plus difficile à déterminer avec précision que la fonction elle-même.

2) Prenons comme excitation $e(t) = e^{pt}$. Une telle excitation n'est pas permise automatiquement sans élargissement des conditions initiales, car e^{pt} n'est pas nulle pour $t < 0$. Cependant pour $\mathcal{R}p > 0$, e^{pt} tend vers 0 pour $t \to -\infty$, et il arrive qu'on ait le droit de faire ce choix. Alors :

$$\text{(III, 3; 18)} \quad i(t) = A * e^{pt} = e^{pt} \int_0^{\infty} e^{-p\tau} A(\tau)\, d\tau = \mathcal{A}(p)e^{pt},$$

La réponse est alors proportionelle à l'excitation, le facteur de proportionnalité étant $\mathcal{A}(p)$ qu'on *appelle facteur de réponse isomorphe*; $\mathcal{A}(p)$ est la *transformée de Laplace* de A, qui donc permet, si elle est connue pour les valeurs de p de partie réelle assez grande, de déterminer A.

On voit la nature mathématique de la restriction indiquée plus haut : ce procédé ne peut être employé que si A a une transformée de Laplace. Dans l'exemple traité antérieurement (circuit électrique) $\mathcal{A}(p)$ était justement :

$$\frac{p}{Lp^2 + Rp + \frac{1}{C}}.$$

3) Prenons comme excitation $e(t) = e^{j\omega t}$, ω réel. Ici encore $e(t)$ n'est pas nulle pour $t < 0$ et même étant périodique, ne tend pas vers 0 pour $t \to -\infty$. Supposons néanmoins que cette excitation soit permise. La réponse sera :

$$\text{(III, 3; 19)} \qquad i(t) = A * e^{j\omega t} = e^{j\omega t} \int_0^\infty e^{-j\omega\tau} A(\tau)\, d\tau = \mathcal{A}(j\omega) e^{j\omega t}.$$

La réponse est encore proportionnelle à l'excitation le facteur de proportionnalité étant $\mathcal{A}(j\omega)$ *appelé facteur de réponse isochrone;* $\mathcal{A}(j\omega)$ est *la transformée de Fourier* de A, qui, si elle est connue pour toutes les valeurs de ω réelles, permet de déterminer A.

La nature mathématique de la restriction imposée au problème est ici la suivante : d'une part A doit avoir une transformée de Fourier, et celle-ci $\mathcal{A}(j\omega)$ doit être une fonction, puisqu'elle doit avoir une valeur pour tout ω.

Dans le cas classique d'un courant alternatif périodique de pulsation ω, c'est bien :

$$\text{(III, 3; 20)} \qquad z(j\omega) = R + Lj\omega + \frac{1}{Cj\omega}$$

qu'on appelle impédance et :

$$\mathcal{A}(j\omega) = \frac{1}{z(j\omega)}$$

qu'on appelle admittance.

D'autre part dans ces deux derniers cas, du fait que l'excitation $e(t)$ n'est pas nulle pour $t < 0$, il en est de même de $i(t)$; et alors il y a une infinité de réponses possibles à la même excitation (la différence entre deux d'entre elles étant une réponse correspondant à l'excitation nulle) et il faut spécifier comment choisir l'une d'entre elles; on choisit la réponse *proportionnelle* à l'excitation (le facteur de proportionnalité étant justement $\mathcal{A}(p)$ ou $\mathcal{A}(j\omega)$); il se trouve d'ailleurs qu'en pratique toutes les réponses tendent vers celle-là pour $t \to +\infty$.

Exercices sur le chapitre III

Exercice III-1

Trouver les inverses, dans $\mathcal{D}'_+$, des distributions suivantes

$$\delta'' - 5\,\delta' + 6\,\delta$$
$$Y + \delta''$$
$$Y(x)e^x + \delta'$$

Exercice III-2

Résoudre l'équation intégrale

$$\int_0^x (x - \xi) \cos (x - \xi) f(\xi)\, d\xi = g(x)$$

où g est une fonction donnée, et f une fonction inconnue à supports dans $(0, +\infty)$.

Exercice III-3

$g(x)$ étant une fonction ayant son support dans $(0, +\infty)$, trouver une fonction $f(x)$, ayant son support dans $(0, +\infty)$, vérifiant pour $x \geqslant 0$ l'équation intégrale :

$$\int_0^x (e^{-\xi} - \sin \xi) f(x - \xi)\, d\xi = g(x).$$

Quelle condition doit vérifier g pour que la solution soit une fonction continue? Calculer la solution dans le cas où g est la fonction d'heaviside $Y(x)$.

Exercice III-4

Résoudre l'équation intégrale

$$f(x) + \int_0^x \cos(x - \xi) f(\xi)\, d\xi = g(x)$$

où g est une fonction donnée et f une fonction inconnue, à supports dans $(0, +\infty)$.

Exercice III-5

On désigne par $f(t)$ la solution de l'équation différentielle

$$x''' + 2x'' + x' + 2x = -10 \cos t$$

satisfaisant les conditions initiales :

$$x(0) = 0; \qquad x'(0) = 2; \qquad x''(0) = -4.$$

On pose

$$F(t) = Y(t) f(t)$$

où $Y(t)$ est la fonction d'Heaviside.

Écrire l'équation différentielle satisfaite par $F(t)$ au sens des distributions. Déterminer alors $F(t)$ en utilisant le calcul symbolique dans $\mathcal{D}'_+$.

Exercice III-6

Effectuer le produit de convolution

$$Y(x) \sin x * Y(x) \operatorname{sh} 2x$$

Trouver un opérateur différentiel D à coefficients constants dont ce produit de convolution soit solution élémentaire.

Trouver la solution de l'équation différentielle

$$y^{(4)} - 3y^{(2)} - 4y = 0$$

qui satisfait aux conditions aux limites :

$$y(0) = 1, \qquad y'(0) = y''(0) = y'''(0) = 0.$$

Exercice III-7

Montrer que les fonctions suivantes sont dans L^1 :

$$e^{-|x|}; \qquad e^{-ax^2}, \quad a > 0; \qquad xe^{-ax^2}, \quad a > 0$$

Calculer les produits de convolution :

a) $e^{-|x|} * e^{-|x|}$

b) $e^{-ax^2} * xe^{-ax^2}$

c) $xe^{-ax^2} * xe^{-ax^2}$.

Exercice III-8

Démontrer la formule (III, 2; 23).

Exercice III-9

Calculer les puissances successives de convolution $(f)^{*n}$ de

$$f(x) = \begin{cases} 1 \text{ pour } -1 < x < 1 \\ 0 \text{ ailleurs} \end{cases}$$

Comment peut-on déduire le résultat de $(f')^{*n}$.
Quel est le support de $(f)^{*n}$.

Exercice III-10

On considère dans le plan (x, y) le cône : $0 < x < |y|$. Si f et g sont deux fonctions à support dans le cône, écrire $(f * g)(u, v)$. Soit Y la fonction caractéristique du cône, évaluer $Y * Y$.

Exercice III-11

On considère la distribution

$$\sum_{n=0}^{\infty} \delta_{(n)}$$

Soit $E(x)$ la primitive de cette distribution, à support dans $(0, +\infty)$. Calculer

$$E(x) * E(x)$$

Exercice III-12

Résoudre, dans $\mathcal{D}'_+$ le système de convolution

$$\begin{aligned} \delta'' * X_1 + \delta' * X_2 &= \delta \\ \delta' * X_1 + \delta'' * X_2 &= 0 \end{aligned}$$

Exercice III-13

Résoudre dans $\mathcal{D}'_+$ le système de convolution :

$$\begin{aligned} Y(x)e^{\alpha_1 x} * X_1 + Y(x)e^{\alpha_2 x} * X_2 + Y(x)e^{\alpha_3 x} * X_3 &= U_1 \\ Y(x)e^{\alpha_3 x} * X_1 + Y(x)e^{\alpha_1 x} * X_2 + Y(x)^{\alpha_2 x} * X_3 &= U_2 \\ Y(x)e^{\alpha_2 x} * X_1 + Y(x)e^{\alpha_3 x} * X_2 + Y(x)e^{\alpha_1 x} * X_3 &= U_3 \end{aligned}$$

où U_1, U_2, U_3 sont des distributions connues et X_1, X_2, X_3 des distributions inconnues de $\mathcal{D}'_+$.

Exercice III-14.
(Interrogation écrite, Paris, 1959)

Sûr la droite réelle, on appelle $\mathfrak{J}$ l'ensemble des distributions qui s'expriment comme sommes finies

(1) $$\sum_{m,\, n} a_{m,\, n} \delta_{(n)}^{(m)}$$

avec

(2) $$\sum_{n} a_{m,\, n} = 0$$

($\delta_{(n)}^{(m)}$ est la dérivée $m^{\text{ième}}$ de la distribution définie par la masse unité au point n; m varie parmi les entiers $\geqslant 0$, n parmi les entiers de signe quelconque).

On appelle $\mathfrak{J}_1$ l'ensemble des distributions de la forme $S_1 = \delta + S$ avec $S \in \mathfrak{J}$.
Montrer que $S_1 \in \mathfrak{J}_1$ si et seulement si elle est de la forme (1) avec les relations apparentées à (2) que l'on écrira.

Première question : Montrer que $\mathfrak{J}$ est une algèbre de convolution (sans unité).

Deuxième question : Montrer que si T est une distribution périodique de période 1 (c'est-à-dire égale à sa translatée par la translation 1) on a

$$S * T = 0 \quad \text{pour} \quad S \in \mathfrak{J} \qquad \text{et} \qquad S_1 * T = T \quad \text{pour} \quad S_1 \in \mathfrak{J}_1.$$

Soit A une distribution à support borné, et supposons qu'il existe une distribution E à support borné, telle que

$$(3) \qquad A * E \in \mathfrak{J}_1.$$

Montrer qu'alors, si B est une distribution périodique de période 1, il existe une distribution X, périodique, de période 1, et une seule, telle que

$$(4) \qquad A * X = B.$$

Troisième question : Soit D un opérateur différentiel à coefficients constants :

$$(5) \qquad D = \frac{d^N}{dx^N} + a_{N-1}\frac{d^{N-1}}{dx^{N-1}} + \cdots + a_2\frac{d^2}{dx^2} + a_1\frac{d}{dx} + a_0$$

Montrer que, si $E(x)$ est une fonction nulle pour $x < 0$ et $x > 1$, solution usuelle dans l'intervalle $0 \leqslant x \leqslant 1$, de l'équation homogène $DE = 0$, elle vérifie, au sens des distributions, $DE \in \mathfrak{J}_1$, si et seulement si les quantités

$$(6) \qquad \sigma_k = E^{(k)}(0) - E^{(k)}(1),\ k = 0, 1, \ldots, N-1$$

satisfont à un système de N équations linéaires que l'on écrira; résoudre ce système. (Solution évidente.)

Quatrième question : On prend successivement

$$D = \frac{d}{dx} - \alpha \qquad \text{et} \qquad D = \left(\frac{d}{dx} - \alpha\right)\left(\frac{d}{dx} - \beta\right)$$

α et β complexes, $\alpha \neq \beta$. Trouver la fonction $E(x)$ définie à la troisième question en utilisant les valeurs trouvées pour les σ_k, et la forme générale des solutions de l'équation homogène $DE = 0$; cette fonction existe-t-elle pour toutes les valeurs de α et β ($\alpha \neq \beta$)?

Exercice III-15

En utilisant la relation

$$e^{a_1x_1+a_2x_2+\cdots+a_nx_n}S * e^{a_1x_1+\cdots+a_nx_n}T = e^{a_1x_1+\cdots+a_nx_n}(S * T)$$

trouver une équation aux dérivées partielles dont la distribution

$$\frac{e^{a_1x_1+\cdots+a_nx_n}}{(2-n)\,S_n r^{n-2}}$$

est solution élémentaire, en supposant n entier positif différent de 2.

Chapitre IV

Séries de Fourier

1. Série de Fourier d'une fonction et d'une distribution périodique

1. Développement en série de Fourier d'une fonction périodique

Période d'une fonction

On appelle *période* d'une fonction $f(x)$ tout nombre réel T tel que $f(x + T) = f(x)$. Le nombre 0 est toujours une période; l'opposé d'une période de f, la somme de deux périodes de f, sont des périodes de f; donc les périodes de f forment un sous-groupe du groupe additif R des nombres réels. Ce sous-groupe est appelé *groupe des périodes de f*.

Si f est continue, son groupe des périodes est un sous-groupe *fermé* de R, car toute limite T d'une suite de périodes T_j de f est encore une période de f. Or il n'y a que trois catégories de sous-groupes fermés de R :

1) Le sous-groupe réduit à 0. Une fonction f n'ayant pas de période $T \neq 0$ est dite *non-périodique.*

2) Le groupe R tout entier. Une fonction ayant tout nombre réel T comme période est constante.

3) L'ensemble des multiples lT_0 (l entier > 0, < 0, ou $= 0$), d'un nombre $T_0 > 0$.

Si le groupe des périodes de f est de l'une des deux dernières catégories, f est dite *périodique*; dans le troisième cas, T_0 est appelée la *période fondamentale* de f.

Remarque. Dans le cas d'une fonction sur R^n (fonction de n variables) une période est un vecteur $\vec{T}$ tel que $f(\vec{x} + \vec{T}) = f(\vec{x})$. Les périodes de f forment un sous-groupe additif des vecteurs libres de R^n, fermé si f est continue. Mais il y a alors plus de trois catégories $\left(6 \text{ dans } R^2, \frac{(n+1)(n+2)}{2} \text{ dans } R^n\right)$.

Dans R^n, si $\vec{T}_1, \vec{T}_2, \ldots, \vec{T}_n$ sont n vecteurs indépendants, l'ensemble de leurs combinaisons $l_1\vec{T}_1 + l_2\vec{T}_2 + \cdots + l_n\vec{T}_n$ à coefficients entiers $l_1, l_2, \ldots, l_n$ (de signes quelconques) est un sous-groupe très important.

Une fonction admettant pour période tout vecteur d'un tel sous-groupe est dite n-plement périodique.

Exponentielles de période T. *Série de Fourier*

Pour qu'une exponentielle $e^{\lambda x}$ ait la période T réelle > 0, il faut et il suffit que $e^{\lambda T} = 1$, ou $\lambda T = 2ki\pi$. Si T est donné, les valeurs de λ possibles sont :

$$\lambda = ik\frac{2\pi}{T} = ik\omega$$

ω étant appelée la *pulsation* associée à la période T. Si on prend $k = 0$, on obtient la constante 1, ayant R pour groupe des périodes. Pour $k \neq 0$, on obtient une exponentielle de *module* 1, dont la période fondamentale est $\frac{T}{|k|}$.

Le problème fondamental que nous allons nous poser sera le suivant : f étant une fonction périodique admettant la période $T > 0$, est-elle développable en série, dite *série de Fourier*

$$f(x) = \sum_{k=-\infty}^{+\infty} c_k e^{ik\omega x} \tag{IV, 1; 1}$$

chaque terme de la série étant, à une facteur près, l'une des exponentionnelles ayant la période T !

Parfois on groupe deux à deux les valeurs opposées de k et on remplace la série d'exponentielles par une série de cosinus et sinus :

$$f(x) = a_0 + \sum_{k=1}^{\infty} (a_k \cos k\omega x + b_k \sin k\omega x). \tag{IV, 1; 2}$$

Les relations entre a_k, b_k et c_k sont évidemment

(IV, 1; 3)

$$a_0 = c_0 \qquad\qquad c_0 = a_0$$

$$k > 0 \quad \begin{cases} a_k = c_k + c_{-k} \\ b_k = i(c_k - c_{-k}) \end{cases} \qquad \begin{cases} c_k = \dfrac{a_k - ib_k}{2} \\ c_{-k} = \dfrac{a_k + ib_k}{2} \end{cases}$$

Coefficients de Fourier d'une fonction localement sommable

Supposons la série (IV, 1; 1) uniformément convergente (ce qui implique que f soit continue). On peut alors par une intégration terme à terme, calculer :

$$\text{(IV, 1; 4)} \qquad C_k = \int_a^{a+T} f(x)e^{-ik\omega x}\frac{dx}{T}.$$

L'intervalle $(a, a + T)$ est un *intervalle-période* de f; l'intégrale est évidemment indépendante du choix de cet intervalle, c'est-à-dire de a. En effet, si $b \neq a$, on peut écrire :

$$\int_b^{b+T} = \int_a^{a+T} + \left(\int_{a+T}^{b+T} - \int_a^b\right)$$

et la parenthèse est nulle, car la fonction $g(x) = f(x)e^{-ik\omega x}$ admet T comme période :

$$\int_{a+T}^{b+T} g(x)\,dx = \int_a^b g(\xi + T)\,d\xi = \int_a^b g(\xi)\,d\xi$$

(par le changement de variable $x = \xi + T$).

La présence de $\dfrac{dx}{T}$ montre que C_k est la *moyenne* de $f(x)e^{-ik\omega x}$ sur un intervalle-période.

$$\text{(IV, 1; 5)} \qquad C_k = \sum_{l=-\infty}^{+\infty} c_l \int_a^{a+T} e^{i(l-k)\omega x}\frac{dx}{T}.$$

Or :

$$\text{(IV, 1; 6)} \qquad \int_a^{a+T} e^{im\omega x}\frac{dx}{T} = \begin{cases} \left[\dfrac{e^{im\omega x}}{im\omega}\right]_a^{a+T} \dfrac{1}{T} = 0 & \text{si} \quad m \neq 0 \\ 1 & \text{si} \quad m = 0 \end{cases}$$

Finalement, il ne reste dans la somme Σ qu'un seul terme $\neq 0$, correspondant à $l = k$, d'où :

$$\text{(IV, 1; 7)} \qquad C_k = c_k.$$

Ainsi, si f est continue, et *si elle possède un développement de Fourier uniformément convergent*, ce développement est entièrement connu, et l'on a :

$$\text{(IV, 1; 8)} \qquad c_k = c_k(f) = \int_a^{a+T} f(x)e^{-ik\omega x}\frac{dx}{T}.$$

Les quantités $c_k(f)$ sont toujours définies, même si f n'est pas continue, pourvu qu'elle soit *localement sommable* (sommable sur tout intervalle fini, ou, en raison de sa périodicité, sommable sur tout intervalle-période). Nous appellerons toujours les $c_k(f)$ ***les coefficients de Fourier de** f;* ils ne varient pas si l'on modifie f sur un ensemble de mesure nulle. On peut donc supposer f définie seulement presque partout.

Dans le cas d'un développement en série de cosinus et sinus, on a immédiatement (soit en calculant a_k et b_k à partir de (IV, 1; 3) soit directement par la même méthode que pour c_k) :

(IV, 1; 9)
$$a_0(f) = \int_a^{a+T} f(x) \frac{dx}{T},$$
$$k > 0 \quad \begin{cases} a_k(f) = 2 \int_a^{a+T} f(x) \cos k\omega x \frac{dx}{T}, \\ b_k(f) = 2 \int_a^{a+T} f(x) \sin k\omega x \frac{dx}{T}. \end{cases}$$

La présence du facteur 2 provient de ce que la moyenne de $\cos^2 k\omega x$ ou $\sin^2 k\omega x$ (pour $k > 0$) est 1/2 dans un intervalle-période (au contraire pour $k = 0$, la moyenne de 1 est toujours 1).

Remarques diverses

1) Les coefficients de Fourier font intervenir les valeurs de f *dans tout un intervalle-période*, contrairement aux coefficients du développement de Taylor qui ne font intervenir que les valeurs de f au voisinage du point où l'on effectue le développement.

2) Si f est paire ou impaire, il y a avantage à utiliser les lignes trigonométriques. En effet, si f est paire, seuls les a_k (y compris a_0) peuvent être $\neq 0$, car $f(x) \sin k\omega x$ est impaire, et son intégrale $\left(\text{en prenant } \left(-\frac{T}{2}, +\frac{T}{2}\right) \text{ comme intervalle-période}\right)$ est nulle; si au contraire f est impaire, seuls les b_k peuvent être $\neq 0$ car $f(x) \cos k\omega x$ est impaire, et son intégrale est nulle.

Dans chacun de ces cas, la fonction dont on prend la moyenne pour calculer un coefficient $\neq 0$ est paire et sa moyenne peut se calculer sur une demi-période, par exemple $\left(0, \frac{T}{2}\right)$:

(IV, 1; 10)
$$f \text{ paire : } \begin{cases} a_0(f) = \frac{2}{T} \int_0^{T/2} f(x)\, dx \\ a_k(f) = \frac{4}{T} \int_0^{T/2} f(x) \cos k\omega x\, dx,\ k > 0 \end{cases}$$
$$f \text{ impaire : } \quad b_k(f) = \frac{4}{T} \int_0^{T/2} f(x) \sin k\omega x\, dx.$$

De même si f vérifie d'autres types de relations, certains coefficients de Fourier sont nuls ou vérifient des relations simples. Par exemple, si f admet non sulement la période T mais même le sous-multiple T/p, seuls subsistent les c_k correspondant à k multiple de p, c'est-à-dire pour lesquels $e^{ik\omega x}$ a aussi la période T/p.

3) Soit f une fonction donnée dans un intervalle (a, b). On appelle *développement de Fourier de f dans l'intervalle* (a, b) le développement de Fourier de la fonction périodique f_1, de période $(b - a)$, coïncidant avec f pour $a \leqslant x < b$. Remarquer que si $f(a) \neq f(b)$, et si f est continue en a et b, f_1 est nécessairement discontinue pour $x = a$ et $x = b$. De même on appelle développement en série de cosinus (respectivement sinus) d'une fonction f donnée dans un intervalle (0, L) le développement de Fourier de la fonction f_1, paire (resp. impaire), périodique de période 2L, égale à f dans l'intervalle (0, L). Remarquer que, dans le cas d'une série de sinus, si $f(0) \neq 0$ ou si $f(L) \neq 0$, et si f est continue pour $x = 0$ et $x = L$ f_1 est nécessairement discontinue pour $x = 0$ ou pour $x = L$. Naturellement dans tous les cas, il y a lieu d'exprimer les coefficients de Fourier par des moyennes portant sur les valeurs de f dans l'intervalle donné (a, b) ou (0, L). Nous en verrons des applications dans la théorie des cordes vibrantes et tuyaux sonores. Remarquons enfin qu'on a toujours les majorations :

$$\text{(IV, 1; 11)} \quad |c_k(f)| \leqslant \int_a^{a+T} |f(x)| \frac{dx}{T} = \frac{1}{T} \|f\|_{L^1} \leqslant \sup_x |f(x)|,$$

et pour les coefficients de la série de cosinus et sinus :

$$\text{(IV, 1; 12)} \quad \begin{cases} |a_0(f)| \leqslant \displaystyle\int_a^{a+T} |f(x)| \frac{dx}{T} = \frac{1}{T} \|f\|_{L^1} \leqslant \sup_x |f(x)|, \\ \left.\begin{matrix} |a_k(f)| \\ |b_k(f)| \end{matrix}\right\} \leqslant 2 \displaystyle\int_a^{a+T} |f(x)| \frac{dx}{T} = \frac{2}{T} \|f\|_{L^1} \leqslant 2 \sup_x |f(x)| \\ \qquad\qquad\qquad\qquad\qquad\qquad \text{pour } \; k > 0. \end{cases}$$

On démontre (théorème dû à Lebesgue) que c_k tend toujours vers 0 pour $k \to \infty$.

2. Développement en série de Fourier d'une distribution périodique. *Distribution périodique*

Nous désignerons dans ce chapitre les distributions par des lettres $\mathcal{S}$, $\mathcal{T}$, etc..., pour éviter toute confusion avec la période T. Soit f une fonction localement sommable. Sa translatée $f(x - T)$ est définie par la fonctionnelle :

$$\text{(IV, 1; 13)} \quad \langle f(x - T), \varphi(x) \rangle = \int_{-\infty}^{+\infty} f(x - T) \varphi(x) \, dx$$
$$= \int_{-\infty}^{+\infty} f(x) \varphi(x + T) \, dx = \langle f(x), \varphi(x + T) \rangle.$$

Nous sommes donc amenés, pour une distribution $\mathcal{T}_x$ à définir sa translatée $\mathcal{T}_{x-T}$ par :

$$\langle \mathcal{T}_{x-T}, \varphi(x) \rangle = \langle \mathcal{T}_x, \varphi(x+T) \rangle. \tag{IV, 1; 14}$$

Une distribution $\mathcal{T}$ sera dite périodique, admettant la période T, si $\mathcal{T}_{x-T} = \mathcal{T}_x$; autrement dit, si, quelle que soit $\varphi \in \mathcal{D}$:

$$\langle \mathcal{T}_x, \varphi(x+T) - \varphi(x) \rangle = 0. \tag{IV, 1; 15}$$

Espaces $\mathcal{D}(\Gamma)$ et $\mathcal{D}'(\Gamma)$

Soit, dans le plan d'axes $x0y$, Γ *la circonférence de centre* 0 *et de longueur* T. On peut faire correspondre à toute fonction f sur Γ une fonction $\bar{f}$ sur R, en posant $\bar{f}(x) = f(M)$, M étant le point de Γ d'abscisse curviligne $s = x$, l'origine A des abscisses étant le point de Γ situé sur $0x$, et le sens des abscisses croissantes étant le sens direct.

$\bar{f}$ est une fonction périodique, admettant la période T.

Inversement si $\bar{f}$ est une fonction périodique sur R admettant la période T, elle provient d'une fonction f et d'une seule par le procédé précédent; f est définie par $f(M) = \bar{f}(x)$, x étant l'une quelconque des abscisses curvilignes de M, qui sont deux à deux égales à un multiple de T près. La correspondance $f \to \bar{f}$, entre les fonctions sur Γ et les fonctions sur R ayant la période T, est un isomorphisme entre ces deux ensembles de fonctions. Dans l'ensemble des fonctions sur Γ, on a des définitions de continuité, de dérivabilité par rapport à l'abscisse curviligne $\frac{d}{ds}$, de sommabilité par rapport à ds, etc..., qui sont en correspondance avec les définitions de continuité, de dérivabilité en x, de sommabilité locale, etc..., des fonctions périodiques sur R.

Il faut même remarquer qu'une des raisons les plus fréquentes d'introduire une fonction périodique consiste à considérer une fonction sur le cercle trigonométrique, comme une fonction de l'angle θ, de période 2π.

Nous désignons par $\mathcal{D}(\Gamma)$ l'espace des fonctions complexes, sur Γ, indéfiniment dérivables par rapport à l'abscisse curviligne s. (Par la correspondance définie au début de ce paragraphe, ces fonctions $\varphi \in \mathcal{D}(\Gamma)$ sont associées aux fonctions $\bar{\varphi}$, sur R, indéfiniment dérivables, qui forment un sous-espace de $\mathcal{E}$, mais sont sans rapport avec les fonctions de $\mathcal{D}(R)$.) Des $\varphi_j \to 0$ dans $\mathcal{D}(\Gamma)$, si elles convergent vers 0, uniformément sur Γ ainsi que chacune de leurs dérivées.

Ainsi l'espace $\mathcal{D}(\Gamma)$, est plus simple que l'espace $\mathcal{D}(R)$ (ce qui provient du fait que Γ est un ensemble borné). La fonction identique à 1 sur Γ appartient à $\mathcal{D}(\Gamma)$ alors que la fonction identique à 1 sur R n'appartient pas à $\mathcal{D}(R)$.
L'espace $\mathcal{D}'(\Gamma)$ est l'espace des formes linéaires continues sur $\mathcal{D}(\Gamma)$.

Correspondance biunivoque entre distributions de période T *et distributions de* $\mathcal{D}'(\Gamma)$

Soit f une fonction localement sommable sur Γ, $\tilde{f}$ la fonction périodique associée sur R. Pour $\varphi \in \mathcal{D}(R)$, on construira $\tilde{\Phi}$, somme des translatées de φ :

$$\tilde{\Phi}(x) = \sum_{l=-\infty}^{+\infty} \varphi(x + lT). \tag{IV, 1; 16}$$

La fonction $\tilde{\Phi}$ est périodique de période T, et indéfiniment dérivable, donc associée à une fonction $\Phi \in \mathcal{D}(\Gamma)$. Naturellement la somme Σ est en réalité une somme finie pour chaque valeur de x. On voit facilement que l'on a :

$$\int_\Gamma f(s)\,\Phi(s)\,ds = \int_R \tilde{f}(x)\varphi(x)\,dx \tag{IV, 1; 17}$$

En effet le second membre vaut :

$$\sum_{l=-\infty}^{+\infty} \int_{lT}^{(l+1)T} \tilde{f}(x)\varphi(x)\,dx = \sum_{l=-\infty}^{+\infty} \int_0^T \tilde{f}(x)\varphi(x + lT)\,dx = \int_0^T \tilde{f}(x)\tilde{\Phi}(x)\,dx \tag{IV, 1; 18}$$

qui est le premier membre de (IV, 1; 17).
Nous sommes donc amenés à *définir* la distribution périodique $\tilde{\mathcal{T}}$, de période T, sur R, associée à la distribution $\mathcal{T}$ sur Γ, par :

$$\langle \tilde{\mathcal{T}}, \varphi \rangle = \langle \mathcal{T}, \Phi \rangle \tag{IV, 1; 19}$$

formule qui définit bien une distribution périodique $\tilde{\mathcal{T}}$, car si l'on remplace $\varphi(x)$ par $\varphi(x + T)$, $\tilde{\Phi}$ donc Φ ne varie pas.

Par exemple, si $\mathcal{T}$ est la distribution δ sur Γ, masse $+ 1$ au point d'abscisse curviligne 0, $\tilde{\mathcal{T}}$ est formé de masses $+ 1$ placées en tous les points d'abscisses lT de la droite :

$$\langle \tilde{\delta}, \varphi \rangle = \sum_{l=-\infty}^{+\infty} \varphi(lT), \quad \text{ou} \quad \tilde{\delta}(x) = \sum_{l=-\infty}^{+\infty} \delta(x - lT) \tag{IV, 1; 20}$$

Réciproquement, on démontre que toute distribution périodique de période T *sur* R *est la distribution* $\tilde{\tilde{\mathcal{T}}}$ *associée à une distribution* $\mathcal{T}$ *et une seule sur* Γ.
Aussi raisonnerons-nous désormais toujours sur les distributions $\mathcal{T}$ sur Γ.

Convolution dans $\mathcal{D}'(\Gamma)$

Sur Γ existe une addition des arcs, à un multiple de T près. On peut donc définir le produit de convolution de deux distributions $\mathcal{S}$, $\mathcal{T}$ par :

$$\text{(IV, 1; 21)} \qquad \langle \mathcal{S} * \mathcal{T}, \varphi \rangle = \langle \mathcal{S}_\xi \otimes \mathcal{T}_\eta, \varphi(\xi + \eta) \rangle.$$

Ce produit existe ici *toujours*, car toute distribution sur Γ est à *support borné.* Il a les mêmes propriétés que le produit de convolution sur R mais il est plus simple. En particulier $\delta * \mathcal{T} = \mathcal{T}$, $\delta' * \mathcal{T} = \mathcal{T}'$, etc... Dans le cas de deux fonctions f, g le produit est donné par la formule :

$$\text{(IV, 1; 22)} \qquad h(s) = \int_\Gamma f(s - t) g(t)\, dt.$$

Relativement aux deux fonctions périodiques $\tilde{f}$, $\tilde{g}$ associées sur R, ce produit s'écrit :

$$\text{(IV, 1; 23)} \qquad h(x) = \int_a^{a+T} \tilde{f}(x - \xi) \tilde{g}(\xi)\, d\xi$$

$(a, a + T)$ étant n'importe quel intervalle période. Ce produit n'a aucun rapport avec celui de $\tilde{f}$ et $\tilde{g}$ sur R, qui serait une intégrale $\int_{-\infty}^{+\infty}$ et qui, d'ailleurs, dans le cas de deux fonctions périodiques (donc à supports non bornés) n'aurait pas de sens.

Série de Fourier d'une distribution

Les coefficients de Fourier d'une fonction f localement sommable sur Γ ne sont autres que

$$\text{(IV, 1; 24)} \qquad c_k(f) = \int_\Gamma f(s) e^{-ik\omega s} \frac{ds}{T} = \frac{1}{T} \langle f, e^{-ik\omega s} \rangle$$

Nous *définirons* donc les coefficients de Fourier de $\mathcal{T} \in \mathcal{D}'(\Gamma)$ par

$$\text{(IV, 1; 25)} \qquad c_k(\mathcal{T}) = \frac{1}{T} \langle \mathcal{T}, e^{-ik\omega s} \rangle.$$

Nous appellerons série de Fourier de $\mathcal{T}$, la série

$$(IV, 1; 26) \qquad \sum_{k=-\infty}^{+\infty} c_k(\mathcal{T}) e^{ik\omega s}$$

où les $c_k(\mathcal{T})$ sont donnés par (IV, 1; 25).

Exemple. Pour $\mathcal{T} = \delta$, on a $c_k(\delta) = \frac{1}{T}\langle \delta, e^{-ik\omega s}\rangle = \frac{1}{T}$ et par suite, la série de Fourier de δ, est

$$\sum_{k=-\infty}^{+\infty} \frac{1}{T} e^{ik\omega s}.$$

Remarquons que si une série trigonométrique $\sum_{l=-\infty}^{+\infty} C_l e^{il\omega s}$ converge vers une distribution $\mathcal{T}$ dans $\mathcal{D}'(\Gamma)$ (c'est-à-dire si pour toute $\varphi \in \mathcal{D}(\Gamma)$, la série numérique $\sum_{l=-\infty}^{+\infty} C_l \langle e^{il\omega s}, \varphi\rangle$ converge vers le nombre $\langle \mathcal{T}, \varphi\rangle$), on a en faisant $\varphi = e^{-ik\omega s}$, compte tenu de (IV, 1; 6) :

$$(IV, 1; 27) \qquad TC_k = \langle \mathcal{T}, e^{-ik\omega s}\rangle = Tc_k(\mathcal{T})$$

Donc : *aucune autre série trigonométrique ne peut converger vers $\mathcal{T}$ dans $\mathcal{D}'(\Gamma)$, que la série de Fourier de $\mathcal{T}$.*

On verra dans la suite que la présence de coefficients T ou $\frac{1}{T}$ complique toutes les formules. Dans le cas de $T = 1$, $\omega = 2\pi$, les formules seront bien plus simples.

2. Convergence des séries de Fourier au sens des distributions et au sens des fonctions

1. Convergence de la série de Fourier d'une distribution

PROPOSITION 1. *La série de Fourier de δ converge (dans l'espace des distributions $\mathcal{D}'(\Gamma)$) vers δ :*

$$(IV, 2; 1) \qquad \sum_{k=-\infty}^{+\infty} \frac{1}{T} e^{ik\omega s} = \delta.$$

Tout d'abord nous savons déjà que cette série trigonométrique converge dans $\mathcal{D}'(\Gamma)$, puisque ses coefficients, tous égaux à $\frac{1}{T}$, sont bornés, donc majorés par une puissance de $|k|$ (voir chapitre II, proposition 14).

Il nous reste à montrer que sa somme $\mathcal{T}$ est δ. Multiplions terme à terme par $e^{i\omega s}$:

$$(\text{IV}, 2; 2) \qquad e^{i\omega s}\mathcal{T} = \sum_{k=-\infty}^{+\infty} \frac{1}{T} e^{i(k+1)\omega s} = \mathcal{T}$$

ou

$$(\text{IV}, 2; 3) \qquad (e^{i\omega s} - 1)\,\mathcal{T} = 0.$$

$\mathcal{T}$ vérifie donc une équation multiplicative

$$(\text{IV}, 2; 4) \qquad \alpha\mathcal{T} = 0$$

où $\alpha = e^{i\omega s} - 1$ est une fonction donnée, indéfiniment dérivable, partout $\neq 0$, sauf en un seul point $s = 0$ de Γ, où elle admet un zéro simple ($\alpha'(0) = i\omega \neq 0$). Nous savons alors que $\mathcal{T}$ est proportionnelle à δ (chapitre II, proposition 8) : $\mathcal{T} = C\delta$.

Mais $\sum_{k=-\infty}^{+\infty} \frac{1}{T} e^{ik\omega s} = C\delta$ signifie, par définition de la convergence des distributions, que

$$(\text{IV}, 2; 5) \qquad \sum_{k=-\infty}^{+\infty} \frac{1}{T} < e^{ik\omega s}, \varphi(s) > = C\varphi(0)$$

pour toute $\varphi \in \mathcal{D}(\Gamma)$ en faisant $\varphi = 1$, on a

$$(\text{IV}, 2; 6) \qquad \langle e^{ik\omega s}, 1\rangle = \begin{cases} 0 & \text{pour } k \neq 0 \\ T & \text{pour } k = 0 \end{cases}$$

d'où $C = 1$, C.Q.F.D. On peut encore dire que, de $\sum_{k=-\infty}^{+\infty} \frac{1}{T} e^{ik\omega s} = C\delta$, on déduit nécessairement (voir (IV, 1; 27)).

$$\frac{1}{T} = c_k(C\delta) = Cc_k(\delta) = \frac{C}{T}, \qquad \text{d'où} \qquad C = 1.$$

Remarque. Si au lieu de raisonner sur Γ, on raisonne sur la droite réelle R, on voit que la série $\sum_{k=-\infty}^{+\infty} \frac{e^{ik\omega x}}{T}$ converge dans $\mathcal{D}'(R)$ vers la distribution périodique $\sum_{l=-\infty}^{+\infty} \delta(x - lT)$ comportant une masse $+1$ en chaque point d'abscisse multiple entière de T :

$$\text{(IV, 2; 7)} \qquad \sum_{k=-\infty}^{+\infty} \frac{1}{T} e^{ik\omega x} = \sum_{l=-\infty}^{+\infty} \delta(x - lT).$$

Convergence de la série de Fourier d'une distribution

PROPOSITION 2. *La série de Fourier d'une distribution* $\mathcal{T}$ *sur* Γ *(ou d'une distribution périodique* $\tilde{\mathcal{T}}$ *sur* R) *converge vers cette distribution dans* $\mathcal{D}'(\Gamma)$ *(ou dans* $\mathcal{D}'(R)$*).*

$$\text{(IV, 2; 8)} \qquad \sum_{k=-\infty}^{+\infty} c_k(\mathcal{T}) e^{ik\omega s} = \mathcal{T}.$$

En effet, en vertu de la continuité de la convolution (sans difficulté de support sur Γ puisque tous les supports sont bornés), on peut faire terme à terme la convolution de la série (IV, 2; 1) avec $\mathcal{T} \in \mathcal{D}'(\Gamma)$:

$$\text{(IV, 2; 9)} \qquad \mathcal{T} = \mathcal{T} * \delta = \sum_{k=-\infty}^{+\infty} \frac{1}{T} (e^{ik\omega s} * \mathcal{T})$$

la série obtenue devant être convergente dans $\mathcal{D}'(\Gamma)$.
Mais d'après la formule donnant le produit de convolution d'une distribution avec une fonction indéfiniment dérivable (voir chapitre III, (III, 2; 24)),

$$\text{(IV, 2; 10)} \quad \mathcal{T} * e^{ik\omega s} = \langle \mathcal{T}_t, e^{ik\omega(s-t)} \rangle = e^{ik\omega s} \langle \mathcal{T}_t, e^{-ik\omega t} \rangle = T c_k(\mathcal{T}) e^{ik\omega s}$$

de sorte que (IV, 2; 9) donne bien (IV, 2; 8) [1].

2. Convergence de la série de Fourier d'une fonction

Si l'on suppose seulement f localement sommable, il n'y a pas lieu d'espérer que la série de Fourier $\sum_{k=-\infty}^{+\infty} c_k(f) e^{ik\omega x}$ converge *en tout point* x vers $f(x)$, puisqu'une modification de f sur un ensemble de mesure nulle ne change pas ses coefficients de Fourier; tout au plus peut-on s'attendre à une convergence *presque partout* (c'est-à-dire pour presque toutes les valeurs de x) ou *en moyenne*, c'est-à-dire dans l'espace L^1 des classes de fonctions sommables

1. Nous avons démontré (chapitre II, prop. 14) que si $|c_k|$ est majoré pour $|k| \to \infty$ par une puissance de $|k|$ la série trigonométrique $\sum c_k e^{ik\omega x}$ était convergente dans $\mathcal{D}'(\Gamma)$. *Nous admettrons la réciproque. Alors pour toute distribution* $\mathcal{T} \in \mathcal{D}'(\Gamma)$, $|c_k(\mathcal{T})|$ *admet une telle majoration.*

sur l'intervalle période $(a, a + T)$. Malheureusement il n'en est rien.

Supposons alors f *continue*. On serait en droit d'espérer une convergence en tout point x, et même une convergence uniforme; ici encore il n'en est rien.

On a cependant le théorème suivant :

Proposition 3. *Si f est une fonction à variation bornée dans l'intervalle période, la série de Fourier de f:*

$$\text{(IV, 2; 11)} \qquad \sum_{k=-\infty}^{+\infty} c_k(f)\, e^{ik\omega x}$$

est semi-convergente en tout point $x \in \mathrm{R}$, vers la moyenne arithmétique de la valeur limite à gauche $f(x - 0)$ et de la valeur limite à droite $f(x + 0)$:

$$\text{(IV, 2; 12)} \qquad \lim_{N \to \infty} \sum_{k=-N}^{k=+N} c_k(f) e^{ik\omega x} = \frac{1}{2}\left(f(x - 0) + f(x + 0)\right).$$

En particulier si f (toujours supposée à variation bornée) est continue en un point x, la série de Fourier en ce point converge vers $f(x)$; si en tout point x d'un intervalle fermé (α, β) f est continue (donc aussi continue à gauche en α et continue à droite en β) la semi-convergence est uniforme dans (α, β).

Ce théorème appelle quelques remarques et définitions.

1) Une fonction f, définie dans un intervalle fermé (a, b), a pour variation totale $V(f, (a, b))$ dans (a, b) la borne supérieure des sommes $\sum_{i=0}^{n-1} |f(x_{i+1}) - f(x_i)|$ correspondant aux diverses décompositions de (a, b) en un nombre fini d'intervalles partiels

$$(a = x_0, x_1), \qquad (x_1, x_2), \qquad \ldots, \qquad (x_{n-1}, b = x_n).$$

Si $V(f; (a, b))$ est *finie*, on dit que f est à variation bornée dans (a, b). Toute fonction *monotone* bornée est à variation bornée et $V(f; (a, b)) = |f(b) - f(a)|$. Alors toute différence de deux fonctions croissantes bornées est à variation bornée; on démontre que réciproquement toute fonction à variation bornée est différence de deux fonctions croissantes bornées. En particulier si une fonction bornée n'a qu'un nombre fini de maxima et minima relatifs, entre deux quelconques d'entre eux, ainsi qu'entre a et le premier, et entre le dernier et b, elle est monotone, donc à variation bornée. Cela prouve que les fonctions bornées rencontrées dans la pratique sont à variation bornée (mais on démontre l'existence de fonctions *continues* à variation non bornée, et même présentant dans *tout* intervalle (α, β) une infinité de maxima et minima relatifs).

Une fonction continue à dérivée (au sens usuel) bornée est à variation bornée si l'intervalle (a, b) est borné, et :

$$V(f; (a, b)) = \int_a^b |f'(x)|\, dx.$$

Il en est de même si f n'a qu'un nombre fini de points de discontinuité de première espèce et si en tous les autres points elle a une dérivée, bornée en module par un nombre fixe, l'intervalle (a, b) étant encore supposé borné.

2) Une fonction f à variation bornée n'est pas nécessairement continue, mais elle possède en tout point x *une limite à gauche* et *une limite à droite :*

$$\text{(IV, 2; 13)} \qquad \begin{cases} f(x - 0) = \lim\limits_{\substack{\varepsilon \to 0 \\ \varepsilon < 0}} f(x + \varepsilon) \\ f(x + 0) = \lim\limits_{\substack{\varepsilon \to 0 \\ \varepsilon > 0}} f(x + \varepsilon) \end{cases}$$

Ces deux limites sont d'ailleurs *égales* (et f est alors continue) sauf au plus en une *infinité dénombrable* de point x.

3) Quand nous disons que la série de Fourier est *semi-convergente*, nous voulons dire, comme l'indique la formule *après groupement* des valeurs opposées de k. La somme $\sum\limits_{k=-N}^{+N} c_k(f)\, e^{ik\omega x}$ a une limite, mais chaque somme $\sum\limits_{k=0}^{N}{}'$, $\sum\limits_{k=-N}^{0}$ n'a pas nécessairement une limite. Par contre, dans le cas d'une série de cosinus et sinus, la série de cosinus et la série de sinus sont séparément convergentes puisque ce sont les séries de Fourier de :

$$\frac{f(x) + f(-x)}{2}, \qquad \frac{f(x) - f(-x)}{2}$$

qui sont toutes deux à variation bornée.

4) Le cas où $f(x+0)$ et $f(x-0)$ sont distinctes se ramène aussitôt au cas où elles sont identiques (et f continue) dès qu'on a fait la vérification sur une fonction particulière à variation bornée discontinue en x. Or on peut toujours supposer $x=0$; en prenant pour f une fonction *impaire* discontinue à l'origine, on aura $f(0+0)=-f(0-0)\neq 0$, leur moyenne arithmétique sera nulle; f étant impaire, sa série de Fourier ne contient que des sinus, qui sont tous nuls pour $x=0$, donc la série de Fourier converge bien, pour $x=0$, vers la moyenne arithmétique 0.

La démonstration de la proposition 3 est assez délicate; ellé utilise la théorie de l'intégrale de Dirichlet :

$$\int_a^b f(x)\frac{\sin \lambda x}{x}\,dx.$$

On la trouvera dans tous les traités de Calcul différentiel et intégral.

Nous nous bornerons à un cas plus simple, à savoir :

Proposition 4. *Si f est deux fois continuement différentiable, sa série de Fourier converge absolument et uniformément vers f.*

Supposons que f admette une dérivée continue f'. Une intégration par parties donne, pour $k\neq 0$:

$$\text{(IV, 2; 14)}\qquad c_k(f)=\left[\frac{e^{-ik\omega x}}{-ik\omega}\frac{f(x)}{\mathrm{T}}\right]_a^{a+\mathrm{T}}-\int_a^{a+\mathrm{T}}\frac{e^{-ik\omega x}}{-ik\omega}f'(x)\frac{dx}{\mathrm{T}}.$$

Le crochet est nul, à cause de la périodicité. Il reste la formule très importante :

$$\text{(IV, 2; 15)}\qquad c_k(f)=\frac{1}{ik\omega}\,c_k(f').$$

Plus généralement, si f est m fois continuement différentiable, on aura, pour $k\neq 0$:

$$\text{(IV, 2; 16)}\qquad c_k(f)=\left(\frac{1}{ik\omega}\right)^m c_k(f^{(m)})$$

d'où

$$\text{(IV, 2; 17)}\qquad |c_k(f)|\leqslant\left|\frac{1}{k\omega}\right|^m\int_a^{a+\mathrm{T}}|f^{(m)}(x)|\,\frac{dx}{\mathrm{T}}=\frac{\mathrm{M}_m}{|k|^m}.$$

Ainsi, plus f est régulière, plus ses coefficients de Fourier tendent rapidement vers 0 pour $|k|\to\infty$.

En particulier, pour $m = 2$, $|c_k(f)|$ est majoré par $\frac{M_2}{k^2}$, et comme $|e^{ik\omega x}| = 1$, la série des modules $\sum_{k=-\infty}^{+\infty} |c_k(f)e^{ik\omega x}|$ est majorée, indépendamment de x, par la série numérique > 0 convergente $|c_0| + \sum_{\substack{k=-\infty \\ k \neq 0}}^{+\infty} \frac{M_2}{k^2}$. Cela prouve bien que la série de Fourier de f converge absolument et uniformément. Sa somme g est une fonction continue; il reste à prouver que $g = f$. On sait que la Série de Fourier converge vers f au sens des distributions (proposition 2); convergeant uniformément vers g, elle converge à fortiori vers g au sens des distributions. Donc f et g sont égales en tant que distributions, donc presque partout égales; étant continues, elles sont partout égales.

C.Q.F.D.

Remarque. La formule (IV, 2; 16) s'étend aux distributions. De (IV, 1; 25) on déduit, par définition même de la dérivée d'une distribution :

$$\text{(IV, 2; 18)} \quad \left\{ \begin{aligned} c_k(\mathfrak{T}^{(m)}) &= \frac{1}{T} \langle \mathfrak{T}^{(m)}, e^{-ik\omega s} \rangle \\ &= \frac{(-1)^m}{T} \langle \mathfrak{T}, (e^{-ik\omega s})^{(m)} \rangle = (ik\omega)^m \frac{1}{T} \langle \mathfrak{T}, e^{-ik\omega s} \rangle \\ &= (ik\omega)^m c_k(\mathfrak{T}). \end{aligned} \right.$$

ce qui généralise bien (IV, 2; 16). On peut encore raisonner d'une autre manière : de

$$\text{(IV, 2; 8)} \qquad \mathfrak{T} = \sum_{k=-\infty}^{+\infty} c_k(\mathfrak{T}) e^{ik\omega s}$$

on déduit par dérivation terme à terme, toujours légitime pour des distributions

$$\text{(IV, 2; 19)} \qquad \mathfrak{T}^{(m)} = \sum_{k=-\infty}^{+\infty} c_k(\mathfrak{T}) (ik\omega)^m e^{ik\omega s}$$

Nous avons là une série trigonométrique convergente, donc le second membre est la série de Fourier du premier :

$$\text{(IV, 2; 20)} \qquad c_k(\mathfrak{T}^{(m)}) = (ik\omega)^m c_k(\mathfrak{T})$$

ce qui est l'extension (IV, 2; 18) de (IV, 2; 16) aux distributions périodiques.

3. Bases hilbertiennes d'un espace de Hilbert. Convergence d'une série de Fourier en moyenne quadratique

1. Définition de l'espace de Hilbert

On appelle espace de Hilbert une espace vectoriel $\mathcal{H}$ sur le corps des nombres complexes C, muni d'une forme $(\vec{x}, \vec{y})$ appelée produit scalaire, à valeurs dans C, ayant les propriétés suivantes :

1) $(\vec{x}, \vec{y})$ *est une forme hermitienne :*

(IV, 3; 1) $$\begin{cases}(\vec{x}_1 + \vec{x}_2, \vec{y}) = (\vec{x}_1, \vec{y}) + (\vec{x}_2, \vec{y}) \\ (\vec{x}, \vec{y}_1 + \vec{y}_2) = (\vec{x}, \vec{y}_1) + (\vec{x}, \vec{y}_2)\end{cases}$$

(IV, 3; 2) $$(\lambda\vec{x}, \mu\vec{y}) = \lambda\bar{\mu}(\vec{x}, \vec{y}).$$

On dit encore que le produit scalaire est linéaire en $\vec{x}$, semi-linéaire en $\vec{y}$.

(IV, 3; 3) $$(\vec{x}, \vec{y}) = \overline{(\vec{y}, \vec{x})} \qquad \text{(hermiticité)}.$$

La condition d'hermiticité est équivalente à :

(IV, 3; 4) $$(\vec{x}, \vec{x}) \text{ réel pour tout } \vec{x}.$$

2) $(\vec{x}, \vec{x})$ *est définie* > 0, autrement dit :

(IV, 3; 5) $$\begin{cases}(\vec{x}, \vec{x}) \geqslant 0 \text{ pour tout } \vec{x} \\ (\vec{x}, \vec{x}) = 0 \text{ équivaut à } \vec{x} = \vec{0}.\end{cases}$$

Alors on en tire, en écrivant que :

$$(\vec{x} + \lambda\vec{y}, \vec{x} + \lambda\vec{y}) \geqslant 0$$

l'inégalité de Schwarz :

(IV, 3; 6) $$|(\vec{x}, \vec{y})| \leqslant \sqrt{(\vec{x}, \vec{x})}\sqrt{(\vec{y}, \vec{y})}$$

d'où l'on déduit *l'inégalité de Minkowsky :*

(IV, 3; 7) $$\sqrt{(\vec{x}+\vec{y}, \vec{x}+\vec{y})} \leqslant \sqrt{(\vec{x}, \vec{x})} + \sqrt{(\vec{y}, \vec{y})}$$

On en déduit que $\|\vec{x}\| = \sqrt{(\vec{x}, \vec{x})}$ est une *norme* sur $\mathcal{H}$. $\mathcal{H}$ est donc un *espace normé.*

3) $\mathcal{H}$ *est complet*, pour la métrique définie par cette norme, c'est donc un *espace de Banach* [1].

2. Base hilbertienne

Si $\mathcal{H}$ est un espace de Hilbert, et si $(\vec{e}_i)_{i\in I}$ est une famille de vecteurs $\vec{e}_i$ de $\mathcal{H}$, on dit que $(\vec{e}_i)_{i\in I}$ est une *base hilbertienne de* $\mathcal{H}$ *si :*

1) Les $\vec{e}_i$ sont deux à deux orthogonaux, et tous de norme 1

(IV, 3; 8) $$(\vec{e}_i, \vec{e}_j) = \delta_{ij} = \begin{cases} 0 & i \neq j \\ 1 & i = j \end{cases}$$

Cette condition implique que les $\vec{e}_i$ soient indépendants.

2) Le système des $(\vec{e}_i)_{i\in I}$ est *total*, ou *topologiquement générateur* (on trouvera souvent *complet* dans la littérature mais ce mot est impropre et prête à confusion), ce qui signifie que l'ensemble des combinaisons linéaires finies des $\vec{e}_i$ est *dense dans* $\mathcal{H}$. On démontre que, pour qu'il en soit ainsi, *il faut et il suffit qu'il n'existe pas de vecteur* $\vec{x} \neq \vec{0}$, *orthogonal à tous les* $\vec{e}_i$.

Soit alors $(\vec{e}_i)_{i\in I}$ une base hilbertienne d'un espace de Hilbert $\mathcal{H}$. Pour tout $\vec{x} \in \mathcal{H}$, on peut former les nombres complexes appelés corodonnées de $\vec{x}$ suivant la base hilbertienne :

(IV, 3; 9) $$x_i = (\vec{x}, \vec{e}_i).$$

On démontre alors ce qui suit :

Théorème des bases hilbertiennes, ou proposition 5.

1) *Soit* $\vec{x} \in \mathcal{H}$, $x_i = (\vec{x}, \vec{e}_i)$.
La série $\sum_{i\in I} x_i\vec{e}_i$ *est sommable dans* $\mathcal{H}$, *et sa somme est* $\vec{x}$.
La série $\sum_{i\in I} |x_i|^2$ *est sommable, et sa somme est* $\|\vec{x}\|^2$.
De plus si $\vec{y} \in \mathcal{H}$, $y_i = (\vec{y}, \vec{e}_i)$, *la série* $\sum_{i\in I} x_i\overline{y_i}$ *est sommable et sa somme est* $(\vec{x}, \vec{y})$.

2) *Réciproquement soit* $(x_i)_{i\in I}$ *une famille de nombres complexes tels que la série numérique* $\sum_{i\in I} |x_i|^2$ *soit sommable. Alors la série* $\sum_{i\in I} x_i\vec{e}_i$ *est sommable dans* $\mathcal{H}$ *et sa somme* $\vec{x}$ *est l'unique vecteur de* $\mathcal{H}$ *tel que :* $(\vec{x}, \vec{e}_i) = x_i$ *pour tout* i.

1. Un espace de Banach est un espace vectoriel normé complet.

La convergence de $\sum_{i \in I} x_i \vec{e}_i$ vers $\vec{x}$ signifie que, quel que soit $\varepsilon > 0$, il existe un ensemble fini $J \subset I$ tel que, pour tout ensemble fini $K \supset J$, on ait :

(IV, 3; 10) $$\left\| \left(\sum_{i \in K} x_i \vec{e}_i \right) - \vec{x} \right\| \leqslant \varepsilon.$$

3. Espace $L^2(T)$

Soit $L^2(a, b)$ l'espace des *classes* de fonction f de carré sommable sur (a, b) (*classes* signifie que deux de ces fonctions doivent être identifiées si elles sont presque partout égales), c'est-à-dire mesurables et telles que :

$$\int_a^b |f(x)|^2 \, dx \qquad \text{soit fini.}$$

$L^2(a, b)$ est un espace vectoriel, car si $f \in L^2$, $g \in L^2$, on a :

(IV, 3; 11) $$|f + g|^2 \leqslant 2(|f|^2 + |g|^2) \quad \text{donc} \quad f + g \in L^2.$$

D'autre part, rappelons que $2|fg| \leqslant |f|^2 + |g|^2$ donc, si $f \in L^2$ et $g \in L^2$, le produit fg est *sommable* dans (a, b). En particulier, en prenant $g = 1$, si l'intervalle (a, b) est *fini*, on voit que toute fonction de carré sommable dans un intervalle fini est à fortiori sommable (la réciproque est fausse, comme le montre l'exemple $f(x) = \dfrac{1}{\sqrt{x}}$ dans l'intervalle $(0, 1)$. D'autre part, la propriété est inexacte dans n'importe quel sens pour un intervalle infini :

$f(x) = \dfrac{1}{x}$ est de carré sommable mais non sommable dans $(1, +\infty)$;

$f(x) = \dfrac{1}{\sqrt{x}(x+1)}$ est sommable, mais non de carré sommable dans $(0, +\infty)$).

Sur $L^2(a, b)$ on considère le produit scalaire :

(IV, 3; 12) $$(f, g) = \int_a^b f(x) \overline{g(x)} \, dx.$$

C'est une forme hermitienne (évident), définie $\geqslant 0$, $\left(\int_a^b |f(x)|^2 dx = 0 \right.$ implique que f soit preque partout nulle).

On démontre (*théorème de Fischer-Riesz*) que $L^2(a, b)$ est complet pour la métrique définie par la norme :

$$\|f\| = \sqrt{\int_a^b |f(x)|^2 \, dx} \tag{IV, 3; 13}$$

donc $L^2(a, b)$ *est un espace de Hilbert.*

Si $b = a + T$, l'espace $L^2(a, a + T)$ est évidemment isomorphe à l'espace des classes de fonctions périodiques de période T, localement de carré sommable, muni du produit scalaire défini par l'intégrale (IV, 3; 12) sur *n'importe* quel intervalle-période. Nous prendrons d'ailleurs ici un produit scalaire mieux adapté :

$$(f, g) = \int_a^{a+T} f(x) \overline{g(x)} \frac{dx}{T} \tag{IV, 3; 14}$$

et *nous appellerons* $L^2(T)$ *l'espace de Hilbert ainsi défini.*

La convergence dans cet espace est ce qu'on appelle aussi la *convergence en moyenne quadratique :*

des fonctions $f_j \in L^2(T)$ convergent vers $f \in L^2(T)$ pour $j \to \infty$ si :

$$\lim_{j \to \infty} \left(\int_a^{a+T} |f_j(x) - f(x)|^2 \frac{dx}{T} \right) = 0. \tag{IV, 3; 15}$$

Considérons alors le système des :

$$\vec{e}_k = e^{ik\omega x}, \qquad k = \cdots -2, -1, 0, +1, +2, \ldots \tag{IV, 3; 16}$$

Ces vecteurs sont deux à deux orthogonaux et de norme 1 dans $L^2(T)$ en vertu de (IV, 1; 6)

$$\int_a^{a+T} e^{i(k-l)\omega x} \frac{dx}{T} = \delta_{kl}. \tag{IV, 3; 17}$$

Admettons provisoirement que ce système soit *total dans* $L^2(T)$. C'est alors une base hilbertienne. Donc toute $f \in L^2(T)$ aura des coordonnées, qui ne seront autres que ses coefficients de Fourier :

$$f_k = \int_a^{a+T} f(x) e^{-ik\omega x} \frac{dx}{T} = c_k(f). \tag{IV, 3; 18}$$

Le théorème général sur les bases hilbertiennes donnera alors :

Proposition 6.

1) *Si* $f \in L^2(T)$ *la série de ses coefficients de Fourier est de carré sommable, et :*

$$\text{(IV, 3; 19)} \qquad \sum_{k=-\infty}^{+\infty} |c_k(f)|^2 = \int_a^{a+T} |f(x)|^2 \frac{dx}{T}$$

(égalité de Bessel-Parseval).

De plus, si $g \in L^2(T)$:

$$\text{(IV, 3; 20)} \qquad \sum_{k=-\infty}^{+\infty} c_k(f)\overline{c_k(g)} = \int_a^{a+T} f(x)\,\overline{g(x)}\,\frac{dx}{T}.$$

La série de Fourier de f *converge en moyenne quadratique vers* f :

$$\text{(IV, 3; 21)} \qquad \sum_{k=-\infty}^{+\infty} c_k(f)e^{ik\omega x} = f(x) \qquad \textit{au sens suivant :}$$

$$\text{(IV, 3; 22)} \qquad \lim_{\substack{M \to \infty \\ N \to \infty}} \left(\int_a^{a+T} \left| \left(\sum_{k=-M}^{+N} c_k(f)e^{ik\omega x} \right) - f(x) \right|^2 \frac{dx}{T} \right) = 0.$$

2) *Réciproquement, si* $(c_k)_{k=-\infty}^{+\infty}$ *est un système de nombres complexes tels que la série* $\sum_{k=-\infty}^{+\infty} |c_k|^2$ *converge, la série* $\sum_{k=-\infty}^{+\infty} c_k e^{ik\omega x}$ *converge en moyenne quadratique vers une fonction* $f \in L^2(T)$ *et* f *est la seule fonction de* $L^2(T)$ *ayant les* c_k *comme coefficients de Fourier.*

Il nous reste donc à prouver, pour que la proposition 6 soit démontrée que les $(\vec{e}_k)$ forment un système topologiquement générateur. Pour cela il suffit (page 177) de prouver que toute fonction $f \in L^2(T)$ ayant tous ses coefficients de Fourier nuls est presque partout nulle. Or c'est évident; d'après la proposition 2, f est limite dans $\mathcal{D}'$ de la série de Fourier, donc nulle en tant que distribution, donc presque partout nulle.

Remarques diverses

1) Dans le cas d'une série de cosinus et sinus, l'égalité de Bessel-Parseval s'écrit :

$$\text{(IV, 3; 23)} \qquad |a_0|^2 + \sum_{k=1}^{\infty} \frac{|a_k|^2 + |b_k|^2}{2} = \int_a^{a+T} |f(x)|^2 \frac{dx}{T}.$$

Cela provient de ce que les cos $k\omega x$, sin $k\omega x$, sont bien deux à deux orthogonaux, mais non de norme 1 pour $k > 0$ car

$$||\cos k\omega x||^2 = ||\sin k\omega x||^2 = \frac{1}{2}.$$

L'égalité de Bessel-Parseval exprime que, par suite de l'orthogonalité, la moyenne de $|f(x)|^2$ est la somme des moyennes des carrés des modules des termes de la série de Fourier.

2) Il n'y a pas de théorème analogue dans $L^1(T)$, espace des classes de fonctions périodiques localement sommables.
Toutefois, dans ce cas, il est évident que les $|c_k(f)|$ sont bornés par $\frac{1}{T}||f||_{L^1} = \int_a^{a+T} |f(x)| \frac{dx}{T}$ et on démontre (*théorème de Lebesgue*) que $c_k(f)$ converge vers 0 pour $|k| \to \infty$. Mais aucun théorème de convergence pour la série !

3) Si $\sum_{k=-\infty}^{+\infty} |c_k|$ converge, alors c_k tend vers 0 pour $|k| \to \infty$, donc $\sum_{k=-\infty}^{+\infty} |c_k|^2$ converge à fortiori; la réciproque est fausse, comme le montre l'exemple $c_k = \frac{1}{k}$ (pour $k \neq 0$). Si $\sum_{k=-\infty}^{\infty} |c_k|$ converge, la série de Fourier converge absolument et uniformément, et sa somme est une fonction continue.

4) Le fait que la série de Fourier de f converge vers f dans $L^2(T)$ n'entraîne absolument pas qu'elle converge presque partout vers f.

5) Soit J un ensemble fini d'entiers (de signe quelconque). Parmi les « polynômes trigonométriques ».

$$P(x) = \sum_{k \in J} C_k e^{ik\omega x}$$

celui qui donne la meilleure approximation de f en moyenne quadratique, c'est-à-dire celui pour lequel l'intégrale

$$\int_a^{a+T} |P(x) - f(x)|^2 \frac{dx}{T}$$

est minima est : $$P(x) = \sum_{k \in J} c_k(f) e^{ik\omega x}.$$

En effet, la formule de Bessel-Parseval donne :

$$\text{(IV, 3; 24)} \qquad \int_a^{a+T} |P(x) - f(x)|^2 \frac{dx}{T} = \sum_{k \in J} |C_k - c_k(f)|^2 + \sum_{k \notin J} |c_k(f)|^2$$

C.Q.F.D.

La valeur du minimum est donc :

$$\text{(IV, 3; 25)} \qquad \sum_{k \notin J} |c_k(f)|^2$$

qui peut être rendu aussi petit qu'on veut si J est assez grand.

4. L'algèbre de convolution $\mathcal{D}'(\Gamma)$

Soient $\mathcal{S}$, $\mathcal{T}$, deux distributions sur Γ. On a :

$$\text{(IV, 4; 1)} \qquad \begin{cases} c_k(\mathcal{S} * \mathcal{T}) = \dfrac{1}{T} < \mathcal{S} * \mathcal{T}, e^{-ik\omega s} > \\ \quad = \dfrac{1}{T} < \mathcal{S}_\xi \otimes \mathcal{T}_\eta, e^{-ik\omega(\xi+\eta)} > \\ \quad = \dfrac{1}{T} < \mathcal{S}_\xi, e^{-ik\omega\xi} > < \mathcal{T}_\eta, e^{-ik\omega\eta} > \\ \quad = T\, c_k(\mathcal{S}) c_k(\mathcal{T}). \end{cases}$$

Ainsi :

Proposition 7. *Les coefficients de Fourier de $\mathcal{S} * \mathcal{T}$ sont, au facteur* T *près, les produits des coefficients de Fourier correspondants de $\mathcal{S}$ et $\mathcal{T}$:*

$$\text{(IV, 4; 2)} \qquad c_k(\mathcal{S} * \mathcal{T}) = T c_k(\mathcal{S}) c_k(\mathcal{T}).$$

Comme alors $\mathcal{S} * \mathcal{T}$ est somme de sa série de Fourier, on en déduit un moyen pratique d'opérer les convolutions sur Γ : on pose :

$$\text{(IV, 4; 3)} \qquad \begin{cases} \left. \begin{aligned} \mathcal{S} &= \sum_{k=-\infty}^{+\infty} c_k(\mathcal{S}) e^{ik\omega s} \\ \mathcal{T} &= \sum_{k=-\infty}^{+\infty} c_k(\mathcal{T}) e^{ik\omega s} \end{aligned} \right\} \text{d'où} \\ \mathcal{S} * \mathcal{T} = T \displaystyle\sum_{k=-\infty}^{+\infty} c_k(\mathcal{S}) c_k(\mathcal{T}) e^{ik\omega s} \end{cases}$$

On en déduit quelques conséquences :

1) Le fait que δ soit l'unité de la convolution est en relation avec le fait que ses coefficients de Fourier valent $\frac{1}{\mathrm{T}}$, et que 1 est l'unité de la multiplication.

2) La formule $\delta' * \mathcal{T} = \mathcal{T}'$ se vérifie aisément par dérivation des séries de Fourier terme à terme :

$$\text{(IV, 4; 4)} \quad \left\{ \begin{aligned} \delta' &= \frac{d\delta}{ds} = \frac{1}{\mathrm{T}} \sum_{k=-\infty}^{+\infty} ik\omega\, e^{ik\omega s} \\ &= \sum_{k=-\infty}^{+\infty} \frac{2i\pi k}{\mathrm{T}^2} e^{ik\omega s} \end{aligned} \right.$$

$$\text{(IV, 4; 5)} \quad \left\{ \begin{aligned} \mathcal{T} &= \sum_{k=-\infty}^{+\infty} c_k(\mathcal{T}) e^{ik\omega s} \\ \mathcal{T}' &= \frac{d\mathcal{T}}{ds} = \sum_{k=-\infty}^{+\infty} ik\omega c_k(\mathcal{T}) e^{ik\omega s} \\ &= \sum_{k=-\infty}^{+\infty} \frac{2i\pi k}{\mathrm{T}} c_k(\mathcal{T}) e^{ik\omega s} \end{aligned} \right.$$

d'où l'on déduit bien :

$$\text{(IV, 4; 6)} \quad c_k(\mathcal{T}') = \mathrm{T} c_k(\delta')\, c_k(\mathcal{T}) \qquad \text{ou} \qquad \mathcal{T}' = \delta' * \mathcal{T}.$$

3) Les équations de convolution sur Γ se résolvent très simplement par la série de Fourier.
Soit l'équation :

$$\text{(IV, 4; 7)} \qquad \mathcal{A} * \mathcal{X} = \mathcal{B}.$$

En désignant par a_k, b_k, x_k les coefficients de Fourier de $\mathcal{A}$, $\mathcal{B}$, $\mathcal{X}$, l'équation (IV, 4; 7) est l'infinité dénombrable d'équations :

$$\text{(IV, 4; 8)} \qquad \mathrm{T} a_k x_k = b_k$$

$\mathcal{X}$ est donc donnée par la série :

$$\text{(IV, 4; 9)} \qquad \mathcal{X} = \frac{1}{\mathrm{T}} \sum_{k=-\infty}^{+\infty} \frac{b_k}{a_k} e^{ik\omega s}.$$

Encore faut-il que cette série ait un sens. Si tous les a_k sont $\neq 0$, les $x_l = \frac{1}{T}\frac{b_k}{a_k}$ sont bien définis, et il suffit de s'assurer que la série du deuxième membre (IV, 4; 9) converge dans $\mathcal{D}'(\Gamma)$, c'est-à-dire que les $\left|\frac{b_k}{a_k}\right|$ sont majorés par une puissance de $|k|$ pour $|k| \to \infty$. Si certains a_k sont nuls, le second membre $\mathcal{B}$ doit vérifier de conditions de compatibilité $b_k = 0$; si elles sont vérifiées, les valeurs de x_k correspondant à ces valeurs de k sont indéterminées de sorte que, comme dans un système cramérien, il y a « autant » de degrés d'indétermination de la solution qu'il y a de conditions de compatibilité pour le deuxième membre. Encore faut-il ensuite que la série (IV, 4; 9) converge.

En particulier l'inverse $\mathcal{A}^{-1}$ de $\mathcal{A}$ dans l'algèbre de convolution, vérifiant :

$$\mathcal{A} * \mathcal{A}^{-1} = \delta$$

est donné par :

(IV, 4; 10) $$\mathcal{A}^{-1} = \frac{1}{T^2}\sum_{k=-\infty}^{+\infty}\frac{1}{a_k}e^{ik\omega s}.$$

Il existe si tous les a_k sont $\neq 0$ et si la série (IV, 4; 10) est la série de Fourier d'une distribution, c'est-à-dire si les $|a_k|$ sont minorés pour $|k| \to \infty$ pour une puissance $\geqslant 0$ de $\frac{1}{|k|}$.

4) Il y a dans $\mathcal{D}'(\Gamma)$ des diviseurs de 0. $\mathcal{A}$ est diviseur de 0 si et seulement si certains de ses coefficients a_k sont nuls. Car si $a_k = 0$, on a :

(IV, 4; 11) $$\mathcal{A} * e^{ik\omega s} = Ta_k e^{ik\omega s} = 0.$$

5) On peut résoudre des problèmes bien plus compliqués. Par exemple, soit à trouver toutes les distributions $\mathcal{X} \in \mathcal{D}'(\Gamma)$ vérifiant :

(IV, 4; 12) $$\mathcal{X} * \mathcal{X} = \delta$$

(équation de convolution du deuxième degré).
Les coefficients de Fourier x_k vérifient :

(IV, 4; 13) $$Tx_k^2 = \frac{1}{T} \quad \text{d'où} \quad x_k = \pm\frac{1}{T}$$

les choix entre + 1 et — 1 étant indépendants pour les diverses valeurs de k. Toutes les séries $\sum x_k e^{ik\omega s}$ ainsi formés sont convergentes, puisque $|x_k|$ est borné par $\frac{1}{T}$, indépendamment de k. Cette équation du deuxième degré a ainsi une infinité de solutions ayant la puissance du continu !

Ce n'est que dans une algèbre sans diviseurs de 0 qu'une équation de degré m a au plus m racines.

6) Rappelons que parmi les équations de convolution figurent des équations différentielles. Soit à résoudre dans $\mathcal{D}'(\Gamma)$:

(IV, 4; 14) $$\left(\frac{d}{ds} - \lambda\right)\mathcal{X} = \mathcal{B}$$

ou

(IV, 4; 15) $$(\delta' - \lambda\delta) * \mathcal{X} = \mathcal{B}.$$

Nous avons à résoudre l'infinité d'équations :

(IV, 4; 16) $$T\left(\frac{2i\pi k}{T^2} - \frac{\lambda}{T}\right)x_k = b_k.$$

A. Supposons d'abord que λ ne soit égal à aucune des valeurs $\frac{2i\pi k}{T} = ik\omega$. Alors les x_k sont déterminés de manière unique par :

(IV, 4; 17) $$x_k = \frac{b_k}{ik\omega - \lambda}.$$

Pour $|k| \to \infty$, on a $|b_k| \leqslant A|k|^\alpha$, donc $|x_k| \leqslant \frac{A|k|^{\alpha-1}}{\omega}(1 + \varepsilon)$, donc la série $\sum_{k=-\infty}^{+\infty} x_k e^{ik\omega s}$ converge vers l'unique solution $\mathcal{X}$. En particulier, il existe une distribution unique $\mathcal{A}^{-1}$, telle que :

(IV, 4; 18) $$\left(\frac{d}{ds} - \lambda\right)\mathcal{A}^{-1} = \delta$$

$\mathcal{A}^{-1}$ est somme de la série :

(IV, 4; 19) $$\mathcal{A}^{-1} = \frac{1}{T}\sum_{k=-\infty}^{+\infty} \frac{1}{ik\omega - \lambda} e^{ik\omega s} \qquad \text{dans } \mathcal{D}'(\Gamma).$$

L'unique solution de (IV, 4; 14) est alors

$$\text{(IV, 4; 20)} \qquad \mathcal{X} = \mathcal{A}^{-1} * \mathcal{B}$$

ce qui est bien équivalent à (IV, 4; 17).

La distribution $\mathcal{A}^{-1}$ est bien simple à calculer élémentairement. Elle vérifie en effet, dans le complémentaire du point $s = 0$ sur Γ:

$$\text{(IV, 4; 21)} \qquad \left(\frac{d}{ds} - \lambda\right)\mathcal{A}^{-1} = 0.$$

La solution classique de cette équation dans R est de la forme:

$$\text{(IV, 4; 22)} \qquad \mathcal{A}^{-1} = Ce^{\lambda s}.$$

Considérons alors la *fonction périodique* $\vec{f}$ sur R, de période T, égale à $e^{\lambda x}$ dans $0 < x < \mathrm{T}$.

La fonction associée f sur Γ est égale à $e^{\lambda s}$, si l'on prend soin de considérer pour chaque point de Γ celle de ses abscisses curvilignes s qui vérifie $0 < s < \mathrm{T}$.

f est discontinue au point $s = 0$. On a donc:

$$\text{(IV, 4; 23)} \qquad f' = \{f'\} + (1 - e^{\lambda \mathrm{T}})\,\delta.$$

Alors f vérifie l'équation différentielle:

$$\text{(IV, 4; 24)} \qquad \begin{cases} f' - \lambda f = [\{f'\} - \lambda f] + (1 - e^{\lambda \mathrm{T}})\,\delta \\ = (1 - e^{\lambda \mathrm{T}})\,\delta \end{cases}$$

le crochet étant précisément nul d'après le choix de f. Comme λ n'est égal à aucun des nombres $ik\omega$, $1 - e^{\lambda \mathrm{T}} \neq 0$ et la fonction

$$\text{(IV, 4; 25)} \qquad \frac{f}{1 - e^{\lambda \mathrm{T}}}$$

est solution de (IV, 4; 18); c'est donc $\mathcal{A}^{-1}$ puisque la solution est unique. D'ailleurs le calcul des coefficients de Fourier de cette fonction est immédiat:

$$\text{(IV, 4; 26)} \qquad c_k\left(\frac{f}{1 - e^{\lambda \mathrm{T}}}\right) = \frac{1}{1 - e^{\lambda \mathrm{T}}} \int_0^{\mathrm{T}} \vec{f}(x)\, e^{-ik\omega x} \frac{dx}{\mathrm{T}}$$
$$= \frac{1}{1 - e^{\lambda \mathrm{T}}} \frac{1}{\mathrm{T}} \left[\frac{e^{(\lambda - ik\omega)x}}{\lambda - ik\omega}\right]_{x=0}^{x=\mathrm{T}} = \frac{1}{\mathrm{T}} \frac{1}{ik\omega - \lambda} = c_k(\mathcal{A}^{-1}).$$

Remarquons qu'en dehors de son point de discontinuité, de première espèce, f a une dérivée bornée; donc f est à variation bornée, et d'après la proposition 3, sa série de Fourier est semi-convergente. En particulier au point de discontinuité on aura :

$$\text{(IV, 4; 27)} \quad \frac{1}{2}\frac{1+e^{\lambda T}}{1-e^{\lambda T}} = \frac{1}{T}\sum_{k=-\infty}^{+\infty}\frac{1}{ik\omega-\lambda} = \lim_{N\to\infty}\sum_{k=-N}^{+N}.$$

Il s'agit d'une convergence après groupement par deux des valeurs opposées de k.

Mais les séries $\sum_{k=0}^{\infty}$ et $\sum_{k=-\infty}^{0}$ sont divergentes; on le voit immédiatement pour λ purement imaginaire car au facteur $\frac{1}{i}$ près, le terme général garde un signe constant et est $\sim \frac{1}{k\omega}$ pour $|k| \to \infty$. Lorsque les termes sont groupés par deux, on au contraire :

$$\text{(IV, 4; 28)} \quad \frac{1}{ik\omega-\lambda} + \frac{1}{-ik\omega-\lambda} = \frac{-2\lambda}{\lambda^2+k^2\omega^2} \sim \frac{-2\lambda}{k^2\omega^2}$$

pour $k \to \infty$. La formule (IV, 4; 27) donne une sorte de « décomposition en éléments simples » du premier membre, fonction de λ, qui a les pôles $\lambda = ik\omega$, et les résidus $-\frac{1}{T}$.

Remarquons enfin que $f \in L^2(T)$ et que la série $\sum\left|\frac{1}{ik\omega-\lambda}\right|^2$ est bien convergente.

B. Supposons maintenant $\lambda = ik_0\omega$.

L'équation (IV, 4; 14) n'a de solution que si $b_{k_0} = 0$. S'il en est ainsi, elle a une infinité de solutions, x_{k_0} étant indéterminé, du fait que $e^{ik_0\omega s}$ est solution de l'équation homogène. Par exemple $\mathcal{A}$ n'a pas d'inverse $\mathcal{A}^{-1}$, parce que : $c_{k_0}(\mathcal{E}) \neq 0$.

Faisons en particulier $k_0 = 0$. L'équation (IV, 4; 14) devient

$$\text{(IV, 4; 29)} \qquad \frac{d\mathcal{X}}{ds} = \mathcal{B}.$$

Elle revient à la recherche d'une primitive de $\mathcal{B}$. Une telle primitive existe si et seulement si $b_0 = 0$. (Effectivement si $\tilde{f}$ est une fonction périodique, de période T sur R, elle a des primitives $\tilde{F}$, mais si $\int_a^{a+T}\tilde{f}(x)\,dx \neq 0$, aucune de ces primitives n'est périodique, puisque $\tilde{F}(a+T) - \tilde{F}(a) \neq 0$). Dans ce cas, toutes les primitives diffèrent les unes des autres par la valeur de la constante x_0; une, et une seule d'entre elles, correspondant à $x_0 = 0$, aura à son tour des primitives, et ainsi de suite. Par exemple :

$$P_0 = T\delta - 1 \tag{IV, 4; 30}$$

a des primitives; une seule d'entre elles, P_1 a un coefficient $c_0(P_1)$ nul; $\tilde{P}_1$ est la fonction périodique de période T égale dans l'intervalle (0, T) à : $\frac{T}{2} - x$. On détermine ainsi, de proche en proche, par intégration, des fonctions périodiques $\tilde{P}_m$ qui vérifient :

$$\begin{cases} \dfrac{d}{dx}\tilde{P}_m = \tilde{P}_{m-1}, \\ \displaystyle\int_0^T \tilde{P}_m(x)\,dx = 0. \end{cases} \tag{IV, 4; 31}$$

Dans (0, T), $\tilde{P}_m$ (qui est une fonction pour $m \geqslant 1$) est égale à un polynôme de degré m, appelé *polynôme de Bernouilli*. Son développement de Fourier est :

$$\tilde{P}_m = \sum_{\substack{k=-\infty \\ k\neq 0}}^{+\infty} \left(\frac{1}{ik\omega}\right)^m e^{ik\omega x}. \tag{IV, 4; 32}$$

Pour $m \geqslant 2$, la série de Fourier est absolument et uniformément convergente, donc $\tilde{P}_m$ est continue, de sorte que le polynôme de Bernoulli correspondant prend la même valeur pour $x = 0$ et $x = T$. Pour m pair, on a, en faisant $x = 0$:

$$\tilde{P}_m(0) = 2(-1)^{m/2} \sum_{k=1}^{\infty} \left(\frac{1}{k\omega}\right)^m \tag{IV, 4; 33}$$

ce qui permet de calculer successivement :

$$\sum_{k=1}^{\infty} \frac{1}{k^2} = \frac{\pi^2}{6}; \qquad \sum_{k=1}^{\infty} \frac{1}{k^4} = \frac{\pi^4}{90}; \qquad \text{etc...} \tag{IV. 4; 34}$$

L'exemple que nous venons de traiter peut s'interpréter autrement. Considérons l'opérateur :

$$A = \frac{d}{ds} \tag{IV, 4; 35}$$

dans l'espace vectoriel $\mathcal{D}'(\Gamma)$. Ses *valeurs propres* λ, c'est-à-dire les nombres complexes λ pour lesquels il existe une distribution $\mathcal{T} \neq 0$ telle que $\left(\frac{d}{ds} - \lambda\right)\mathcal{T} = 0$, sont les nombres $\lambda = ik\omega$, $k = \cdots -2, -1, 0, 1, 2\ldots$ Pour $\lambda = ik\omega$, il y a un vecteur propre, déterminé à un facteur scalaire près, qui est :

$$\vec{e}_k = e^{ik\omega s}. \tag{IV, 4; 36}$$

Or, comme on l'a déjà vu dans des cas d'espaces vectoriels de dimension finie, ces $\vec{e}_k$ forment, sinon une base de $\mathcal{D}'(\Gamma)$, du moins une « base topologique », et en ce sens que tout vecteur $\mathcal{T} \in \mathcal{D}'(\Gamma)$ admet un développement et un seul suivant les $\vec{e}_k$, qui est précisément le *développement de Fourier* de $\mathcal{T}$. L'opérateur A s'exprime alors, en fonction de cette base, par :

$$\left\{\begin{aligned} \mathcal{T} &= \sum_{k=-\infty}^{+\infty} c_k(\mathcal{T}) e^{ik\omega s}, \\ \mathrm{A}\mathcal{T} &= \frac{d\mathcal{T}}{ds} = \sum_{k=-\infty}^{+\infty} ik\omega c_k(\mathcal{T}) e^{ik\omega s}. \end{aligned}\right. \tag{IV, 4; 37}$$

Ainsi la décomposition de Fourier est la décomposition spectrale de l'espace $\mathcal{D}'(\Gamma)$ *relativement à l'opérateur* $\mathrm{A} = \frac{d}{ds}$.

On pourrait tenter de remplacer l'espace $\mathcal{D}'(\Gamma)$ par l'espace $L^2(\Gamma)$, mais $\frac{d}{ds}$ n'opère pas dans cet espace. Par contre, on peut remplacer l'opérateur $\frac{d}{ds}$ par n'importe quel opérateur de convolution dans $\mathcal{D}'(\Gamma)$ L'opérateur $\mathcal{T} \to \mathcal{A} * \mathcal{T}$ admet les vecteurs propres $e^{ik\omega s}$ pour les valeurs propres $\mathrm{T}c_k(\mathcal{A}) = \mathrm{T}a_k$.

Exercices sur le chapitre IV

Exercice IV-1

Série de Fourier de la fonction $f(x) = x$ dans $-\pi < x < \pi$, de période 2π.

Calculer $\sum_{n=1}^{\infty} \frac{1}{n^2}$ et $\sum_{n=0}^{\infty} \frac{1}{(2n+1)^2}$.

Exercice IV-2 Développer en séries de sinus chacune des fonctions $u_0(x)$ des exercices VII-1, VII-2, VII-3 et VII-4.

Exercice IV-3 Série de Fourier de $f(x) = e^{\alpha e^{ix}}$, α complexe quelconque. Démontrer la formule

$$\frac{1}{2\pi}\int_0^{2\pi} e^{2\alpha \cos x}\, dx = \sum_{n=0}^{\infty} \frac{\alpha^{2n}}{(n\,!)^2}.$$

Rapprocher de la formule (IX, 1; 73) pour $\nu = 0$.

Exercice IV-4 1° Soit $\mathcal{T}$ une distribution de période T. Montrer que sa série de Fourier peut se mettre sous la forme :

$$\sum_{n=0}^{\infty} a_n \cos \frac{2\pi n x}{\mathrm{T}} + \sum_{n=1}^{\infty} b_n \sin \frac{2\pi n x}{\mathrm{T}}$$

avec des coefficients a_n et b_n que l'on explicitera.
Dans les deux questions suivantes on pose, pour une fonction $\varphi(x)$

$$\check{\varphi}(x) = \varphi(-x)$$

2° On dit qu'une distribution $\mathcal{T}$ est impaire si on a

$$\langle \mathcal{T}, \check{\varphi} \rangle = -\langle \mathcal{T}, \varphi \rangle \text{ pour toute } \varphi \in \mathcal{D}.$$

Montrer que la série de Fourier d'une distribution impaire de période T se réduit à une série de sinus

3° On dit qu'une distribution $\mathcal{T}$ est paire si on a

$$\langle \mathcal{T}, \check{\varphi} \rangle = \langle \mathcal{T}, \varphi \rangle \text{ pour toute } \varphi \in \mathcal{D}.$$

Montrer que la série de Fourier d'une distribution paire, de période T se réduit à une série de cosinus.

Exercice IV-5 Développer en série de Fourier, la distribution de période 1, égale dans $(-1/2, +1/2)$, à $-\delta_{(-b)} + \delta_{(b)}$, avec $0 < b < 1/2$.

Exercice IV-6 Soit

$$\mathrm{U}(x) = \begin{cases} +1 & \text{pour } 2k < x < 2k+1 \\ -1 & \text{pour } (2k+1) < x < (2k+2) \end{cases} \qquad k \text{ entier quelconque.}$$

1° Développer $\mathrm{U}(x) \cos \pi x$, en série de Fourier :

a) en série d'exponentielle

b) en série de sinus.

2° Développer en série d'exponentielle la distribution

$$2\sum_{n=-\infty}^{+\infty} \delta'_{(-n)} - \pi^2 U(x) \cos \pi x.$$

3° Résoudre, dans $\mathcal{D}'(\Gamma)$, Γ cercle de longueur 1, l'équation

$$X * \cos \pi s = 2\delta' - \pi^2 \cos \pi s$$

Vérifier le résultat obtenu.

Exercice IV-7

On définit la distribution

$$vp \operatorname{cotg} x = (\operatorname{Log} |\sin x|)'.$$

Montrer que $\cos x\,(vp \operatorname{cotg} x) = \sin x$, que $vp \operatorname{cotg} x$ est une distribution impaire de période π. En déduire son développement en série de Fourier.

Exercice IV-8. (Démonstration des formules (IV, 3; 19) et (IV, 3; 20))

Soit f et g deux fonctions périodiques, de période T, de l'espace $L^2(T)$. Montrer que

$$h(x) = \frac{1}{T}\int_0^T f(x+t)g(t)\,dt$$

est aussi périodique de période T, et appartient à l'espace $L^2(T)$. Calculer les coefficients de Fourier $c_n(h)$ de h en fonctions des coefficients de Fourier $c_n(f)$ et $c_n(g)$ de f et g.

En admettant que pour tout x la série de Fourier de $h(x)$ est convergente et représente $h(x)$, montrer la formule (IV, 3; 20) pour f et g, et la formule (IV, 3; 19) pour f, par exemple.

Exercice IV-9

1° Développer la fonction $f(x) = |\sin^3 x|$ en série trigonométrique de cosinus. On donnera le coefficient a_n sous forme de fraction rationnelle $\frac{P(n)}{Q(n)}$.

La série de Fourier est-elle convergente? Les séries de Fourier dérivées sont-elles convergentes? Écrire la formule de Parseval.

2° Calculer directement, au sens des distributions :

$$\left(\frac{d^2}{dx^2}+1\right)\left(\frac{d^2}{dx^2}+9\right)f.$$

Montrer que le résultat permet de retrouver le développement de Fourier de f, sans calcul d'intégrale, en considérant f comme solution d'une équation différentielle.

Exercice IV-10

Développer en séries de Fourier les fonctions égales à x et x^3 pour $-\pi < x < \pi$ et en déduire

$$\sin x - \frac{\sin 2x}{2^3} + \frac{\sin 3x}{3^3} + \cdots + (-1)^{n+1}\frac{\sin nx}{n^3} + \cdots$$

pour toutes les valeurs de x. Montrer qu'on peut déduire les développements trouvés de celui de $\delta_{(\pi)}$.

Exercice IV-11

Étant donnée

$$f(x) = \begin{cases} \dfrac{\pi}{3} & \text{pour} \quad 0 < x < \dfrac{\pi}{3} \\ 0 & \text{pour} \quad \dfrac{\pi}{3} < x < \dfrac{2\pi}{3} \\ -\dfrac{\pi}{3} & \text{pour} \quad \dfrac{2\pi}{3} < x < \pi \end{cases}$$

Montrer qu'on peut l'écrire, dans l'ensemble de ces trois intervalles, comme somme d'une série de sinus ou d'une série de cosinus. Trouver la somme de ces deux séries pour $x = 0$, $x = \dfrac{\pi}{3}$, $x = \dfrac{2\pi}{3}$, $x = \pi$, et pour une valeur quelconque de x.

Vérifier les développements trouvés en dérivant $f(x)$, considérée comme une distribution.

Exercice IV-12

Développer en série de Fourier, $\sin mx$, $\cos mx$, $\dfrac{e^{mx} + e^{-mx}}{e^{m\pi} - e^{-m\pi}}$ pour $-\pi < x < \pi$.

Exercice IV-13

Construire la courbe d'équation

$$\sum_1^{\infty} (-1)^{n-1} \frac{\sin ny \cos nx}{n^3} = 0$$

Exercice IV-14

Soit $S_n(x) = 2\sum_1^n (-1)^{p-1}\dfrac{\sin px}{p}$.

Déterminer les abscisses des maxima et minima relatifs pour $0 < x < \pi$

S_n y atteint son maximum y_n pour $x = \dfrac{n\pi}{n+1}$.

Montrer que

$$\lim_{n \to \infty} y_n = 2\int_0^{\pi} \frac{\sin x}{x}\, dx$$

et que ce nombre est $> \pi$. Que peut-on conclure?

Exercice IV-15

Remarque. Toutes les fonctions et distributions qui interviennent ci-dessous sont périodiques (de période 1). $\mathcal{D}$ désigne l'espace des fonctions indéfiniment dérivables φ sur (0, 1) telles que $\varphi^{(n)}(0) = \varphi^{(n)}(1)$ pour tout n. On peut ainsi interpréter $\mathcal{D}$ comme espace de fonctions sur le cercle unité du plan. En vertu de notre choix de la période, le développement en série de Fourier de $T \in \mathcal{D}'$ s'écrit

$$T = \sum_{n=-\infty}^{+\infty} \langle T_\xi, e^{2\pi i n(x-\xi)} \rangle.$$

1° On dira que $T \in \mathcal{D}'$ est de *type positif* (ce qu'on écrit $T \gg 0$) si tous les coefficients de Fourier de T sont positifs.
Pour toute φ de $\mathcal{D}$ on posera

$$(\varphi * \tilde{\varphi})(x) = \int_0^1 \varphi(t) \overline{\varphi(t-x)}\, dt.$$

Démontrer le résultat suivant :
Pour que T soit $\gg 0$, il faut et il suffit que $\langle T, \varphi * \tilde{\varphi} \rangle$ soit $\geqslant 0$ quelle que soit $\varphi \in \mathcal{D}$.

On montrera rapidement auparavant que $\langle T, \varphi * \tilde{\varphi} \rangle$ a un sens pour $\varphi \in \mathcal{D}$ c'est-à-dire que $\varphi \in \mathcal{D}$ implique $\varphi * \tilde{\varphi} \in \mathcal{D}$.
Donner quelques exemples simples de distributions $\gg 0$. Est-ce que toute distribution $T \gg 0$ est une distribution positive i.e. $\langle T, \varphi \rangle \geqslant 0$ si φ est une fonction positive?

Réciproquement est-ce que toute distribution positive est une distribution de type positif?

Justifier toutes les réponses par des exemples. Donner l'exemple d'une distribution à la fois de type positif, et positive.

2° On considère une fonction continue $f(x)$ d'une variable réelle, périodique de période 1, qui est une distribution de type positif. Prouver le résultat suivant :

quels que soient les nombres réels, $x_1, \ldots x_l$, la forme quadratique dont les coefficients sont les $a_{ij} = f(x_i - x_j)$ est hermitique définie positive c'est-à-dire : $\sum_{i,j} a_{ij} \xi_i \bar{\xi}_j \geqslant 0$, quels que soient les l nombres complexes $\xi_1, \ldots, \xi_l$.

Pour démontrer ce résultat, on partira de la définition $\langle f, \varphi * \tilde{\varphi} \rangle \geqslant 0$ et on fera parcourir à φ des suites convenablement choisies.

Démontrer les propriétés suivantes de f :
$f(-x) = \overline{f(x)}$; $|f(x)| \leqslant f(0)$ (et donc $f(0) \geqslant 0$) quel que soit x.

3° *a*) Établir la condition nécessaire et suffisante pour qu'une distribution périodique T soit la dérivée d'une distribution périodique S.

Est-ce que S périodique possède une primitive?
b) X désignera, dans la suite, une distribution périodique inconnue. On considère l'équation différentielle

$$\frac{d^mX}{dx^m} + a_1 \frac{d^{m-1}X}{dx^{m-1}} + \cdots + a_mX = S \quad \text{où S est périodique.}$$

Donner en choisissant les a_1 et S des exemples des cas suivants :

1) S admet une primitive et il n'existe pas de solution.

2) S n'admet pas de primitive et l'équation possède une solution

3)
$$\frac{d^m\delta}{dx^m} + a_1 \frac{d^{m-1}\delta}{dx^{m-1}} + \cdots + a_m\delta$$

est de type positif et il n'existe pas de solution

4)
$$\frac{d^m\delta}{dx^m} + a_1 \frac{d^{m-1}\delta}{dx^{m-1}} + \cdots + a_m\delta$$

n'est pas de type positif et il existe une solution.

Exercice IV-16.
(Interrogation écrite, Paris, 1958).

Première question.
On appelle $f(x)$ la fonction périodique, de période 2π, qui, dans l'intervalle $(-\pi, +\pi)$, coïncide avec ch λx (λ réel > 0). Trouver son développement en série de Fourier, en calculant ses coefficients par la méthode habituelle.

Deuxième question.
Montrer que f satisfait, au sens des distributions, à une équation différentielle $f'' - \lambda^2 f = A$. En écrivant f sous forme d'une série de Fourier à coefficients inconnus, montrer que cette équation différentielle redonne les coefficients de Fourier calculés dans la première question.

Troisième question.
Que donne le développement de Fourier trouvé pour $x = \pi$? En déduire un développement en série de $\pi \dfrac{\text{ch}\,\lambda\pi}{\text{sh}\,\lambda\pi}$. En prenant une primitive convenable par rapport à λ, puis une exponentielle du résultat trouvé, montrer qu'on obtient un développement en produit infini de sh $\lambda\pi$. Rapprocher ce développement d'un développement donné dans le cours.

Exercice IV-17.
(Série de Fourier dans R^2)

Soit $f(\vec{x}) = f(x_1, x_2)$ une fonction définie dans R^2, de périodes $(T_1, 0)$, $(0, T_2)$.

1° Montrer que s'il existe une série double uniformément convergente, de la forme

$$(1) \qquad \sum_{p,q=-\infty}^{+\infty} c_{pq} e^{2\pi i\left(\frac{px_1}{T_1}+\frac{qx_2}{T_2}\right)}$$

de somme $f(\vec{x})$, on a nécessairement :

$$(2) \qquad c_{mn} = \frac{1}{T_1T_2} \iint_{\substack{\alpha_1 \leqslant x_1 \leqslant \alpha_1+T_1 \\ \alpha_2 \leqslant x_2 \leqslant \alpha_2+T_2}} f(x_1, x_2)\, e^{-2\pi i\left(\frac{mx_1}{T_1}+\frac{nx_2}{T_2}\right)} dx_1\, dx_2$$

et que le résultat est indépendant de α_1 et α_2.

2° On appellera série de Fourier d'une fonction $f(\vec{x})$, de période $\vec{T}$, suffisamment régulière, la série (1) où les coefficients c_{pq} sont donnés par (2).
Montrer que la série (1) peut aussi s'écrire

$$\sum_{m,n=0}^{\infty} a_{mn} \cos\frac{2\pi mx_1}{T_1}\cos\frac{2\pi nx_2}{T_2} + \sum_{m,n=1}^{\infty} b_{mn} \sin\frac{2\pi mx_1}{T_1}\sin\frac{2\pi nx_2}{T_2}$$
$$+ \sum_{m,n=0}^{\infty} d_{mn} \cos\frac{2\pi mx_1}{T_1}\sin\frac{2\pi nx_2}{T_2} + \sum_{m,n=0}^{\infty} e_{mn} \sin\frac{2\pi mx_1}{T_1}\cos\frac{2\pi nx_2}{T_2}$$

avec des coefficients a_{mn}, b_{mn}, d_{mn}, e_{mn}, que l'on explicitera.
Cas particulier où $f(x_1, x_2)$ est de la forme $g(x_1)\otimes h(x_2)$.

3° Montrer que, si pour x_2 fixe, $x_1 \to f(x_1, x_2)$ est impaire et si pour x_1 fixe, $x_2 \to f(x_1, x_2)$ est aussi impaire, alors la série de Fourier de $f(\vec{x})$ se réduit à

$$\sum_{m,n=1}^{\infty} b_{mn} \sin\frac{2\pi mx_1}{T_1}\sin\frac{2\pi nx_2}{T_2}$$

avec $$\frac{b_{mn}}{4} = \frac{4}{T_1T_2}\int_0^{T_1/2} dx_1 \int_0^{T_2/2} dx_2 f(x_1, x_2) \sin\frac{2\pi mx_1}{T_1}\sin\frac{2\pi nx_2}{T_2}$$

4° Écrire la série de Fourier d'une fonction $f(x_1, x_2)$ qui, lorsque l'une des variables est fixée, est paire par rapport à l'autre.

5° Considérons une fonction $f(x_1, x_2)$ définie dans le rectangle :

$$0 \leqslant x_1 \leqslant A_1; \qquad 0 \leqslant x_2 \leqslant A_2.$$

Comment faut-il la prolonger pour que sa série de Fourier soit de la forme

$$(3) \qquad \sum_{m,n=1}^{\infty} b_{mn} \sin\frac{\pi mx_1}{A_1}\sin\frac{\pi nx_2}{A_2}.$$

Application. Développer en série de Fourier de la forme (3) la fonction $f_0(x_1, x_2)$ déterminée dans le rectangle $0 \leqslant x_1 \leqslant A_1$, $0 \leqslant x_2 \leqslant A_2$, de la façon suivante :

$$f_0(x_1, x_2) = \begin{cases} \dfrac{2h}{A_1}(A_1 - x_1) & \text{dans la région (I)} \\ \dfrac{2h}{A_1}x_1 & \text{dans la région (II)} \\ \dfrac{2h}{A_2}(A_2 - x_2) & \text{dans la région (III)} \\ \dfrac{2h}{A_2}x_2 & \text{dans la région (IV)} \end{cases}$$

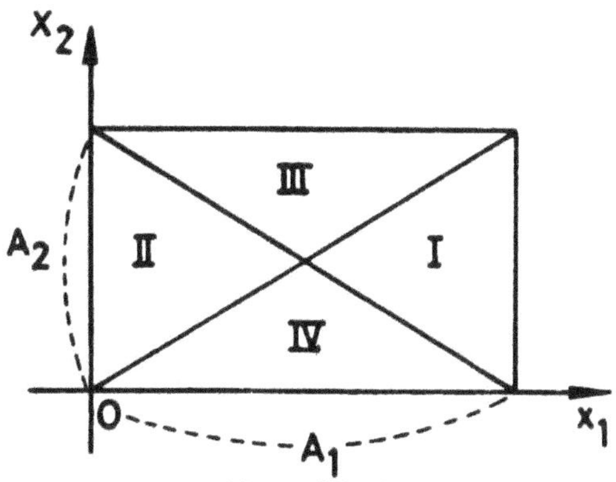

(figure IV, 1)

h étant une constante positive donnée, et les régions (I, II, III, IV) étant déterminées par les diagonales du rectangle, comme l'indique la figure.

En utilisant les résultats du chapitre VII, § 2, n° 3, on pourra écrire la solution $u(x_1, x_2, t)$ de l'équation des membranes vibrantes pour le rectangle précédent, nulle au bord du rectangle, qui vérifie les conditions initiales

$$u_0(x_1, x_2) = f_0(x_1, x_2)$$
$$u_1(x_1, x_2) = 0$$

(Les variables x_1 et x_2 étant respectivement les variables x et y du chapitre VII).

Exercice IV-18. (Distribution périodique sur R^2)

Soit $\mathcal{W}_{x_1 x_2} = \mathcal{S}_{x_1} \otimes \mathcal{T}_{x_2}$, une distribution sur R^2, produit tensoriel d'une distribution $\mathcal{S}_{x_1}$ de période T_1 et d'une distribution $\mathcal{T}_{x_2}$ de période T_2. Soit $c_m(\mathcal{S})$ et $c_n(\mathcal{T})$ les coefficients de Fourier de $\mathcal{S}$ et $\mathcal{T}$. On appelle série de Fourier de $\mathcal{W}$ la série

$$\sum_{m, n=-\infty}^{+\infty} c_m(\mathcal{S})\, c_n(\mathcal{T})\, e^{2\pi i \left(\frac{m x_1}{T_1} + \frac{n x_2}{T_2}\right)}.$$

On considère dans R^2 le rectangle $-A_i \leqslant x_i \leqslant A_i$ $i=1, 2$. Soit $\vec{\alpha}=(\alpha_1, \alpha_2)$ un point du rectangle, avec $0 < \alpha_i < A_i$ $i = 1, 2$. Soit

$$-\vec{\alpha} = (-\alpha_1, -\alpha_2); \qquad \vec{\beta} = (-\alpha_1, \alpha_2); \qquad \vec{\gamma} = (\alpha_1, -\alpha_2).$$

Développer en série de Fourier la distribution de période $(2A_1, 2A_2)$ qui est égale dans le rectangle à

$$\delta_{(\vec{\alpha})} + \delta_{(-\vec{\alpha})} - \delta_{(\vec{\beta})} - \delta_{(\vec{\gamma})}.$$

Trouver pour le rectangle $0 \leqslant x_i \leqslant A_i$, $i = 1, 2$, la solution de l'équation des membranes vibrantes, nulle au bord, qui vérifie les conditions initiales

$$u_0(x_1, x_2) = 0,$$
$$u_1(x_1, x_2) = \delta_{(\vec{\alpha})}.$$

Chapitre V

La transformation de Fourier

1. Transformation de Fourier des fonctions d'une variable

1. Introduction

Soit $f(x)$ une fonction non périodique, localement sommable. Appelons $f_T(x)$ la fonction égale à $f(x)$ dans l'intervalle $\left(-\frac{T}{2}, +\frac{T}{2}\right)$, et prolongée en dehors de cet intervalle de façon à être périodique de période T. Pour $T \to \infty$, f_T tend vers f, uniformément sur tout intervalle fini. f_T admet un développement en série de Fourier :

(V, 1; 1)
$$\left\{\begin{aligned} f_T(x) &= \sum_{n=-\infty}^{+\infty} c_{n,T} e^{ni\omega x}, \qquad \omega = \frac{2\pi}{T}, \\ c_{n,T} &= \frac{1}{T}\int_{-\frac{T}{2}}^{+\frac{T}{2}} f(x)\, e^{-ni\omega x}\, dx. \end{aligned}\right.$$

Considérons un intervalle $(\lambda, \lambda + \Delta\lambda)$. Les valeurs de n pour lesquelles $2\pi\lambda \leqslant n\omega \leqslant 2\pi(\lambda + \Delta\lambda)$ sont en nombre $2\pi\frac{\Delta\lambda}{\omega}$ (avec une erreur $\leqslant 2$). Le paquet de termes correspondant

$$\sum_{2\pi\lambda \leqslant n\omega \leqslant 2\pi(\lambda+\Delta\lambda)} c_{n,T} e^{ni\omega x}$$

peut approximativement s'écrire :

(V, 1; 2)
$$c_\lambda 2\pi \frac{\Delta\lambda}{\omega} e^{2i\pi\lambda x} = c_\lambda T \Delta\lambda e^{2i\pi\lambda x},$$

avec

$$\text{(V, 1; 3)} \qquad c_\lambda = \frac{1}{T}\int_{-\frac{T}{2}}^{+\frac{T}{2}} f(x)\, e^{-2i\pi\lambda x}\, dx.$$

Le paquet de termes s'écrit donc

$$\text{(V, 1; 4)} \qquad \begin{cases} \displaystyle\sum_{2\pi\lambda \leqslant n\omega \leqslant 2\pi(\lambda+\Delta\lambda)} c_{n,\,T} e^{ni\omega x} \# C(\lambda)\, e^{2i\pi\lambda x}\, \Delta\lambda, \\ C(\lambda) = \displaystyle\int_{-\frac{T}{2}}^{+\frac{T}{2}} f(x)\, e^{-2i\pi\lambda x}\, dx, \qquad C(\lambda) = Tc_\lambda. \end{cases}$$

Pour $T \to \infty$, on peut remplacer $\int_{-\frac{T}{2}}^{+\frac{T}{2}}$ par $\int_{-\infty}^{+\infty}$; d'autre part, la somme $\sum_{n=-\infty}^{+\infty}$ peut s'écrire comme somme de tous les paquets correspondants aux intervalles $(0, \Delta\lambda)$, $(\Delta\lambda, 2\Delta\lambda)$, ..., $(k\Delta\lambda, (k+1)\Delta\lambda)$, ..., $(-\Delta\lambda, 0)$ $(-2\Delta\lambda, -\Delta\lambda)$, ..., $(-(k+1)\Delta\lambda, -k\Delta\lambda)$,..., d'épaisseur $\Delta\lambda$ qui s'écrivent sous la forme (V, 1; 4), On arrive ainsi intuitivement à une formule

$$\text{(V, 1; 5)} \qquad f(x) = \int_{-\infty}^{+\infty} C(\lambda) e^{2i\pi\lambda x}\, d\lambda,$$

$$\text{(V, 1; 6)} \qquad C(\lambda) = \int_{-\infty}^{+\infty} f(x) e^{-2i\pi\lambda x}\, dx.$$

La série de Fourier de somme f est remplacée par l'intégrale de Fourier (V, 1; 5); le coefficient de Fourier $C(\lambda)$ étant donné par (V, 1; 6).

Naturellement, ce que nous avons fait là n'a rien d'une démonstration rigoureuse. Nous allons étudier les choses de plus près.

2. Transformation de Fourier. Définition

$f(x)$ étant une fonction à valeurs complexes de la variable réelle x, on appelle image de Fourier ou transformée de Fourier de f la fonction à valeurs complexes $C(\lambda)$ de la variable réelle λ :

$$\text{(V, 1; 7)} \qquad C(\lambda) = \int_{-\infty}^{+\infty} e^{-2i\pi\lambda x} f(x)\, dx.$$

En particulier

$$\text{(V, 1; 8)} \qquad C(0) = \int_{-\infty}^{+\infty} f(x)\, dx.$$

On écrit

(V, 1; 9) $$\mathrm{C} = \mathcal{F}f \quad \text{ou} \quad \mathrm{C}(\lambda) = \mathcal{F}[f(x)]$$

A côté de la transformation $\mathcal{F}$, nous définissons la transformation

(V, 1; 10) $$\mathrm{C}_1 = \overline{\mathcal{F}}f; \qquad \mathrm{C}_1(\lambda) = \int_{-\infty}^{+\infty} e^{2\pi i\lambda x} f(x)\, dx.$$

$\mathcal{F}f$ et $\overline{\mathcal{F}}f$ existent évidemment si f est sommable ($f \in \mathrm{L}^1$), et dans ce cas ce sont des fonctions continues de λ d'après le théorème de Lebesgue : ($e^{-2i\pi\lambda x}f(x)$ est continue en λ pour tout x fixé et majorée en module par $|f(x)|$, fonction sommable indépendante de λ) et bornée :

(V, 1; 11) $$|\mathrm{C}(\lambda)| \leqslant \int_{-\infty}^{+\infty} |f(x)|dx = \|f\|_{\mathrm{L}^1}$$

On démontre (théorème dû à Lebesgue) que $\mathrm{C}(\lambda)$ tend vers 0 pour $\lambda \to \pm\infty$.

On peut encore définir $\mathcal{F}f$ dans d'autres cas :

Par exemple si $f(x)$ est, pour $x > 0$ et pour $x < 0$ séparément, une fonction *monotone*, (ou encore si f est à variation bornée, donc combinaison finie de telles fonctions) tendant vers 0 pour $|x| \to \infty$. Le théorème d'Abel permet d'affirmer que $\mathrm{C}(\lambda)$ existe et est continue pour $\lambda \neq 0$; de plus on a la majoration :

(V, 1; 12) $$|\mathrm{C}(\lambda)| \leqslant \frac{\left(\displaystyle\int_{-\infty}^{+\infty} |df| = \text{variation totale de } f\right)}{2\pi|\lambda|}$$

donc ici encore $\mathrm{C}(\lambda) \to 0$ pour $|\lambda| \to \infty$.

(Cette majoration, utilisé dans la démonstration du théorème d'Abel, se voit immédiatement si f a une dérivée continue, en intégrant par parties; nous la reverrons plus loin, formule (V, 1; 16).).

3. Formules fondamentales et majorations

Supposons $f \in \mathrm{L}^1$, f continue et dérivable et $f' \in \mathrm{L}_1$. Intégrons par parties pour $\lambda \neq 0$:

(V, 1; 13)
$$\int_{-\mathrm{A}}^{+\mathrm{A}} e^{-2i\pi\lambda x} f(x)\, dx = \left[\frac{e^{-2i\lambda\pi x}}{-2i\pi\lambda} f(x)\right]_{x=-\mathrm{A}}^{x=+\mathrm{A}} - \int_{-\mathrm{A}}^{+\mathrm{A}} \frac{e^{-2i\pi\lambda x}}{-2i\pi\lambda} f'(x)dx.$$

Faisons tendre A vers $+\infty$. Le terme entre crochets tend vers 0. Montrons en effet que $f(x)$ tend vers 0 pour $|x| \to \infty$, on a

$$f(x) - f(0) = \int_0^x f'(t)\, dt;$$

Comme f' est sommable, $f(x)$ a bien une limite finie pour $x \to \pm\infty$, à savoir $f(\pm\infty) = f(0) + \int_0^{\pm\infty} f'(t)\, dt$; mais cette limite ne peut être $\neq 0$ sans quoi f ne serait pas sommable. Le terme représenté par une intégrale a pour limite l'intégrale puisque f' est sommable, d'où finalement

$$\text{(V, 1; 14)} \qquad C(\lambda) = \int_{-\infty}^{+\infty} \frac{e^{-2\pi i\lambda x}}{2\pi i\lambda} f'(x)\, dx \qquad \text{pour} \qquad \lambda \neq 0.$$

Cette formule peut aussi s'écrire :

$$\text{(V, 1; 15)} \qquad 2i\pi\lambda C(\lambda) = \int_{-\infty}^{+\infty} e^{-2i\pi\lambda x} f'(x)\, dx = \mathcal{F}f';$$

elle est alors valable aussi pour $\lambda = 0$ par continuité (les 2 membres sont nuls; le premier parce qu'il contient λ en facteur, le second parce qu'il vaut $\int_{-\infty}^{+\infty} f'(x)\, dx = f(+\infty) - f(-\infty) = 0\Big)$.
On en déduit l'importante majoration

$$\text{(V, 1; 16)} \qquad |2\pi\lambda|\, |C(\lambda)| \leqslant \int_{-\infty}^{+\infty} |f'(x)|\, dx = \|f'\|_{L^1}.$$

Plus généralement, si f est m fois continuement différentiable et si les dérivées d'ordre $\leqslant m$ sont sommables, on a :

$$\text{(V, 1; 17)} \qquad (2i\pi\lambda)^m C(\lambda) = \mathcal{F}f^{(m)}.$$
$$\text{(V, 1; 18)} \qquad |2\pi\lambda|^m |C(\lambda)| \leqslant \|f^{(m)}\|_{L^1}.$$

On a naturellement les mêmes formules avec l'opération $\overline{\mathcal{F}}$, à condition de remplacer $2i\pi\lambda$ par $-2i\pi\lambda$.
Cherchons maintenant si $C(\lambda)$ est dérivable.

$$\text{(V, 1; 19)} \qquad C'(\lambda) = \int_{-\infty}^{+\infty} (-2i\pi x) e^{-2i\pi\lambda x} f(x)\, dx.$$

Cette dérivation sous le signe $\int$ est légitime si l'expression ainsi obtenue est une intégrale convergente, uniformément par rapport à λ lorsque λ parcourt un intervalle fini. Ce sera le cas *si $xf(x)$ est sommable.* On a alors

$$\text{(V, 1; 20)} \qquad C'(\lambda) = \mathcal{F}[-2i\pi x f(x)]$$

Plus généralement, si $x^m f(x)$ est aussi sommable, $C(\lambda)$ est m fois continuement différentiable, et l'on a

$$\text{(V, 1; 21)} \qquad C^{(m)}(\lambda) = \mathcal{F}[(-2i\pi x)^m f(x)]$$

$$\text{(V, 1; 22)} \qquad |C^{(m)}(\lambda)| \leqslant \|(2\pi x)^m f(x)\|_{L^1}.$$

En résumé : *plus $f(x)$ est dérivable (avec des dérivées sommables) plus $C(\lambda)$ est décroissante à l'infini; plus $f(x)$ est décroissante à l'infini plus $C(\lambda)$ est dérivable (avec des dérivées bornées).*

Les mêmes résultats sont valables pour l'opérateur $\overline{\mathcal{F}}$ à condition de ramplacer $-2i\pi x$ par $2i\pi x$.

Nous allons résumer les résultats précédents en un théorème :

Proposition 1. *Toute fonction $f(x)$ sommable a une transformée de Fourier*

$$\text{(V, 1; 23)} \qquad \mathcal{F}f = C, \qquad C(\lambda) = \int_{-\infty}^{+\infty} e^{-2i\pi\lambda x} f(x)\, dx,$$

continue, bornée, tendant vers 0 pour $|\lambda| \to \infty$:

$$\text{(V, 1; 24)} \qquad |C(\lambda)| \leqslant \|f\|_{L^1}.$$

Si f est m fois continuement différentiable et si ses dérivées d'ordre $\leqslant m$ sont sommables, on a

$$\text{(V, 1; 25)} \qquad \mathcal{F}[f^{(m)}] = (2i\pi\lambda)^m C(\lambda),$$
$$|2\pi\lambda|^m |C(\lambda)| \leqslant \|f^{(m)}\|_{L^1}.$$

Si $x^m f(x)$ est sommable, $C(\lambda)$ est m fois continuement différentiable et

$$\text{(V, 1; 26)} \qquad \mathcal{F}[(-2i\pi x)^m f(x)] = C^{(m)}(\lambda),$$
$$|C^{(m)}(\lambda)| \leqslant \|(2\pi x)^m f(x)\|_{L^1}.$$

Nous avons aussi la

Proposition 2. *Si $C(\lambda) = \mathcal{F}[f(x)]$, alors :*

$$\text{(V, 1; 27)} \qquad \frac{1}{|k|} C\left(\frac{\lambda}{k}\right) = \mathcal{F}[f(kx)], \qquad k \text{ réel} \neq 0.$$

En effet, par le changement de variables $kx = \xi$:

$$\mathcal{F}[f(kx)] = \int_{-\infty}^{+\infty} e^{-2i\pi\lambda x} f(kx)\, dx = \int_{-\infty}^{+\infty} e^{-2i\pi\lambda\frac{\xi}{k}} f(\xi)\frac{d\xi}{|k|} = \frac{1}{|k|}\mathrm{C}\left(\frac{\lambda}{k}\right).$$

On a en particulier :

(V, 1 ; 28) $$\mathrm{C}(-\lambda) = \mathcal{F}[f(-x)],$$

et par suite, si f est paire ou impaire, il en est de même de C.

4. Espaces $\mathcal{S}$ des fonctions indéfiniment dérivables dont toutes les dérivées sont à décroissance rapide

L'espace $\mathcal{S}$ est l'espace des fonctions complexes, sur R, indéfiniment dérivables, décroissant quand $|x| \to \infty$, plus rapidement que toute puissance de $1/|x|$, ainsi que chacune de leurs dérivées.

Conséquences

Si $\varphi \in \mathcal{S}$, alors :

1) quels que soit les entiers $\geqslant 0$, l et m, la fonction $x^l\varphi^{(m)}(x)$ est bornée et même sommable, car du fait que $x^{l+2}\varphi^{(m)}(x)$ est bornée par une constante M, on déduit que $x^l\varphi^{(m)}(x)$, bornée par M/x^2 est sommable.

2) Quels que soient les entiers $\geqslant 0$, l et m, d'après la formule de Leibnitz donnant les dérivées d'un produit, $(x^l\varphi(x))^{(m)}$ est bornée et sommable.

Topologie dans l'espace $\mathcal{S}$

Une suite φ_j de fonctions de $\mathcal{S}$ converge vers 0, quand $j \to \infty$, au sens de $\mathcal{S}$ si, quels que soient les entiers $\geqslant 0$, l et m, la suite $x^l\varphi_j^{(m)}(x)$ converge vers 0, uniformément sur R.
Relativement à la transformation de Fourier dans l'espace $\mathcal{S}$, nous avons la :

PROPOSITION 3. *Si $\varphi(x) \in (\mathcal{S})_x$, sa transformée de Fourier $\mathrm{C}(\lambda)$ est dans $(\mathcal{S})_\lambda$. De plus, si des $\varphi_j(x)$ convergent vers 0 dans $(\mathcal{S})_x$, quand $j \to \infty$, alors leurs transformées de Fourier $\mathrm{C}_j(\lambda)$ convergent vers 0, dans $(\mathcal{S})_\lambda$.*

Démonstration

1) Comme $\varphi \in \mathcal{S}$, quel que soit l'entier $l \geqslant 0$, $x^l\varphi(x)$ est sommable, donc d'après la deuxième partie de la proposition 1, $\mathrm{C}(\lambda)$ est indéfiniment dérivable.

2) Quel que soit l'entier $l \geqslant 0$, chaque dérivée de $C(\lambda)$ décroît plus vite, lorsque $|\lambda| \to \infty$, que toute puissance de $1/|\lambda|$. On a d'ailleurs la majoration précise :

$$(V, 1; 29) \qquad |(2\pi\lambda)^m C^{(l)}(\lambda)| \leqslant ||((2i\pi x)^l \varphi(x))^{(m)}||_{L^1}.$$

3) Soit maintenant une suite φ_j qui converge vers 0 au sens de $\mathcal{S}$. On a alors d'après (V, 1; 29)

$$(V, 1; 30) \qquad |(2\pi\lambda)^m C_j^{(l)}(\lambda)| \leqslant ||((2i\pi x)^l \varphi_j(x))^{(m)}||_{L^1}$$

et dans le second membre de cette inégalité, on a une suite de nombres qui converge vers 0, quand $j \to \infty$. Par suite $\lambda^m C_j^{(l)}(\lambda)$ converge vers 0, uniformément sur la droite, quand $j \to \infty$.

C.Q.F.D.

5. Exemples

1) Soit $$f(x) = \begin{cases} 1 & \text{pour } |x| \leqslant A, \\ 0 & \text{pour } |x| > A. \end{cases}$$

Sa transformée de Fourier est

$$(V, 1; 31) \qquad C(\lambda) = \int_{-A}^{+A} e^{-2i\pi\lambda x}\, dx = \frac{\sin 2\pi\lambda A}{\pi\lambda}.$$

Remarquons que f n'est pas continuement différentiable. Cependant, $|\lambda C(\lambda)|$ est borné; mais $|\lambda^2 C(\lambda)|$ n'est pas borné. Comme f est à support borné $x^m f(x)$ est sommable quel que soit m; on vérifie bien que $C(\lambda)$ est indéfiniment dérivable et que chacune de ses dérivées est bornée. On a $||f||_{L^1} = 2\,A$. Précisément $|C(\lambda)| \leqslant 2\,A = C(0)$.

2) $f(x) = e^{-\pi x^2}$.
Alors

$$(V, 1; 32) \qquad C(\lambda) = \int_{-\infty}^{+\infty} e^{-\pi x^2 - 2i\pi\lambda x}\, dx = \int_{-\infty}^{+\infty} e^{-\pi(x+i\lambda)^2 - \pi\lambda^2}\, dx.$$

Pour calculer cette intégrale en x (pour λ fixé) introduisons la variable complexe $Z = x + i\lambda$

$$(V, 1; 33) \qquad C(\lambda) = e^{-\pi\lambda^2} \int_{i\lambda-\infty}^{i\lambda+\infty} e^{-\pi Z^2}\, dZ.$$

La fonction $e^{-\pi Z^2}$ est holomorphe entière, ce qui va nous permettre de changer le chemin d'intégration.

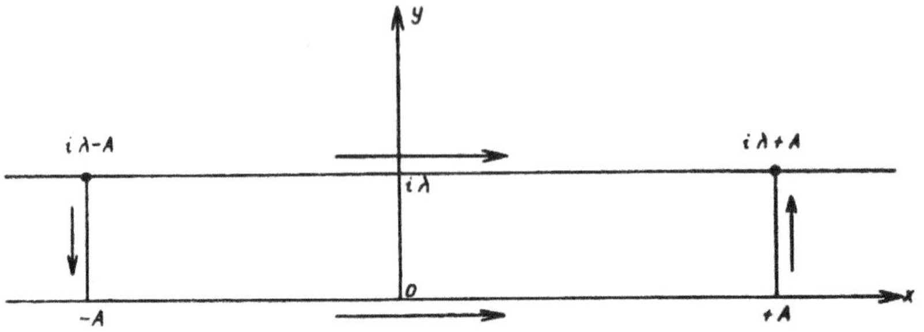

Figure (V, 1)

(V, 1; 34) $$\int_{i\lambda-\infty}^{i\lambda+\infty} = \lim_{A\to\infty}\int_{i\lambda-A}^{i\lambda+A} = \lim_{A\to\infty}\left[\int_{i\lambda-A}^{-A} + \int_{-A}^{+A} + \int_{+A}^{i\lambda+A}\right]$$

La 1re et la 3e intégrale tendent vers 0 pour $A \to \infty$. En effet, considérons par exemple la 3e :

(V, 1; 35) $$\left|\int_{A}^{i\lambda+A} e^{-\pi Z^2}\,dZ\right| = \left|\int_0^{\lambda} e^{-\pi(A^2-y^2)-2i\pi Ay}\,i\,dy\right| \leqslant |\lambda|e^{-\pi(A^2-\lambda^2)}$$

qui, pour λ fixé, tend bien vers 0 pour $A \to \infty$. On a donc

(V, 1; 36) $$C(\lambda) = e^{-\pi\lambda^2}\lim_{A\to\infty}\int_{-A}^{+A} e^{-\pi Z^2}\,dZ = e^{-\pi\lambda^2}\int_{-\infty}^{+\infty} e^{-\pi x^2}\,dx = e^{-\pi\lambda^2}.$$

la dernière intégrale (intégrale de Gauss) étant égale à 1. Finalement

(V, 1; 37) $$\mathcal{F}[e^{-\pi x^2}] = e^{-\pi\lambda^2}.$$

En appliquant la proposition 2, $k > 0$:

(V, 1; 38) $$\mathcal{F}[e^{-kx^2}] = \mathcal{F}\left[e^{-\pi\left(\sqrt{\frac{k}{\pi}}x\right)^2}\right] = \sqrt{\frac{\pi}{k}}\,e^{-\pi\left(\sqrt{\frac{\pi}{k}}\lambda\right)^2} = \sqrt{\frac{\pi}{k}}\,e^{-\frac{\pi^2}{k}\lambda^2}$$

Remarquons que $e^{-\pi x^2} \in \mathcal{S}_x$; on a bien aussi $e^{-\pi\lambda^2} \in \mathcal{S}_\lambda$.

3) $$f(x) = Y(x)e^{-ax}\frac{x^{\alpha-1}}{\Gamma(\alpha)} \quad (\text{pour } \alpha > 0,\ a > 0)$$

(V, 1; 39) $$C(\lambda) = \int_0^{\infty} e^{-ax-2i\pi\lambda x}\frac{x^{\alpha-1}}{\Gamma(\alpha)}\,dx$$

Faisons le changement de variable

(V, 1; 40) $$Z = (a + 2i\pi\lambda)x.$$

Lorsque x parcourt l'axe réel $(0, +\infty)$, Z parcourt la demi-droite complexe $\big(0, (a + 2i\pi\lambda)\infty\big)$. Alors

(V, 1; 41) $$C(\lambda) = \int_0^{(a+2i\pi\lambda)\infty} e^{-Z} \frac{\left(\dfrac{Z}{a+2i\pi\lambda}\right)^{\alpha-1}}{\Gamma(\alpha)} \frac{dZ}{a+2i\pi\lambda} = \left(\frac{1}{a+2i\pi\lambda}\right)^{\alpha} \int_0^{(a+2i\pi\lambda)\infty} e^{-Z} \frac{Z^{\alpha-1}}{\Gamma(\alpha)} dZ$$

la détermination de ζ^α pour $\Re\zeta > 0$ étant choisie, par continuité, à partir de la détermination réelle > 0 pour ζ réel > 0.

Ici encore la fonction $e^{-Z}Z^{\alpha-1}$ est holomorphe pour $\Re Z > 0$, et la considération d'un contour de la forme suivante

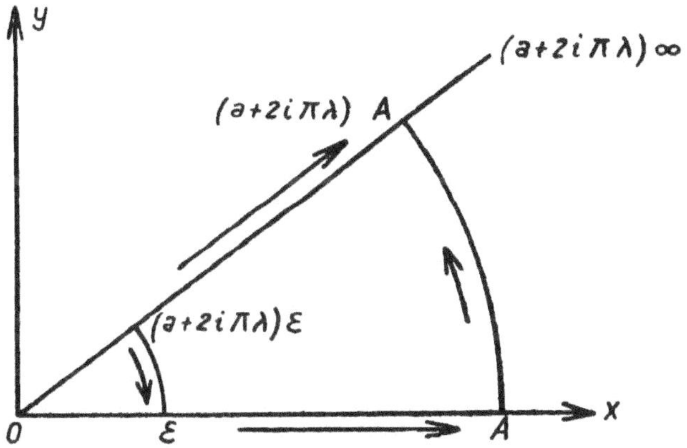

Figure (V, 2)

permet d'écrire

(V, 1; 42) $$\int_0^{(a+2i\pi\lambda)\infty} e^{-Z}Z^{\alpha-1}\, dZ = \lim_{\substack{\varepsilon\to 0\\ A\to\infty}} \int_{(a+2i\pi\lambda)\varepsilon}^{(a+2i\pi\lambda)A} = \lim_{\substack{\varepsilon\to 0\\ A\to\infty}} \left[\int_{(a+2i\pi\lambda)\varepsilon}^{\varepsilon} + \int_{\varepsilon}^{A} + \int_{A}^{(a+2i\pi\lambda)A}\right].$$

La 1re et la 3e intégrale convergent ici encore vers 0 pour $\varepsilon \to 0$,

$A \to \infty$ (le montrer rigoureusement à titre d'exercice) et $\int_L^A$ tend vers $\int_0^\infty$. Alors

$$\text{(V, 1; 43)} \qquad \int_0^{(a+2i\pi\lambda)\infty} e^{-Z} Z^{\alpha-1}\, dZ = \int_0^\infty e^{-x} x^{\alpha-1}\, dx = \Gamma(\alpha)$$

de sorte que

$$\text{(V, 1; 44)} \qquad \mathcal{F}\left[Y(x)\, e^{-ax} \frac{x^{\alpha-1}}{\Gamma(\alpha)}\right] = \left(\frac{1}{a+2i\pi\lambda}\right)^\alpha$$

la détermination étant choisie par continuité à partir de la détermination réelle > 0 de $\frac{1}{a^\alpha}$ pour $\lambda = 0$. D'ailleurs pour $\lambda = 0$, la valeur

$$\text{(V, 1; 45)} \qquad C(0) = \frac{1}{a^\alpha}$$

est immédiate, le changement de variables restant réel; et on sait que, $f(x)$ étant sommable, $C(\lambda)$ doit être continue.
On aura de même grâce à (V, 1; 28) ($-x$ étant égal à $|x|$ pour $x < 0$)

$$\text{(V, 1; 46)} \qquad \mathcal{F}\left[Y(-x) e^{-a|x|} \frac{|x|^{\alpha-1}}{\Gamma(\alpha)}\right] = \left(\frac{1}{a-2i\pi\lambda}\right)^\alpha$$

d'où en additionnant

$$\text{(V, 1; 47)} \qquad \mathcal{F}\left[e^{-a|x|} \frac{|x|^{\alpha-1}}{\Gamma(\alpha)}\right] = \left(\frac{1}{a+2i\pi\lambda}\right)^\alpha + \left(\frac{1}{a-2i\pi\lambda}\right)^\alpha.$$

En particulier, pour $\alpha = 1$:

$$\text{(V, 1; 48)} \qquad \mathcal{F}[e^{-a|x|}] = \frac{2a}{a^2 + 4\pi^2\lambda^2}.$$

2. Transformation de Fourier des distributions d'une seule variable

1. Définition

Cherchons à exprimer $\mathcal{F}f$ en considérant f et $\mathcal{F}f$, non plus comme fonctions, mais comme distributions.

$$\text{(V, 2; 1)} \qquad \langle \mathcal{F}f, \varphi \rangle = \int_{-\infty}^{+\infty} \varphi(\lambda) d\lambda \int_{-\infty}^{+\infty} e^{-2i\pi\lambda x} f(x)\, dx$$
$$= \iint e^{-2i\pi\lambda x} f(x) \varphi(\lambda) dx\, d\lambda$$

formule valable parce que l'intégrale double a un sens : en effet $|e^{-2i\pi\lambda x} f(x)\varphi(\lambda)| = |f(x)|\,|\varphi(\lambda)|$ sommable comme produit d'une fonction sommable de x par une fonction sommable de λ.

On peut donc écrire :

$$(V, 2; 2) \quad \langle \mathcal{F}f, \varphi\rangle = \int_{-\infty}^{+\infty} f(x)\,dx \int_{-\infty}^{+\infty} e^{-2i\pi x\lambda}\varphi(\lambda)d\lambda = \langle f, \mathcal{F}\varphi\rangle$$

Cette formule est même valable lorsque $\varphi \notin \mathcal{D}$, pourvu que $\varphi \in L^1$. Dans ce cas $\mathcal{F}f = C(\lambda)$ est bornée, ainsi que $\mathcal{F}\varphi = \gamma(x)$. Les 2 quantités

$$(V, 2; 3) \qquad \langle \mathcal{F}f, \varphi\rangle = \int_{-\infty}^{+\infty} C(\lambda)\varphi(\lambda)\,d\lambda.$$

$$(V, 2; 4) \qquad \langle f, \mathcal{F}\varphi\rangle = \int_{-\infty}^{+\infty} f(x)\gamma(x)\,dx,$$

ont alors toutes deux un sens et sont égales.

La formule (V, 2; 2) suggère de définir, pour une distribution U_x, la transformée de Fourier $\mathcal{F}U = V_\lambda$, par la formule

$$(V, 2; 5) \quad \langle \mathcal{F}U, \varphi\rangle = \langle U, \mathcal{F}\varphi\rangle \qquad \text{pour toute} \qquad \varphi(\lambda) \in (\mathcal{D})_\lambda.$$

Mais cette formule n'aura pas de sens pour $U \in \mathcal{D}'_x$ quelconque. En effet, si $\varphi \in (\mathcal{D})_\lambda$, $\mathcal{F}\varphi$ n'a aucune raison d'appartenir à $(\mathcal{D})_x$ (nous verrons même, proposition 5, que $\mathcal{F}\varphi$ n'appartient jamais à $(\mathcal{D})_x$, sauf si $\varphi \equiv 0$) de sorte que le deuxième membre de (V, 2; 5) n'a pas de sens. La transformée de Fourier d'une distribution arbitraire n'existe pas. Nous considérerons des distributions particulières.

2. Distributions tempérées. Espace $\mathcal{S}'$

D'après la définition de l'espace $\mathcal{S}$ et de sa topologie, on voit que l'espace $\mathcal{D}$ est contenu dans $\mathcal{S}$, et que si des φ_j convergent vers 0 au sens de $\mathcal{D}$ elles convergent à fortiori vers 0 dans l'espace $\mathcal{S}$.

On appelle alors *distribution tempérée* une distribution T, c'est-à-dire une forme linéaire continue sur $\mathcal{D}$, qui soit prolongeable en une forme linéaire continue sur $\mathcal{S}$.

Exemples.

1) Une fonction f sommable, est tempérée. En effet on peut poser

$$(V, 2; 6) \qquad \langle f, \varphi\rangle = \int_{-\infty}^{+\infty} f(x)\varphi(x)\,dx,$$

l'intégrale ayant un sens dès que φ est bornée; or, une fonction φ appartenant à $\mathcal{S}$ est bornée.

2) Une fonction f bornée est tempérée. En effet (V, 2; 6) a alors un sens dès que $\varphi \in L^1$; or une fonction φ appartenant à $\mathcal{S}$ est sommable. Plus généralement toute fonction $f(x)$ localement sommable à croissance lente, c'est-à-dire telle que

$$\text{(V, 2; 7)} \qquad |f(x)| \leqslant A\,|x|^k \qquad \text{pour} \qquad |x| \to \infty$$

est tempérée; en effet $\varphi \in \mathcal{S}$ vérifie pour $|x| \to \infty$, une inégalité

$$\text{(V, 2; 8)} \qquad |\varphi(x)| < \frac{B}{|x|^{k+2}},$$

donc $|f(x)\,\varphi(x)| \leqslant \dfrac{AB}{|x|^2}$ est sommable.

Le mot de *tempérée* évoque précisément la croissance lente à l'infini.

3) Une distribution T a support borné est tempérée. En effet $\langle T, \varphi \rangle$ a même un sens pour toutes les fonctions φ indéfiniment dérivables, sans restriction de décroissance à l'infini.

4) Si T est tempérée, il en est de même de ses dérivées successives. En effet T′ est définie par

$$\text{(V, 2; 9)} \qquad \langle T', \varphi \rangle = -\langle T, \varphi' \rangle.$$

Or si $\varphi \in \mathcal{S}$, on a aussi $\varphi' \in \mathcal{S}$, donc si T est tempérée, $\langle T, \varphi' \rangle$ a un sens pour $\varphi \in \mathcal{S}$. ce qui montre bien que $\langle T', \varphi \rangle$ a un sens pour $\varphi \in \mathcal{S}$ donc que T′ est tempérée.

5) Si T est tempérée, et si α est un polynôme en x, αT est tempérée. En effet αT est définie par

$$\text{(V, 2; 10)} \qquad \langle \alpha T, \varphi \rangle = \langle T, \alpha\varphi \rangle.$$

Si $\varphi \in \mathcal{S}$, α étant un polynôme, $\alpha\varphi$ est encore dans $\mathcal{S}$; T étant tempérée, $\langle T, \alpha\varphi \rangle$ a un sens, donc $\langle \alpha T, \varphi \rangle$ a un sens et αT est bien tempérée.

6) On démontre aisément qu'une fonction f telle que e^x, qui n'est pas à croissance lente pour $x \to +\infty$, *n'est pas tempérée.*

L'espace des distributions tempérées, dual de l'espace $\mathcal{S}$ sera notée $\mathcal{S}'$.

3. Transformation de Fourier des distributions tempérées

Soit $U_x \in (\mathcal{S}')_x$. Pour $\varphi(\lambda) \in (\mathcal{S})_\lambda$ le deuxième membre de (V, 2; 5) a un sens puisque $\overline{\mathcal{F}}\varphi = \gamma(x)$ est dans $(\mathcal{S})_x$, (proposition 3). De plus si $\varphi_j(\lambda)$ converge vers 0, au sens de $(\mathcal{S})_\lambda$, alors d'après la même proposition 3, $\overline{\mathcal{F}}\varphi_j = \gamma_j(x)$ converge vers 0 au sens de $(\mathcal{S})_x$, et, par suite, $\langle U_x, \overline{\mathcal{F}}\varphi_j \rangle$ converge vers 0. Le second membre de (V, 2; 5) définit donc une forme linéaire continue sur $(\mathcal{S})_\lambda$, donc une distribution tempérée V_λ, qui sera, par définition $\mathcal{F}U$.

Naturellement l'opération $\overline{\mathcal{F}}$ a les mêmes propriétés, on a donc :

Proposition 4. *Si* U_x *est une distribution tempérée, on peut définir* $\mathcal{F}U$ *et* $\overline{\mathcal{F}}U$ *par les formules :*

(V, 2; 11)
$$\langle \mathcal{F}U, \varphi \rangle = \langle U, \mathcal{F}\varphi \rangle$$
$$\langle \overline{\mathcal{F}}U, \varphi \rangle = \langle U, \overline{\mathcal{F}}\varphi \rangle$$

pour toute fonction $\varphi(\lambda) \in (\mathcal{S})_\lambda$. *Alors* $\mathcal{F}U$ *et* $\overline{\mathcal{F}}U$ *sont tempérées.*

Images de Fourier des distributions à support borné

Soit $U_x \in \mathcal{E}'$ (donc $U_x \in \mathcal{S}'$). On peut alors calculer, pour λ fixé,

(V, 2; 12)
$$V(\lambda) = \langle U_x, e^{-2i\pi\lambda x} \rangle.$$

De plus, comme $e^{-2i\pi\lambda x}$ est indéfiniment dérivable en λ et x, on a vu (chapitre III, proposition 1) que $V(\lambda)$ est une fonction indéfiniment dérivable de λ. De plus, même pour λ fixé *complexe*, $e^{-2i\pi\lambda x} \in (\mathcal{E})_x$, donc $V(\lambda)$ existe pour λ complexe, et est indéfiniment dérivable, donc holomorphe entière. Nous allons montrer que cette fonction $V(\lambda)$, considérée pour λ réel, est la transformée de Fourier de U_x; la formule (V, 2; 12) généralise la définition (V, 1; 7) lorsqu'on remplace $f(x)$ par une distribution à support borné, U_x. On a en effet, pour $\varphi(\lambda) \in (\mathcal{S})_\lambda$.

(V, 2; 13)
$$\langle \mathcal{F}U, \varphi \rangle = \langle U, \mathcal{F}\varphi \rangle$$
$$= \langle U_x, \int_{-\infty}^{+\infty} e^{-2i\pi\lambda x}\varphi(\lambda)\, d\lambda \rangle; \qquad \text{par Fubini :}$$
$$= \int_{-\infty}^{+\infty} \langle U_x, \varphi(\lambda)\, e^{-2i\pi\lambda x} \rangle\, d\lambda = \int_{-\infty}^{+\infty} \varphi(\lambda)\, d\lambda \, \langle U_x, e^{-2i\pi\lambda x} \rangle$$
$$= \int_{-\infty}^{+\infty} \varphi(\lambda) V(\lambda)\, d\lambda = \langle V, \varphi \rangle$$

d'où l'on tire bien $\mathcal{F}U = V$.

Exprimons cela par un théorème :

Proposition 5. *Si* U_x *est une distribution à support borné, son image de Fourier est une fonction* $V(\lambda)$, *prolongeable pour les valeurs complexes de* λ *en une fonction holomorphe entière, données par la formule*

(V, 2; 12)
$$V(\lambda) = \langle U_x, e^{-2i\pi\lambda x} \rangle$$

Nous verrons plus loin d'autres exemples, où la transformée de Fourier d'une distribution ou même d'une fonction est une distribution (formule (V, 2; 26)).

Comme cas particulier de la proposition 5, nous voyons que si f est une fonction à support borné, son image de Fourier, donnée alors par (V, 1; 7) est une fonction holomorphe de λ; elle ne peut donc être à support borné sans être nulle; comme nous verrons que $\mathcal{F}\varphi$ ne peut être nulle que si φ est nulle, on voit que si $\varphi(x) \in (\mathcal{D})_x$ n'est pas $\equiv 0$, son image de Fourier n'est jamais dans $(\mathcal{D})_\lambda$.

Images de Fourier des distributions à support ponctuel

La formule (V, 2; 12) donne

(V, 2; 14) $$\mathcal{F}[\delta] = \langle \delta_x,\ e^{-2i\pi\lambda x} \rangle = 1$$

L'image de Fourier de δ est la fonction constante 1.

(V, 2; 15) $$\mathcal{F}\delta' = \langle \delta'_x,\ e^{-2i\pi\lambda x} \rangle = 2i\pi\lambda.$$

(V, 2; 16) $$\mathcal{F}\delta^{(m)} = \langle \delta^{(m)},\ e^{-2i\pi\lambda x} \rangle = (2i\pi\lambda)^m.$$

L'application directe de (V, 2; 11) donnerait le même résultat :

(V, 2; 17) $$\langle \mathcal{F}\delta,\ \varphi \rangle = \langle \delta,\ \mathcal{F}\varphi \rangle = \left\langle \delta_x,\ \int_{-\infty}^{+\infty} e^{-2i\pi\lambda x} \varphi(\lambda)\, d\lambda \right\rangle$$
$$= \int_{-\infty}^{+\infty} \varphi(\lambda)\, d\lambda = \langle 1,\ \varphi \rangle \quad \text{d'où} \quad \mathcal{F}\delta = 1.$$

Enfin

(V, 2; 18) $$\mathcal{F}\big[\delta(x-a)\big] = \langle \delta_{x-a},\ e^{-2i\pi\lambda x} \rangle = e^{-2i\pi a\lambda}.$$

Démonstration de la formule $\mathcal{F}1 = \delta$

Remarquons d'abord que les formules (V, 1; 25) et (V, 1; 26) (sans les majorations) s'étendent aux distributions tempérées. Si $\mathcal{F}U_x = V_\lambda$, on a

(V, 2; 19) $$\mathcal{F}\big[U_x^{(m)}\big] = (2i\pi\lambda)^m V_\lambda.$$

(V, 2; 20) $$\mathcal{F}\big[(-2i\pi x)^m U_x\big] = V_\lambda^{(m)}.$$

Démontrons par exemple la 1re. Soit $\varphi(\lambda) \in \mathcal{S}_\lambda$ et $\gamma(x) = \mathcal{F}\varphi$.

(V, 2; 21) $$\langle \mathcal{F}U_x^{(m)},\ \varphi(\lambda) \rangle = \langle U^{(m)},\ \mathcal{F}\varphi \rangle = \langle U^{(m)},\ \gamma \rangle$$
$$= \langle U,\ (-1)^m \gamma^{(m)} \rangle; \qquad \text{d'après (V, 1; 26)}$$
$$= \big\langle U,\ (-1)^m \mathcal{F}\big[(-2i\pi\lambda)^m \varphi(\lambda)\big] \big\rangle = \langle \mathcal{F}U,\ (2i\pi\lambda)^m \varphi(\lambda) \rangle$$
$$= \langle V_\lambda,\ (2i\pi\lambda)^m \varphi(\lambda) \rangle = \langle (2i\pi\lambda)^m V_\lambda,\ \varphi(\lambda) \rangle.$$

d'où $\mathcal{F}U_x^{(m)} = (2i\pi\lambda)^m V_\lambda$.

La 2e se démontre en utilisant (V, 1; 25).

Appliquons alors (V, 2; 19) avec U = 1 (c'est une fonction bornée, donc tempérée), $m = 1$; on aura, comme la dérivée de 1 est nulle

(V, 2; 22) $$0 = \mathcal{F}[0] = 2i\pi\lambda V_\lambda,$$

(V, 2; 23) $$\lambda V_\lambda = 0.$$

Mais nous avons vu (chapitre II) qu'une distribution V_λ vérifiant (V, 2; 23) est nécessairement proportionnelle à δ. Donc

(V, 2; 24) $$\mathcal{F}1 = C\delta$$

Appliquons alors la définition (V, 2; 11), en prenant une fonction φ particulière, la plus simple fonction de $\mathcal{S}$ dont on connaisse explicitement l'image de Fourier:

$$\varphi(\lambda) = e^{-\pi\lambda^2}, \quad \text{alors} \quad \mathcal{F}\varphi = e^{-\pi x^2}, \quad \text{[formule (V, 1; 37)]}$$

(V, 2; 25) $$\langle \mathcal{F}1, e^{-\pi\lambda^2}\rangle = \langle 1, \mathcal{F}e^{-\pi\lambda^2}\rangle = \langle 1, e^{-\pi x^2}\rangle$$
$$= \int_{-\infty}^{+\infty} e^{-\pi x^2} dx = 1 \quad \text{(intégrale de Gauss).}$$

Or $\langle \delta, e^{-\pi\lambda^2}\rangle = 1$. Donc C = 1, et on a bien

(V, 2; 26) $$\mathcal{F}1 = \delta.$$

Naturellement, la formule étant réelle, donc invariante par changement de i en $-i$, on a aussi

(V, 2; 27) $$\overline{\mathcal{F}}1 = \delta.$$

Formule de réciprocité de Fourier

A la formule (V, 1; 6) est associée la formule (V, 1; 5). Mais elle n'a pas nécessairement un sens en théorie des fonctions; en effet de $f(x) \in L^1$ on déduit que $C(\lambda)$ est bornée, mais non nécessairement sommable (exemple : formule (V, 1; 44) pour $\alpha < 1$) de sorte que (V, 1; 5) n'aura pas de sens.

Remarquons d'ailleurs qu'une formule telle que (V, 1; 5) donnant $f(x)$ pour toute valeur de x serait absurde, puisque un changement des valeurs de f sur un ensemble de mesure nulle n'aurait pas changé $C(\lambda)$.

Par contre, $C(\lambda)$, en tant que fonction bornée est une distribution tempérée, donc admet une image par $\overline{\mathcal{F}}$; cette image est-elle $f(x)$? Il en est bien ainsi. Plus généralement, nous allons voir que si $\mathcal{F}U = V$, on a $\overline{\mathcal{F}}V = U$ (formule dont (V, 2; 27) est un cas particulier, compte tenu de (V, 2; 14)).

Supposons d'abord que $\varphi(x)$ soit une fonction appartenant à $\mathcal{S}_x$ et $\mathcal{F}\varphi = \gamma(\lambda)$. Nous voulons montrer que $\overline{\mathcal{F}}\gamma = \varphi$. Au point a, on a

(V, 2; 28) $$\overline{\mathcal{F}}[\gamma](a) = \int_{-\infty}^{+\infty} e^{+2i\pi\lambda a}\gamma(\lambda)\, d\lambda$$

Remarquons alors que

(V, 2; 29) $$e^{2i\pi\lambda a}\gamma(\lambda) = \int_{-\infty}^{+\infty} e^{-2i\pi\lambda(x-a)}\varphi(x)\, dx;$$

par changement de variables :

$$= \int_{-\infty}^{+\infty} e^{-2i\pi\lambda x}\varphi(x+a)\, dx \doteq \mathcal{F}[\varphi(x+a)].$$

(V, 2; 28) s'écrit donc

(V, 2; 30) $$\begin{aligned} \overline{\mathcal{F}}[\gamma](a) &= \int_{-\infty}^{+\infty} \mathcal{F}[\varphi(x+a)]\, d\lambda = \langle 1, \mathcal{F}[\varphi(x+a)]\rangle \\ &= \langle \mathcal{F}1, \varphi(x+a)\rangle; \qquad \text{d'après (V, 2; 26)} \\ &= \langle \delta, \varphi(x+a)\rangle = \varphi(a). \end{aligned}$$

Ainsi nous avons démontré (V, 1; 5) lorsque $f = \varphi \in \mathcal{S}$. On a donc, pour $\varphi \in \mathcal{S}$

(V, 2; 31) $$\overline{\mathcal{F}}\mathcal{F}\varphi = \varphi \qquad \text{et de même} \qquad \mathcal{F}\overline{\mathcal{F}}\varphi = \varphi.$$

La même formule est alors immédiate pour $U \in \mathcal{S}'$:

(V, 2; 32) $$\begin{aligned} \langle \overline{\mathcal{F}}\mathcal{F}U, \varphi\rangle = \langle \mathcal{F}U, \overline{\mathcal{F}}\varphi \rangle &= \langle U, \mathcal{F}\overline{\mathcal{F}}\varphi\rangle \\ &= \langle U, \varphi\rangle \end{aligned}$$

donc

(V, 2; 33) $$\overline{\mathcal{F}}\mathcal{F}U = U, \qquad \text{et de même} \qquad \mathcal{F}\overline{\mathcal{F}}U = U.$$

Ainsi :

Proposition 6. *Dans les espaces de distributions tempérées, $\overline{\mathcal{F}}$ et $\mathcal{F}$ sont des opérations inverses l'une de l'autre :*

(V, 2; 33) $$\overline{\mathcal{F}}\mathcal{F}U = \mathcal{F}\overline{\mathcal{F}}U = U.$$

Donc si $\mathcal{F}U = V$, on a $\overline{\mathcal{F}}V = U$.

Corollaire. On ne peut avoir $\mathcal{F}U = 0$ que si on a $U = 0$.

En effet, si $V = \mathcal{F}U = 0$, $U = \overline{\mathcal{F}}V = \overline{\mathcal{F}}0$ est bien nulle. Naturellement, si $U = f$ est une fonction, cela prouve seulement que f est nulle en tant que distribution, c'est-à-dire presque partout nulle.

Remarque. Si $f \in L^1$, et si on sait (par exemple grâce à sa connaissance explicite) que $C(\lambda)$ est non seulement bornée, mais sommable, alors $\overline{\mathcal{F}}C(\lambda)$ est la fonction $\int_{-\infty}^{+\infty} C(\lambda)e^{2i\pi\lambda x}\,d\lambda$. La proposition 6 prouve alors que les fonctions $f(x)$ et $\int_{-\infty}^{+\infty} e^{2i\pi\lambda x}C(\lambda)\,d\lambda$ sont égales en tant que distributions, donc presque partout égales. Comme la 2ᵉ est une fonction continue, cela prouve que la fonction $f(x)$ de départ était presque partout égale à une fonction continue : si elle était continue, alors les 2 membres de (V, 1; 5) sont bien identiques. Par ailleurs, si $f \in L^1$ et si, au voisinage d'un point a, f est à variation bornée, on démontre que

$$\text{(V, 2; 34)} \qquad \frac{f(a+0)+f(a-0)}{2} = \lim_{A\to\infty} \int_{-A}^{+A} C(\lambda)e^{2i\pi\lambda a}\,d\lambda$$

La formule d'inversion permet d'inverser les formules (V, 2; 14) (V, 2; 16) et (V, 2; 18)

$$\text{(V, 2; 35)} \qquad \begin{cases} \mathcal{F}1 = \delta, \\ \mathcal{F}[(-2i\pi x)^m] = \delta_\lambda^{(m)}, \\ \mathcal{F}[e^{2i\pi a x}] = \delta_{\lambda-a}. \end{cases}$$

Appliquée à l'exemple (V, 1; 31), pour $a = 0$, (V, 2; 34) donne :

(V, 2; 36)

$$1 = \int_{-\infty}^{+\infty} \frac{\sin 2\pi\lambda A}{\pi\lambda}\,d\lambda \qquad \text{ou} \qquad \int_0^{\infty} \frac{\sin k\lambda}{\lambda}\,d\lambda = \frac{\pi}{2} \quad \text{pour} \quad k > 0.$$

Exercice. En utilisant la méthode des résidus, vérifier la formule de réciprocité pour (V, 1; 48).

$$\text{(V, 2; 37)} \qquad \mathcal{F}\left[\frac{2a}{a^2+4\pi^2x^2}\right] = e^{-a|\lambda|}.$$

Démonstration intuitive rapide de la formule de réciprocité

A partir de $\mathcal{F}1 = \delta$, on donne couramment la démonstration intuitive suivante de la formule de réciprocité. Pour une distribution U, on continue à écrire $U(x)$, et pour son image de Fourier V, on écrit

$$\text{(V, 2; 38)} \qquad V(\lambda) = \int_{-\infty}^{+\infty} e^{-2i\pi\lambda x}\,U(x)\,dx.$$

Alors $\mathcal{F}$V s'écrit

(V, 2; 39) $$\mathcal{F}V = \int_{-\infty}^{+\infty} e^{2\pi i\lambda x} V(\lambda) d\lambda$$
$$= \int_{-\infty}^{+\infty} e^{2i\pi\lambda x} d\lambda \int_{-\infty}^{+\infty} U(\xi)\, e^{-2i\pi\lambda\xi} d\xi.$$

On intervertit l'ordre des intégrations bien que l'intégrale double ne soit jamais sommable; [car $|e^{2i\pi\lambda x}\, U(\xi)\, e^{-2i\pi\lambda\xi}| = |U(\xi)|$, qui, même si U est une fonction sommable en ξ, n'est jamais sommable en ξ, λ :

$$\iint |U(\xi)|\, d\xi\, d\lambda = \int_{-\infty}^{+\infty} d\lambda \int_{-\infty}^{+\infty} |U(\xi)|\, d\xi = +\infty]$$

d'où

(V, 2; 40) $$\int_{-\infty}^{+\infty} U(\xi)\, d\xi \int_{-\infty}^{+\infty} e^{-2i\pi\lambda(\xi - x)}\, d\lambda.$$

Mais l'égalité $\mathcal{F}1 = \delta$ s'écrit (incorrectement)

(V, 2; 41) $$\int_{-\infty}^{+\infty} e^{-2i\pi\lambda X} d\lambda = \delta(X)$$

Alors (V, 2; 40) s'écrit :

(V, 2; 42) $$\mathcal{F}V = \int_{-\infty}^{+\infty} U(\xi)\delta(\xi - x) d\xi = \int_{-\infty}^{\infty} U(\xi)\delta(x - \xi) d\xi = U(x).$$

(Chapitre III, formule (III, 2; 34)).

On peut parvenir à justifier un tel formalisme, mais la justification est peu différente de la démonstration rigoureuse que nous avons donnée. Il n'en reste pas moins que le formalisme ci-dessus est plus direct.

4. Formule de Parseval-Plancherel. La transformation de Fourier dans L^2

Soit $f(x)$ une fonction à support borné, 2 fois continuement différentiable. D'après (V, 1; 18) (pour $m = 2$), $|C(\lambda)|$ est majorée à l'infini par $\frac{1}{\lambda^2}$ donc sommable. On peut donc écrire

(V, 2; 43) $$\int_{-\infty}^{+\infty} |f(x)|^2\, dx = \int_{-\infty}^{+\infty} f(x)\overline{f(x)}\, dx;$$

d'après la formule de réciprocité :

$$= \int_{-\infty}^{+\infty} f(x)\, dx \int_{-\infty}^{+\infty} \overline{C(\lambda)} e^{-2i\pi\lambda x}\, d\lambda = \iint f(x)\overline{C(\lambda)} e^{-2i\pi\lambda x}\, dx\, d\lambda,$$

cette intégrale double ayant un sens en vertu des hypothèses sur f (f est sommable en x, C en λ, donc leur produit est sommable en x, λ). On peut donc intervertir l'ordre des intégrations :

$$(\text{V}, 2; 44) \qquad \begin{aligned} &= \int_{-\infty}^{+\infty} \overline{C(\lambda)}\, d\lambda \int_{-\infty}^{+\infty} f(x) e^{-2i\pi\lambda x}\, dx \\ &= \int_{-\infty}^{+\infty} C(\lambda)\overline{C(\lambda)}\, d\lambda = \int_{-\infty}^{+\infty} |C(\lambda)|^2\, d\lambda. \end{aligned}$$

Autrement dit

$$(\text{V}, 2; 45) \qquad \left\{ \begin{aligned} &\int_{-\infty}^{+\infty} |f(x)|^2\, dx = \int_{-\infty}^{+\infty} |C(\lambda)|^2\, d\lambda, \\ &||f||_{L^2} = ||C||_{L^2}. \end{aligned} \right.$$

Soit maintenant f une fonction quelconque appartenant à L^2. On l'approche (dans L^2, c'est-à-dire en moyenne quadratique) par une suite de fonctions f_n à supports bornés et 2 fois continuement différentiables, et on en déduit que l'image de Fourier de f (au sens des distributions, car une fonction de L^2 est bien tempérée, mais pas nécessairement sommable comme le montre l'exemple

$$f(x) = \frac{1}{\sqrt{1 + x^2}},$$

donc la formule (V, 1; 7) est peut être dénuée de sens) est une fonction $C(\lambda)$ de carré sommable (définie comme distribution, donc seulement presque partout), et l'on a (V, 2; 45). On a une formule analogue en remplaçant $f(x)$ et $\overline{f(x)}$ par $g(x)$ et $\overline{g(x)}$: si f et g sont dans L^2, auquel cas $f\bar{g}$ est sommable (inégalité de Schwarz), et si $C(\lambda)$ et $D(\lambda)$ sont leurs images de Fourier :

$$(\text{V}, 2; 46) \qquad \left\{ \begin{aligned} &\int_{-\infty}^{+\infty} f(x)\,\overline{g(x)}\, dx = \int_{-\infty}^{+\infty} C(\lambda)\,\overline{D(\lambda)}\, d\lambda \\ &\text{ou} \qquad (f, g)_{L^2} = (C, D)_{L^2}. \end{aligned} \right.$$

Résumons ceci en un théorème, qui est le pendant de la proposition analogue de la théorie des séries de Fourier. (Chapitre IV, proposition 6.)

Proposition 7. (*Plancherel-Parseval*) $\mathcal{F}$ et $\overline{\mathcal{F}}$ *sont* 2 *isoméries réciproques entre* L^2_x *et* L^2_λ. *Si* f, g, *sont dans* L^2_x, *leurs images de Fourier (au sens des distributions) sont dans* L^2_λ, *et l'on a* (V, 2; 45) *et* (V, 2; 46).

5. Formule sommatoire de Poisson

Soit U_x la distribution $\sum_{n=-\infty}^{+\infty} \delta_{x-n}$, formée de masses $+1$ en tous les points d'abscisse entière. Cherchons son image de Fourier

(V, 2; 47) $$\mathcal{F}[\delta_{x-n}] = e^{-2i\pi n\lambda}.$$

En admettant la possibilité d'intervertir les signes $\mathcal{F}$ et $\sum$ (facile à justifier ici), on aura donc

(V, 2; 48) $$\mathcal{F} \sum_{n=-\infty}^{+\infty} \delta_{x-n} = \sum_{n=-\infty}^{+\infty} \mathcal{F}\delta_{x-n} = \sum_{n=-\infty}^{+\infty} e^{-2i\pi n\lambda}.$$

Mais, dans la thérorie de la série de Fourier chapitre IV nous avons vu que la somme de cette dernière série est $\sum_{n=-\infty}^{+\infty} \delta_{\lambda-n}$. Donc

(V, 2; 49) $$\mathcal{F}\left[\sum_{n=-\infty}^{+\infty} \delta_{x-n}\right] = \sum_{n=-\infty}^{+\infty} \delta_{\lambda-n}$$

Nous avons là une distribution qui, comme $e^{-\pi x^2}$, est égale à sa transformée de Fourier (au changement près sur le nom de la variable, x ou λ).

En appliquant alors à ce couple de distributions, la définition (V, 2; 11) on voit que si $\varphi(\lambda) \in \mathcal{D}_\lambda$ et si $\gamma(x)$ est sa transformée de Fourier, on aura

(V, 2; 50) $$\sum_{n=-\infty}^{+\infty} \gamma(n) = \left\langle \sum_{n=-\infty}^{+\infty} \delta_{x-n}, \gamma \right\rangle = \left\langle \sum_{n=-\infty}^{+\infty} \delta_{\lambda-n}, \varphi \right\rangle = \sum_{n=-\infty}^{+\infty} \varphi(n)$$

d'où la formule sommatoire de Poisson :

(V, 2; 51) $$\sum_{n=-\infty}^{+\infty} \gamma(n) = \sum_{n=-\infty}^{+\infty} \varphi(n)$$

En appliquant cette formule à $\varphi(x) = e^{-tx^2}$ (formule (V, 1; 38)), on a

(V, 2; 52) $$\sum_{n=-\infty}^{+\infty} e^{-tn^2} = \left[\sum_{n=-\infty}^{+\infty} e^{-\frac{\pi^2}{t}n^2}\right]\sqrt{\frac{\pi}{t}}.$$

Cette formule remarquable (équation fonctionelle des fonctions θ) joue un rôle important dans la théorie des fonctions elliptiques et dans la théorie de l'équation de la chaleur.

6. Transformation de Fourier, multiplication et convolution

Soient S et T deux distributions à support borné. Leurs images de Fourier sont 2 fonctions $C(\lambda)$, $D(\lambda)$, données par (V, 2; 12). $S * T$ est aussi à support borné, et son image de Fourier est donnée par la même formule :

$$\text{(V, 2; 53)} \qquad \mathcal{F}[S * T](\lambda) = \langle S * T, e^{-2i\pi\lambda x}\rangle$$
$$= \langle S_\xi \otimes T_\eta, e^{-2i\pi\lambda(\xi+\eta)} \rangle = \langle S_\xi \otimes T_\eta, e^{-2i\pi\lambda\xi} e^{-2i\pi\lambda\eta}\rangle$$
$$= \langle S_\xi, e^{-2i\pi\lambda\xi}\rangle \langle T_\eta, e^{-2i\pi\lambda\eta}\rangle = C(\lambda)D(\lambda).$$

Nous admettrons que cette formule reste vraie si S est une distribution tempérée quelconque, T une distribution à support borné; $S * T$ a bien un sens, nous admettrons qu'elle est encore tempérée, et que l'on a

$$\text{(V, 2; 54)} \qquad \mathcal{F}(S * T) = C_\lambda D(\lambda).$$

C_λ est alors une distribution, $D(\lambda)$ une fonction indéfiniment dérivable (proposition 5) donc leur produit a un sens. La formule est encore valable dans bien d'autres cas [1]. L'image de Fourier de $S * T$ est le produit multiplicatif des images de S et T. La même formule est évidemment valable avec $\overline{\mathcal{F}}$. Avec la formule de réciprocité, on a alors :

$$\text{(V, 2; 55)} \qquad \begin{aligned} \mathcal{F}[S * T] &= \mathcal{F}S\mathcal{F}T \\ \overline{\mathcal{F}}[S * T] &= \overline{\mathcal{F}}S\overline{\mathcal{F}}T \\ \mathcal{F}[ST] &= \mathcal{F}S * \mathcal{F}T \\ \overline{\mathcal{F}}[ST] &= \overline{\mathcal{F}}S * \overline{\mathcal{F}}T. \end{aligned}$$

Donc

Proposition 8. *La transformation de Fourier transforme convolution en multiplication et multiplication en convolution, et l'on a les formules* (V, 2; 55) *(pourvu que les conditions d'application requises soient vérifiées).*

C'est la propriété essentielle de la transformation de Fourier, et qui est la raison d'être de ses applications, comme pour la série de Fourier, chapitre IV. Les applications sont nombreuses dans les équations intégrales, équations aux dérivées partielles (équation de Laplace,

1. Par exemple si f et g sont dans L^1, alors $f * g$ est aussi dans L^1 et on a $\mathcal{F}(f * g) = \mathcal{F}f\mathcal{F}g$.

équation de la chaleur, équation des ondes, mécanique quantique), dans le calcul des probabilités.

Exemples.

1) Reprenons l'exemple de la formule (V, 1; 44). On a évidemment

$$\text{(V, 2; 56)} \quad \left(\frac{1}{a+2i\pi\lambda}\right)^{\alpha}\left(\frac{1}{a+2i\pi\lambda}\right)^{\beta} = \left(\frac{1}{a+2i\pi\lambda}\right)^{\alpha+\beta}$$

On en déduit

$$\text{(V, 2; 57)} \quad \mathrm{Y}(x)e^{-ax}\frac{x^{\alpha-1}}{\Gamma(\alpha)} * \mathrm{Y}(x)e^{-ax}\frac{x^{\beta-1}}{\Gamma(\beta)} = \mathrm{Y}(x)e^{-ax}\frac{x^{\alpha+\beta-1}}{\Gamma(\alpha+\beta)}$$

qui est la formule (III, 2; 11).

En fait nous avions vu cette formule même pour a complexe quelconque alors pour que $a < 0$ par exemple elle ne peut pas se démontrer par transformation de Fourier, car $\mathrm{Y}(x)e^{|a|x}\dfrac{x^{\alpha-1}}{\Gamma(\alpha)}$ n'est pas tempérée et n'a pas d'image de Fourier. Remarquons qu'ici les 2 distributions considérées au 1er membre de (V, 2; 57) sont des fonctions sommables, mais aucune n'est à support borné.

2) Prenons maintenant l'exemple de la formule (V, 1; 38)

$$\text{(V, 2; 58)} \quad \mathcal{F}\left[\frac{1}{\sigma\sqrt{2\pi}}e^{-\frac{x^2}{2\sigma^2}}\right] = e^{-2\pi^2\sigma^2\lambda^2} (\sigma > 0).$$

Or bien évidemment

$$\text{(V, 2; 59)} \quad e^{-2\pi^2\sigma^2\lambda^2}\, e^{-2\pi^2\tau^2\lambda^2} = e^{-2\pi^2(\sigma^2+\tau^2)\lambda^2}$$

d'où

$$\text{(V, 2; 60)} \quad \frac{1}{\sigma\sqrt{2\pi}}e^{-\frac{x^2}{2\sigma^2}} * \frac{1}{\tau\sqrt{2\pi}}e^{-\frac{x^2}{2\tau^2}} = \frac{1}{\sqrt{\sigma^2+\tau^2}\sqrt{2\pi}}e^{-\frac{x^2}{2(\sigma^2+\tau^2)}}$$

ce qui est la formule (III, 2; 15).

3) La formule (V, 1; 48) nous donne avec la formule (V, 1; 27)

$$\text{(V, 2; 61)} \quad \mathcal{F}\left[\frac{1}{\pi}\frac{a}{x^2+a^2}\right] = e^{-a|2\pi\lambda|}, \qquad a > 0.$$

Or bien évidemment

(V, 2; 62) $$e^{-a|2\pi\lambda|}e^{-b|2\pi\lambda|} = e^{-(a+b)|2\pi\lambda|}.$$

On en déduit

(V, 2; 63) $$\frac{1}{\pi}\frac{a}{x^2+a^2} * \frac{1}{\pi}\frac{b}{x^2+b^2} = \frac{1}{\pi}\frac{a+b}{x^2+(a+b)^2}$$

qui est la formule (III, 2; 23).

4) Le fait que δ soit l'unité de la convolution et que 1 soit l'unité de la multiplication est alors en relation avec $\mathcal{F}\delta = 1$. De même les formules (V, 2; 19) et (V, 2; 20) ne sont autres que l'application de la proposition 8 compte tenu de (V, 2; 16) et (V, 2; 35). Les applications aux équations aux dérivées partielles à coefficients constants résultent du fait qu'il s'agit d'équations de convolution.

Soit à chercher par exemple une solution élémentaire de l'opérateur différentiel $\frac{d^2}{dx^2} - a^2$.

(V, 2; 64) $$E'' - a^2E = \delta.$$

Supposons E tempérée : elle a une image de Fourier C : la transformation de (V, 2; 64) donne

(V, 2; 65) $$(-4\pi^2\lambda^2 - a^2)C_\lambda = 1$$

ou

(V, 2; 66) $$C(\lambda) = \frac{-1}{a^2+4\pi^2\lambda^2}.$$

On trouve donc la solution

(V, 2; 67) $$E_x = \overline{\mathcal{F}}\left[\frac{-1}{a^2+4\pi^2\lambda^2}\right] = -\frac{1}{2a}e^{-a|x|}$$

(formule (V, 1; 48)).

Une vérification directe donne en effet

(V, 2; 68) $$\begin{cases} E' = \left(\dfrac{\text{signe de } x}{2}\right)e^{-a|x|}, \\ E'' = -\dfrac{a}{2}e^{-a|x|} + \delta \end{cases}$$

(à cause de la discontinuité à l'origine) ce qui est (V, 2; 64).

La solution que nous avons trouvée est tout à fait différente de celle du chapitre III (convolution) appartenant à $\mathcal{D}'_+$ (formule (III, 2; 88)) avec $\omega = ia$, d'où $Y(x)\,\dfrac{\operatorname{sh} ax}{a}$; celle-ci n'est pas dans $\mathcal{D}'_+$, mais celle du chapitre III n'était pas tempérée. Nous avons d'ailleurs trouvé *une seule solution* tempérée. En effet, toute autre solution s'obtient en ajoutant à E une solution de l'équation homogène $C_1e^{ax} + C_2e^{-ax}$; une telle solution n'est pas tempérée sauf pour $C_1 = C_2 = 0$, car elle croît exponentiellement soit pour $x \to +\infty$, soit pour $x \to -\infty$, soit dans chacun des 2 cas.

Une équation telle que

(V, 2; 69) $$E'' + a^2E = \delta$$

serait bien plus compliquée à résoudre par ce moyen et a d'ailleurs une infinité de solutions tempérées.

7. Autres écritures de la transformation de Fourier

On écrit souvent la transformation sous une autre forme. Posons, pour $f(x) \in L^1$:

(V, 2; 70) $$D(\lambda) = \frac{1}{h}\int_{-\infty}^{+\infty} e^{-i\omega\lambda x} f(x)\,dx, \quad \omega \text{ réel} \neq 0, \quad h > 0.$$

Alors on a

(V, 2; 71) $$D(\lambda) = \frac{1}{h}\,C\left(\frac{\omega}{2\pi}\lambda\right)$$

C étant l'image de Fourier telle que nous l'avons calculée.

La formule de réciprocité s'écrit alors

(V, 2; 72) $$f(x) = \int_{-\infty}^{+\infty} e^{+2i\pi\mu x} C(\mu)\,d\mu = h\int_{-\infty}^{+\infty} e^{+2i\pi\mu x} D\left(\frac{2\pi}{\omega}\mu\right) d\mu.$$

Posons $\dfrac{2\pi}{\omega}\mu = \lambda$

(V, 2; 73) $$f(x) = \frac{h|\omega|}{2\pi}\int_{-\infty}^{+\infty} e^{+i\omega\lambda x} D(\lambda)\,d\lambda$$

d'où la formule

(V, 2; 74) $$\left.\begin{aligned} D(\lambda) &= \frac{1}{h}\int_{-\infty}^{+\infty} e^{-i\omega\lambda x} f(x)\,dx \\ f(x) &= \frac{1}{k}\int_{-\infty}^{+\infty} e^{+i\omega\lambda x} D(\lambda)\,d\lambda \end{aligned}\right\} hk = \frac{2\pi}{|\omega|}.$$

Les constantes habituellement employées sont

(V, 2; 75)
$$\begin{cases} \omega = \pm 2\pi, \quad h = k = 1, \\ \omega = \pm 1, \quad h = 1, \quad k = 2\pi, \\ \omega = \pm 1, \quad h = k = \sqrt{2\pi}. \end{cases}$$

3. Transformation de Fourier à plusieurs variables

Soit $x = (x_1, x_2, \ldots, x_n) \in \mathrm{R}^n$, $\lambda = (\lambda_1, \lambda_2, \ldots, \lambda_n) \in \mathrm{R}^n$.
Pour $f(x_1, x_2, \ldots, x_n) \in \mathrm{L}^1$, la transformée de Fourier est une fonction $\mathrm{C}(\lambda_1, \lambda_2, \ldots, \lambda_n)$ définie par

(V, 3; 1)
$$\mathrm{C}(\lambda_1, \lambda_2, \ldots, \lambda_n) = \iint_{\mathrm{R}^n} \cdots \int e^{-2i\pi(\lambda_1 x_1 + \lambda_2 x_2 + \cdots + \lambda_n x_n)} f(x_1, x_2, \ldots, x_n)\, dx_1 \ \ldots \ dx_n$$

qu'on écrira encore de façon abrégée

(V, 3; 2)
$$\mathrm{C}(\lambda) = \iint_{\mathrm{R}^n} \cdots \int e^{-2i\pi(\lambda, x)} f(x)\, dx.$$

Les propriétés sont du même type que celles qui correspondent au cas d'une variable.

Dans le cas particulier où $f(x) = f_1(x_1) f_2(x_2) \ldots, f_n(x_n)$, on a évidemment, du fait que

(V, 3; 3)
$$e^{-2i\pi(\lambda_1 x_1 + \cdots + \lambda_n x_n)} = \prod_{j=1}^{n} e^{-2i\pi\lambda_j x_j}$$

(V, 3; 4)
$$\mathrm{C}(\lambda) = \mathcal{F}[f_1 f_2 \ldots f_n] = \mathrm{C}_1(\lambda_1) \ldots \mathrm{C}_n(\lambda_n) = \mathcal{F}[f_1]\mathcal{F}[f_2] \ldots \mathcal{F}[f_n].$$

En particulier, si $r^2 = \sum_{j=1}^{n} x_j^2$, $\rho^2 = \sum_{j=1}^{n} \lambda_j^2$ on a

(V, 3; 5)
$$\mathcal{F}[e^{-\pi r^2}] = e^{-\pi \rho^2} \qquad \text{(formule (V, 1; 37))}.$$

La formule (V, 2; 14) subsiste, mais (V, 2; 16) et (V, 2; 35) sont à remplacer, en se bornant au cas $m = 1$, par

(V, 3; 6)
$$\begin{cases} \mathcal{F}\left[\dfrac{\partial \delta}{\partial x_k}\right] = 2i\pi\lambda_k, \\ \mathcal{F}[-2i\pi x_k] = \dfrac{\partial \delta}{\partial \lambda_k}. \end{cases}$$

La formule (V, 1; 27) est à remplacer par

$$\text{(V, 3; 7)} \qquad \mathcal{F}[f(kx_1, kx_2, \ldots, kx_n)] = \frac{1}{|k|^n} C\left(\frac{\lambda_1}{k}, \ldots, \frac{\lambda_n}{k}\right).$$

Dans l'analogue de la formule (V, 2; 74) on a :

$$\text{(V, 3; 8)} \qquad hk = \left(\frac{2\pi}{\omega}\right)^n.$$

Nous étudierons plus en détail le cas où $f(x_1, \ldots, x_n)$ est fonction seulement de $r = \sqrt{\sum_{j=1}^{n} x_j^2}$.

$$\text{(V, 3; 9)} \qquad f(x_1, \ldots, x_n) = \Phi(r).$$

Montrons qu'alors $C(\lambda_1, \lambda_2, \ldots, \lambda_n)$ est, elle aussi, fonction seulement de $\rho = \sqrt{\sum_{j=1}^{n} \lambda_j^2}$. Il suffit pour cela de montrer que $C(\lambda)$ est invariant par rotation autour de l'origine. Soit S une telle rotation; nous appellerons $S\lambda$ le point μ résultant de λ par la rotation S. On a alors

$$\text{(V, 3; 10)} \qquad C(\mu) = C(S\lambda) = \iint_{R^n} \cdots \int e^{-2i\pi\langle S\lambda, x\rangle} f(x)\, dx.$$

Mais le produit scalaire est invariant par la rotation S^{-1}; donc $\langle S\lambda, x\rangle = \langle S^{-1}S\lambda, S^{-1}x\rangle = \langle \lambda, S^{-1}x\rangle$. Alors

$$\text{(V, 3; 11)} \qquad C(S\lambda) = \iint_{R^n} \cdots \int e^{-2i\pi\langle \lambda, S^{-1}x\rangle} f(x)\, dx.$$

Faisons le changement de variables $S^{-1}x = \xi$. On a $x = S\xi$; le jacobien d'une rotation vaut toujours 1 (conservation des volumes). Alors

$$\text{(V, 3; 12)} \qquad C(S\lambda) = \iint_{R^n} e^{-2i\pi\langle \lambda, \xi\rangle} f(S\xi)\, d\xi.$$

Mais f étant invariante par rotation, $f(S\xi) = f(\xi)$ de sorte que $C(S\lambda) = C(\lambda)$ et C est bien invariante par rotation. On peut écrire $C(\lambda) = \Gamma(\rho)$ [1].

Reste à calculer $\Gamma(\rho)$. Il suffit de faire $\lambda_1 = \rho$, $\lambda_2 = \cdots = \lambda_n = 0$. On obtient

$$\text{(V, 3; 13)} \qquad \Gamma(\rho) = \iint_{R^n} \cdots \int e^{-2i\pi x_1\rho}\, \Phi(\rho)\, dx_1, dx_2 \cdots, dx_n.$$

1. Γ interviendra aussi plus loin avec la signification des intégrales eulériennes, mais aucune confusion n'est à craindre.

Nous utiliserons une proposition du chapitre I, relative au calcul des intégrales multiples par des intégrales sphériques.

(V, 3; 14)
$$\begin{cases} \Gamma(\rho) = \displaystyle\int_0^{+\infty} \mathrm{I}(r)\, dr, \\ \mathrm{I}(r) = \displaystyle\int \Phi(r) e^{-2i\pi\rho x_1}\, d\mathrm{S} \\ \displaystyle\sum_{j=1}^{n} x_j^2 = r^2. \end{cases}$$

Cette intégrale de surface sur la sphère de rayon r se calculera par un découpage en zones. Appelons θ l'angle du rayon vecteur du point $(x_1, \ldots, x_n)$ avec $\mathrm{O}x_1$. L'ensemble des points de la sphère pour lesquels cet angle varie entre θ et $\theta + d\theta$ est une zone; son aire $\big((n-1)$ dimensionnelle$\big)$ est le produit de $r\,d\theta$ par l'aire $\big((n-2)$ dimensionnelle$\big)$ de la section $\big($de rayon $(r \sin\theta)\big)$ de la sphère par le plan $x_1 = r\cos\theta$, laquelle vaut $\dfrac{2\pi^{\frac{n-1}{2}}}{\Gamma\left(\frac{n-1}{2}\right)} (r\sin\theta)^{n-2}$; l'aire de la zone élémentaire est donc

(V, 3; 15)
$$\frac{2\pi^{\frac{n-1}{2}}}{\Gamma\left(\frac{n-1}{2}\right)} (r\sin\theta)^{n-2} r\, d\theta.$$

Sur toute cette zone, la fonction à intégrer dans l'intégrale sphérique $\mathrm{I}(r)$ vaut $e^{-2i\pi\rho r\cos\theta}\,\Phi(r)$, donc la contribution de la zone élémentaire à l'intégrale sphérique est

(V, 3; 16)
$$\frac{2\pi^{\frac{n-1}{2}}}{\Gamma\left(\frac{n-1}{2}\right)} e^{-2i\pi\rho r\cos\theta} (r\sin\theta)^{n-2} \Phi(r) r\, d\theta$$

de sorte que l'intégrale sphérique est finalement

(V, 3; 17)
$$\begin{aligned} \mathrm{I}(r) &= \int_0^{\pi} \frac{2\pi^{\frac{n-1}{2}}}{\Gamma\left(\frac{n-1}{2}\right)} e^{-2i\pi\rho r\cos\theta} (r\sin\theta)^{n-2}\, \Phi(r) r\, d\theta \\ &= r^{n-1}\Phi(r) \frac{2\pi^{\frac{n-1}{2}}}{\Gamma\left(\frac{n-1}{2}\right)} \int_0^{\pi} e^{-2i\pi\rho r\cos\theta} (\sin\theta)^{n-2} d\theta. \end{aligned}$$

On reconnaît dans cette intégrale une fonction de Bessel. Rappelons que

$$(V, 3; 18) \qquad J_\nu(x) = \frac{\left(\frac{x}{2}\right)^\nu}{\sqrt{\pi}\,\Gamma\left(\nu + \frac{1}{2}\right)} \int_0^\pi e^{-ix\cos\theta} \sin^{2\nu}\theta \, d\theta.$$

Avec $\nu = \frac{n-2}{2}$, $x = 2\pi\rho r$, on trouve

$$(V, 3; 19) \qquad J_{\frac{n-2}{2}}(2\pi\rho r) = \frac{\pi^{\frac{n-2}{2}} \rho^{\frac{n-2}{2}} r^{\frac{n-2}{2}}}{\sqrt{\pi}\,\Gamma\left(\frac{n-1}{2}\right)} \int_0^\pi e^{-2i\pi\rho r\cos\theta} (\sin\theta)^{n-2} \, d\theta$$

$$= \frac{\pi^{\frac{n-3}{2}} \rho^{\frac{n-2}{2}} r^{\frac{n-2}{2}}}{\Gamma\left(\frac{n-1}{2}\right)} \int_0^\pi e^{-2i\pi\rho r\cos\theta} (\sin\theta)^{n-2} \, d\theta.$$

On en déduit aussitôt

$$(V, 3; 20) \qquad I(r) = \frac{2\pi}{\rho^{\frac{n-2}{2}}} r^{\frac{n}{2}} J_{\frac{n-2}{2}}(2\pi\rho r)\Phi(r).$$

D'où la formule cherchée, donnant l'image de Fourier $\Gamma(\rho)$ de $\Phi(r)$:

$$(V, 3; 21) \qquad \Gamma(\rho) = \frac{2\pi}{\rho^{\frac{n-2}{2}}} \int_0^{+\infty} r^{\frac{n}{2}} J_{\frac{n-2}{2}}(2\pi\rho r)\, \Phi(r) \, dr.$$

Naturellement, il en est de même pour la transformation $\overline{\mathcal{F}}$, puisque la formule est à coefficients réels, et l'on a la formule de réciprocité :

$$(V, 3; 22) \qquad \Phi(r) = \frac{2\pi}{r^{\frac{n-2}{2}}} \int_0^{+\infty} \rho^{\frac{n}{2}} J_{\frac{n-2}{2}}(2\pi\rho r)\, \Gamma(\rho) \, d\rho.$$

Ces 2 formules réciproques définissent, entre fonctions Φ et Γ des variables r et ρ, la *transformation de Hankel* d'ordre $\frac{n-2}{2}$.

Examinons les cas qui nous intéressent le plus $n = 1, 2, 3$.

Cas $n = 1$. On sait que $J_{-\frac{1}{2}}(x) = \sqrt{\frac{2}{\pi x}} \cos x$. On en déduit

$$(V, 3; 23) \qquad \Gamma(\rho) = 2 \int_0^{+\infty} \cos(2\pi\rho r)\, \Phi(r) \, dr.$$

Cette formule était évidente à priori (et les calculs faits pour l'obtenir devenaient aussi évidents pour $n = 1$). En effet, on fait simplement l'hypothèse que f est paire. Alors $C(\lambda)$ est aussi paire [formule (V, 1; 28)] et la formule directe (V, 1; 7) donne

(V, 3; 24)
$$\begin{aligned} C(\lambda) &= \int_{-\infty}^{+\infty} e^{-2i\pi\lambda x} f(x)\, dx \\ &= \int_{-\infty}^{+\infty} \cos 2\pi\lambda x\, f(x)\, dx \quad \text{(l'intégrale en sinus étant nulle)} \\ &= 2\int_{0}^{\infty} \cos 2\pi\lambda x\, f(x)\, dx \quad \text{ce qui est (V, 3; 23).} \end{aligned}$$

Cas $n = 2$. On obtient

(V, 3; 25) $$\Gamma(\rho) = 2\pi \int_0^{+\infty} r J_0(2\pi\rho r)\, \Phi(r)\, dr.$$

On aurait obtenu aisément cette formule en passant aux coordonnées polaires (r, θ) dans (V, 3; 1) ce que nous avons fait n'est que la généralisation à n quelconque du passage aux coordonnées polaires.

Cas $n = 3$. On sait que $J_{\frac{1}{2}}(x) = \sqrt{\dfrac{2}{\pi x}} \sin x$. D'où

(V, 3; 26) $$\Gamma(\rho) = \frac{2}{\rho} \int_0^{+\infty} r \sin(2\pi\rho r) \Phi(r)\, dr.$$

On voit que d'une façon générale pour n impair interviendront des fonctions trigonométriques, et pour n pair, des fonctions de Bessel d'indice entier.

Exemple. Calculons pour $n = 2$ l'image de Fourier de la fonction Φ égale à 1 pour $r < R$, et à 0 pour $r > R$.

(V, 3; 27) $$\Gamma(\rho) = 2\pi \int_0^{R} r J_0(2\pi\rho r)\, dr.$$

Rappelons que les fonctions de Bessel vérifient la relation de récurrence

(V, 3; 28) $$\frac{d}{dx}\left(x^{\nu} J_{\nu}(\lambda x)\right) = \lambda x^{\nu} J_{\nu-1}(\lambda x).$$

On en déduit

$$\text{(V, 3; 29)} \qquad \frac{d}{dr}\left(r\mathrm{J}_1(2\pi\rho r)\right) = 2\pi\rho r\mathrm{J}_0(2\pi\rho r)$$

de sorte que l'on sait calculer cette intégrale, et

$$\text{(V, 3; 30)} \qquad \Gamma(\rho) = \frac{\mathrm{R}}{\rho}\,\mathrm{J}_1(2\pi\mathrm{R}\rho),$$

formule utilisée dans la théorie de la diffraction et dans bien d'autres questions (et qu'on aurait pu déduire directement de (V, 3; 1) par passage aux coordonnées polaires).

4. Une application physique de l'intégrale de Fourier : résolution de l'équation de la chaleur

Considérons une barre de longueur illimitée, dans laquelle la chaleur soit susceptible de se transmettre seulement par conduction. La chaleur spécifique linéaire est c (capacité calorifique par unité de longueur); la conductibilité calorifique est γ, ce qui signifie que si, en un point d'abscisse x, le gradient de température est θ, la quantité de chaleur qui franchit le point x, de gauche à droite par unité de temps, est $-\gamma\theta$. Enfin on suppose que des sources de chaleurs sont disposées le long de la barre; on dira que la densité de source de chaleur est $\rho(x, t)$ (ρ est de signe quelconque) en un point x à un instant t si la source fournit à l'intervalle $(x, x + dx)$, pendant le temps $(t, t + dt)$, la quantité de chaleur $\rho\, dx\, dt$. En dehors de ces sources, aucun échange de chaleur par rayonnement ou convection n'a lieu avec l'extérieur. Cherchons comment variera au cours du temps la température U aux différents points de la barre. U est fonction inconnue de x et t. Écrivons l'équation des échanges de chaleur de l'intervalle $(x, x + dx)$. Pendant le temps $(t, t + dt)$ il reçoit la chaleur $\rho(x, t)\, dx\, dt$ de la source qui est à son contact et par conduction :

$$\text{(V, 4; 1)} \qquad \left[\gamma\frac{\partial \mathrm{U}}{\partial x}(x + dx,\ t) - \gamma\frac{\partial \mathrm{U}}{\partial x}(x,\ t)\right] dt = +\,\gamma\frac{\partial^2 \mathrm{U}}{\partial x^2}\,dx\,dt,$$

car en un point x le gradient de température est $\dfrac{\partial \mathrm{U}}{\partial x}$.

Finalement la quantité de chaleur reçue est

$$\left(\rho + \gamma \frac{\partial^2 U}{\partial x^2}\right) dx\, dt, \tag{V, 4; 2}$$

donc, l'augmentation de température étant $\frac{\partial U}{\partial t} dt$ et la capacité calorifique $c\, dx$, on a

$$c \frac{\partial U}{\partial t} - \gamma \frac{\partial^2 U}{\partial x^2} = \rho. \tag{V, 4; 3}$$

Cette équation est appelée équation de la chaleur. Nous supposerons qu'elle reste valable même si U et ρ deviennent des distributions.

Le cas où ρ est une distribution est très important :

$\rho(x, t) = \delta(x)$ signifie que la seule source est ponctuelle, placée en O, et qu'elle fournit l'unité de quantité de chaleur par unité de temps; $\rho(x, t) = \delta(x)\, \delta(t)$ signifie que la source est placée en O seulement à l'instant $t = 0$, et qu'à ce seul instant elle fournit au niveau de 0 l'unité de quantité de chaleur.

Le problème de Cauchy pour (V, 4; 3) (dans le cas où il n'y a que des fonctions) consiste à chercher pour $t > 0$ une solution U, pour un second membre $\rho(x, t)$ donné, et une distribution initiale des températures $U(x, 0) = U_0(x)$ donnée.

Nous ferons des raisonnements plus intuitifs que rigoureux, sans en chercher une justification complète.

Appelons $\tilde{U}$, $\tilde{\rho}$, les fonctions U, ρ, prolongées par 0 pour $t < 0$. Alors les formules de dérivation (au sens des distributions) de fonctions discontinues donneront

$$\frac{\partial^2 \tilde{U}}{\partial x^2} = \left\{\frac{\partial^2 \tilde{U}}{\partial x^2}\right\}, \qquad \frac{\partial \tilde{U}}{\partial t} = \left\{\frac{\partial \tilde{U}}{\partial t}\right\} + U_0(x)\delta(t) \tag{V, 4; 4}$$

de sorte que $\tilde{U}$ vérifie l'équation aux dérivées partielles :

$$c \frac{\partial \tilde{U}}{\partial t} - \gamma \frac{\partial^2 \tilde{U}}{\partial x^2} = \tilde{\rho} + c U_0(x)\delta(t). \tag{V, 4; 5}$$

Nous supposerons que pour tout t, ρ, considérée comme fonction de x, est tempérée; elle a donc une image de Fourier, pour t fixé (nulle pour $t < 0$) :

$$\tilde{\sigma}(\lambda, t) = \int_{-\infty}^{+\infty} \tilde{\rho}(x, t) e^{-2i\pi\lambda x}\, dx. \tag{V, 4; 6}$$

Nous supposerons que $U_0(x)$ est tempérée, elle a donc aussi une image de Fourier donnée

(V, 4; 7) $$V_0(\lambda) = \int_{-\infty}^{+\infty} U_0(x) e^{-2i\pi\lambda x}\,dx.$$

Cherchons alors s'il existe une solution du problème de Cauchy qui soit elle aussi, pour tout t, une fonction tempérée de x.

Elle aura alors pour t fixé, une image de Fourier (nulle pour $t < 0$) :

(V, 4; 8) $$\tilde{V}(\lambda, t) = \int_{-\infty}^{+\infty} \tilde{U}(x, t) e^{-2i\pi\lambda x}\,dx.$$

Comme la transformation de Fourier est faite en x seulement, pour t fixé, une dérivation partielle en t restera une dérivation partielle en t $\left(\text{plus précisément l'image de Fourier de } \frac{\partial \tilde{U}}{\partial t} \text{ est } \frac{\partial \tilde{V}}{\partial t}, \text{ par dérivation de (V, 4; 8) sous le signe } \int\right)$, mais une dérivation partielle en x se transformera en multiplication par $2i\pi\lambda$ (formule (V, 2; 19)). Donc $\tilde{V}(\lambda, t)$ vérifiera l'équation

(V, 4; 9) $$c\frac{\partial \tilde{V}}{\partial t} + 4\pi^2\gamma\lambda^2\tilde{V} = \tilde{\sigma}(\lambda, t) + cV_0(\lambda)\delta(t).$$

Nous considérerons maintenant cette équation comme définissant, pour tout λ fixé, une équation différentielle en t (au sens des distributions, puisque $\delta(t)$ y figure); comme toutes les quantités ont leur support dans $t \geq 0$, c'est une équation de convolution dans $(\mathcal{D}'_+)_t$, pour λ fixé. Elle s'écrit, la convolution étant considérée en t pour λ fixé :

(V, 4; 10) $$\left(c\frac{\partial \delta}{\partial t} + 4\pi^2\gamma\lambda^2\delta(t)\right) \underset{(t)}{*} \tilde{V}(\lambda, t) = \tilde{\sigma}(\lambda, t) + cV_0(\lambda)\delta(t).$$

Dans l'algèbre $(\mathcal{D}'_+)_t$, l'inverse de

(V, 4; 11) $$A = c\delta' + 4\pi^2\gamma\lambda^2\delta$$

est (formule (III, 2; 62) ou proposition 14 du chapitre III) :

(V, 4; 12) $$A^{-1} = \frac{Y(t)}{c} e^{-4\pi^2\frac{\gamma}{c}\lambda^2 t}$$

De sorte que (V, 4; 10) se résout par :

$$\text{(V, 4; 13)} \quad \tilde{V}(\lambda, t) = \tilde{\sigma}(\lambda, t) \underset{(t)}{*} \frac{1}{c} Y(t) e^{-4\pi^2 \frac{\Upsilon}{c} \lambda^2 t} + V_0(\lambda) Y(t) e^{-4\pi^2 \frac{\Upsilon}{c} \lambda^2 t}.$$

Le premier produit de convolution si $\tilde{\sigma}(\lambda, t)$ est une fonction de t (pour λ fixé) s'écrit, pour $t > 0$:

$$\text{(V, 4; 14)} \quad \frac{1}{c} \int_0^t \sigma(\lambda, \tau) e^{-4\pi^2 \frac{\Upsilon}{c} \lambda^2 (t-\tau)} d\tau.$$

Mais la formule (V, 4; 13) a l'avantage de pouvoir être écrite même en cas de distributions.

$\tilde{V}(\lambda, t)$ une fois trouvé, une image de Fourier $\overline{\mathcal{F}}$ pour tout t fixé donne $\tilde{U}(x, t)$ (toujours nulle pour $t < 0$ par définition).

Supposons par exemple que la barre soit pour $t < 0$ à la température 0, et qu'à l'instant précis $t = 0$ une source placée en $x = 0$ communique d'un seul coup à la barre une quantité de chaleur unité, Alors $U_0(x) = 0$, $\tilde{\rho}(x, t) = \delta(x)\delta(t)$, donc $V_0(\lambda) = 0$,

$$\tilde{\sigma}(\lambda, t) = \delta(t),$$

la formule (V, 4; 13) donne

$$\text{(V, 4; 15)} \quad \tilde{V}(\lambda, t) = \frac{1}{c} Y(t) e^{-4\pi^2 \frac{\Upsilon}{c} \lambda^2 t}$$

On obtiendra U(x, t) par la formule (V, 1; 38)

$$\text{(V, 4; 16)} \quad \tilde{U}(x, t) = \frac{1}{c} Y(t) \frac{1}{2\sqrt{\frac{\Upsilon}{c} \pi t}} e^{-\frac{x^2}{4 \frac{\Upsilon}{c} t}}$$

C'est ce qu'on appalle la solution élémentaire de l'équation de la chaleur. On remarquera que :

1) Pour $t > 0$, si petit qu'il soit, la température est > 0 sur toute la barre : *la chaleur se répand avec une vitesse infinie.* (Cependant pour $|x|$ très grand, la température reste longtemps très faible.)

2) Pour tout t, la fonction qui représente U a pour courbe représentative (dans le plan des x, U) une courbe en cloche de Gauss.

Le maximum est pour $x = 0$, égal à $U(0, t) = \frac{1}{c} Y(t) \frac{1}{2\sqrt{\frac{\gamma}{c}\pi t}}$.

Dès que la source est appliquée en $x = 0$, la température de ce point devient $+\infty$ puis décroît pour $t > 0$ comme $\frac{1}{\sqrt{t}}$.

En tout point $x \neq 0$, la température tend vers 0 avec t, la courbe en cloche a son maximum d'autant plus accentué en $x = 0$ que t est petit.

Exercices sur le chapitre V

Exercice V-1

1° Soit f et g deux fonctions définies sur R, appartenant à L^1. Montrer que

$$h(x) = f * g = \int_{-\infty}^{+\infty} f(x - y) g(y)\, dy.$$

est aussi dans L^1 et que l'on a

$$\|h\|_{L^1} \leqslant \|f\|_{L^1} \|g\|_{L^1}.$$

2° Montrer directement que

$$\mathcal{F}h = \mathcal{F}f\, \mathcal{F}g.$$

Exercice V-2

1° Montrer que la transformée de Fourier d'une distribution impaire (resp. paire) est une distribution impaire (resp. paire).

2° Trouver toutes les distributions impaires solutions de $xT = 1$.

3° En déduire la transformée de Fourier de $vp.\frac{1}{x}$.

Exercice V-3

Transformée de Fourier de

$$f(x) = \begin{cases} |x| \text{ pour } |x| < 1. \\ 0 \text{ ailleurs.} \end{cases}$$

Vérifier qu'elle est indéfiniment dérivable.

Exercice V-4

On considère la distribution tempérée $|x|$.

1° Calculer $\delta'' * |x|$.

2° En déduire que $\mathcal{F}(|x|)$ est de la forme A $\mathrm{Pf}.\frac{1}{\lambda^2} + C\delta$ où A et C sont des constantes. Déterminer A.

3° Calculer $\frac{d}{dx}\left(vp.\frac{1}{x}\right)$. En déduire $\mathcal{F}\left(\mathrm{Pf}.\frac{1}{x^2}\right)$, et ensuite la valeur de la constante C. (On utilisera la valeur de $\mathcal{F}\left(vp.\frac{1}{x}\right)$ trouvée dans l'exercice V-2).

Exercice V-5

Montrer que si une distribution $T \in \mathcal{S}'$, a pour transformée de Fourier $\mathcal{F}(T) = \sum_{n=-\infty}^{+\infty} c_n \delta_{(n)}$, elle est périodique et que les c_n sont ses coefficients de Fourier.

Exercice V-6.
(Autre démonstration de $\mathcal{F}1 = \delta$).

On munit $\mathcal{S}'$ de la topologie suivante : on dit qu'une famille de distributions T_A, dépendant du paramètre A, converge vers T, dans $\mathcal{S}'$, quand $A \to \infty$, si pour toute $\varphi \in \mathcal{S}$, $\langle T_A, \varphi\rangle \to \langle T, \varphi\rangle$, quand $A \to \infty$.

a) Montrer que si $T_A \to T$ dans $\mathcal{S}'$, alors $\mathcal{F}T_A \to \mathcal{F}T$ dans $\mathcal{S}'$.

b) On considère

$$T_A = \begin{cases} 1 \text{ pour } |x| \leqslant A. \\ 0 \text{ ailleurs.} \end{cases}$$

Calculer $\mathcal{F}T_A$.

c) Montrer que $T_A \to 1$ dans $\mathcal{S}'$, quand $A \to \infty$, et que $\mathcal{F}T_A$, calculé dans *b*), converge vers δ, *dans* $\mathcal{S}'$. En déduire la formule $\mathcal{F}1 = \delta$.

Exercice V-7.
(Interrogation écrite, Paris, 1959).

Première question.
Quelles sont les images de Fourier des fonctions ou distributions suivantes sur la droite :
$\delta_{(a)}$ masse unité au point d'abscisse a?

$$e^{2i\pi x},\ e^{-2i\pi x},\ \cos 2\pi x,\ \sin 2\pi x?$$ [1].

On considère la fonction suivante :

$$f(x) = -\frac{\cos 2\pi x}{\pi^2 x^2} + \frac{\sin 2\pi x}{2\pi^3 x^3}.$$

1. On utilisera le résultat précédent et la formule de réciprocité de Fourier.

Elle est définie pour $x \neq 0$; montrer qu'elle a une limite, que l'on calculera pour $x \to 0$. On pose

$$g(x) = (-2i\pi x)^3 f(x).$$

Quelle est l'image de Fourier D_λ de $g(x)$? En déduire que l'image de Fourier $C(\lambda)$ de $f(x)$ satisfait à une équation différentielle que l'on écrira.

Deuxième question.

Montrer qu'il existe une solution $C_0(\lambda)$ de cette équation différentielle, qui est une fonction de λ, nulle en dehors de l'intervalle $(-1, +1)$. Quelle est la solution générale de cette équation différentielle? En utilisant le fait que $C_0(\lambda)$ est à support borné, et que $f(x)$ est une fonction, monter qu'on a nécessairement $C(\lambda) = C_0(\lambda)$.

Écrire, pour $f(x)$ et $C(\lambda)$, la formule de réciprocité de Fourier. Faire le calcul direct de l'intégrale qui donne $\overline{\mathcal{F}}C(\lambda)$ et retrouver ainsi $f(x)$.

Troisième question.

On considère la fonction $\Gamma(\lambda)$, égale à $C(\lambda)$, dans l'intervalle $(-1, +1)$, et prolongée en dehors de manière à être une fonction périodique de période 2. Montrer que les calculs antérieurs donnent automatiquement ses coefficients de Fourier; écrire sa série de Fourier; on constate qu'elle est convergente. En écrivant sa somme pour $\lambda = 1$, calculer la somme de la série $\sum_{n=1}^{\infty} \frac{1}{n^2}$.

Exercice V-8

On rappelle que si le produit de fonctions holomorphes entières, $U(\lambda)$ $V(\lambda)$ de la variable complexe λ, est nul, alors l'une au moins des deux fonctions $U(\lambda)$ et $V(\lambda)$ est nulle. Utilisant cette propriété, monter que si S et T sont deux distributions, sur la droite R, à support borné (i.e. $\in \mathcal{E}'$) qui vérifient

$$S * T = 0.$$

alors l'une au moins des deux distributions S et T, est nulle. Naturellement ceci devient faux, si l'une au moins des deux distributions n'appartient pas à $\mathcal{E}'$. Exemple : $S = 1 \in \mathcal{D}'$; $T = \delta' \in \mathcal{E}'$, alors $S * T = 0$.

Exercice V-9

On se place sur la droite R. On désigne par H^1 l'espace des fonctions f qui sont dans L^2 ainsi que leur dérivée première $\frac{df}{dx}$ (au sens des distributions), muni du produit scalaire;

$$(1) \quad ((f, g))_1 = (f, g)_{L^2} + \left(\frac{df}{dx}, \frac{dg}{dx}\right)_{L^2} = \int_{-\infty}^{+\infty} f(x)\overline{g(x)}\,dx + \int_{-\infty}^{+\infty} \frac{df}{dx}\frac{\overline{dg}}{dx}\,dx.$$

1) Montrer que H^1, muni du produit scalaire (1), est un espace de Hilbert On désignera par $\|.\|_1$ la norme définie par (1).

2) Montrer le résultat suivant : pour qu'une distribution tempérée f soit dans H^1, il faut et il suffit que

$$(1 + \lambda^2)^{1/2}\hat{f}(\lambda) \in L^2$$

en désignant par $\hat{f}(\lambda)$ la transformée de Fourier de f.

3) On pose pour $f \in H^1$:

$$|||f|||_1 = \|(1 + \lambda^2)^{1/2}\hat{f}(\lambda)\|_{L^2}$$

Montrer que $\|\cdot\|_1$ et $|||\cdot|||_1$, sont deux normes équivalentes, dans H^1.

Exercice V-10

$\mathcal{F}U$, distribution de la variable $y = (y_1, y_2, \ldots, y_n)$ désignera la transformée de Fourier de la distribution U de la variable $x = (x_1, x_2, \ldots, x_n)$. On pose de plus

$$r = \sqrt{x_1^2 + \cdots + x_n^2}, \qquad \rho = \sqrt{y_1^2 + \cdots + y_n^2}$$

k étant un nombre réel, $\frac{n}{2} < k < n$ (n est le nombre de coordonnées), établir la formule :

$$\mathcal{F}\left(\frac{1}{r^k}\right) = \pi^{k-\frac{n}{2}} \frac{\Gamma\left(\frac{n-k}{2}\right)}{\Gamma\left(\frac{k}{2}\right)} \frac{1}{\rho^{n-k}}. \tag{1}$$

On commencera par prouver que $\mathcal{F}(r^{-k})$ est proportionnel à $\rho^{-(n-k)}$. On utilisera ensuite l'égalité

$$\langle f, \mathcal{F}g\rangle = \langle \mathcal{F}f, g\rangle$$

en prenant $f = r^{-k}$ et, pour g, une fonction de $\mathcal{S}$ convenablement choisie. Que se passe-t-il pour $k = \frac{n}{2}$?
Donner une expression simple de $\mathcal{F}(r^{2p})$, $p \geqslant 0$.
On suppose maintenant $n = 1$. On admettra la formule

$$\mathcal{F}(\mathrm{Log}\,|x|) = -\frac{1}{2}\,\mathrm{Pf}\left(\frac{1}{|y|}\right) - (C + \mathrm{Log}\,2\pi)\delta \tag{2}$$

où C est la constante d'Euler et où $\mathrm{Pf}\left(\frac{1}{|y|}\right)$ est la distribution définie par

$$\left\langle \mathrm{Pf}\left(\frac{1}{|y|}\right), \varphi(y)\right\rangle = -\int_0^{\infty} \varphi'(y)\,\mathrm{Log}\,y\,dy + \int_{-\infty}^{0} \varphi'(y)\,\mathrm{Log}\,|y|\,dy$$

$\varphi \in \mathcal{D}$. (Comparer exercice II-14).

Déduire de (2) les expressions de

$$\mathcal{F}\left(vp \cdot \frac{1}{x}\right), \qquad \mathcal{F}\left(\frac{\sin x}{x}\right), \qquad \mathcal{F}(\mathrm{Y}(x)), \qquad \mathcal{F}(\mathrm{Y}(x)x^m),$$

$\mathrm{Y}(x)$ étant la fonction d'Heaviside, et m un entier $\geqslant 1$.

Exercice V-11

On définit les polynômes d'Hermite, $\mathrm{H}_m(x)$ pour m entier positif au nul, par les formules :

(1) $$\frac{d^m}{dx^m}(e^{-2\pi x^2}) = (-1)^m \sqrt{m!}\, 2^{m-\frac{1}{4}} \pi^{\frac{m}{2}} \mathrm{H}_m(x) e^{-2\pi x^2}.$$

On définit les fonctions d'Hermite, $\mathcal{H}_m(x)$, par

(2) $$\mathcal{H}_m(x) = \mathrm{H}_m(x) e^{-\pi x^2}.$$

1re *question.*

a) Calculer $\mathrm{H}_0(x)$, $\mathrm{H}_1(x)$, $\mathrm{H}_2(x)$, $\mathrm{H}_3(x)$.

b) En utilisant le fait que

$$\frac{d}{dx}(e^{-2\pi x^2}) + 4\pi x e^{-2\pi x^2} = 0,$$

montrer que, pour $m \geqslant 1$, on a

$$\frac{d^{m+1}}{dx^{m+1}}(e^{-2\pi x^2}) + 4\pi x \frac{d^m}{dx^m}(e^{-2\pi x^2}) + 4m\pi \frac{d^{m-1}}{dx^{m-1}}(e^{-2\pi x^2}) = 0.$$

En déduire les relations de récurrence :

(3) $$\frac{d}{dx}\left[\mathrm{H}_m(x)\right] = 2\sqrt{m\pi}\, \mathrm{H}_{m-1}(x)$$

et

(4) $$2\sqrt{\pi(m+1)}\, \mathrm{H}_{m+1}(x) - 4\pi x \mathrm{H}_m(x) + 2\sqrt{m\pi}\, \mathrm{H}_{m-1}(x) = 0.$$

c) Montrer que, pour m impair, $\mathrm{H}_m(0)$ est nul, et que, pour m pair, i.e. $m = 2n$, on a

(5) $$\mathrm{H}_{2n}(0) = 2^{\frac{1}{4}} \frac{(-1)^n \sqrt{(2n)!}}{n!\, 2^n}.$$

2e *question.*

a) Montrer que $\mathcal{H}_m(x)$ est un élément de l'espace $\mathcal{S}$ des fonctions à décroissance rapide, et que l'on a

$$\int_{-\infty}^{+\infty} \mathcal{H}_p(x)\mathcal{H}_q(x)\,dx = \begin{cases} 0 & \text{si} \quad p \neq q, \\ 1 & \text{si} \quad p = q. \end{cases} \tag{6}$$

b) On rappelle que la transformée de Fourier $\mathcal{F}[f(x)]$ d'une fonction $f(x)$ est définie par

$$\mathcal{F}[f(x)] = \int_{-\infty}^{+\infty} e^{-2\pi i\lambda x} f(x)\,dx.$$

Montrer que

$$\mathcal{F}\left[e^{-\pi x^2}\right] = e^{-\pi\lambda^2}$$

et en déduire que l'on a

$$\mathcal{F}[\mathcal{H}_m(x)] = (-i)^m \mathcal{H}_m(\lambda). \tag{7}$$

3e *question.*

T étant une distribution tempérée, on appellera développement de T en fonctions d'Hermite la série

$$\sum_{m=0}^{\infty} a_m(\mathrm{T})\mathcal{H}_m$$

avec

$$a_m(\mathrm{T}) = \langle \mathrm{T}, \mathcal{H}_m \rangle.$$

a) Écrire le développement de la mesure de Dirac δ en fonctions d'Hermite.

b) Pour toute distribution tempérée T, on considère les transformations $\mathcal{C}_+$ et $\mathcal{C}_-$ définies par

$$\mathcal{C}_+(\mathrm{T}) = \frac{d\mathrm{T}}{dx} + 2\pi x\mathrm{T}, \tag{8}$$

$$\mathcal{C}_-(\mathrm{T}) = -\frac{d\mathrm{T}}{dx} + 2\pi x\mathrm{T}. \tag{9}$$

Les transformations (8) et (9), sont en particulier définies pour toute fonction de l'espace $\mathcal{S}$. Montrer en utilisant les formules (3) et (4) que l'on a

$$\mathcal{C}_+(\mathcal{H}_m) = 2\sqrt{\pi m}\,\mathcal{H}_{m-1} \quad \text{pour} \quad m \geqslant 1$$
$$\mathcal{C}_-(\mathcal{H}_m) = 2\sqrt{\pi(m+1)}\,\mathcal{H}_{m+1} \quad \text{pour} \quad m \geqslant 0$$

Montrer que le développement de δ en fonctions d'Hermite, trouvé précédemment, converge dans $\mathcal{S}'$ vers une distribution S, calculer $\mathcal{C}_{+}$ (S), $\mathcal{C}_{-}$ (S), et en déduire que S est de la forme Cδ. Montrer alors en utilisant les formules (6), que C = 1.

c) En déduire, en utilisant la formule (7), la valeur de l'intégrale

$$\int_{-\infty}^{+\infty} \mathcal{H}_m(\lambda)\, d\lambda.$$

Exercice V-12

Dans le plan (x, t) on désigne par (C) le cône

$$v^2t^2 - x^2 \geqslant 0\,;\, t \geqslant 0,$$

où v est une constante donnée.
On désigne par $E_x(t)$ la distribution, égale à $v/2$ dans le cône, et à 0 ailleurs.

1° Calculer, pour t fixé, la transformée de Fourier $\hat{E}_\lambda(t)$, de $E_x(t)$, par rapport à x.

2° En utilisant une transformation de Fourier par rapport à la seule variable x, trouver une solution élémentaire tempérée de l'opérateur

$$\frac{1}{v^2}\frac{\partial^2}{\partial t^2} - \frac{\partial^2}{\partial x^2}.$$

On comparera le résultat avec l'exercice II-20.

Chapitre VI

Transformation de Laplace

1. Transformation de Laplace des fonctions

On appelle ainsi la transformation qui, à toute fonction complexe $f(t)$ localement sommable, de la variable réelle t, nulle pour $t < 0$ et vérifiant en outre des conditions restrictives convenables, fait correspondre la fonction holomorphe $F(p)$ de la variable complexe p définie par l'intégrale.

(VI, 1; 1) $$F(p) = \int_0^{+\infty} f(t)e^{-pt}\,dt.$$

On écrit alors

(VI, 1; 2) $$f(t) \sqsupset F(p)$$

$f(t)$ est l'originale, $F(p)$ l'image. On appelle (VI, 1; 1) l'intégrale de Laplace.

Abscisse de convergence absolue

Le module de $f(t)e^{-pt}$ est $|f(t)|e^{-\xi t}$, si l'on pose $p = \xi + i\eta$. La sommabilité (ou convergence absolue) de l'intégrale (VI, 1; 1) ne dépend donc que de la partie réelle ξ de p.

Proposition 1. *Si pour $\xi = \xi_0$, l'intégrale* (VI, 1; 1) *est sommable, il en est de même pour $\xi \geqslant \xi_0$, et uniformément par rapport à p.* En effet, pour $\xi \geqslant \xi_0$, $|f(t)|e^{-\xi t} \leqslant |f(t)|e^{-\xi_0 t}$.

Corollaire. Il existe un nombre réel a, de signe quelconque, tel que pour $\xi > a$, l'intégrale (VI, 1; 1) *soit sommable et que pour $\xi < a$ elle ne le soit pas.*

Appelons en effet a la borne inférieure des nombres ξ pour lesquels $|f(t)|e^{-\xi t}$ est sommable. Si $\xi > a$ d'après la définition de a il existe ξ_0 entre a et ξ tel que $f(t)e^{-\xi_0 t}$ soit sommable; donc aussi $|f(t)|e^{-\xi t}$ d'après la proposition 1. Si maintenant $\xi < a$, soit ξ_1 entre ξ et a. Alors $|f(t)|e^{-\xi t}$ n'est pas sommable, sans quoi $|f(t)|e^{-\xi_1 t}$ le serait aussi d'après la proposition 1, ce qui serait contraire à la définition de a. En somme, a est défini par la *coupure* entre les ξ pour lesquels (VI, 1; 1) est sommable et ceux pour lesquels elle ne l'est pas.

Remarquons que pour $\xi = a$, l'intégrale peut être sommable ou non sommable.

a s'appelle abscisse de sommabilité ou de convergence absolue de l'intégrale de Laplace. Le domaine $\xi > a$ est le domaine de sommabilité de l'intégrale de Laplace.

Si $a = -\infty$, l'intégrale (VI, 1; 1) est sommable quelle que soit la valeur (complexe) de p. Si au contraire $a = +\infty$, (VI, 1; 1) n'est jamais sommable.

PROPOSITION 2. *Si f est localement sommable et vérifie pour $t \geqslant t_0 \geqslant 0$ la majoration*

$$|f(t)| \leqslant Ae^{kt}, \qquad A > 0, \quad k \text{ réel (de signe quelconque)}, \tag{VI, 1; 3}$$

l'abscisse de sommabilité a est $\leqslant k$.

Nous devons montrer que pour $\xi > k$, (VI, 1; 1) est sommable. Pour $t \geqslant t_0$ on a

$$|f(t)|\, e^{-\xi t} \leqslant Ae^{-(\xi - k)t} \tag{VI, 1; 4}$$

et le second membre est sommable puisque $\xi - k > 0$. Donc $|f(t)|\, e^{-\xi t}$ est sommable de t_0 à $+\infty$. Mais elle l'est aussi de 0 à t_0 puisque f est localement sommable, donc de 0 à $+\infty$, ce qu'il fallait démontrer.

En particulier, si f est bornée l'abscisse de sommabilité a est $\leqslant 0$, autrement dit (VI, 1; 1) est sommable pour $\xi > 0$.

Si f est localement sommable et à *support compact* (donc sommable), la majoration ci-dessus est valable quel que soit k (et même avec $A = 0$) pour $t \geqslant t_0$ assez grand donc $a = -\infty$; $F(p)$ est définie pour toute valeur de p. Cela se produira plus généralement si, *quelque que soit* $k < 0$, f admet une majoration (VI, 1; 3) pour t assez grand. Par exemple pour

$$f(t) = Y(t)\, e^{-t^2} \tag{VI, 1; 5}$$

l'abscisse de sommabilité est $-\infty$.

Au contraire si $f(t)$ est la fonction

$$f(t) = Y(t) e^{t^2} \tag{VI, 1; 6}$$

l'intégrale (VI, 1; 1) n'est jamais sommable, $a = +\infty$.

Proposition 3. *Si a est l'abscisse de sommabilité de l'intégrale de Laplace de f, $F(p)$ est holomorphe pour $\xi > a$, et on a les formules*

$$(VI, 1; 7) \quad F^{(m)}(p) = \int_0^\infty f(t)\,(-t)^m e^{-pt}\,dt \qquad \text{pour} \qquad \xi > a.$$

Autrement dit

$$(VI, 1; 8) \qquad (-t)^m f(t) \sqsupset F^{(m)}(p)$$

et l'abscisse de sommabilité de l'intégrale de Laplace de $(-t)^m f(t)$ est la même que celle de l'intégrale de Laplace de $f(t)$.

Montrons d'abord la dernière partie du théorème. Comme f est toujours supposée localement sommable, il suffit de raisonner pour $t \geqslant 1$; alors $t^m \geqslant 1$, donc la sommabilité de $(-t)^m f(t) e^{-\xi t}$ entraîne celle de $f(t)e^{-\xi t}$, autrement dit l'abscisse de sommabilité relative à $(-t)^m f(t)$ est au moins égale à a.

Par ailleurs, quel que soit $\varepsilon > 0$, $t^m \leqslant e^{\varepsilon t}$ pour t assez grand; donc $|(-t)^m f(t) e^{-\xi t}| \leqslant |f(t)| e^{-(\xi-\varepsilon)t}$ pour t assez grand; pour $\xi - \varepsilon > a$ ou $\xi > a + \varepsilon$ cette expression est donc sommable, donc l'abscisse de sommabilité relative à $(-t)^m f(t)$ est $\leqslant a + \varepsilon$, et comme c'est vrai quel que soit $\varepsilon > 0$, elle est $\leqslant a$, donc finalement égale à a. La première partie du théorème est alors évidente. Car $F(p)$ étant donnée par l'intégrale (VI, 1; 1) on aura le droit de la dériver sous le signe $\int$ par rapport à p si l'intégrale ainsi dérivée est uniformément sommable, ce qui est précisément vrai pour $\xi > a$, d'où la formule (VI, 1; 7) équivalente à (VI, 1; 8). $F(p)$ étant dérivable par rapport à la variable complexe p pour $\xi > a$, est *holomorphe* dans ce domaine.

Il y a des cas intéressants dans la pratique où l'intégrale de Laplace est convergente mais non sommable (donc semi-convergente.) Mais nous ne nous en occuperons pas ici.

2. Transformation de Laplace des distributions

1. Définition

Si on modifie f sur un ensemble de mesure nulle, son intégrale de Laplace $F(p)$ n'est pas modifiée. Donc, en réalité, $F(p)$ est attachée à la classe de la fonction f, c'est-à-dire à la distribution définie par la fonction localement sommable f.

Plus généralement, soit T une distribution sur l'axe réel, de la variable t, de support contenu dans la demi-droite $t \geqslant 0$, donc

$T \in \mathcal{D}'_+$. Supposons en outre qu'il existe ξ_0, tel que pour $\xi > \xi_0$, on ait $e^{-\xi t}T \in \mathcal{S}'$. Alors T admet une transformée de Laplace

$$\text{(VI, 2; 1)} \quad \mathcal{T}(p) = \langle T, e^{-pt} \rangle \quad \text{définie pour} \quad \xi > \xi_0.$$

En effet, soit $\alpha(t)$ une fonction indéfiniment dérivable à support limité à gauche, et égale à 1 sur un voisinage du support de T. Pour $\xi > \xi_0$, il existe ξ_1 vérifiant $\xi_0 < \xi_1 < \xi$. Alors $e^{-\xi_1 t}T \in \mathcal{S}'$ et $\alpha(t)e^{-(p-\xi_1)t} \in \mathcal{S}$ par suite, l'expression

$$\langle e^{-\xi_1 t}T, \ \alpha(t)e^{-(p-\xi_1)t} \rangle,$$

a un sens. Cette expression est indépendante de ξ_1 et donne *par définition* ce que nous appelons $\langle T, e^{-pt} \rangle$.

Remarquons que la définition (VI, 2; 1) est bien une généralisation raisonnable de (VI, 1; 1). Nous avons été amenés à faire sur T un certain nombre de restrictions, car e^{-pt} est bien une fonction indéfiniment dérivable de t, mais son support n'est pas borné, de sorte que le second membre de (VI, 2, 1) n'a pas de sens si T est une distribution quelconque.

On démontre que $\mathcal{T}(p)$ est une fonction holomorphe de p, pour $\xi > \xi_0$, et qu'ici encore, on a

$$\text{(VI, 2; 2)} \qquad (-t)^m T \sqsupset \mathcal{T}^{(m)}(p).$$

Bien entendu la transformation de Laplace est linéaire : si $S \sqsupset \mathcal{S}(p)$ pour $\xi > b_1$, et $T \sqsupset \mathcal{T}(p)$ pour $\xi > b_2$, alors $S + T \sqsupset \mathcal{S}(p) + \mathcal{T}(p)$ pour $\xi > \max(b_1, b_2)$ et $\lambda S \sqsupset \lambda \mathcal{S}(p)$ pour $\xi > b_1$.

2. Exemples de transformées de Laplace

1) On a

$$\text{(VI, 2; 3)} \qquad \begin{cases} \delta \sqsupset 1 \\ \delta^{(m)} \sqsupset p^m, & m \text{ entier} \geqslant 0 \\ \delta_{t-a} \sqsupset e^{-ap} \end{cases}$$

Ces formules résultent aussitôt de (VI, 2; 1). Elles sont valables pour tout p, puisqu'il s'agit de distributions à support borné.

2) Soit T la distribution formée de masses C_n ($n = 0, 1, 2, \ldots$) aux points d'abscisse entière 0, 1, 2, ... Alors.

$$\delta_{t-n} \sqsupset e^{-np}$$

donne

$$\text{(VI, 2; 4)} \qquad \sum_{n=0}^{\infty} C_n \delta_{t-n} \sqsupset \sum_{n=0}^{\infty} C_n e^{-np}.$$

Posons $e^{-p} = Z$, le second membre s'écrit

$$\sum_{n=0}^{\infty} C_n Z^n. \tag{VI, 2; 5}$$

Ainsi, une série entière est, à un changement de variable près, une transformée de Laplace. Le domaine de définition qui était un demi-plan, devient, par ce changement de variables, un cercle de convergence.

3) $$Y(t) \sqsupset \frac{1}{p} \qquad \text{pour} \qquad \xi > 0$$

$$Y(t)\frac{t^{\alpha-1}}{\Gamma(\alpha)} \sqsupset \frac{1}{p^\alpha}, \qquad \alpha > 0 \qquad \text{pour} \qquad \xi > 0, \tag{VI, 2; 6}$$

$$Y(t)e^{\lambda t}\frac{t^{\alpha-1}}{\Gamma(\alpha)} \sqsupset \frac{1}{(p-\lambda)^\alpha}, \qquad \alpha > 0, \qquad \xi > \Re\lambda.$$

La détermination à choisir pour $(p - \lambda)^\alpha$, dans le demi-plan $\xi > \Re\lambda$, est celle qui, pour $p - \lambda$ réel, a une valeur réelle > 0, et qui est continue pour $\xi > \Re\lambda$.

La 2e formule (VI, 2; 3) et la 3e formule (VI, 2; 6) pour α entier, permettent, par décomposition en éléments simples, de trouver un original pour toute fraction rationnelle en $p : \dfrac{P(p)}{Q(p)}$.

Il est bon de remarquer qu'au chapitre III, § 2 nous avons appelé p la distribution δ' et $\dfrac{1}{(p-\lambda)^\alpha}$ pour α entier, la fonction $Y(t)\, e^{\lambda t}\dfrac{t^{\alpha-1}}{\Gamma(\alpha)}$.

A ce moment p était une lettre désignant δ'.

Ici notre conception n'est plus la même. δ' a pour image de Laplace, p, et $Y(t)\, e^{\lambda t}\dfrac{t^{\alpha-1}}{\Gamma(\alpha)}$ a pour image $\dfrac{1}{(p-\lambda)^\alpha}$, comme *fonction holomorphe de la variable complexe p*. Mais l'utilisation est la même : transformation de la convolution en multiplication.

Démontrons par exemple la deuxième formule (VI, 2; 6)

$$F(p) = \int_0^\infty \frac{t^{\alpha-1}}{\Gamma(\alpha)} e^{-pt}\, dt. \tag{VI, 2; 7}$$

L'intégrale est sommable au voisinage de 0 puisque $\alpha > 0$. Elle est sommable à l'infini pour $\xi > 0$, et non sommable pour $\xi \leqslant 0$; il se trouve que le demi-plan d'holomorphie n'est pas plus grand que celui de sommabilité, comme le montrera l'existence de la singularité $p = 0$ de $F(p)$.

Si p est réel, $p = \xi$, on peut faire le changement de variables $\xi t = u$, ce qui donne

$$\text{(VI, 2; 8)} \qquad F(p) = \frac{1}{\Gamma(\alpha)\,\xi^\alpha}\int_0^\infty e^{-u}u^{\alpha-1}\,du = \frac{1}{\xi^\alpha}.$$

Si p est complexe, on remarquera que $F(p)$ doit être une fonction holomorphe de p pour $\xi > 0$; cette fonction devant être égale à $\frac{1}{p^\alpha} = \frac{1}{\xi^\alpha}$ pour $p = \xi$ réel, ne peut être que $\frac{1}{p^\alpha}$ avec la détermination indiquée. On peut aussi le voir directement.

Le même changement de variables $pt = u$ mènerait à une intégration dans le plan complexe; si nous appelons θ l'argument de p :

$$\text{(VI, 2; 9)} \qquad F(p) = \frac{1}{\Gamma(\alpha)\,p^\alpha}\int_0^{e^{i\theta}\infty} e^{-u}u^{\alpha-1}\,du.$$

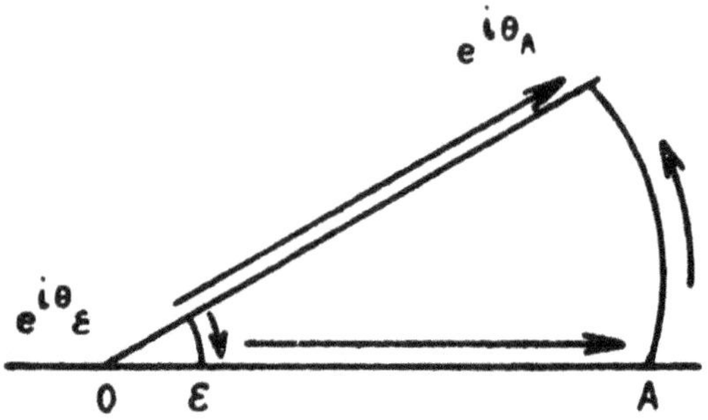

Figure (VI, 1)

On vérifie sans peine qu'on peut remplacer l'intégrale

$$\int_0^{e^{i\theta}\infty} = \lim_{\substack{A\to\infty\\ \varepsilon\to 0}} \int_{e^{i\theta}\varepsilon}^{e^{i\theta}A}$$

par une intégrale

$$\lim_{\varepsilon\to 0}\int_{e^{i\theta}\varepsilon}^{\varepsilon} + \lim_{\substack{\varepsilon\to 0\\ A\to\infty}}\int_\varepsilon^A + \lim_{A\to\infty}\int_A^{e^{i\theta}A} = \int_0^\infty$$

de sorte qu'on a encore

$$\text{(VI, 2; 10)} \qquad \int_0^{e^{i\theta}\infty} e^{-u}u^{\alpha-1}\,du = \Gamma(\alpha)$$

et

(VI, 2; 11) $$F(p) = \frac{1}{p^\alpha}.$$

La détermination de p^α qui intervient ici résulte du changement de variables; elle est telle que $p^\alpha t^\alpha = u^\alpha$ ait l'argument $\alpha\theta$, donc que p^α lui aussi ait l'argument $\alpha\theta$: $p^\alpha = |p|^\alpha e^{i\theta\alpha}$; ou encore elle s'obtient par continuité dans le demi-plan $\xi > 0$ à partir de la détermination réelle > 0 pour $p = \xi$ réel > 0.

Prenons en particulier $\alpha = 1$, $\lambda = \pm i\omega$:

(VI, 2; 12) $$\begin{cases} Y(t)e^{i\omega t} \sqsupset \dfrac{1}{p - i\omega} & \text{pour } \xi > 0 \\ Y(t)e^{-i\omega t} \sqsupset \dfrac{1}{p + i\omega} & \text{pour } \xi > 0 \end{cases}$$

d'où

(VI, 2; 13) $$\begin{cases} Y(t) \cos \omega t \sqsupset \dfrac{p}{p^2 + \omega^2} & \text{pour } \xi > 0 \\ Y(t) \sin \omega t \sqsupset \dfrac{\omega}{p^2 + \omega^2} & \text{pour } \xi > 0 \end{cases}$$

4) Nous allons montrer la formule

(VI, 2; 14) $$Y(t) J_0(t) \sqsupset \frac{1}{\sqrt{p^2 + 1}} \quad \text{pour } \xi > 0$$

J_0 étant la fonction de Bessel; la détermination de

$$\sqrt{p^2 + 1} = \sqrt{(p + i)(p - i)}$$

est celle qui, dans le demi-plan d'holomorphie $\xi > 0$ varie continuement à partir de la détermination réelle > 0 pour $p = \xi$ réel > 0. Nous devons calculer

(VI, 2; 15) $$F(p) = \int_0^\infty J_0(t) e^{-pt}\, dt.$$

On sait que pour $t \geqslant 0$, $J_0(t)$ est majorée par 1, donc l'intégrale est sûrement sommable pour $\xi > 0$. En vertu de l'évaluation asymptotique

(VI, 2; 16) $$J_0(t) \# \sqrt{\frac{2}{\pi t}} \cos\left(t - \frac{\pi}{4}\right),$$

elle n'est pas sommable pour $\xi = 0$. Le demi-plan d'holomorphie n'est d'ailleurs pas plus grand que le demi-plan de sommabilité

$\xi > 0$, comme le montrera l'existence des singularités $p = \pm i$ pour $F(p)$.

Utilisons par exemple le développement en série de $J_0(t)$:

$$\text{(VI, 2; 17)} \qquad J_0(t) = \sum_{m=0}^{\infty} \frac{(-1)^m \left(\frac{t}{2}\right)^{2m}}{(m\,!)^2}$$

Intégrons $F(p)$ terme à terme, en supposant que ce soit légitime :

$$\begin{aligned}
\text{(VI, 2; 18)} \quad F(p) &= \sum_{m=0}^{\infty} \frac{(-1)^m}{(m\,!)^2\, 2^{2m}} \int_0^{\infty} t^{2m} e^{-pt}\, dt \\
&= \sum_{m=0}^{\infty} \frac{(-1)^m}{(m\,!)^2} \frac{1}{2^{2m}} \frac{(2m)\,!}{p^{2m+1}} \\
&= \sum_{m=0}^{\infty} \frac{1.3.5\ldots(2m-1)}{2.4.6\ldots 2m} \frac{(-1)^m}{p^{2m+1}} \\
&= \sum_{m=0}^{\infty} \frac{\left(-\frac{1}{2}\right)\left(-\frac{1}{2}-1\right)\ldots\left(-\frac{1}{2}-m+1\right)}{m\,!} \frac{1}{p^{2m+1}}.
\end{aligned}$$

La série du dernier membre est la série du binôme, elle est convergente pour $|p| > 1$, ce qui donne dans ce cas

$$\text{(VI, 2; 19)} \quad F(p) = \frac{1}{p}\left(1 + \frac{1}{p^2}\right)^{-\frac{1}{2}} = \frac{1}{p} \frac{1}{\sqrt{1 + \frac{1}{p^2}}} = \frac{1}{\sqrt{p^2+1}}$$

avec la détermination indiquée.

Le calcul est légitime si l'on obtient une *quantité finie* en remplaçant les quantités $\frac{(-1)^m}{(m\,!)^2}\left(\frac{t}{2}\right)^{2m} e^{-pt}$ par leurs modules $\frac{1}{(m\,!)^2}\left(\frac{t}{2}\right)^{2m} e^{-\xi t}$. Or, on obtient alors

$$\begin{aligned}
\text{(VI, 2; 20)} \quad & \sum_{m=0}^{\infty} \frac{1}{(m\,!)^2} \frac{1}{2^{2m}} \frac{(2m)\,!}{\xi^{2m+1}} \\
&= \frac{1}{\xi} \sum_{m=0}^{\infty} \left| \frac{\left(-\frac{1}{2}\right)\left(-\frac{1}{2}-1\right)\ldots\left(-\frac{1}{2}-m+1\right)}{m\,!} \right| \frac{1}{\xi^{2m}}
\end{aligned}$$

quantité finie pour $\xi > 1$ $\left(\text{et valant } \frac{1}{\sqrt{\xi^2 - 1}}\right)$.

On a donc bien la formule (VI, 2; 14) pour $\xi > 1$.

Mais en fait, l'intégrale de Laplace considérée est sommable pour $\xi > 0$; elle doit être une fonction holomorphe de p pour $\xi > 0$, égale à $\dfrac{1}{\sqrt{p^2+1}}$ pour $\xi > 1$; or, cette dernière est aussi holomorphe pour $\xi > 0$, on a donc bien (VI, 2; 14) pour $\xi > 0$, bien que le calcul effectué pour l'obtenir cesse d'être légitime pour $0 < \xi \leqslant 1$.

5) Si $f(t) \sqsupset F(p)$, alors

(VI, 2; 21) $$f(\lambda t) \sqsupset \frac{1}{\lambda} F\left(\frac{p}{\lambda}\right), \qquad \lambda > 0.$$

3. Transformation de Laplace et convolution

Soient S et T 2 distributions de $\mathcal{D}'_+$, ayant des transformées de Laplace, pour $\xi > b_1$ et $\xi > b_2$.

On a, pour

(VI, 2; 22) $$\begin{aligned} \xi > b &= \max(b_1, b_2), \\ \mathcal{S}(p) &= \langle S, e^{-pt}\rangle, \\ \mathcal{T}(p) &= \langle T, e^{-pt}\rangle. \end{aligned}$$

On en déduit

(VI, 2; 23) $$\begin{aligned} \langle S * T, e^{-pt}\rangle &= \langle S_x \otimes T_y, e^{-p(x+y)}\rangle \\ &= \langle S_x \otimes T_y, e^{-px}e^{-py}\rangle = \langle S_x, e^{-px}\rangle \langle T_y, e^{-py}\rangle \end{aligned}$$

ou

(VI, 2; 24) $$S * T \sqsupset \mathcal{S}(p)\,\mathcal{T}(p).$$

Ainsi :

Proposition 4. *$S * T$ a une transformée de Laplace pour $\xi > b = \max(b_1, b_2)$ égale au produit multiplicatif des transformées de Laplace de* S *et* T.

Ce théorème a déjà été vu lorsque S et T sont à supports bornés (d'où $b_1 = b_2 = -\infty$) au chapitre III formule (III, 2; 29).

Corollaire. Si $T \sqsupset F(p)$, *alors*

(VI, 2; 25) $$T^{(m)} \sqsupset p^m F(p).$$

En effet $T^{(m)} = T * \delta^{(m)}$ et $\delta^{(m)} \sqsupset p^m$.

Mais bien prendre garde qu'il s'agit de $T * \delta^{(m)}$, donc si T est une fonction, on doit la dériver au sens des distributions.

Exemples.

1) $Y(t) \sqsupset \frac{1}{p}$. Alors $Y' \sqsupset p \cdot \frac{1}{p} = 1$, et en effet $Y' = \delta$ et $\delta \sqsupset 1$.

2) Reprenons la formule (VI, 2; 13)

$$Y(t) \sin \omega t \sqsupset \frac{\omega}{p^2 + \omega^2}.$$

On en déduit

$$\big(Y(t) \sin \omega t\big)' = \omega Y(t) \cos \omega t \sqsupset \frac{\omega p}{p^2 + \omega^2}$$

d'où on déduit bien

$$Y(t) \cos \omega t \sqsupset \frac{p}{p^2 + \omega^2}.$$

De même de cette dernière formule on tirera par dérivation

$$\big(Y(t) \cos \omega t\big)' = -\omega Y(t) \sin \omega t + \delta \sqsupset \frac{p^2}{p^2 + \omega^2}$$

d'où on déduira de nouveau

$$Y(t) \sin \omega t \sqsupset \frac{1}{\omega}\left[1 - \frac{p^2}{p^2 + \omega^2}\right] = \frac{\omega}{p^2 + \omega^2}$$

Remarquons d'ailleurs que

(VI, 2; 26) $$(\delta'' + \omega^2 \delta) * Y(t) \frac{\sin \omega t}{\omega} = \delta$$

et qu'on a bien

(VI, 2; 27) $$(p^2 + \omega^2) \frac{1}{p^2 + \omega^2} = 1.$$

3) Le fait que δ soit l'unité de la convolution est en relation avec le fait que 1 est l'unité de la multiplication.

4) On sait que

(VI, 2; 28) $$Y(t) e^{\lambda t} \frac{t^{\alpha - 1}}{\Gamma(\alpha)} * Y(t) e^{\lambda t} \frac{t^{\beta - 1}}{\Gamma(\beta)} = Y(t) e^{\lambda t} \frac{t^{\alpha + \beta - 1}}{\Gamma(\alpha + \beta)}$$

Voir chapitre III formule (III, 2; 11).

La formule (VI, 2; 28) donne, par transformation de Laplace, compte tenu de (VI, 2; 6)

(VI, 2; 29) $$\left(\frac{1}{p-\lambda}\right)^{\alpha}\left(\frac{1}{p-\lambda}\right)^{\beta} = \left(\frac{1}{p-\lambda}\right)^{\alpha+\beta}$$

qui est en effet évidente.

Nous verrons plus loin comment, au contraire, on peut déduire la formule (VI, 2; 28) de la formule (VI, 2; 29) évidente.

4. Transformations de Fourier et de Laplace. Inversion de la transformation de Laplace

Reprenons le cas d'une fonction $f(t)$. On a

(VI, 2; 30) $$F(\xi + i\eta) = \int_0^{\infty} (f(t)e^{-\xi t})e^{-i\eta t}\, dt.$$

On voit donc que, pour ξ fixé, $F(\xi + i\eta)$, considérée comme fonction de la variable η, est la *transformée de Fourier de* $f(t)e^{-\xi t}$. Ainsi une transformée de Laplace équivaut à une famille de transformées, de Fourier, la famille des images de Fourier des fonctions $f(t)e^{-\xi t}$, pour $\xi > a$. Ce fait a un grand nombre de conséquences.

1) Il permet de calculer des transformées de Fourier à partir de transformées de Laplace, plus simples à calculer, parce que les fonctions holomorphes interviennent.

Par exemple, de la formule (VI, 2; 14), on déduit que la transformée de Fourier de

(VI, 2; 31) $$Y(t)J_0(t)e^{-\xi t}, \qquad \xi > 0$$

est

(VI, 2; 32) $$\frac{1}{\sqrt{\xi^2 - \eta^2 + 2i\xi\eta + 1}}.$$

On voit que ce résultat est valable pour $\xi > 0$, alors que, comme nous l'avons vu pour la démonstration de la formule (VI, 2; 14) un calcul direct ne le donnait que pour $\xi > 1$; c'est l'intervention des propriétés des fonctions holomorphes qui nous permettait de passer à $\xi > 0$. On pourrait même aller plus loin et en déduire, par passage à la limite (dans l'espace des distributions) pour $\xi \to 0$, la transformée de Fourier de la distribution tempérée $Y(t)J_0(t)$.

2) *Si l'image de Laplace de $f(t)$ est $\equiv 0$ pour $\xi > a$, alors $f(t)$ est presque partout nulle (nulle en tant que distribution).*

En effet $f(t)e^{-\xi t}$ a une image de Fourier nulle, donc elle est presque partout nulle, et par suite aussi $f(t)$. Donc une fonction holomorphe de p n'a jamais plus d'un original.

Nous admettrons que ce résultat reste vrai pour une distribution : *si sa transformée de Laplace* $\mathcal{T}(p)$ *est* $= 0$ *pour* $\xi > b$, T *est nulle.*

3) On déduit de la formule d'inversion de Fourier la formule d'inversion de la transformation de Laplace :

$$f(t)e^{-\xi t} = \frac{1}{2\pi}\int_{-\infty}^{+\infty} F(\xi + i\eta)e^{i\eta t}\,d\eta. \tag{VI, 2; 33}$$

Ces différentes formules, correspondant aux diverses valeurs de $\xi > a$, doivent donner la même fonction $f(t)$. D'ailleurs

$$f(t) = \frac{1}{2\pi}\int_{-\infty}^{+\infty} F(\xi + i\eta)e^{(\xi + i\eta)t}\,d\eta \tag{VI, 2; 34}$$

ou

$$f(t) = \frac{1}{2i\pi}\int_{\xi - i\infty}^{\xi + i\infty} F(p)e^{pt}\,dp \tag{VI, 2; 35}$$

Cette formule est fondamentale : nous allons voir dans quelle condition elle est valable :

Proposition 5. *Pour qu'une fonction* $\mathcal{T}(p)$ *holomorphe soit transformée de Laplace d'une distribution* $T \in \mathcal{D}'_+$, *il faut et il suffit qu'il existe un demi-plan* $\xi > c$ *dans lequel elle soit majorée en module par un polynôme en* $|p|$.

1) *La condition est nécessaire.* Nous n'allons pas le démontrer. Remarquons seulement que si T est une fonction f, et si a est l'abscisse de sommabilité de son intégrale de Laplace, alors $f(t)e^{-\xi t}$ est sommable pour $\xi = c > a$ et que l'on a

$$|F(p)| \leqslant \int_0^{\infty} |f(t)|\, e^{-\xi t}\,dt = C \tag{VI, 2; 36}$$

pour $\xi \geqslant c$: $|F|$ est bornée par une constante C. Si maintenant T est une dérivée (au sens des distributions) d'ordre m d'une telle fonction f, on a

$$\mathcal{T}(p) = p^m F(p) \tag{VI, 2; 37}$$

donc $\qquad |\mathcal{T}(p)| \leqslant C|p^m| \qquad$ pour $\qquad \xi \geqslant c.$

Remarquons aussi $\delta^{(m)} \sqsupset p^m$, qui vérifie une majoration du même type; d'ailleurs ce cas est un cas particulier du précédent, car $\delta^{(m)}$ est dérivée d'ordre $m+1$ de Y.

D'ailleurs c'est précisément ainsi qu'on donne la démonstration dans le cas général : on démontre que si T admet une transformée de Laplace, elle est dérivée $f^{(m)}$ d'une fonction f ayant une abscisse de sommabilité $< +\infty$.

2) *La condition est suffisante.* Plaçons-nous d'abord dans un cas particulier : supposons $|\mathcal{T}(p)|$ *bornée* pour $\xi > c > 0$ et tendant vers 0 pour $|p| \to \infty$ comme $\frac{1}{|p|^2}$. Alors $|p|^2|\mathcal{T}(p)|$ est borné pour $\xi > c$, et il existe une constante C telle que

$$(\text{VI}, 2; 38) \qquad |\mathcal{T}(p)| \leqslant \frac{C}{|p|^2} \qquad \text{pour} \qquad \xi > c,$$

ce qui donne

$$(\text{VI}, 2; 39) \qquad |\mathcal{T}(\xi + i\eta)| \leqslant \frac{C}{\xi^2 + \eta^2} \qquad \text{pour} \qquad \xi > c.$$

On peut alors calculer l'intégrale (VI, 2; 35)

$$(\text{VI}, 2; 40) \qquad f(t) = \frac{1}{2i\pi}\int_{\xi - i\infty}^{\xi + i\infty} \mathcal{T}(p)e^{pt}\,dp, \qquad \xi > c.$$

Cette intégrale a un sens pour ξ et t fixés, car $|e^{pt}| = |e^{(\xi+i\eta)t}| = e^{\xi t}$ indépendant de η et $\mathcal{T}(\xi + i\eta)$ est sommable en η de $\eta = -\infty$ à $\eta = +\infty$ en vertu de (VI, 2; 39).

Cette intégrale est, de plus, indépendante du choix de ξ. En effet, si on prend successivement ξ_1 et ξ_2 avec $\xi_1 > \xi_2$, on a

$$(\text{VI}, 2; 41) \qquad \int_{\xi_1 - i\infty}^{\xi_1 + i\infty} - \int_{\xi_2 - i\infty}^{\xi_2 + i\infty} = \lim_{A \to \infty}\left(\int_{\xi_1 - iA}^{\xi_1 + iA} - \int_{\xi_2 - iA}^{\xi_2 + iA}\right) = \lim_{A \to \infty}\left(\int_{\xi_2 + iA}^{\xi_1 + iA} - \int_{\xi_2 - iA}^{\xi_1 - iA}\right)$$

(théorème de Cauchy.) (figure (VI, 2))

Or, l'expression entre parenthèses tend vers 0 pour $A \to \infty$, car chacun de ses 2 termes est majoré par

$$(\text{VI}, 2; 42) \qquad \int_{\xi_2 + iA}^{\xi_1 + iA} \frac{C|e^{pt}|d\xi}{|p|^2} \leqslant \frac{(\xi_1 - \xi_2)Ce^{\xi_1 t}}{c^2 + A^2} \to 0 \text{ pour } A \to \infty.$$

Écrivons (VI, 2; 40) sous la forme :

(VI, 2; 43) $$e^{-\xi t}f(t) = \frac{1}{2\pi}\int_{-\infty}^{+\infty} \mathcal{L}(\xi + i\eta)e^{i\eta t}\,d\eta.$$

Ceci est une intégrale de Fourier $\bar{\mathcal{F}}$ (en η) d'une fonction sommable $\mathcal{L}(\xi + i\eta)$. La fonction obtenue est continue donc aussi $f(t)$. On

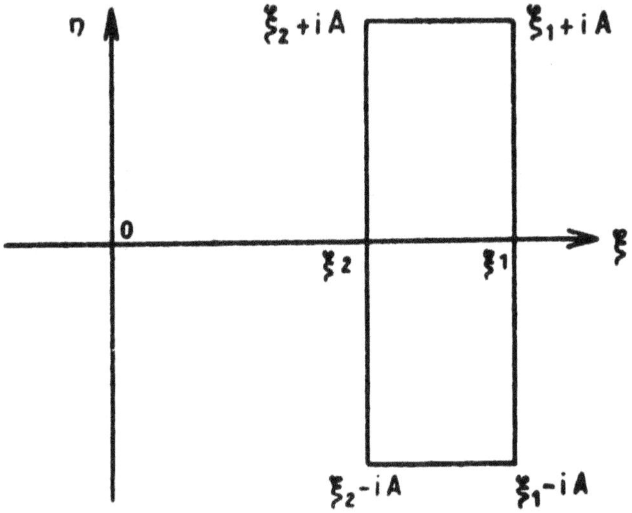

Figure (VI, 2)

sait alors que $\mathcal{L}(\xi + i\eta)$ est la transformée de Fourier $\mathcal{F}$ de la fonction $e^{-\xi t}f(t)$; la formule est à prendre au sens de la transformée de Fourier des distributions tempérées; mais si l'on sait que $f(t)e^{-\xi t}$ est sommable, on aura aussi

(VI, 2; 44) $$\mathcal{L}(\xi + i\eta) = \int_{-\infty}^{+\infty} f(t)\, e^{-\xi t}e^{-i\eta t}\,dt$$

ou

(VI, 2; 45) $$\mathcal{L}(p) = \int_{-\infty}^{+\infty} f(t)\, e^{-pt}\,dt.$$

Montrons que $f(t)$ est nulle pour $t < 0$ et que $f(t)\,e^{-\xi t}$ est bien sommable pour $\xi > c$. De (VI, 2; 43) on tire

(VI, 2; 46) $$|f(t)| \leqslant \frac{e^{\xi t}}{2\pi}\int_{-\infty}^{+\infty} \frac{C}{c^2 + \eta^2}\,d\eta \leqslant \frac{Ce^{\xi t}}{2c}.$$

Cette formule est valable pour tout $\xi > c$.
Pour $t < 0$, lorsque $\xi \to \infty$, $e^{\xi t} = e^{-\xi|t|}$ tend vers 0, donc $f(t)$ est bien nulle. Pour $t > 0$, le minimum de $e^{\xi t}$ pour $\xi > c$ est e^{ct}. Donc

$$(\text{VI}, 2; 47) \qquad |f(t)| < \frac{1}{2c} \mathrm{C} e^{ct}.$$

Donc $|f(t)\, e^{-\xi t}| < \dfrac{1}{2c} \mathrm{C} e^{-(\xi - c)t}$ est bien sommable pour $\xi > c$. La formule (VI, 2; 45) est donc valable et comme $f(t) = 0$ pour $t < 0$ elle donne

$$(\text{VI}, 2; 48) \qquad \mathcal{T}(p) = \int_0^\infty f(t)\, e^{-pt}\, dt \qquad \text{pour} \qquad \xi > c$$

et $\mathcal{T}(p)$ est bien une transformée de Laplace pour $\xi > c$. De plus, nous avons la majoration (VI, 2; 47) et f est continue.

Revenons maintenant au cas général.

Soit $\mathcal{T}(p)$ une fonction holomorphe pour $\xi > c > 0$ et majorée en module par un polynôme en $|p|$ de degré m. Alors

$$(\text{VI}, 2; 49) \qquad \frac{\mathcal{T}(p)}{p^{m+2}}$$

vérifie une majoration du type (VI, 2; 38). Il existe donc une fonction continue $f(t)$, ayant une abscisse de sommabilité $\leqslant c$, ayant pour transformée de Laplace la fonction (VI, 2; 49). Mais alors

$$(\text{VI}, 2; 50) \qquad \mathrm{T} = \left(\frac{d}{dt}\right)^{m+2} f$$

(les dérivées étant prises au sens des distributions) a bien pour transformée de Laplace $\mathcal{T}(p)$ pour $\xi > c$, d'après le corollaire de la proposition 4; ce qu'il fallait démontrer.

Exemple. Soit à trouver par ce procédé l'original de $\mathcal{T}(p) = 1$. C'est bien une fonction holomorphe, pour tout p complexe, majorée par un polynôme de degré 0 en $|p|$.

Choisissons $c > 0$. Alors la fonction $\dfrac{1}{p^2}$ vérifie bien la majoration (VI, 2; 38) pour $\xi > c$, avec $\mathrm{C} = 1$. Elle est donc transformée de

Laplace d'une fonction continue, nulle pour $t < 0$. Cette fonction se calcule par

$$\text{(VI, 2; 51)} \quad f(t) = \frac{1}{2i\pi}\int_{\xi-i\infty}^{\xi+i\infty} \frac{1}{p^2} e^{pt} dp, \qquad \text{pour} \quad \xi > c.$$
$$= \frac{1}{2i\pi} \lim_{A \to \infty} \int_{\xi - iA}^{\xi + iA}$$

Remplaçons cette intégrale par une intégrale sur un contour en nous bornant tout de suite au cas $t \geqslant 0$ puisque $f(t) = 0$ pour $t < 0$. Ajoutons au segment $(\xi - iA, \xi + iA)$ le demi-cercle de centre ξ de rayon A dirigé vers la gauche. Sa longueur est πA; sur ce cercle $\left|\frac{e^{pt}}{p^2}\right|$ est majoré par $\frac{e^{\xi t}}{(A - \xi)^2}$ donc l'intégrale sur ce demi-cercle est majoré par $\frac{\pi A e^{\xi t}}{(A - \xi)^2}$ et tend vers 0 pour $A \to \infty$ (ξ est fixé une fois pour toutes).

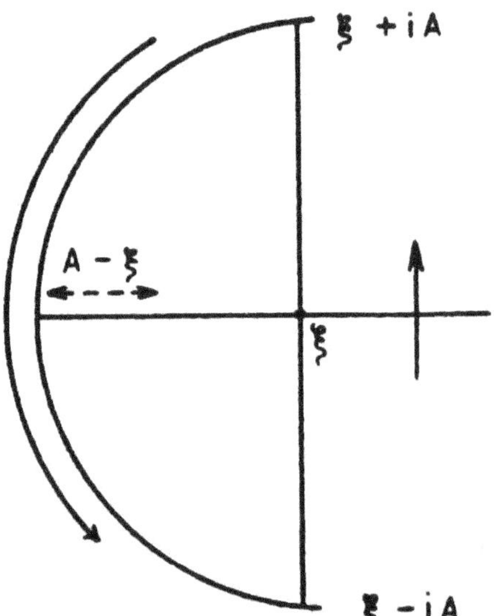

Figure (VI, 3)

La limite de l'intégrale $\int_{\xi - iA}^{\xi + iA}$ est donc aussi la limite de l'intégrale sur le contour Γ formé du segment et du demi-cercle :

$$\text{(VI, 2; 52)} \qquad f(t) = \frac{1}{2i\pi} \lim_{A \to \infty} \int_{\Gamma} \frac{e^{pt}}{p^2} dp.$$

Cette intégrale $\int_\Gamma$ vaut $2i\pi$ fois le résidu du pôle $p = 0$ intérieur au contour. Au voisinage de $p = 0$,

$$\text{(VI, 2; 53)} \quad \frac{e^{pt}}{p^2} = \frac{1}{p^2} + \frac{t}{p} + \frac{t^2}{2\,!} + \cdots, \qquad \text{donc résidu} = t.$$

On a donc $f(t) = t$ pour $t \geqslant 0$.

(Pour $t \leqslant 0$, il faut prendre le demi-cercle de centre ξ, de rayon A, dirigé vers la droite, pour que l'intégrale sur ce demi-cercle, tende vers 0. Mais alors il n'y a pas de singularité à l'intérieur de Γ, donc $f(t) = \frac{1}{2i\pi} \lim_{A \to \infty} \int_\Gamma = 0$.)

Finalement on trouve

$$\text{(VI, 2; 54)} \qquad t\mathrm{Y}(t) \sqsupset \frac{1}{p^2} \qquad \text{pour} \qquad \xi > 0$$

ce que nous savions déjà.

La formule (VI, 2; 50) donne alors comme original de $\mathcal{G}(p) = 1$ la dérivée

$$\text{(VI, 2; 55)} \qquad \left(\frac{d}{dt}\right)^2 (\mathrm{Y}(t)t) = \delta$$

d'où $\delta \sqsupset 1$, qui est bien conforme à ce que nous savions. Naturellement on ne pouvait pas espérer l'obtenir directement par une intégrale du type (VI, 2; 35) puisque ce n'est pas une fonction $f(t)$ définie pour toute valeur de t, mais une distribution.

3. Application de la transformation de Laplace. Calcul symbolique

Il existe de nombreuses tables d'images de Laplace et d'originaux. L'utilisation de ces tables dans un sens et dans l'autre permet de résoudre de nombreux problèmes, grâce à la transformation de la convolution en multiplication. L'ensemble de ces opérations porte le nom de *calcul symbolique.*

Donnons quelques exemples :

1) Soit à calculer $f = \mathrm{Y}(t)\,\mathrm{J}_0(t) * \mathrm{Y}(t)\,\mathrm{J}_0(t)$.

On a $\mathrm{Y}(t)\,\mathrm{J}_0(t) \sqsupset \frac{1}{\sqrt{p^2+1}}$ (formule (VI, 2; 14)). Donc f a pour image $\frac{1}{\sqrt{p^2+1}}\frac{1}{\sqrt{p^2+1}}=\frac{1}{p^2+1}$ f est donc l'original de $\frac{1}{p^2+1}$, donc $f(t) = Y(t) \sin t$ (formule (VI, 2; 13)). Donc

$$\text{(VI, 3; 1)} \qquad Y(t)\,J_0(t) * Y(t)\,J_0(t) = Y(t) \sin t.$$

On a donc, pour $t > 0$:

$$\text{(VI, 3; 2)} \qquad \int_0^t J_0(\tau)\,J_0(t-\tau)\,d\tau = \sin t.$$

Pour $t < 0$, nous n'avons plus aucune indication intéressante, toutes les fonctions considérées étant nulles. Mais, J_0 étant paire, le changement de variables $\tau = -\theta$, montre, compte tenu de ce que le sinus est impair, que la formule (VI, 3; 2) reste exacte pour $t \leqslant 0$.

2) Soit à résoudre une équation de convolution (et on sait que les équations différentielles à coefficients constants et de nombreuses équations intégrales et intégro-différentielles sont de ce type, et que les circuits électriques donnent lieu à de nombreuses équations de convolution) :

$$\text{(VI, 3; 3)} \qquad A * X = B, \qquad A \in \mathcal{D}'_+, \qquad B \in \mathcal{D}'_+$$

A coefficient connu, B deuxième membre donné, X solution inconnue.

Supposons que A et B aient des images de Laplace $\mathcal{A}(p)$ et $\mathcal{B}(p)$. S'il existe une solution dans $\mathcal{D}'_+$, et si elle admet une image de Laplace $\mathcal{X}(p)$, on aura

$$\text{(VI, 3; 4)} \qquad \mathcal{A}(p)\mathcal{X}(p) = \mathcal{B}(p)$$

d'où la solution

$$\text{(VI, 3; 5)} \qquad \mathcal{X}(p) = \frac{\mathcal{B}(p)}{\mathcal{A}(p)}.$$

Il restera à trouver l'original de $\frac{\mathcal{B}(p)}{\mathcal{A}(p)}$ pour avoir X.

Si l'une des 2 distributions A, B, n'a pas d'image de Laplace (abscisse de définition $= +\infty$), cette méthode n'est pas applicable. Si elles en ont toutes deux, et si $\frac{\mathcal{B}(p)}{\mathcal{A}(p)}$ n'est pas une transformée de Laplace (c'est-à-dire ne vérifie pas les conditions de la proposition 5), cette méthode ne donne rien non plus; elle prouve seulement qu'il n'y a pas de solution X ayant une image de Laplace, mais il peut exister une solution n'ayant pas d'image de Laplace (abscisse de définition $= +\infty$).

Si enfin A et B ont des images de Laplace, et que $\frac{\mathcal{B}(p)}{\mathcal{A}(p)}$ ait un original X, X est une solution, et c'est la seule, puisqu'on sait qu'une équation de convolution dans $\mathcal{D}'_+$ n'a jamais plus *d'une* solution (chapitre III, § 2, nº 3).

En particulier, la solution élémentaire ou inverse A^{-1} de la distribution A dans l'algèbre de convolution $\mathcal{D}'_+$ est donnée, si elle admet une image de Laplace, par l'original de $\frac{1}{\mathcal{A}(p)}$.

Par exemple, soit à chercher A^{-1}, pour $A = Y(t)J_0(t)$. Ici, $\mathcal{A}(p) = \frac{1}{\sqrt{p^2+1}}$ [formule (VI, 2; 14)]. Donc

$$\frac{1}{\mathcal{A}(p)} = \sqrt{p^2+1} \tag{VI, 3; 6}$$

Cette fonction est holomorphe pour $\xi > 0$ et majorée par un polynôme en $|p|$ de degré 1, donc c'est bien une transformée de Laplace. Son original est immédiat, car

$$\sqrt{p^2+1} = \frac{p^2+1}{\sqrt{p^2+1}}$$

d'où

$$E = \left(\frac{d^2}{dt^2} + 1\right) Y(t)\, J_0(t) \qquad \text{ou} \qquad (\delta'' + \delta) * Y(t)\, J_0(t). \tag{VI, 3; 7}$$

On vérifie d'ailleurs que l'équation $E * Y(t)J_0(t) = \delta$ s'écrit, avec

$$(\delta'' + \delta) * Y(t)\, J_0(t) * Y(t)\, J_0(t) = \delta$$

ou compte tenu de (VI, 3; 1) $(\delta'' + \delta) * Y(t) \sin t = \delta$, formule bien connue.

La dérivée usuelle, compte tenu de l'équation différentielle de J_0:

$$J_0'' + \frac{1}{t} J_0' + J_0 = 0 \tag{VI, 3; 8}$$

donne

$$J_0''(t) + J_0(t) = \frac{-1}{t} J_0'(t) = \frac{J_1(t)}{t} \tag{VI, 3; 9}$$

(qui est régulière à l'origine, car J_1 contient t en facteur).

Mais au voisinage de $t = 0$,

$$\mathrm{J}_0(t) = 1 - \frac{\left(\frac{t}{2}\right)^2}{(1\,!)^2} + \cdots$$

donc

$$\left(\mathrm{Y}(t)\,\mathrm{J}_0(t)\right)'' = \mathrm{Y}(t)\,\mathrm{J}_0''(t) + \delta'$$

d'où

$$\text{(VI, 3; 10)} \quad \mathrm{E} = \left(\frac{d^2}{dt^2} + 1\right)\mathrm{Y}(t)\,\mathrm{J}_0(t) = \mathrm{Y}(t)\left(\frac{\mathrm{J}_1(t)}{t}\right) + \delta'.$$

Naturellement, au lieu de faire le calcul, on doit le trouver dans les tables. (Malheureusement, la plupart des tables contiennent les originales qui sont des fonctions $f(t)$ et non celles qui sont des distributions.)

On en déduit :

$$\text{(VI, 3; 11)} \qquad \mathrm{Y}(t)\,\mathrm{J}_0(t) * \left[\mathrm{Y}(t)\left(\frac{\mathrm{J}_1(t)}{t}\right) + \delta'\right] = \delta.$$

Cette formule s'écrit

$$\text{(VI, 3; 12)} \qquad \left(\mathrm{Y}(t)\,\mathrm{J}_0(t) * \mathrm{Y}(t)\left(\frac{\mathrm{J}_1(t)}{t}\right)\right) + \mathrm{Y}(t)\,\mathrm{J}_0'(t) + \delta = \delta$$

ou, compte tenu de ce que $\mathrm{J}_0' = -\,\mathrm{J}_1$:

$$\text{(VI, 3; 13)} \qquad \mathrm{Y}(t)\,\mathrm{J}_0(t) * \mathrm{Y}(t)\left(\frac{\mathrm{J}_1(t)}{t}\right) = \mathrm{Y}(t)\,\mathrm{J}_1(t).$$

Cette formule peut aussi se vérifier facilement à l'aide des tables, avec

$$\text{(VI, 3; 14)} \qquad \begin{cases} \mathrm{Y}(t)\,\mathrm{J}_0(t) \sqsupset \dfrac{1}{\sqrt{p^2+1}}, \\ \mathrm{Y}(t)\,\dfrac{\mathrm{J}_1(t)}{t} \sqsupset \sqrt{p^2+1} - p, \\ \mathrm{Y}(t)\,\mathrm{J}_1(t) \sqsupset \dfrac{\sqrt{p^2+1} - p}{\sqrt{p^2+1}}, \end{cases}$$

Elle donne, pour tout $t \geqslant 0$ (et aussi pour $t \leqslant 0$ par le changement de variables $\tau = -\,\theta$)

$$\text{(VI, 3; 15)} \qquad \int_0^t \frac{\mathrm{J}_1(\tau)}{\tau}\,\mathrm{J}_0(t-\tau)\,d\tau = \mathrm{J}_1(t).$$

La formule (VI, 3; 10) permet de résoudre l'équation intégrale

$$\int_0^t f(\tau)\,J_0(t-\tau)\,d\tau = g(t) \qquad t \geqslant 0 \tag{VI, 3; 16}$$

(où g est le 2e membre donné, f la solution inconnue) par

$$f(t) = \int_0^t g(\tau)\,\frac{J_1(t-\tau)}{t-\tau}\,d\tau + g'(t), \tag{VI, 3; 17}$$

à condition que g' soit une fonction; si g' est une distribution, la solution est une distribution et non une fonction. On voit que l'oubli du terme en δ' dans (VI, 3; 10) mènerait à de grosses erreurs. Ces formules montrent combien la transformation de Laplace est utile pour tous les problèmes de convolution dans $\mathcal{D}'_+$.

Remarque importante. Il est implicitement admis, dans les tables de transformées de Laplace, que les fonctions $f(t)$ sont nulles pour $t < 0$, et on n'écrit que leur valeur pour $t > 0$ sans inscrire le facteur $Y(t)$. Cela peut mener à de graves erreurs si l'on n'y prend pas garde. Par exemple, on trouve dans les tables de transformées de Laplace :

$$1 \sqsupset \frac{1}{p} \tag{VI, 3; 18}$$

ce qui, par dérivation donnerait

$$0 \sqsupset 1, \tag{VI, 3; 19}$$

résultat absurde. En réalité (VI, 3; 18) signifie

$$Y(t) \sqsupset \frac{1}{p} \tag{VI, 3; 20}$$

ce qui, par dérivation donne

$$\delta \sqsupset 1 \tag{VI, 3; 21}$$

résultat correct.

Exercice. Soit à calculer l'original de $\left(\frac{1}{p^2+1}\right)^{\nu+\frac{1}{2}}$, $\mathrm{Re}\, p > 0$, $\nu > -\frac{1}{2}$, la détermination étant déduite par continuité de celle qui est réelle > 0 pour p réel > 0 (Épreuve d'examen, Juin 1955).

On sait que

$$\text{(VI, 3; 22)} \qquad Y(t)e^{it}\frac{t^{\nu-\frac{1}{2}}}{\Gamma\left(\nu+\frac{1}{2}\right)} \sqsupset \left(\frac{1}{p-i}\right)^{\nu+\frac{1}{2}}$$

$$\text{(VI, 3; 23)} \qquad Y(t)e^{-it}\frac{t^{\nu-\frac{1}{2}}}{\Gamma\left(\nu+\frac{1}{2}\right)} \sqsupset \left(\frac{1}{p+i}\right)^{\nu+\frac{1}{2}}$$

L'original cherché est donc le produit de convolution.

$$\text{(VI, 3; 24)} \qquad H_\nu(t) = Y(t)e^{it}\frac{t^{\nu-\frac{1}{2}}}{\Gamma\left(\nu+\frac{1}{2}\right)} * Y(t)e^{-it}\frac{t^{\nu-\frac{1}{2}}}{\Gamma\left(\nu+\frac{1}{2}\right)}$$

ou

$$\text{(VI, 3; 25)} \qquad H_\nu(t) = \frac{Y(t)}{\left(\Gamma\left(\nu+\frac{1}{2}\right)\right)^2}\int_0^t e^{i(t-\tau)}e^{-i\tau}(t-\tau)^{\nu-\frac{1}{2}}\tau^{\nu-\frac{1}{2}}\,d\tau.$$

Posons $\tau = tu$:

$$\text{(VI, 3; 26)} \qquad H_\nu(t) = \frac{Y(t)e^{it}t^{2\nu}}{\left(\Gamma\left(\nu+\frac{1}{2}\right)\right)^2}\int_0^1 e^{-2itu}((1-u)u)^{\nu-\frac{1}{2}}\,du.$$

Cette intégrale rappelle celle qui donne les fonctions de Bessel :

$$\text{(VI, 3; 27)} \qquad J_\nu(t) = \frac{\left(\frac{t}{2}\right)^\nu}{\sqrt{\pi}\,\Gamma\left(\nu+\frac{1}{2}\right)}\int_{-1}^{+1} e^{-itv}(1-v^2)^{\nu-\frac{1}{2}}\,dv.$$

Pour passer de $u(1-u)$ à $(1-v^2)$, il suffit de poser $u = \frac{v+1}{2}$, d'où

$$\text{(VI, 3; 28)} \qquad H_\nu(t) = \frac{Y(t)e^{it}t^{2\nu}}{\left(\Gamma\left(\nu+\frac{1}{2}\right)\right)^2}\int_{-1}^{+1} e^{-it(1+v)}\left(\frac{1-v^2}{4}\right)^{\nu-\frac{1}{2}}\frac{dv}{2}.$$

$$\text{(VI, 3; 29)} \qquad H_\nu(t) = Y(t)\frac{\sqrt{\pi}}{\Gamma\left(\nu+\frac{1}{2}\right)}\left(\frac{t}{2}\right)^\nu J_\nu(t) \sqsupset \left(\frac{1}{p^2+1}\right)^{\nu+\frac{1}{2}}.$$

Remarques. 1) Pour $\nu = 0$, on retrouve

(VI, 3; 30) $$Y(t)\,J_0(t) \sqsupset \frac{1}{\sqrt{p^2+1}}.$$

2) Pour $\nu = \frac{1}{2}$, on sait que l'original de $\frac{1}{p^2+1}$ est $Y(t)\sin t$ (formule (VI, 2; 13)). C'est conforme à la formule

$$J_{\frac{1}{2}}(t) = \sqrt{\frac{2}{\pi t}}\sin t.$$

3) Lorsque ν tend vers $-\frac{1}{2}$, $\left(\frac{1}{p^2+1}\right)^{\nu+\frac{1}{2}}$ tend vers 1, en restant majoré uniformément pour $\Re\, p \geqslant \varepsilon > 0$. Il serait aisé d'en déduire en toute rigueur que $H_\nu(t)$ doit tendre vers δ. Montrons-le directement. On sait que $J_\nu(t)$ reste borné pour $0 < \eta \leqslant t \leqslant A < +\infty$, et comme $\Gamma\left(\nu + \frac{1}{2}\right) \to \infty$, on en déduit que $H_\nu(t)$ tend uniformément vers 0 pour $\nu \overset{\bullet}{\to} -\frac{1}{2}$, pour $0 < \eta \leqslant t \leqslant A < +\infty$.
Par ailleurs pour $0 \leqslant t \leqslant \eta$ assez petit $J_\nu(t)$ reste $\geqslant 0$. Il suffit donc de montrer que

(VI, 3; 31) $$\int_0^\eta H_\nu(t)\,dt \to 1 \qquad \text{pour} \qquad \nu \to -\frac{1}{2}.$$

Or dans l'intervalle $(0, \eta)$, on peut écrire $J_\nu(t)$, à partir de son développement en série :

(VI, 3; 32) $$J_\nu(t) = \left(\frac{t}{2}\right)^\nu \frac{1}{\Gamma(\nu+1)} + \varepsilon(t, \nu)$$

où $|\varepsilon(t, \nu)| \leqslant kt^{\nu+1}$.
Alors l'intégrale $\int_0^\eta t^\nu \varepsilon(t, \nu)\,dt$ reste bornée pour $\nu \to -\frac{1}{2}$, et comme $\Gamma\left(\nu + \frac{1}{2}\right) \to +\infty$, le terme correspondant de $H_\nu(t)$ tend vers 0. Il reste donc

(VI, 3; 33) $$\lim_{\nu \to -\frac{1}{2}} \int_0^\eta H_\nu(t)\,dt = \lim_{\nu \to -\frac{1}{2}} \frac{\sqrt{\pi}}{\Gamma\left(\nu+\frac{1}{2}\right)\Gamma(\nu+1)} \int_0^\eta \left(\frac{t}{2}\right)^{2\nu} dt$$

Mais

$$\Gamma(\nu+1) \to \Gamma\left(\frac{1}{2}\right) = \sqrt{\pi}\,;$$

$$\int_0^\eta \left(\frac{t}{2}\right)^{2\nu} dt = \frac{\eta^{2\nu+1}}{2^{2\nu}(2\nu+1)} \sim \frac{1}{\nu+\frac{1}{2}}\,;$$

et

$$\Gamma\left(\nu+\frac{1}{2}\right) \sim \frac{1}{\nu+\frac{1}{2}}\,;$$

finalement

$$\text{(VI, 3; 34)} \qquad \lim_{\nu \to -\frac{1}{2}} \int_0^\eta H_\nu(t)\,dt = 1, \qquad \text{C.Q.F.D.}$$

Exercices sur le chapitre VI

Exercice VI-1 Soit a et b deux nombres positifs. Soit $F(p)$ l'image de Laplace d'une fonction $f(t)$. Quelle est l'image de Laplace de

$$g(t) = \begin{cases} f(at-b) & \text{pour} \quad t > b/a, \\ 0 & \text{pour} \quad t < b/a. \end{cases}$$

Exercice VI-2 Soit $f(t)$ une fonction ayant pour image de Laplace $F(p)$. Quelles sont les images de Laplace des fonctions

$$e^t f(t)\,; \qquad \int_0^\infty \frac{\cos(2\sqrt{tx})}{\sqrt{\pi t}} f(x)\,dx\,; \qquad \int_0^\infty \frac{\sin(2\sqrt{tx})}{\sqrt{\pi x}} f(x)\,dx$$

$$\int_0^\infty \frac{\operatorname{ch}(2\sqrt{tx})}{\sqrt{\pi t}} f(x)\,dx \qquad \text{et} \qquad \int_0^\infty \frac{\operatorname{sh}(2\sqrt{tx})}{\sqrt{\pi x}} f(x)\,dx.$$

Exercice VI-3 Déterminer, en fonction de l'image de Laplace $F(p)$ de $f(t)$, les images de Laplace des fonctions suivantes :

$$\int_0^\infty J_0(2\sqrt{tx})\, f(x)\,dx \qquad \text{et} \qquad \int_0^t J_0(2\sqrt{(t-x)x})\, f(x)\,dx$$

où J_0 est la fonction de Bessel d'indice 0.

Exercice VI-4

Montrer que si $f(t)$ est nulle pour $t < 0$, et est, pour $t > 0$, périodique de période T, alors, son image de Laplace est donnée par :

$$F(p) = \frac{1}{1 - e^{-pT}} \int_0^T e^{-pt} f(t)\, dt.$$

Application. Déterminer l'image de Laplace de la fonction nulle pour $t < 0$ et égale, pour $t > 0$ à $|\sin t|$.

Exercice VI-5

Soit $f(t)$ une fonction nulle pour $t < 0$, qui admet pour image de Laplace $F(p)$.

1° Quelles sont les images de Laplace des fonctions :

$$f\left(\frac{t}{a}\right), \quad a > 0; \qquad f(t) + 1.$$

2° On prend

$$f_0(t) = \begin{cases} 0 & \text{pour} \quad t < 0 \\ n & \text{pour} \quad n < t < n + 1, \qquad n \text{ entier} \geqslant 0. \end{cases}$$

Calculer directement la transformée de Laplace $F_0(p)$ de $f_0(t)$. En déduire les images de Laplace des fonctions $f_0\left(\frac{t}{a}\right)$ et $f_0(t) + 1$.

3° Calculer

$$\delta' * f_0(t); \qquad \delta' * f_0\left(\frac{t}{a}\right); \qquad \delta' * (f_0(t) + 1).$$

Calculer dans chaque cas les images de Laplace des deux membres en fonction, respectivement, des images de Laplace $F_0(p)$, $F_1(p)$ et $F_2(p)$ de $f_0(t)$, $f_0\left(\frac{t}{a}\right)$ et $(f_0(t) + 1)$. Retrouver les résultats de 2°.

Exercice VI-6

Soit $a > 0$. Soit $f(t)$, nulle pour $t < 0$, et égale pour $t > 0$, à

$$\begin{cases} \frac{t}{a} - 4n & \text{pour} \quad 4na < t < (4n + 1)a \\ -\frac{t}{a} + 4n + 2 & \text{pour} \quad (4n + 1)a < t < (4n + 2)a \\ 0 & \text{pour} \quad (4n + 2)a < t < (4n + 4)a \\ & n = 0, 1, 2, \ldots \end{cases}$$

1° Déterminer directement l'image de Laplace $F(p)$ de $f(t)$.

2° Calculer $\delta'' * f(t)$.

3° Calculer les images de Laplace des deux membres, en fonction de $F(p)$. Retrouver la valeur de $F(p)$ trouvée au 2°.

Exercice VI-7

Calculer l'image de Laplace de la fonction $f(t)$ nulle pour $t < 0$, et égale pour $t > 0$, à

$$2^n - 1 \quad \text{pour} \quad n < t < n + 1, \quad n = 0, 1, 2, \dots$$

Trouver une distribution $X \in \mathcal{D}'_+$, solution de l'équation

$$X * f(t) = \sum_{n=1}^{\infty} 2^{n-1}\delta_{(n)}.$$

Exercice VI-8

Résoudre dans $\mathcal{D}'_+$ le système de convolution :

$$Y(x)e^{-x} * X_1 + Y(x)J_0(x) * X_2 = - Y(x)(\sin x + \cos x) + \delta,$$
$$Y(x)J_0(x) * X_1 + X_2 = 2Y(x)e^{-x} + \delta' - 2\delta,$$

Exercice VI-9

On fait une fois pour toutes la convention que les fonctions de t qui interviennent dans ce problème sont nulles pour $t < 0$.

I. — On appelle fonction périodique d'ordre 2, une fonction $\psi(p)$ telle que

$$\psi[\psi(p)] = p \quad \text{quel que soit } p. \tag{1}$$

a) Donner des exemples de telles fonctions.

b) Montrer que si $f(p)$ est une solution de (1), $\varphi^{-1}\{f[\varphi(p)]\}$ en est une autre, quelle que soit la fonction φ inversible d'inverse φ^{-1}.

II. — On considère l'équation intégrale :

$$f(t) + \lambda \int_0^{\infty} K(t, x) f(x)\, dx = g(t) \tag{2}$$

où $f(t)$ est la fonction inconnue et où

$$K(t, x) = \sum_{n=0}^{\infty} \frac{(-1)^n}{n!} x^n a(t) * b^n(t)$$

les $b^n(t)$ étant définis par :

$$b^n(t) = b^{n-1}(t) * b(t).$$

La série définissant $K(x, t)$ étant uniformément convergente pour toutes valeurs de x et t appartenant à $[0, +\infty]$.

a) Montrer que la transformation de Laplace ramène la résolution de (2) à celle d'une équation fonctionnelle à l'inconnue $\varphi(p)$ de la forme :

$$\varphi(p) + \lambda\rho(p)\,\varphi[\psi(p)] = \theta(p). \tag{3}$$

b) Résoudre (3) quand $\psi(p)$ est une fonction périodique d'ordre 2. (On montrera que c'est le cas si

$$K(t, x) = x^{-\frac{\nu}{2}} t^{\frac{\nu}{2}} J_\nu(2\sqrt{tx}) \quad \text{pour} \quad Re(\nu) > -1.$$

si $K(t, x) = \dfrac{\cos 2\sqrt{tx}}{\sqrt{t}}$; si $K(t, x) = \dfrac{\sin 2\sqrt{tx}}{\sqrt{x}}$.

c) En déduire la solution de (2) sous la forme

$$f(t) = h(t) * \left(g(t) - \lambda \int_0^\infty K(t, x)\, g(x)\, dx\right)$$

où $h(t)$ vérifie

$$Y(t)\, h(t) - 2Y(t)\, h(t) * \int_0^\infty Y(t)\, K(t, x)\, a(x)\, dx = \delta.$$

III. — Résoudre l'équation

$$f(t) + \lambda \int_0^\infty t^{\frac{\nu}{2}} x^{-\frac{\nu}{2}} J_\nu(2\sqrt{tx})\, f(x)\, dx = g(t),$$

a) pour $\lambda^2 \neq 1$.

b) pour $\lambda = 1$.
(On montrera que la solution générale de l'équation fonctionnelle $f(s) = \dfrac{1}{s^n} f\left(\dfrac{1}{s}\right)$ est $f(s) = h(s) + \dfrac{1}{s^n} h\left(\dfrac{1}{s}\right)$ où h est une fonction arbitraire.
On en déduira la forme que doit avoir $g(t)$ pour que (2) ait une solution dans ce cas et la forme de cette solution.)

c) pour $\lambda = -1$.

IV. — *a*) Montrer que si dans l'équation (3), $\rho(p)$ vérifie

$$\rho(p)\,\rho[\psi(p)] = 1. \tag{4}$$

le noyau K$(t,\ x)$ est réciproque c'est-à-dire que

$$h(t) = \int_0^\infty \mathrm{K}(t,\ x)\,k(x)\,dx$$

équivaut à

$$k(t) = \int_0^\infty \mathrm{K}(t,\ x)\,h(x)\,dx.$$

b) Montrer qu'alors (2) admet pour valeurs propres $\lambda = \pm 1$.

c) si $\lambda = +1$, (2) n'admet de solution que si $\theta(p)$ est solution d'une équation que l'on transformera en équation en $g(t)$. En déduire les solutions de (2) dans ce cas.

Exercice VI-10.
(Paris, 1958)

I. — On suppose Γ définie, par le produit infini :

$$\frac{1}{\Gamma(z)} = ze^{\gamma z}\prod_{n=1}^{\infty}\left[\left(1+\frac{z}{n}\right)e^{-\frac{z}{n}}\right] \tag{1}$$

où γ est la constante d'Euler égale à $\lim\limits_{m\to\infty}\left(1+\frac{1}{2}+\cdots+\frac{1}{m}-\operatorname{Log} m\right)$ et on se propose de retrouver la formule de Stirling en utilisant la transformation de Laplace. On posera

$$\psi(z) = \frac{\Gamma'(z)}{\Gamma(z)};$$

Donner pour $\psi(z)$ et $\psi'(z)$ des développements en série, tirés de (1); calculer $\psi(m)$ pour m entier $\geqslant 1$, et $\lim\limits_{m\to\infty}(\psi(m) - \operatorname{Log} m)$.

1re *question.*

Rappeler, sans démonstration, l'image de Laplace de $\mathrm{Y}(t)\dfrac{t^{\alpha-1}}{\Gamma(\alpha)}$, $\alpha > 0$, $\mathrm{Y}(t)$ fonction d'Heaviside. Soit $f(t)$ une fonction, nulle pour $t<0$, continue et bornée pour $t>0$, ayant, au voisinage de 0, le développement asymptotique pour $t>0$:

$$f(t) = a_0 + a_1 t + a_2 t^2 + \cdots \tag{2}$$

(on entend par là, rappelons-le, que, lorsque $t>0$, est assez voisin de 0, $f(t) - a_0 - a_1 t - a^2 t^2 - \cdots - a_{k-1}t^{k-1}$ reste majorée en module par une quantité de la forme $A_k t^k$, $A_k > 0$ convenable, et ceci pour $k \geqslant 1$). Montrer que son image de Laplace $F(p)$ admet, pour p réel $\to \infty$, un développement asymptotique suivant les puissances de $\frac{1}{p}$:

$$F(p) = \frac{b_0}{p} + \frac{b_1}{p^2} + \cdots \tag{3}$$

que l'on déterminera.

On considère, en particulier, la fonction :

$$f(t) = Y(t)\left[\frac{1}{t(e^t - 1)} - \frac{1}{t^2} + \frac{1}{2t}\right]. \tag{4}$$

Montrer qu'elle a un développement asymptotique du type (2) Calculer a_0 et a_1 et en déduire b_0 et b_1 du développement du type (3) de $F(p)$.

2e *question.*

Soit $g(t)$ une fonction ayant pour image de Laplace $G(p)$. Quelle est l'image de Laplace de $(e^t - 1)\ g(t)$? On prend, en particulier

$$g(t) = Y(t)\frac{t}{e^t - 1}. \tag{5}$$

On trouve que $G(p)$ satisfait à une équation fonctionnelle simple. A l'aide de cette équation et du comportement de $G(p)$ à l'infini, calculer $G(p)$, en l'exprimant à l'aide de ψ'. On considère ensuite $f(t)$ définie par (4). En passant par l'intermédiaire de l'image de Laplace de $t^2 f(t)$, et en utilisant le fait que $F'(p) \to 0$ quand p réel tend vers l'infini, on calculera $F(p)$ à une constante additive près.

3e *question.*

Montrer que les résultats de la deuxième question, compte tenu de (3) permettent d'obtenir une formule de Stirling (pour p réel $\to \infty$) du type :

$$p\,! = p^p e^{-p}\sqrt{p}\,C\left(1 + \frac{C_0}{p} + \frac{C_1}{p^2} + \cdots\right) \tag{6}$$

où C n'est pas connue et où la parenthèse est un développement asymptotique en $\frac{1}{p}$. Calculer C_0 et C_1.

II. — Toutes les formules du cours sont connues sauf la constante $\sqrt{2\pi}$ de la formule de Stirling.

Donner l'image de Fourier de

$$Y(x)\,e^{-2\pi x}\,\frac{x^{\frac{\alpha-1}{2}}}{\Gamma\left(\frac{\alpha+1}{2}\right)}. \tag{7}$$

Écrire la formule de Parseval, et calculer indépendamment chacun des deux membres. $\left(\text{Pour le calcul de } \int_0^\infty \frac{du}{(1+u^2)^{\frac{\alpha+1}{2}}} \text{ on posera } u=\sqrt{\frac{v}{1-v}}\right)$

On en déduira une relation remarquable entre $\Gamma\left(\frac{\alpha}{2}\right)$, $\Gamma\left(\frac{\alpha+1}{2}\right)$ et $\Gamma(\alpha)$ (Legendre-Gauss).

Montrer que si on connaît la formule de Stirling sans $\sqrt{2\pi}$, la formule de Legendre-Gauss permet de retrouver cette constante.

Chapitre VII

Équation des ondes et de la chaleur

1. Équation des cordes vibrantes

1. Problèmes physiques soumis à l'équation des cordes vibrantes
Vibrations transversales d'une corde tendue

Nous allons étudier les petites vibrations *transversales* d'une corde homogène AB tendue de longueur L de section constante σ_0. Nous placerons l'axe $\overrightarrow{Ox}$ suivant $\overrightarrow{AB}$, O en A. Le point de la corde qui a l'abscisse $x(0 \leqslant x \leqslant L)$ est susceptible de se déplacer perpendiculairement à la corde, donc ses coordonnées y et z vont osciller autour de la valeur 0 en fonction du temps.

Nous appellerons $\vec{u}$ le vecteur du plan yOz de coordonnées y, z. Alors $\vec{u}$ sera une fonction vectorielle du temps t, variant autour de $\vec{0}$. Mais cette fonction, qui marque le déplacement du point d'abscisse x, est aussi fonction de x; finalement $\vec{u}$ est une fonction vectorielle $\vec{u}(x, t)$, que nous avons à déterminer.

Soit T la tension de la corde au point M d'abscisse x à l'instant t. Nous entendons par là que la portion MB de la corde exerce sur la portion AM des forces qu'on peut représenter par une force unique s'exerçant en M, dirigée suivant la demi-tangente orientée de l'arc $\overset{\frown}{MB}$, de grandeur T. D'après le principe de l'action et de la réaction, la portion MA de la corde exerce sur la portion BM une force exactement opposée à la précédente. Comme nous supposons petites les déformations de la corde par rapport à sa longueur, nous verrons que T reste voisine d'une tension moyenne T_0, indépendante de x et t.

Nous négligerons l'action de la pesanteur sur la corde; nous ne faisons d'ailleurs pas d'hypothèse sur la position d'équilibre de la corde par rapport à la verticale; de toute façon si l'on veut en tenir compte, on cherchera la position d'équilibre de la corde dans le champ de pesanteur (ou tout autre champ fixe donné) position voisine d'un segment de droite, si la corde est peu déformable et fortement tendue, et $\vec{u}$ sera le déplacement transversal par ***rapport à cette position d'équilibre.***

Nous appellerons ρ la *densité linéaire* de la corde, au point x à l'instant t, c'est-à-dire la masse par unité de longueur, où valeur limite du quotient $\frac{\Delta m}{\Delta x}$ lorsque $\Delta x \to 0$, Δm étant la masse de la portion $(x, x + \Delta x)$ de la corde. Les déformations étant supposées petites, ρ reste voisine d'une quantité ρ_0, qui ne dépend que de x. Quand nous avons supposé la corde *homogène*, nous avons entendu que ρ_0 était indépendant de x. Mais il est facile pratiquement de réaliser des cas où ρ_0 varie continument avec x, car $\rho_0 = \sigma_0 \varpi_0$ où ϖ_0 est la masse spécifique ordinaire (masse par unité de volume) et σ_0 la section de la corde au point x (supposée petite); une corde composée d'un solide homogène, mais de section σ_0 variable avec x, donnerait une densité linéaire ρ_0 variable avec x. L'équation à laquelle doit satisfaire $\vec{u}(x, t)$ s'obtient en écrivant, pour chaque petit segment (MM'), $(x, x + \Delta x)$ de la corde, l'équation fondamentale de la dynamique, $\vec{F} = m\vec{\gamma}$ (en toute rigueur il faudrait, pour chaque intervalle (x_1, x_2) de la corde, écrire que la résultante des $\vec{F}$ est égale à la résultante des $m\vec{\gamma}$ et que le moment des $\vec{F}$ est égal au moment des $m\vec{\gamma}$. On ferait ainsi intervenir des intégrales en dx, au lieu de quantités élémentaires proportionnelles à Δx. Nous adoptons la méthode élémentaire, plus intuitive que rigoureuse. On vérifie que l'équation des moments est automatiquement satisfaite, grâce à l'hypothèse suivant laquelle la tension est tangente à la corde. Nous négligerons toute quantité de l'ordre de $(\Delta x)^2$, en présence de Δx, puisque Δx est infiniment petit.

Nous supposons le mouvement de la corde petit. Précisons ce que cela signifie. Si l'on ne fait pas d'hypothèse de ce genre, l'équation aux dérivées partielles obtenue est très compliquée (en particulier, elle n'est pas linéaire). Si l'on convient de se borner à une approximation de cette équation, donc de ne chercher que des solutions approximatives du problème physique posé, on négligera les termes en $\left(\frac{\partial u}{\partial x}\right)^2, \frac{\partial u}{\partial x}\frac{\partial^2 u}{\partial x^2}, \ldots,$ qui sont « du deuxième ordre », en présence de termes « du premier ordre » tels que $\frac{\partial^2 u}{\partial x^2}$. On obtiendra alors l'équation (VII, 1; 8) facile à étudier.

Plus $\frac{\partial u}{\partial x}, \frac{\partial^2 u}{\partial x^2}$, seront petits, plus l'erreur relative commise sera

petite. On peut d'ailleurs limiter l'erreur que l'on commet, par exemple dans un calcul de fréquence, en remplaçant l'équation vraie par l'équation approchée (VII, 1; 8). Par exemple, dans le cas d'une corde de violon, on pourra, en tenant compte de l'amplitude usuelle des vibrations de cette corde, voir si une telle erreur est acceptable; si elle ne l'est pas, le calcul d'un terme correctif sera nécessaire. La situation est la même que dans le cas de la vibration d'un pendule. L'équation différentielle vraie du pendule est $\theta'' + \frac{g}{l}\sin\theta = 0$. Pour de petites oscillations autour de la position d'équilibre $\theta = 0$, on peut remplacer cette équation par $\theta'' + \frac{g}{l}\theta = 0$, qui donne des vibrations de période $T_0 = 2\pi\sqrt{\frac{l}{g}}$.
Ce qu'on trouve là n'est que la limite de la période vraie des vibrations lorsque l'amplitude α tend vers 0. Pour un mouvement donné d'amplitude α, on commet sur l'évaluation de la période T une erreur relative, en la remplaçant par T_0, d'autant plus faible qu'α est plus petite. Si cette erreur n'est pas acceptable, on devra ajouter un terme correctif, et on sait que ce terme est $T_0\frac{\alpha^2}{16}$. Il se peut d'ailleurs que ce terme lui-même soit insuffisant; la vraie période T est une fonction transcendante de α, s'exprimant à l'aide d'intégrales elliptiques :

$$T = \sqrt{2}\sqrt{\frac{l}{g}}\int_{-\alpha}^{+\alpha}\frac{d\theta}{\sqrt{\cos\theta - \cos\alpha}}$$

Dans le problème des cordes vibrantes, les choses sont plus compliquées et nous nous bornerons au cas des vibrations infiniment petites. Les quantités qui doivent être petites sont $\frac{\partial u}{\partial x}$ (grandeur sans dimension, donnant la pente de la corde) et $\frac{\partial^2 u}{\partial x^2}$ (grandeur de dimension l^{-1}). Dans ces conditions :
1) le vecteur $\overrightarrow{m\gamma}$ est dans le plan yOz, et vaut

(VII, 1; 1) $$\overrightarrow{m\gamma} = \rho_0\frac{\partial^2\vec{u}}{\partial t^2}\Delta x,$$

(en effet, la masse de l'élément considéré est invariable au cours de son mouvement, et vaut $\rho_0\Delta x$ à l'équilibre).
2) La force exercée par la portion M'B de la corde en M' est $T(x + \Delta x)$; sa composante sur Ox est $T(x + \Delta x)\cos\alpha$, sa compo-

sante dans le plan (yOz) est $\mathrm{T}\vec{\theta}$, en désignant par $\vec{\theta}$ la projection sur yOz du vecteur unitaire de la tangente en M′ à la corde, orientée dans le sens AB. La force exercée par la portion AM de la corde, en M, est analogue mais relative à x au lieu de $x + \Delta x$, et la tangente étant orientée en sens inverse. En négligeant les termes en $(\Delta x)^2$, la somme de ces deux forces s'écrit donc

(VII, 1; 2) $\dfrac{\partial}{\partial x}(\mathrm{T}\cos\alpha)\Delta x$ en composante sur Ox,

$\dfrac{\partial}{\partial x}(\mathrm{T}\vec{\theta})\Delta x$ en composante dans le plan yOz.

L'équation de la dynamique, en projection sur Ox donne :

(VII, 1; 3) $$\frac{\partial}{\partial x}(\mathrm{T}\cos\alpha) = 0.$$

En négligeant $(\cos\alpha - 1)$ et sa dérivée en x, infiniment petits du second ordre, cela revient à

(VII, 1; 4) $$\frac{\partial \mathrm{T}}{\partial x} = 0$$

équation qui, vue que T est supposée voisine de T_0, n'est possible que grâce à notre hypothèse $\dfrac{d\mathrm{T}_0}{dx} = 0$, T_0 indépendante de x. Ainsi à tout instant t, la tension doit être la même d'un bout à l'autre du fil; c'est donc une fonction de t, $\mathrm{T}(t)$, oscillant autour de T_0. Cette fonction ne peut pas être calculée sans nouvelles hypothèses mécaniques; nous verrons plus loin (VII, 1; 25) que pour éviter les vibrations longitudinales, on doit avoir

(VII, 1; 5) $$\mathrm{T} = \mathrm{T}_0.$$

L'équation de la dynamique, en projection sur yOz donnera :

(VII, 1; 6) $$\rho_0 \frac{\partial^2 \vec{u}}{\partial t^2} = \frac{\partial}{\partial x}(\mathrm{T}_0\vec{\theta}).$$

Le vecteur $\vec{\theta}$ a pour composantes $\dfrac{dy}{ds}$ et $\dfrac{dz}{ds}$ sur les axes Oy et Oz; comme l'angle de la tangente avec Ox est petit, $\dfrac{dx}{ds}$ est voisin de 1 et $\dfrac{dy}{ds}$, $\dfrac{dz}{ds}$ sont équivalents à $\dfrac{dy}{dx}$, $\dfrac{dz}{dx}$, donc $\vec{\theta}$ équivalent à $\dfrac{\partial \vec{u}}{\partial x}$. Compte tenu de (VII, 1; 5), (VII, 1; 6) revient alors à

(VII, 1; 7) $$\rho_0 \frac{\partial^2 \vec{u}}{\partial t^2} = \mathrm{T}_0 \frac{\partial^2 \vec{u}}{\partial x^2}.$$

Si comme nous l'avons supposé, ρ_0 est indépendante de x *(corde homogène)* cette équation peut s'écrire

$$\boxed{\frac{1}{v^2}\frac{\partial^2\vec{u}}{\partial t^2} = \frac{\partial^2\vec{u}}{\partial x^2}} \qquad \text{(VII, 1; 8)}$$

où v doit avoir les dimensions d'une vitesse :

$$v = \sqrt{\frac{T_0}{\rho_0}}; \qquad \text{dimension} \qquad \frac{(mlt^{-2})^{\frac{1}{2}}}{(ml^{-1})^{\frac{1}{2}}} = lt^{-1}. \qquad \text{(VII, 1; 9)}$$

Comme nous le verrons ultérieurement, v peut être appelée *vitesse de propagation des ondes transversales dans la corde.* On peut aussi *utiliser la tension par unité de section* $T'_0 = \dfrac{T_0}{\sigma_0}$; comme $\rho_0 = \varpi_0\,\sigma_0$, on a aussi

$$v = \sqrt{\frac{T_0}{\sigma_0\varpi_0}} = \sqrt{\frac{T'_0}{\varpi_0}} \qquad \text{(VII, 1; 10)}$$

(VII, 1; 8) est appelée l'équation des *cordes vibrantes.* Si l'on projette successivement sur Oy, Oz, on obtient pour les 2 fonctions $y(x, t)$ $z(x, t)$ la même équation :

$$\frac{1}{v^2}\frac{\partial^2 y}{\partial t^2} = \frac{\partial^2 y}{\partial x^2}, \qquad \frac{1}{v^2}\frac{\partial^2 z}{\partial t^2} = \frac{\partial^2 z}{\partial x^2}. \qquad \text{(VII, 1; 11)}$$

Remarquons que la portion Δx de la corde a la longueur $\dfrac{\Delta x}{\cos\alpha}$: en négligeant α^2 comme précédemment, on voit que cette longueur est approximativement restée Δx comme au repos, donc la densité ρ ne varie pas, elle est constamment égale à ρ_0 (aux infiniment petits du 2e ordre près). Finalement les 3 équations du problème relativement aux inconnues $\vec{u}$, T, ρ, sont entièrement séparées les unes des autres :

$$\left\{\begin{array}{l} \dfrac{1}{v^2}\dfrac{\partial^2\vec{u}}{\partial t^2} = \dfrac{\partial^2\vec{u}}{\partial x^2}, \qquad v = \sqrt{\dfrac{T_0}{\rho_0}}, \\ T = T_0, \\ \rho = \rho_0. \end{array}\right. \qquad \text{(VII, 1; 12)}$$

La 2e et la 3e sont toutes résolues; seule la première demande donc à être résolue.

Vibrations longitudinales d'une barre solide

Nous considèrerons maintenant une tige métallique solide AB homogène de longueur L, de section constante σ_0, dont nous étudierons les vibrations *longitudinales*. Soit x l'abscisse d'un point M de la barre au repos, Ox étant placé suivant $\overrightarrow{AB}$, O en A. Au cours du mouvement, ce point M se déplace longitudinalement, appelons u son déplacement $u = \overline{MM'} = \overline{OM'} - \overline{OM}$, M' étant la position de M à l'instant t. Ici encore u sera une fonction de x, t, que nous avons à déterminer.

Soit ici encore T la tension de la barre en x à l'instant t, définie comme pour les vibrations transversales. La différence avec le cas précédent est cependant importante : la corde flexible n'était tendue que par suite de l'existence d'une tension moyenne $T_0 > 0$ assez forte; au contraire ici la barre AB n'est peut être pas tendue ($T_0 = 0$; une tension s'appelle d'ailleurs aussi traction), elle pouvait même être comprimée ($T_0 < 0$). La variation de tension est une réaction de la barre contre les tentatives de modifier sa forme par allongement ou raccourcissement. Nous admettrons la loi suivante, dite *loi fondamentale de l'élasticité:* Pour un élément de longueur l_0 sous la tension moyenne T_0, un allongement $l - l_0 = \delta l$ nécessite un accroissement de tension $T - T_0 = \delta T$, avec :

(VII, 1; 13) $$\frac{\delta T}{\sigma_0} = E_0 \frac{\delta l}{l_0}$$

où E_0 est le *module d'Young* ou *coefficient d'élasticité* sous la tension T_0(E_0 varie peu avec T_0; pour $T_0 = 0$, E_0 sera le module d'Young au repos), σ_0 la section. Naturellement cette loi n'est vraie que si $\frac{\delta l}{l_0}$ est assez petit.

Il faut donc avant tout calculer la *dilatation* relative $\lambda = \frac{\delta l}{l_0}$ en chaque point de la barre. Le segment $(x, x + \Delta x)$ de longueur l_0 (au repos) occupe, à l'instant t, la position

$$\big(x + u(x, t), \qquad x + \Delta x + u(x + \Delta x, t)\big);$$

sa longueur est passée de $l_0 = \Delta x$ à $l = l_0 + \delta l = \Delta x + \frac{\partial u}{\partial x} \Delta x$, donc sa dilatation est

(VII, 1; 14) $$\lambda = \frac{\delta l}{l_0} = \frac{\partial u}{\partial x}$$

(le fait que δl doit être petit devant l_0 signifie que $\frac{\partial u}{\partial x}$ dcit être petit). La tension en x à l'instant t vérifie donc sûrement, d'après la loi de l'élasticité :

$$(\text{VII, 1; 15}) \qquad T - T_0 = E_0 \sigma_0 \frac{\partial u}{\partial x}.$$

Soit encore ρ la densité linéaire, voisine de ρ_0, densité à l'équilibre sous la tension T_0.

Écrivons l'équation fondamentale de la dynamique $\vec{F} = m\vec{\gamma}$ pour l'élément $(x, x + \Delta x)$, en projection sur Ox (aucune autre équation n'est nécessaire, le mouvement étant longitudinal) :

$$(\text{VII, 1; 16}) \qquad \rho_0 \frac{\partial^2 u}{\partial t^2} \Delta x = \frac{\partial T}{\partial x} \Delta x$$

ou compte tenu de (VII, 1; 15)

$$(\text{VII, 1; 17}) \qquad \rho_0 \frac{\partial^2 u}{\partial t^2} = E_0 \sigma_0 \frac{\partial^2 u}{\partial x^2}$$

qui est encore l'équation des cordes vibrantes (VII, 1; 8) (scalaire et non vectorielle) avec la vitesse de propagation

$$(\text{VII, 1; 18}) \qquad v = \sqrt{\frac{E_0 \sigma_0}{\rho_0}} = \sqrt{\frac{E_0}{\varpi_0}}.$$

Le module d'Young joue le même rôle que T'_0, tension par unité de section, dans les vibrations transversales. E_0 a d'ailleurs la dimension de $\frac{\delta T}{\sigma_0}$ (VII, 1; 13), la dimension d'une tension par unité de section. La différence fondamentale entre le cas transversal et le cas longitudinal est que, dans le cas transversal, c'est T'_0, tension moyenne par unité de section, qui intervient; dans le cas longitudinal, c'est E_0, coefficient liant la dilatation $\lambda = \frac{\delta l}{l_0}$ à l'écart $\frac{T - T_0}{\sigma_0}$ de la tension par unité de section avec sa valeur moyenne. C'est ce qui fait qu'on ne pouvait imaginer de vibrations transversales d'une corde flexible qu'avec $T_0 > 0$, alors qu'on peut avoir des vibrations longitudinales aussi avec $T_0 \leqslant 0$.

A titre d'exemple, signalons que, pour l'acier, E_0 est de l'ordre de 20 000 kgs par mm². Cela donne en unités MTS :

$$v = \sqrt{\frac{20 \times 9{,}81}{10^{-6} \times 7{,}8}} \# 5\,000 \text{ m/s}.$$

D'après la définition de la densité linéaire chaque petit segment l_0 vérifie

(VII, 1; 19) $$\rho l = \rho_0 l_0$$

(conservation de la masse). Donc :

(VII, 1; 20) $$\frac{\delta l}{l_0} + \frac{\delta \rho}{\rho_0} = 0,$$

donc

(VII, 1; 21) $$\rho - \rho_0 = \delta\rho = -\rho_0 \frac{\delta l}{l_0} = -\rho_0 \lambda = -\rho_0 \frac{\partial u}{\partial x}$$

(VII, 1; 22) $$\rho = \rho_0\left(1 - \frac{\partial u}{\partial x}\right) \qquad \text{et aussi} \qquad \varpi = \varpi_0\left(1 - \frac{\partial u}{\partial x}\right).$$

Les équations du problème sont finalement

(VII, 1; 23) $$\begin{cases} \dfrac{1}{v^2}\dfrac{\partial^2 u}{\partial t^2} = \dfrac{\partial^2 u}{\partial x^2}, \qquad v = \sqrt{\dfrac{E_0\sigma_0}{\rho_0}} = \sqrt{\dfrac{E_0}{\varpi_0}} \\ T = T_0 + E_0\,\sigma_0 \dfrac{\partial u}{\partial x} \\ \rho = \rho_0 - \rho_0 \dfrac{\partial u}{\partial x}. \end{cases}$$

On résoudra d'abord la première (ρ_0, σ_0, E_0 étant connus), alors, si T_0 est aussi donné, les 2 suivantes seront toutes résolues. Mais on peut remarquer que $U = \frac{\partial u}{\partial x}$ vérifie aussi (par dérivation des 2 membres en $\frac{\partial}{\partial x}$) l'équation des cordes vibrantes, et comme une constante T_0 ou ρ_0 la vérifie aussi, T et ρ satisfont à la même équation

(VII, 1; 24) $$\frac{1}{v^2}\frac{\partial^2 T}{\partial t^2} = \frac{\partial^2 T}{\partial x^2}$$
$$\frac{1}{v^2}\frac{\partial^2 \rho}{\partial t^2} = \frac{\partial^2 \rho}{\partial x^2}.$$

Les vibrations longitudinales de barres solides constituent l'essentiel du phénomène appelé *propagation du son* dans la barre; les valeurs de E (module d'Young) donnent la vitesse du son dans les divers solides.

Si l'on se trouve en présence d'une tige susceptible à la fois de vibrer transversalement et longitudinalement, conformément aux hypothèses mécaniques faites dans ces deux problèmes, on pourra traiter le problème d'ensemble en appelant $\vec{u}$ le déplacement transversal et w le déplacement longitudinal, et on obtiendra aisément les équations :

(VII, 1; 25)
$$\frac{1}{v_t^2}\frac{\partial^2\vec{u}}{\partial t^2}=\frac{\partial^2\vec{u}}{\partial x^2}, \qquad v_t=\sqrt{\frac{T_0}{\rho_0}},$$
$$\frac{1}{v_l^2}\frac{\partial^2 w}{\partial t^2}=\frac{\partial^2 w}{\partial x^2}, \qquad v_l=\sqrt{\frac{E_0\sigma_0}{\rho_0}},$$
$$T=T_0+E_0\sigma_0\frac{\partial w}{\partial x},$$
$$\rho=\rho_0-\rho_0\frac{\partial w}{\partial x},$$

(VII, 1; 25) se réduit à (VII, 1; 23) si $\vec{u}=\vec{0}$ et se réduit à (VII, 1; 12) si $w=0$. On voit bien que l'on ne peut éviter de vibrations longitudinales qu'avec $T=T_0$. Les deux premières équations se résolvent indépendamment l'une de l'autre et correspondent à des vitesses de propagation v_t et v_l très différentes, la troisième et la quatrième se résolvent à partir de la deuxième. Bien qu'un ébranlement sismique ne puisse pas exactement se traiter comme une propagation d'un ébranlement le long d'une tige obéissant aux lois ci-dessus, on sait cependant que l'ébranlement longitudinal ne se propage pas avec la même vitesse que l'ébranlement transversal.

Vibrations longitudinales d'une colonne liquide ou gazeuse

Supposons une colonne liquide ou gazeuse, enfermée dans un fin tuyau d'épaisseur constante et étudions ses vibrations longitudinales, dans lesquelles chaque tranche de liquide comprise entre deux sections normales voisines se déplace en bloc longitudinalement. Le liquide ne peut pas être supposé incompressible, sans quoi il n'y aurait pas de vibration longitudinale; d'ailleurs même dans le cas de barres solides nous avons dû admettre de petites déformations.

Le coefficient de compressibilité χ_0 du liquide à la pression moyenne $p_0>0$ donne la variation de pression correspondant à une dilatation $\lambda=\frac{\delta V}{V_0}$:

(VII, 1; 26)
$$\frac{\delta p}{p_0}=\frac{p-p_0}{p_0}=-\frac{1}{\chi_0}\frac{\delta V}{V_0}$$

(qui correspondrait à une loi fondamentale du type

(VII, 1; 27) $$pV^{\frac{1}{\chi_0}} = \text{constante})$$

χ_0 n'a pas de dimension.

Comme le mouvement est longitudinal, $\frac{\delta V}{V_0} = \frac{\delta l}{l_0}$, d'autre part une pression est l'opposé d'une tension par unité de section, $\frac{\delta p}{p_0} = \frac{\delta T}{T_0}$, $p_0 = -\frac{T_0}{\sigma_0}$ donc (VII, 1; 26) est identique à (VII, 1; 13) avec

(VII, 1; 28) $$E_0 = \frac{p_0}{\chi_0}$$

(dans les vibrations transversales de la corde flexible, on avait nécessairement $T_0 > 0$; dans les vibrations longitudinales de la barre solide T_0 quelconque; ici, $p_0 > 0$, donc $T_0 < 0$).

En appelant toujours u le déplacement longitudinal, on a donc les équations (VII, 1; 23) modifiées comme suit :

(VII, 1; 29) $$\begin{cases} \frac{1}{v^2}\frac{\partial^2 u}{\partial t^2} = \frac{\partial^2 u}{\partial x^2}; \qquad v = \sqrt{\frac{p_0}{\chi_0 \varpi_0}} \\ p = p_0 - \frac{p_0}{\chi_0}\frac{\partial u}{\partial x} \\ \rho = \rho_0 - \rho_0 \frac{\partial u}{\partial x} \end{cases}$$

(et comme conséquence p et ρ satisfont elles aussi à l'équation des cordes vibrantes).

Dans le cas d'une colonne gazeuse, les vibrations donnent lieu au phénomène dit des *tuyaux sonores*. La loi de compressibilité sera ici la loi *adiabatique* (car les vibrations sont très rapides, plusieurs centaines ou milliers d'oscillations par seconde, elles se font sûrement sans échange de chaleur avec l'extérieur), soit

(VII, 1; 30) $$pV^{\gamma} = \text{constante}, \qquad \gamma = \frac{C}{c}$$

où $$\chi_0 = \frac{1}{\gamma}, \qquad E_0 = \gamma p_0.$$

On a donc les équations (VII, 1; 29) correspondantes, avec

(VII, 1; 31) $$v = \sqrt{\frac{\gamma p_0}{\varpi_0}}.$$

Amettons que le gaz suive la loi des gaz parfaits. Alors

(VII, 1; 32) $$p_0 = \frac{\varpi_0}{M} RT_0$$

d'où

(VII, 1; 33) $$v = \sqrt{\frac{\gamma}{M} RT_0}.$$

La vitesse de propagation du son dans un gaz parfait est proportionnelle à la racine carrée de sa température absolue

Exercice. Calculer la vitesse du son dans l'air.
Si on cherche la température T du gaz au point x à l'instant t, la loi (VII, 1; 32) différenciée donne

(VII, 1; 34) $$\frac{\delta p}{p_0} - \frac{\delta \varpi}{\varpi_0} - \frac{\delta T}{T_0} = 0.$$

Connaissant les équations auxquelles obéissent p et ϖ, on obtient celle de T :

$$-\gamma \frac{\partial u}{\partial x} + \frac{\partial u}{\partial x} - \frac{\delta T}{T_0} = 0$$

ou

(VII, 1; 35) $$T = T_0 - (\gamma - 1) T_0 \frac{\partial u}{\partial x}.$$

D'où finalement le système :

(VII, 1; 36) $$\begin{cases} \dfrac{1}{v^2}\dfrac{\partial^2 u}{\partial t^2} = \dfrac{\partial^2 u}{\partial x^2}, \qquad v = \sqrt{\dfrac{\gamma p_0}{\varpi_0}} = \sqrt{\dfrac{\gamma}{M} RT_0} \\ \varpi = \varpi_0 - \varpi_0 \dfrac{\partial u}{\partial x} \\ p = p_0 - \gamma p_0 \dfrac{\partial u}{\partial x} \\ T = T_0 - (\gamma - 1) T_0 \dfrac{\partial u}{\partial x} \end{cases}$$

et, comme conséquence, ϖ, p, T satisfont elles aussi à l'équation des cordes vibrantes.

2. Résolution de l'équation des cordes vibrantes par la méthode de propagation; problèmes de Cauchy

Sans nous préoccuper désormais du problème physique particulier qui est à l'origine de l'équation, nous appellerons *équation des cordes vibrantes* l'équation aux dérivées partielles :

$$\text{(VII, 1; 37)} \qquad \frac{1}{v^2}\frac{\partial^2 u}{\partial t^2} - \frac{\partial^2 u}{\partial x^2} = 0.$$

La corde étant illimitée, occupe au repos l'axe $x'x$; u est une fonction définie pour toutes les valeurs de x et t.

Pour trouver une solution générale, effectuons le changement de variables :

$$\text{(VII, 1; 38)} \qquad \begin{aligned} x + vt &= \xi \qquad \text{ou} \qquad & x &= \frac{\xi + \eta}{2} \\ x - vt &= \eta & t &= \frac{1}{v}\frac{\xi - \eta}{2} \end{aligned}$$

On a les formules :

$$\text{(VII, 1; 39)} \qquad \begin{aligned} \frac{\partial}{\partial x} &= \frac{\partial}{\partial \xi} + \frac{\partial}{\partial \eta} \qquad \text{d'où} \qquad & \frac{\partial^2}{\partial x^2} &= \frac{\partial^2}{\partial \xi^2} + 2\frac{\partial^2}{\partial \xi \partial \eta} + \frac{\partial^2}{\partial \eta^2} \\ \frac{\partial}{\partial t} &= v\left(\frac{\partial}{\partial \xi} - \frac{\partial}{\partial \eta}\right) \qquad \text{d'où} \qquad & \frac{\partial^2}{\partial t^2} &= v^2\left(\frac{\partial^2}{\partial \xi^2} - \frac{2\partial^2}{\partial \xi \partial \eta} + \frac{\partial^2}{\partial \eta^2}\right) \end{aligned}$$

de sorte que

$$\text{(VII, 1; 40)} \qquad \frac{1}{v^2}\frac{\partial^2}{\partial t^2} - \frac{\partial^2}{\partial x^2} = -4\frac{\partial^2}{\partial \xi \partial \eta}$$

et, dans le nouveau système de variables, l'équation est devenue

$$\text{(VII, 1; 41)} \qquad \frac{\partial^2 u}{\partial \xi \partial \eta} = 0.$$

Cette équation se résout immédiatement :

$$\text{(VII, 1; 42)} \qquad \begin{cases} \dfrac{\partial u}{\partial \xi} = f_1(\xi), & f_1 \text{ fonction arbitraire;} \\ u = f(\xi) + g(\eta), & f \text{ primitive de } f_1,\ g \text{ fonction arbitraire,} \end{cases}$$

ce qui donne comme solution générale de (VII, 1; 37)

$$\text{(VII, 1; 43)} \qquad u(x, t) = f(x + vt) + g(x - vt)$$

où f et g sont des fonctions arbitraires d'une variable. En fait le mot « arbitraire » est exagéré. Ces fonctions doivent être 2 fois continuement différentiables, si l'on veut que la méthode du changement de variables (VII, 1; 39) soit légitime; de toute façon les dérivées secondes de u interviennent dans (VII, 1; 37).

Si l'on cherche les solutions de (VII, 1; 37) *au sens des distributions*, on est amené à accepter des fonctions f et g d'une variable qui ne sont pas nécessairement différentiables, mais seulement localement sommables, ou même des distributions à une seule variable.

La solution trouvée a une interprétation physique remarquable. Une fonction telle que $g(x - vt)$ prend au point x à l'instant t la valeur qu'elle prenait au point $x - vt$ à l'instant 0; en tant que fonction de x, représentant à chaque instant t la forme globale de la corde, $g(x - vt)$ est la translatée de la fonction $g(x)$, par la translation $+ vt$. Autrement dit $u = g(x - vt)$ représente *une onde qui se propage vers la droite avec la vitesse* v. Au contraire $u = f(x + vt)$ est *une onde qui se propage vers la gauche avec la vitesse* v. Ainsi toute onde possible, c'est-à-dire toute solution de l'équation (VII, 1; 37), est superposition de deux ondes arbitraires, qui se propagent l'une vers la gauche, l'autre vers la droite, avec la vitesse v. C'est pourquoi v est bien une *vitesse de propagation des ondes*. On sait qu'il n'y a là naturellement aucun transport de matière avec la vitesse v. Dans le cas des vibrations transversales d'une corde, u est un déplacement transversal, et v une vitesse de propagation longitudinale ! Mais même dans le cas de vibrations longitudinales, il n'y a aucun rapport entre v et la vitesse de déplacement de la matière $\frac{\partial u}{\partial t}$; si par exemple nous prenons la solution $u = x - vt$, l'onde se propage avec la vitesse $+ v$, alors que la vitesse algébrique des particules de matière est

$$\frac{\partial u}{\partial t} = - v; \qquad u = g(x - vt), \quad \frac{\partial u}{\partial t} = - vg'(x - vt)$$

est variable avec x et t.

Problème de Cauchy

Le problème de Cauchy est le suivant : trouver une solution de l'équation des cordes vibrantes, correspondant à des conditions initiales données :

$$\text{(VII, 1; 44)} \quad \begin{cases} u_0(x) = u(x, 0) & \text{(forme de la corde à l'instant } t = 0); \\ u_1(x) = \dfrac{\partial u}{\partial t}(x, 0) & \text{(distribution des vitesses } \dfrac{\partial u}{\partial t} \text{ le long de la corde à l'instant } t = 0). \end{cases}$$

La solution ayant la forme (VII, 1; 43), il faut déterminer f et g pour satisfaire aux conditions initiales (VII, 1; 44). Cela donne les équations :

$$\text{(VII, 1; 45)} \qquad \begin{cases} u_0(x) = f(x) + g(x) \\ u_1(x) = v(f'(x) - g'(x)). \end{cases}$$

La deuxième peut s'intégrer et donne

$$\text{(VII, 1; 46)} \qquad \int_0^x u_1(\xi)\, d\xi = v(f(x) - g(x)) + C.$$

L'existence de cette constante n'est pas étonnante. Dans la représentation (VII, 1; 43) de u, on peut ajoûter à f et retrancher à g une constante arbitraire, sans modifier la solution; cela revient à laisser $f + g$ inchangée et à modifier $f - g$ d'une constante arbitraire. Quel que soit le choix de C, la solution u sera la même. (VII, 1; 46) et la première équation (VII, 1; 45) donnent alors

$$\text{(VII, 1; 47)} \qquad \begin{cases} f(x) = \dfrac{1}{2}\left(u_0(x) + \dfrac{1}{v}\displaystyle\int_0^x u_1(\xi)d\xi\right) - \dfrac{1}{2}\dfrac{C}{v} \\ g(x) = \dfrac{1}{2}\left(u_0(x) - \dfrac{1}{v}\displaystyle\int_0^x u_1(\xi)d\xi\right) + \dfrac{1}{2}\dfrac{C}{v} \end{cases}$$

ce qui donne la solution cherchée, d'après (VII, 1; 43)

$$\text{(VII, 1; 48)} \quad u(x, t) = \frac{1}{2}[u_0(x + vt) + u_0(x - vt)] + \frac{1}{2v}\int_{x-vt}^{x+vt} u_1(\xi)d\xi.$$

Nous voyons que le problème de Cauchy a une solution et une seule. Si nous voulons cependant, que cette solution soit 2 fois continuement différentiable il faut supposer que u_0 est 2 fois continuement différentiable et u_1 1 fois, ce qui est tout à fait normal.

Remarques. Donnons quelques remarques d'ordre physique sur cette solution :

1) La valeur de u au point x à l'instant t ne dépend que des valeurs u_0 et u_1 de u et $\dfrac{\partial u}{\partial t}$ aux points compris dans l'intervalle $(x - vt, x + vt)$, à l'instant 0. C'est conforme à ce que nous avions vu au sujet de la vitesse de propagation. En fait les valeurs de u_1 dans tout l'intervalle $(x - vt, x + vt)$ interviennent, mais seules les valeurs de u_0 aux extrémités de cet intervalle interviennent.

2) Une figure géométrique rend mieux compte de ce phénomène. Plaçons en abscisse x, en ordonnée t et supposons $t \geqslant 0$. Si par le point (x, t) nous menons les demi-droites de pente $\pm \frac{1}{v}$, dirigées vers le bas, elles coupent l'axe des x aux points $x - vt$, $x + vt$

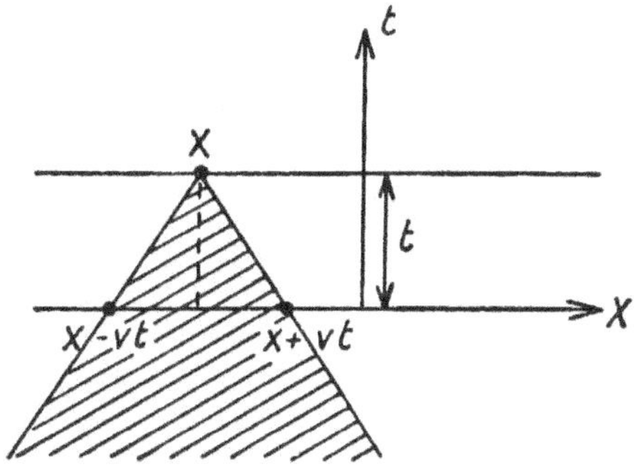

Figure (VII, 1)

La région comprise entre ces 2 demi-droites s'appelle le *cône d'ondes rétrograde*, du point (x, t). Si au lieu de résoudre le problème de Cauchy pour l'instant initial 0, on le résout pour l'instant initial τ, $-\infty < \tau < t$, la solution est la suivante :

$$u(x, t) = \frac{1}{2}\left[u_0(x + v(t - \tau)) + u_0(x - v(t - \tau))\right]$$

(VII, 1 ; 49)
$$+ \frac{1}{2v}\int_{x - v(t-\tau)}^{x + v(t-\tau)} u_1(\xi)d\xi,$$

avec

$$u_0(x) = u(x, \tau), \qquad u_1(x) = \frac{\partial u}{\partial t}(x, \tau).$$

Cette fois l'intervalle d'abscisses utile est $(x - v(t - \tau), x + v(t - \tau))$ c'est l'intersection de la droite d'ordonnée τ avec le même cône d'ondes rétrograde du point (x, t).

Ainsi le mouvement de la corde en un point (ξ, τ), $\tau \leqslant t$, est sans influence sur son mouvement au point (x, t), si (ξ, τ) n'est pas dans le cône d'ondes rétrogrades de (x, t).

3) On peut résoudre des problèmes de Cauchy *rétrogrades*, en opposition aux problèmes de Cauchy *directs* que nous venons de résoudre. Cela veut dire que l'instant initial τ pour lequel on se donne $u_0 = u$ et $u_1 = \frac{\partial u}{\partial t}$ est postérieur à t : $\tau \geqslant t$. La résolution se fait de manière

analogue, et la formule est encore (VII, 1; 49); mais compte tenu de ce que $\tau \geqslant t$, il vaut mieux l'écrire :

$$\text{(VII, 1; 50)} \quad \left\{ \begin{aligned} u(x, t) = \frac{1}{2}\left[u_0(x + v(\tau - t)) + u_0(x - v(\tau - t))\right] \\ - \frac{1}{2v}\int_{x - v(\tau - t)}^{x + v(\tau - t)} u_1(\xi)\, d\xi. \end{aligned} \right.$$

Cette fois l'intervalle utile est l'intersection avec la droite d'ordonnée τ du *cône d'ondes direct* de (x, t), c'est-à-dire de la région comprise entre les demi-droites de pente $\pm \dfrac{1}{v}$ dirigées vers le haut, d'origine (x, t). C'est naturel puisque $t \leqslant \tau$ et que c'est ce qui se passe à l'instant t qui influencera ce qui aura lieu dans l'avenir à l'instant τ; le cône d'ondes direct du point (x, t) marque l'ensemble des points (ξ, τ) où le mouvement pourra être influencé par ce qu'il était au point x à l'instant t.

Ces considérations de passé et d'avenir sont purement subjectives du point de vue de l'équation mathématique, car celle-ci est invariante par changement de t en $-t$.

4) Le front d'onde est le point extrême atteint par l'onde; plus exactement, le front d'onde à droite à l'instant t est la borne supérieure des supports des fonctions u et $\dfrac{\partial u}{\partial t}$ considérées comme fonctions de x à l'instant t. L'abscisse X de ce front d'onde à droite est donc une fonction $X(t)$ de t. Cette fonction vérifie une inégalité linéaire : le front d'onde à droite ne peut pas se propager vers la droite avec une vitesse supérieure à v; pour $t \geqslant \tau$,

$$\text{(VII, 1; 51)} \qquad X(t) \leqslant X(\tau) + v(t - \tau).$$

En effet, appelons u_0 et u_1 les valeurs de u et $\dfrac{\partial u}{\partial t}$ à l'instant τ. La formule (VII, 1; 49) montre que, puisque u_0 et u_1 sont nulles pour $x \geqslant X(\tau)$, u et $\dfrac{\partial u}{\partial t}$ sont nulles pour $x \geqslant X(\tau) + v(t - \tau)$, d'où (VII, 1; 51).

Mais remarquons qu'en inversant le sens du temps (ou en utilisant (VII, 1; 50) au lieu de (VII, 1; 49) et en échangeant t et τ) on aurait obtenu l'inégalité (toujours pour $\tau \leqslant t$) :

$$\text{(VII, 1; 52)} \qquad X(\tau) \leqslant X(t) + v(t - \tau)$$

qui donne aussi

(VII, 1; 53) $$X(t) \geqslant X(\tau) - v(t - \tau).$$

Autrement dit le front d'onde à droite ne peut pas non plus se propager vers la gauche avec une vitesse supérieure à v.

Il ne faudrait donc pas croire que le front d'onde à droite se propage vers la droite avec la vitesse v, l'inégalité (VII, 1; 51) étant alors *toujours* une égalité; car alors, il en serait de même de (VII, 1; 52) et ces deux égalités seraient contradictoires.

Prenons d'ailleurs l'exemple simple où, pour $t = 0$, les conditions initiales vérifient :

(VII, 1; 54) $$\begin{cases} u_0(x) > 0 \text{ pour } |x| < x_0, \quad u_0(x) = 0 \text{ pour } |x| > x_0; \\ u_1(x) \equiv 0. \end{cases}$$

Les formules (VII, 1; 49) et (VII, 1; 50) pour $\tau = 0$ montrent que le front d'onde à droite est donné par :

(VII, 1; 55) $$X(t) = x_0 + v|t|;$$

il se propage avec la vitesse v pour $t \geqslant 0$, avec la vitesse $-v$ pour $t \leqslant 0$ et c'est à l'instant $t = 0$ qu'il est le plus à gauche.

Ce que nous venons de dire pour le front d'onde à droite est valable pour le front d'onde à gauche, qui vérifie les mêmes inégalités. Dans l'exemple (VII, 1; 54), le front d'onde à gauche est donné par

(VII, 1; 56) $$Y(t) = -x_0 - v|t|,$$

c'est pour $t = 0$ qu'il est le plus à droite; c'est donc à l'instant $t = 0$ que la partie de la corde qui n'est pas au repos est la plus petite possible.

Remarquer que dans cet exemple, pour $t > \frac{x_0}{v}$, la partie mobile de la corde est séparée en deux intervalles distincts,

$$(-x_0 - vt, \; x_0 - vt) \quad \text{et} \quad (-x_0 + vt, \; x_0 + vt).$$

5) On dit qu'il y a *diffusion des ondes*, parce que $u(x, t)$ dépend effectivement (par l'intermédiaire de u_1) des conditions initiales dans tout l'intervalle $(x - vt, x + vt)$, et non seulement de leurs valeurs aux extrémités de cet intervalle.

6) Un cas particulièrement important est celui où on prend comme conditions initiales

(VII, 1; 57) $\quad u_0 = 0, \quad u_1 = v^2\delta(x), \quad \delta =$ distribution de Dirac.

On trouve pour $t > 0$, en admettant qu'on puisse appliquer sans précaution la formule (VII, 1; 48)

(VII, 1; 58) $$u(x, t) = \begin{cases} \frac{v}{2} & \text{pour } |x| < vt \\ 0 & \text{pour } |x| > vt \end{cases} \quad \text{ou} \quad \frac{v}{2} Y(vt - |x|)$$

où Y est la fonction d'Heaviside

(autrement dit u est égale à $\frac{v}{2}$ dans le cône d'ondes direct de l'origine, et à 0 en dehors, pour $t \geqslant 0$).
Nous retrouverons ultérieurement cette solution particulière.

Corde ayant une extrémité fixe. Réflexion des ondes

Nous supposons maintenant que la corde, au lieu d'être illimitée, a une extrémité, l'origine; autrement dit qu'elle est, au repos, le demi-axe des $x \geqslant 0$; u est une fonction définie pour $x \geqslant 0$, $-\infty < t < +\infty$. La formule (VII, 1; 43) est encore valable, comme on le voit aisément; les fonctions f et g d'une variable sont bien définies (à des constantes opposées près, voir formule (VII, 1; 47)) *pour toutes les valeurs de la variable*, car pour x fixé > 0, t variant de $-\infty$ à $+\infty$, $x \pm vt$ varie de $-\infty$ à $+\infty$. Mais alors la formule (VII, 1; 43) donne une solution u définie pour *toutes* les valeurs de x et t : *toute solution u de l'équation dans la région $x \geqslant 0$, $-\infty < t < \infty$, est prolongeable, d'une manière unique, en une solution $\bar{u}$ dans le plan (x, t) tout entier.*

Cherchons quels sont les mouvements dans lesquels l'extrémité $x = 0$ de la corde reste fixe. Leur prolongement $\bar{u}$ est un mouvement défini pour toutes les valeurs de x et t, pour lequel $\bar{u}(0, t) \equiv 0$. Il faut et il suffit pour cela que

(VII, 1; 59) $$f(vt) + g(-vt) \equiv 0.$$

Autrement dit les fonctions f et g d'une variable s ne sont plus arbitraires; l'une d'elles est encore arbitraire, mais l'autre est alors connue, puisque

(VII, 1; 60) $$f(s) + g(-s) = 0, \quad \text{ou} \quad g(s) = -f(-s).$$

Alors la solution générale est donnée, d'après (VII, 1; 43)

$$\text{(VII, 1; 61)} \qquad \bar{u}(x,\ t) = f(x + vt) - f(-x + vt),$$

$f =$ fonction arbitraire d'une variable. On voit que, pour tout t, *$\bar{u}$ est une fonction impaire de x*, ce qui entraîne bien qu'elle s'annule pour $x = 0$.

Ainsi toute solution u de l'équation des cordes vibrantes, définie pour $x \geqslant 0$, $-\infty < t < +\infty$, et identiquement nulle pour $x = 0$, se prolonge d'une manière unique en une solution $\bar{u}$ définie partout, et qui, pour tout t, est une fonction impaire de x:

$$\text{(VII, 1; 62)} \qquad \bar{u}(-x,\ t) = -\bar{u}(x,\ t).$$

Nous remarquons d'après (VII, 1; 61) que $\bar{u}$ est superposition de deux ondes $\bar{u}_1$, $\bar{u}_2$, se propageant en sens inverse l'une de l'autre avec la vitesse v, et vérifiant, pour tout t:

$$\text{(VII, 1; 63)} \qquad \bar{u}_1(-x,\ t) = -\bar{u}_2(x,\ t).$$

On peut interpréter cette remarque en disant qu'il y a *réflexion des ondes au point $x = 0$ avec changement de signe.*

Supposons en effet que pour $t \leqslant 0$, le mouvement de la corde (réduite à la partie $x \geqslant 0$ de l'axe des x) soit une onde u se propageant vers la gauche avec la vitesse v. Nous devons d'abord prolonger cette solution, pour $t \leqslant 0$, à l'axe des x tout entier, de façon que l'onde obtenue $\bar{u}$ soit une fonction impaire de x; cela revient à placer sur la partie (physiquement fictive) $x \leqslant 0$ de la corde une onde opposée à la première, se propageant vers la droite avec la vitesse v. La solution ainsi définie partout pour $t \leqslant 0$ se prolonge alors d'une façon unique pour $t \geqslant 0$ en poursuivant indéfiniment la propagation des ondes précédentes. Mais alors, tandis que l'onde initiale, sur la partie utile $x \geqslant 0$ de la corde, se propage vers la partie fictive $x \leqslant 0$ et disparaît ainsi progressivement, l'onde opposée située initialement sur la partie fictive $x \leqslant 0$, entre progressivement dans la partie utile $x \geqslant 0$, de sorte que sur la partie utile tout se passe comme si l'onde initiale s'était réfléchie à l'extrémité $x = 0$ de la corde, pour repartir en sens inverse, après changement de signe (figure (VII, 2), dans le plan des (x, u)).

Naturellement pour certaines valeurs de t (et même pour toutes les valeurs de t si le support de l'onde est la corde entière) il y a superposition de l'onde incidente et de l'onde réfléchie, ce qui donne bien toujours $u(0,\ t) \equiv 0$.

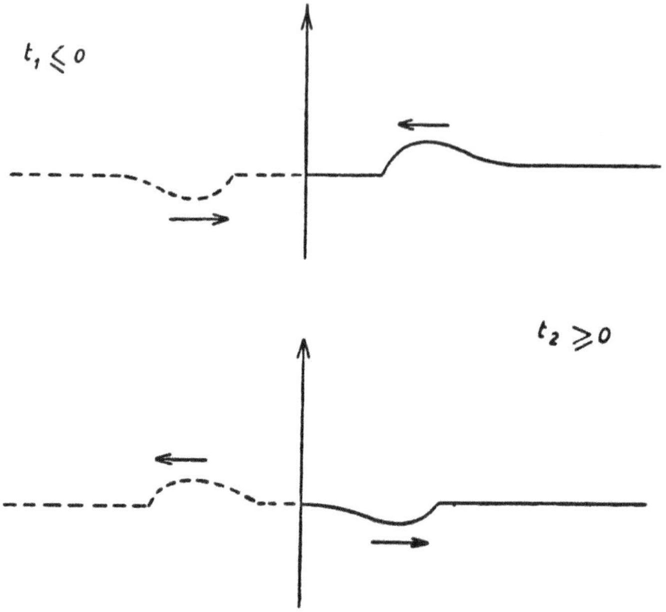

Figure (VII, 2)

Application. Un problème de Cauchy sera la donnée de valeurs initiales $u_0(x) = u(x, \tau)$, $u_1(x) = \dfrac{\partial u}{\partial t}(x, \tau)$, et de la condition aux limites $u(0, t) \equiv 0$.

La solution pour $t \geqslant \tau$ s'obtient par la formule (VII, 1; 49), après avoir prolongé u_0 et u_1 en $\bar{u}_0$ et $\bar{u}_1$, de façon qu'elles soient des fonctions impaires de x. La formule (VII, 1; 49) ne fait intervenir que les fonctions non prolongées u_0 et u_1 si

$$x - v(t - \tau) \geqslant 0.$$

Si $x - v(t - \tau) < 0$, compte tenu de ce que $\bar{u}_0$ et $\bar{u}_1$ sont impaires, on modifiera la formule de façon à ne faire intervenir que u_0 et u_1 :

$$\text{(VII, 1; 64)} \quad u(x, t) = \frac{1}{2}\left[u_0(x + v(t - \tau)) - u_0(v(t - \tau) - x)\right] + \frac{1}{2v}\int_{v(t-\tau)-x}^{v(t-\tau)+x} u_1(\xi)\,d\xi.$$

A la place de la figure (VII, 1) on a la figure (VII, 3) donnant le cône d'ondes rétrograde de (x, t) dans le plan des (x, t).

Le rayon gauche de ce cône subit une réflexion sur l'axe des t.

Les valeurs de ξ pour lesquelles il faut connaître u_0 et u_1 de façon à

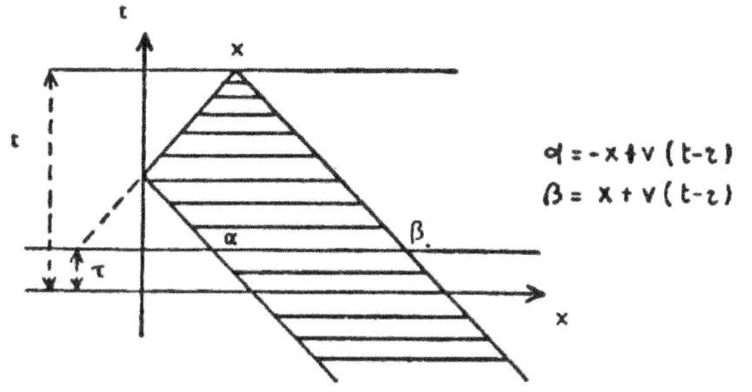

Figure (VII, 3)

déterminer $u(x, t)$ sont dans l'intervalle (α, β), intersection de ce cône avec l'axe d'ordonnée τ.

Corde ayant ses 2 extrémités fixes

Les cas traités jusqu'ici sont plus mathématiques que physiques, car la corde est toujours de longueur finie. Cherchons le mouvement d'une corde de longueur L, représentée par la partie $0 \leqslant x \leqslant L$ de l'axe des x, et d'extrémités fixées. Nous donnons ici une solution directe, synthétique, du problème. La solution ultérieure, par l'analyse de Fourier a une importance pratique bien plus grande. Son mouvement est encore donné par la formule (VII, 1; 43) avec des fonctions f et g définies pour toutes les valeurs de la variable, mais en écrivant que $u(0, t) \equiv u(L, t) \equiv 0$, on trouve

(VII, 1; 65) $$\begin{cases} f(vt) + g(-vt) = 0 \\ f(L + vt) + g(L - vt) = 0 \end{cases}$$

La première formule donne g à partir de f, et l'on retrouve l'expression (VII, 1; 61) de u, mais avec une fonction f vérifiant

(VII, 1; 66) $$f(L + s) - f(-L + s) = 0$$

Autrement dit, f est périodique de période 2 L. Ainsi toute solution u de l'équation des cordes vibrantes, définie pour $0 \leqslant x \leqslant L$, $-\infty < t < +\infty$, et vérifiant $u(0, t) \equiv u(L, t) \equiv 0$, se prolonge d'une manière unique en une solution $\overline{u}$ définie pour toutes les valeurs de x et t, et vérifiant les relations :

(VII, 1; 67) $$\begin{cases} \overline{u}(-x, t) = -\overline{u}(x, t), \\ \overline{u}(x + 2L, t) = \overline{u}(x, t) \quad \text{et} \quad \overline{u}\left(x, t + \dfrac{2L}{v}\right) = \overline{u}(x, t). \end{cases}$$

Et réciproquement ces relations entraînent bien

$$\bar{u}(0,\ t) \equiv \bar{u}(\mathrm{L},\ t) \equiv 0.$$

La 2e relation exprime que, pour tout t, u est périodique en x de période 2 L; ceci n'est pas étonnant, car la solution $\bar{u}$ doit être impaire, c'est-à-dire antisymétrique par rapport à $x = 0$, mais aussi antisymétrique par rapport à $x = \mathrm{L}$, donc périodique de période 2L; ceci n'a qu'un intérêt théorique puisque la corde est de longueur L. Mais la 2e relation exprime aussi que, par rapport au temps, $\bar{u}$ est périodique de période $\frac{2\mathrm{L}}{v}$, et ceci est physiquement essentiel: *tout mouvement d'une corde de longueur* L *à extrémités fixes est périodique dans le temps, de période* $\frac{2\mathrm{L}}{v}$.

C'est très simple à comprendre, en remarquant que chaque onde se réfléchit successivement sur les extrémités $x = 0$ et $x = \mathrm{L}$ de la corde, chaque fois avec changement de signe: au bout du temps $\frac{2\mathrm{L}}{v}$, toute onde se propageant initialement à gauche ou à droite, s'est réfléchie à chaque extrémité et est revenue à son point de départ, avec son signe initial.

Application. Un problème de Cauchy est la donnée de

$$u_0(x) = u(x,\ \tau), \qquad u_1(x) = \frac{\partial u}{\partial t}(x,\ \tau),$$

pour $0 \leqslant x \leqslant \mathrm{L}$, avec les conditions $u(0,\ t) \equiv u(\mathrm{L},\ t) \equiv 0$. Pour le résoudre pour $t \geqslant \tau$, on prolongera u_0 et u_1 en $\bar{u}_0$ et $\bar{u}_1$, de façon qu'elles soient impaires et antisymétriques par rapport à $x = \mathrm{L}$, donc périodique de période 2 L. On appliquera ensuite la formule (VII, 1; 49). Compte tenu des antisymétries et périodes, elle est de la forme suivante:

$$\text{(VII, 1; 68)} \quad u(x,\ t) = \frac{1}{2}\left[\pm\, u_0(\alpha) \pm u_0(\beta)\right] + \frac{1}{2v}\int_{\alpha}^{\beta} u_1(\xi)\, d\xi$$

où α et β sont les intersections avec la droite d'ordonnée τ des rayons extrêmes du cône d'ondes rétrograde de $(x,\ t)$; ces rayons sont les droites issues du point $(x,\ t)$, dirigées vers le bas, de pentes $\pm \frac{1}{v}$, et subissant des réflexions sur les verticales $x = 0$ et $x = \mathrm{L}$. Le signe à prendre dans les + ou — de (VII, 1; 68) est $(-1)^\nu$, où ν est le nombre des réflexions en question. Par exemple dans la figure (VII, 4).

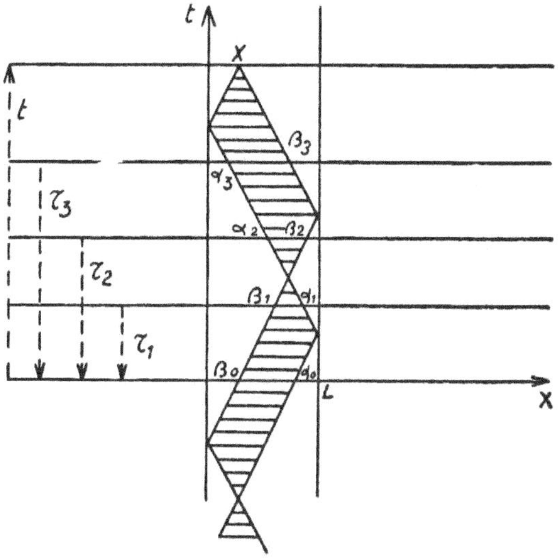

Figure (VII, 4)

le signe est	-1 pour α_3,	$+1$ pour β_3,	si	$\tau = \tau_3$;
	-1 pour α_2,	-1 pour β_2,	si	$\tau = \tau_2$;
	-1 pour α_1,	-1 pour β_1,	si	$\tau = \tau_1$;
	$+1$ pour α_0,	-1 pour β_0,	si	$\tau = \tau_0 = 0$.

Remarquons que $\alpha_1 > \beta_1$, et $\alpha_0 > \beta_0$; une intégrale telle que $\int_\alpha^\beta u_1(\xi)\, d\xi$ peut se remplacer si $\alpha > \beta$ par $-\int_\beta^\alpha u_1(\xi)\, d\xi$. Le signe de $\beta - \alpha$ est $(-1)^\mu$, μ étant le nombre de croisement des rayons extrêmes du cône entre les ordonnées τ et t. Si l'on prend pour τ la valeur qui correspond au premier croisement de ces rayons $(\tau_1 < \tau < \tau_2)$, on a $\tau = t - \dfrac{L}{v}$. On a alors la formule remarquable $u(x, t) = -u_0(L - x, \tau)$, qui correspond à la formule générale $\overline{u}(x, t) \equiv -\overline{u}\left(L - x, t + \dfrac{L}{v}\right)$ autre conséquence de (VII, 1; 61), (VII, 1; 66) et (VII, 1; 67); si on ajoute au temps la demi-période $\dfrac{L}{v}$, la nouvelle position de l'onde est antisymétrique de l'ancienne par rapport à $x = \frac{L}{2}$, milieu de la corde. Le deuxième croisement correspond à $\tau = t - \frac{2L}{v}$ (ici $\tau < 0$); on retrouve $u(x, t) = u_0(x, \tau)$, périodicité dans le temps, avec la période $\frac{2L}{v}$.

Tuyaux sonores

L'équation des tuyaux sonores est la même que celle des cordes vibrantes, mais les conditions aux limites peuvent différer. Les extrémités du tuyau peuvent être ouvertes ou fermées; cependant l'une des deux extrémités du tuyau sera toujours ouverte, de façon que la vibration de la colonne d'air dans le tuyau puisse être entretenue par une soufflerie; selon que l'autre extrémité est ouverte ou fermée, on dit que le tuyau est ouvert ou fermé.

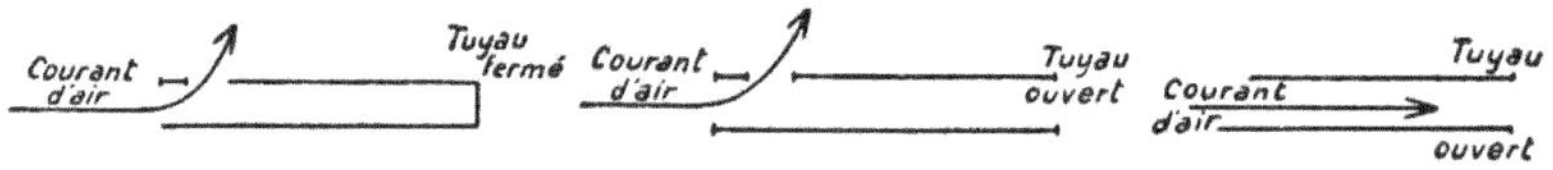

Figure (VII, 5)

Comme nous avons appelé u le déplacement d'une tranche de gaz normal au tuyau, la condition limite à une extrémité fermée est toujours $u = 0$ comme dans le cas d'une corde ayant un point fixe. Considérons par contre une extrémité ouverte. On admet qu'en une telle extrémité la pression du gaz (en contact avec l'extérieur) reste constante (égale à la pression atmosphérique ou légèrement supérieure). Compte tenu de la 3e formule (VII, 1; 36) cela revient à supposer que la condition limite en une extrémité ouverte est $\frac{\partial u}{\partial x} = 0$ (et non $u = 0$). Pour étudier ce qui se passe en une telle extrémité, nous allons, comme dans le cas de la corde, considérer un tuyau illimité dans un sens, occupant la partie $x \geqslant 0$ de l'axe des x, l'extrémité $x = 0$ étant ouverte. Soit u une solution de (VII, 1; 37) pour $x \geqslant 0$, vérifiant $\frac{\partial u}{\partial x}(0, t) \equiv 0$.

D'après ce que nous avons vu page 285 u s'exprime toujours par (VII, 1; 43) et se prolonge en une solution $\bar{u}$ définie partout. Écrivons la condition à la limite $x = 0$:

(VII, 1; 69) $$f'(vt) + g'(-vt) = 0$$

Cette fois les fonctions f et g d'une variable s vérifient

(VII, 1; 70) $$f'(s) + g'(-s) = 0.$$

En intégrant, on en déduit

(VII, 1; 71) $\qquad f(s) - g(-s) = \text{constante}.$

La valeur de cette constante est sans importance (voir page 281). Nous la prendrons nulle. La solution a finalement la forme générale :

(VII, 1; 72) $\qquad \bar{u}(x, t) = f(x + vt) + f(-x + vt).$

On voit que, pour tout t, $\bar{u}$ est une fonction *paire* de x; cela ne nous étonne pas, car $\frac{\partial \bar{u}}{\partial x}$ est aussi solution de la même équation (VII, 1; 37) mais vérifie la condition $\frac{\partial \bar{u}}{\partial x}(0, t) \equiv 0$, donc $\frac{\partial \bar{u}}{\partial x}$ doit être une fonction impaire de x.

Une étude analogue à celle de la page 286 montrerait qu'*en une extrémité ouverte, il y a réflexion des ondes, mais sans changement de signe* (et naturellement superposition des ondes incidente et réfléchie).

Application. Un problème de Cauchy

$$\left(u_0(x) = u(x, \tau), \quad u_1(x) = \frac{\partial u}{\partial t}(x, \tau), \quad \frac{\partial u}{\partial x}(0, t) \equiv 0\right)$$

se résoudra en prolongeant u_0 et u_1 en fonctions paires $\bar{u}_0$ et $\bar{u}_1$.

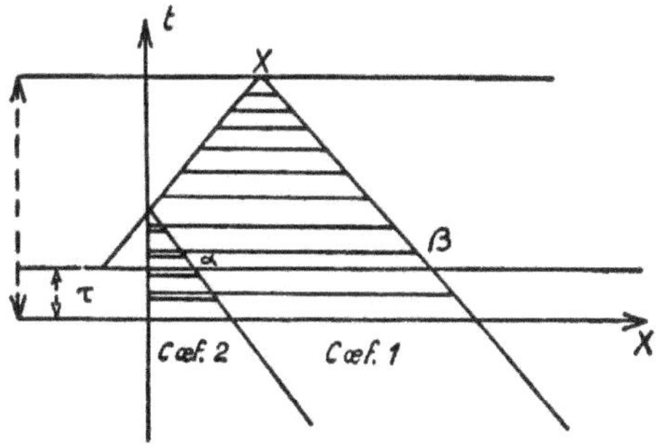

Figure (VII, 6)

A la place de (VII, 1; 64) on aura, si $t \geqslant \tau$, $x - v(t - \tau) \leqslant 0$:

(VII, 1; 73) $$u(x, t) = \frac{1}{2}\left[u_0\big(x + v(t - \tau)\big) + u_0\big(v(t - \tau) - x\big)\right] + \frac{1}{2v}\left[2\int_0^{v(t-\tau)-x} u_1(\xi)d\xi + \int_{v(t-\tau)-x}^{x+v(t-\tau)} u_1(\xi)d\xi\right].$$

Le cône d'ondes rétrograde de (x, t) comprend 2 parties, l'une affectée du coefficient 1, l'autre affectée du coefficient 2 (de façon à obtenir les intégrales de la formule (VII, 1; 73))
On traitera alors sans difficulté le problème du tuyau ouvert et du tuyau fermé :

Tuyaux ouverts

Ici encore la solution de Fourier (p. 305) sera plus importante. Le tuyau occupe la portion $0 \leqslant x \leqslant L$ de l'axe des x; ses deux extrémités sont ouvertes. La solution u est donnée par (VII, 1; 43) avec des fonctions f et g définies pour toutes les valeurs de la variable et vérifiant

$$\text{(VII, 1; 74)} \qquad \begin{cases} f'(vt) + g'(-vt) = 0 \\ f'(L + vt) + g'(L - vt) = 0 \end{cases}$$

Les équations s'intègrent comme dans (VII, 1; 70), mais avec des constantes d'intégration qui ne sont pas nécessairement égales. La première peut être choisie nulle, la seconde est alors une constante A_1. Cela revient à dire que u se prolonge en une solution $\bar{u}$ définie partout, de la forme

$$\text{(VII, 1; 75)} \qquad \bar{u}(x, t) = f(x + vt) + f(-x + vt),$$

avec

$$\text{(VII, 1; 76)} \qquad f(L + s) - f(-L + s) = A_1.$$

Si $A_1 \neq 0$, f n'est pas périodique, mais f est la somme de $A_1 \dfrac{s}{2L}$ et d'une fonction périodique.

Cela donne pour la solution $\bar{u}$ les relations

$$\text{(VII, 1; 77)} \qquad \begin{cases} \bar{u}(-x, t) = \bar{u}(x, t) \\ \bar{u}(x + 2L, t) = \bar{u}(x, t) \end{cases} \quad \text{et} \quad \bar{u}\left(x, t + \frac{2L}{v}\right) = \bar{u}(x, t) + 2A_1$$

Pour t fixé, $\bar{u}$ est périodique en x de période 2L; c'est normal puisqu'elle est paire, c'est-à-dire symétrique par rapport à $x = 0$, et symétrique par rapport à $x = L$. Par rapport au temps, u n'est pas périodique si $A_1 \neq 0$, mais u est la somme de $At = A_1 \dfrac{vt}{L}$ et d'une fonction périodique de période $\dfrac{2L}{v}$. Le terme $At = A_1 \dfrac{vt}{L}$ représente un courant de gaz uniforme à travers le tuyau, ce qui est normal puisqu'il est ouvert à chaque extrémité (figure VII, 5); à ce courant uniforme près, la solution est périodique, de période $\frac{2L}{v}$.

Application. La formule de résolution d'un problème de Cauchy $\left(u_0(x) = u(x, \tau),\ u_1(x) = \frac{\partial u}{\partial t}(x, \tau),\ \frac{\partial u}{\partial x}(0, t) \equiv \frac{\partial u}{\partial x}(L, t) \equiv 0\right)$ est assez compliquée; on prolonge u_0 et u_1 en $\bar{u}_0$ en $\bar{u}_1$ de façon qu'elles soient paires, et périodiques de période 2L, alors (VII, 1; 49) donne

$$\text{(VII, 1; 78)} \quad u(x, t) = \frac{1}{2}\left[u_0(\alpha) + u_0(\beta)\right] + \frac{1}{2v}\int_0^L n(\xi) u_1(\xi)\, d\xi$$

où $n(\xi)$ est le coefficient de ξ, un entier qui varie le long du segment (O, L). Le calcul de ce coefficient se fait en étudiant le cône d'ondes rétrograde de (x, t), qui partage la bande verticale $x = 0$, $x = L$, en régions dans chacune desquelles le coefficient est le même.

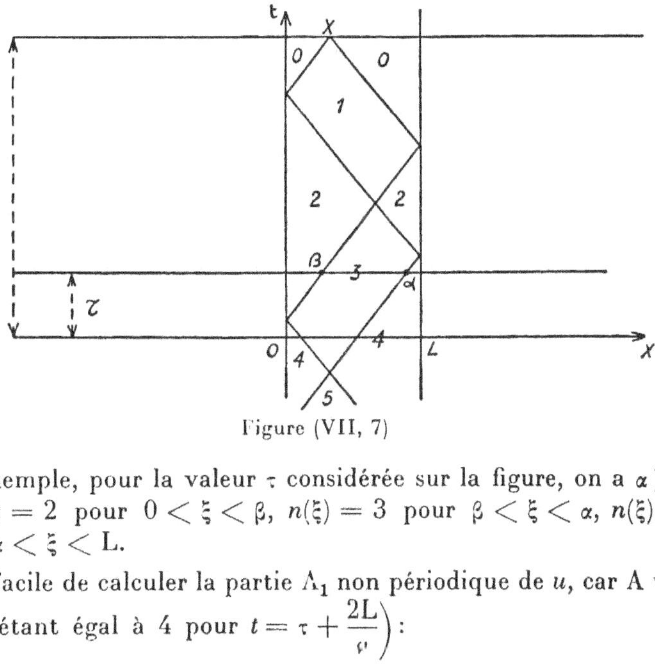

Figure (VII, 7)

Par exemple, pour la valeur τ considérée sur la figure, on a $\alpha > \beta$, et $n(\xi) = 2$ pour $0 < \xi < \beta$, $n(\xi) = 3$ pour $\beta < \xi < \alpha$, $n(\xi) = 4$ pour $\alpha < \xi < L$.

Il est facile de calculer la partie A_1 non périodique de u, car A vaut $\left(n(\xi) \text{ étant égal à } 4 \text{ pour } t = \tau + \frac{2L}{v}\right)$:

$$\text{(VII, 1; 79)} \quad A = \frac{v}{L}\cdot\frac{1}{2}\left[u\left(x, \tau + \frac{2L}{v}\right) - u(x, \tau)\right]$$
$$= \frac{1}{2}\cdot\frac{4}{2L}\int_0^L u_1(\xi)\, d\xi = \frac{1}{L}\int_0^L u_1(\xi)\, d\xi.$$

Tuyaux fermés

Voir solution de Fourier (p. 308).

Le tuyau sera supposé fermé au point $x = 0$, ouvert au point $x = \mathrm{L}$. La solution u est donnée par (VII, 1; 43), f et g vérifiant

$$\text{(VII, 1; 80)} \qquad \begin{cases} f(\nu t) + g(-\nu t) = 0 \\ f'(\mathrm{L} + \nu t) + g'(\mathrm{L} - \nu t) = 0. \end{cases}$$

On peut toujours intégrer la deuxième de façon à avoir

$$\text{(VII, 1; 81)} \qquad f(\mathrm{L} + \nu t) - g(\mathrm{L} - \nu t) = 0,$$

en prenant une constante d'intégration nulle. Alors u se prolonge en une solution $\bar{u}$ définie partout, de la forme

$$\text{(VII, 1; 82)} \qquad \bar{u}(x, t) = f(x + \nu t) - f(-x + \nu t),$$

$$\text{(VII, 1; 83)} \qquad f(\mathrm{L} + s) + f(-\mathrm{L} + s) = 0.$$

Ici f est antipériodique, d'antipériode 2 L; elle est donc périodique de période 4L.

Cela donne pour $\bar{u}$ les relations

$$\text{(VII, 1; 84)} \qquad \begin{aligned} &\bar{u}(-x, t) = -\bar{u}(x, t) \\ &\bar{u}(x + 2\mathrm{L}, t) = -\bar{u}(x, t) \quad \text{et} \quad \bar{u}\left(x, t + \frac{2\mathrm{L}}{\nu}\right) = -\bar{u}(x, t). \end{aligned}$$

Pour t fixé, $\bar{u}$ est antipériodique en x, d'antipériode 2 L; c'est normal puisqu'elle est antisymétrique par rapport à $x = 0$ et symétrique par rapport à $x = \mathrm{L}$. Par rapport au temps, u est antipériodique, d'antipériode $\frac{2\mathrm{L}}{\nu}$; c'est normal, car après un temps $\frac{2\mathrm{L}}{\nu}$, chaque onde s'est réfléchie sur chacune des extrémités du tuyau, en changeant de signe une seule fois, et est revenue à sa position initiale, changée de signe.

Application. La formule de résolution d'un problème de Cauchy $\left(u_0(x) = u(x, \tau),\ u_1(x) = \frac{\partial u}{\partial t}(x, \tau),\ u(0, t) \equiv \frac{\partial u}{\partial x}(\mathrm{L}, t) \equiv 0\right)$ est du type suivant :

$$\text{(VII, 1; 85)} \qquad u(x, t) = \frac{1}{2}\left[\pm u_0(\alpha) \pm u_0(\beta)\right] + \frac{1}{2\nu}\int_0^{\mathrm{L}} n(\xi) u_1(\xi)\, d\xi.$$

Le signe $\pm$, devant $u_0(\alpha)$ ou $u_0(\beta)$, est $(-1)^\nu$, où ν est le nombre de réflexions du rayon correspondant sur la verticale $x = 0$. Le coefficient $n(\xi)$ varie suivant la région dans laquelle on se trouve par rapport au cône d'ondes rétrograde de (x, t).

Par exemple, pour la valeur de τ considérée sur la figure (VII, 8) il faut prendre le signe — devant $u_0(\alpha)$ le signe + devant $u_0(\beta)$,

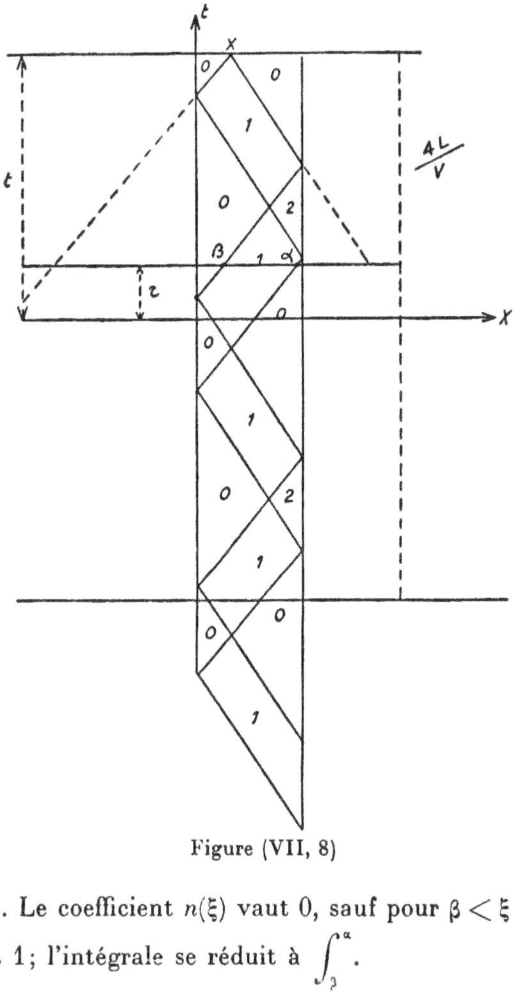

Figure (VII, 8)

avec $\alpha > \beta$. Le coefficient $n(\xi)$ vaut 0, sauf pour $\beta < \xi < \alpha$, auquel cas il vaut 1; l'intégrale se réduit à $\int_{\beta}^{\alpha}$.

Intégrales d'énergie

Considérons par exemple le cas des vibrations longitudinales d'une barre solide.

L'équation d'énergie exprime que la dérivée par rapport au temps de l'énergie cinétique totale de la barre est la *puissance*

du système des forces. Cette équation est une conséquence de l'équation fondamentale de la dynamique (de $\vec{F} = m\vec{\gamma}$ on déduit $P = \vec{F}.\vec{v} = m\vec{\gamma}.\vec{v} = \frac{d}{dt}\left(\frac{1}{2}mv^2\right)$).
L'énergie cinétique de la barre est

$$\text{(VII, 1; 86)} \qquad E_c = \int_0^L \frac{1}{2}\rho_0\left(\frac{\partial u}{\partial t}\right)^2 dx.$$

Pour calculer la puissance du système des forces, on doit prendre un élément $(x, x + \Delta x)$, considérer la *résultante* des forces agissant sur cet élément, et la multiplier par la vitesse *moyenne* $\frac{\partial u}{\partial t}$ de l'élément; puis on fait la somme des puissances relatives à ces éléments [1]. La résultante des forces est :

$$\text{(VII, 1; 87)} \qquad E_0\sigma_0 \frac{\partial u}{\partial x}(x + \Delta x,\ t) - E_0\sigma_0 \frac{\partial u}{\partial x}(x,\ t) = E_0\sigma_0 \frac{\partial^2 u}{\partial x^2}\Delta x$$

d'où la puissance des forces relatives à toute la barre

$$\text{(VII, 1; 88)} \qquad \int_0^L E_0\sigma_0 \frac{\partial^2 u}{\partial x^2}\frac{\partial u}{\partial t}dx.$$

D'où l'équation d'énergie

$$\text{(VII, 1; 89)} \qquad \frac{d}{dt}\int_0^L \frac{1}{2}\rho_0\left(\frac{\partial u}{\partial t}\right)^2 dx = \int_0^L E_0\sigma_0 \frac{\partial^2 u}{\partial x^2}\frac{\partial u}{\partial t}dx$$

qu'on peut écrire sous une autre forme pour avoir une équation valable pour tous les modèles (ce qui revient à choisir des unités telles que $E_0\sigma_0 = 1$)

$$\text{(VII, 1; 90)} \qquad \frac{d}{dt}\int_0^L \frac{1}{2}\frac{1}{v^2}\left(\frac{\partial u}{\partial t}\right)^2 dx = \int_0^L \frac{\partial^2 u}{\partial x^2}\frac{\partial u}{\partial t}dx.$$

1. On pourrait croire qu'il faut plutôt, pour chaque élément, considérer les forces qu'il subit en ses extrémités, et multiplier chacune d'elles par la vitesse de son point d'application; puis faire la somme des résultats obtenus pour ces divers éléments. On remplacerait ainsi $\left(\frac{\partial}{\partial x}\frac{\partial u}{\partial x}\right)\frac{\partial u}{\partial t}$ par $\frac{\partial}{\partial x}\left(\frac{\partial u}{\partial x}\frac{\partial u}{\partial t}\right)$. Mais cette méthode est erronée, elle ne résulterait pas des équations. $\vec{F} = m\vec{\gamma}$ appliquées aux divers éléments. Tous les termes intermédiaires se neutraliseraient, il ne resterait que les termes extrêmes et on obtiendrait une équation fausse qui serait (VII, 1; 93) sans le 2e terme du premier membre !

Remarquons que cette équation est une conséquence immédiate de l'équation des cordes vibrantes (VII, 1; 8) car le premier membre n'est autre que

$$\text{(VII, 1; 91)} \qquad \int_0^L \frac{1}{v^2}\frac{\partial^2 u}{\partial t^2}\frac{\partial u}{\partial t}\,dx.$$

L'égalité (VII, 1; 90) est une égalité entre quantités qui ne dépendent que de t, et non de x; c'est une égalité *quadratique* et non linéaire, donc entre quantités petites du 2e ordre par rapport à l'ordre de grandeur de u, c'est pourquoi on ne peut y négliger que des quantités du 3e ordre.

Modifions (VII, 1; 90) en intégrant par parties le 2e membre : celui-ci s'écrit alors :

$$\text{(VII, 1; 92)} \qquad \left[\frac{\partial u}{\partial x}\frac{\partial u}{\partial t}\right]_{x=0}^{x=L} - \int_0^L \frac{\partial u}{\partial x}\frac{\partial^2 u}{\partial x\,\partial t}\,dx = \left[\frac{\partial u}{\partial x}\frac{\partial u}{\partial t}\right]_{x=0}^{x=L} - \frac{d}{dt}\int_0^L \frac{1}{2}\left(\frac{\partial u}{\partial x}\right)^2 dx.$$

D'où la nouvelle équation

$$\text{(VII, 1; 93)} \qquad \frac{d}{dt}\int_0^L \frac{1}{2}\left(\frac{1}{v^2}\left(\frac{\partial u}{\partial t}\right)^2 + \left(\frac{\partial u}{\partial x}\right)^2\right)dx = \left(\frac{\partial u}{\partial x}\frac{\partial u}{\partial t}\right)_{x=0}^{x=L}.$$

Le 2e membre n'est autre que la *puissance des forces extérieures* (forces de tension ou pression aux 2 extrémités de la barre). On voit donc que le premier principe de la thermodynamique est satisfait et que le système posséde une énergie à chaque instant de son mouvement, énergie qui s'écrit

$$\text{(VII, 1; 94)} \qquad E = \frac{1}{2}\int_0^L \left(\frac{1}{v^2}\left(\frac{\partial u}{\partial t}\right)^2 + \left(\frac{\partial u}{\partial x}\right)^2\right)dx;$$

cette énergie dépend de l'état (positions et vitesses) du système; elle est somme d'une énergie cinétique E_c et d'une énergie interne E_i. L'égalité (VII, 1; 93) intégrée en t de $t = t_1$ à $t = t_2$ exprimera que le *travail des forces extérieures est égal à la variation d'énergie* $E_2 - E_1$. Si l'on a toujours aux extrémités de la barre soit $\frac{\partial u}{\partial x} = 0$, soit $u = 0$, donc par dérivation en t, $\frac{\partial u}{\partial t} = 0$, le travail des forces extérieures est nul et *l'énergie* E *reste constante au cours du temps.*

Retour au problème de Cauchy. Unicité de la solution

Le problème de Cauchy général est le suivant :
Trouver une solution u de l'équation des cordes vibrantes satisfaisant en outre aux conditions suivantes :

1. *Conditions initiales u et $\frac{\partial u}{\partial t}$ sont, pour $t = 0$, des fonctions données u_0 et u_1 de x;*

2. *Conditions aux limites.* On se donne pour $x = 0$ et $x = L$, *soit la valeur de u, soit la valeur de $\frac{\partial u}{\partial x}$ au cours du temps.*

Montrons que ce problème admet *au plus* une solution. La différence entre deux solutions est une solution U, à cause de la linéarité de l'équation des cordes vibrantes. Mais U satisfait alors aux conditions initiales $U_0 = U_1 = 0$, et aux conditions aux limites

$$U(x, t) = 0 \qquad \text{ou} \qquad \frac{\partial U}{\partial x}(x, t) = 0$$

pour $x = 0$ et de même pour $x = L$.
Dans ces conditions, $\left[\frac{\partial U}{\partial x}\frac{\partial U}{\partial t}\right]_{x=0}^{x=L}$ est toujours nul au cours du temps. L'équation d'énergie (VII, 1; 93) exprime alors que l'intégrale (VII, 1; 94) est constante au cours du temps; or à l'instant $t = 0$, l'énergie vaut

$$\text{(VII, 1; 95)} \qquad \frac{1}{2}\int_0^L \left(\frac{1}{v^2}U_1^2(x) + U_0'^2(x)\right)dx = 0.$$

Donc l'énergie est nulle pour tout instant t. Comme elle est l'intégrale d'une fonction $\geqslant 0$, celle-ci est presque partout nulle; mais elle est continue (une solution de l'équation étant supposée 2 fois continument différentiable) donc

$$\frac{\partial U}{\partial t} \quad \text{et} \quad \frac{\partial U}{\partial x}$$

sont identiquement nulles. Alors U est constante, indépendante de x et de t; étant nulle pour $t = 0$, elle est identiquement nulle, et comme c'est la différence entre deux solutions, celles-ci coïncident.

Nous avons résolu dans les pages précédentes divers problèmes de Cauchy à partir de la solution générale (VII, 1; 43). Nous allons utiliser une tout autre méthode, celle de Fourier.

3. Résolution du problème de Cauchy par la méthode des séries de Fourier

Problème de Cauchy pour une corde vibrante à extrémités fixes

Nous allons, dans ce cas montrer l'existence d'une solution et la trouver effectivement. Les conditions aux limites, sont ici :

$$u(0, t) \equiv u(\mathrm{L}, t) \equiv 0,$$

et les conditions initiales sont toujours u_0 et u_1 (avec, évidemment, $u_0(0) = u_0(\mathrm{L}) = u_1(0) = u_1(\mathrm{L}) = 0$).
On appelle mouvement *stationnaire* de la corde un mouvement dans lequel $u(x, t)$ est le produit d'une fonction de x par une fonction de t :

$$u(x, t) = \mathrm{U}(x)\,\mathrm{V}(t). \tag{VII, 1; 96}$$

Cherchons les mouvements stationnaires de la corde à extrémités fixes. Pour un tel mouvement, l'équation des cordes vibrantes s'écrit :

$$\frac{1}{v^2}\mathrm{U}\mathrm{V}'' = \mathrm{U}''\mathrm{V} \tag{VII, 1; 97}$$

ou

$$\frac{1}{v^2}\frac{\mathrm{V}''}{\mathrm{V}} = \frac{\mathrm{U}''}{\mathrm{U}} = -\lambda, \tag{VII, 1; 98}$$

λ étant une constante puisqu'elle doit ne dépendre que de x et en même temps ne dépendre que de t. Réciproquement si λ est une constante réelle arbitraire, les solutions $\mathrm{U}(x)$ et $\mathrm{V}(t)$ des équations différentielles

$$\begin{cases} \mathrm{V}'' + \lambda v^2 \mathrm{V} = 0 \\ \mathrm{U}'' + \lambda \mathrm{U} = 0 \end{cases} \tag{VII, 1; 99}$$

définissent un mouvement stationnaire. On supposera que $\mathrm{V}(t)$ n'est pas identiquement nul, faute de quoi la corde reste immobile au cours du temps. Alors $u(0, t)$ et $u(\mathrm{L}, t)$ ne pourront rester nulles quel que soit t que si $\mathrm{U}(0) = \mathrm{U}(\mathrm{L}) = 0$. Cela n'autorise que des valeurs exceptionnelles de λ. En effet la 2ᵉ équation (VII, 1; 99) se résout par :

$$\mathrm{U}(x) = \mathrm{A}\cos\sqrt{\lambda}x + \mathrm{B}\sin\sqrt{\lambda}x \quad \text{pour} \quad \lambda \neq 0 \tag{VII, 1; 100}$$

(si $\lambda < 0$, $\sqrt{\lambda}$ est imaginaire, et les cos et sin deviendront des ch et sh). $\mathrm{U}(0) = 0$ donne $\mathrm{A} = 0$. Alors $\mathrm{U}(\mathrm{L}) = 0$ donne, compte tenu de ce que $\mathrm{B} \neq 0$ (sans quoi on aurait encore $u(x, t) \equiv 0$)

$$\sin\sqrt{\lambda}\mathrm{L} = 0. \tag{VII, 1; 101}$$

Cela prouve que $\lambda > 0$ (car un sh ne peut pas être nul pour une valeur réelle $\neq 0$ de la variable) et alors que

$$\text{(VII, 1; 102)} \qquad \sqrt{\lambda}\,L = k\pi, \qquad k \text{ entier ou} \qquad \sqrt{\lambda} = \frac{k\pi}{L}.$$

La solution U de (VII, 1; 99) à retenir est donc, à un facteur constant près :

$$\text{(VII, 1; 103)} \qquad \sin k\pi \frac{x}{L}.$$

Ce facteur constant peut être pris égal à 1 sans changer le résultat, car tout facteur constant sur U peut être reporté sur V. Pour la même raison on peut prendre $k > 0$, car remplacer k par $-k$ revient à multiplier U par -1.

Le cas $\lambda = 0$ demande un examen à part car pour $\lambda = 0$ la solution de la 2e équation (VII, 1; 99) n'a plus la même forme, c'est

$$\text{(VII, 1; 104)} \qquad U(x) = Ax + B.$$

Aucune fonction linéaire ne peut être nulle pour $x = 0$ et $x = L$ sans être identiquement nulle, donc $\lambda = 0$ ne donne pas lieu à un mouvement stationnaire $\big($autre que $u(x, t) \equiv 0\big)$.

Il reste maintenant à résoudre la première équation (VII, 1; 99) n'importe laquelle de ses solutions donnera un mouvement stationnaire acceptable.
Sa solution générale est

$$\text{(VII, 1; 105)} \qquad \begin{aligned} V(t) &= A \cos v\sqrt{\lambda}\,t + B \sin v\sqrt{\lambda}\,t \\ &= A \cos k\pi \frac{vt}{L} + B \sin k\pi \frac{vt}{L}. \end{aligned}$$

Les mouvements stationnaires de la corde à extrémités fixées dépendent donc d'un entier $k > 0$ arbitraire, et, cet entier fixé, de 2 paramètres réels A, B. La forme la plus générale d'un tel mouvement stationnaire est

$$\text{(VII, 1; 106)} \qquad u(x, t) = \sin k\pi \frac{x}{L}\left(A \cos k\pi \frac{vt}{L} + B \sin k\pi \frac{vt}{L}\right).$$

Les mouvements stationnaires correspondant à l'entier k ont la période (de temps)

$$\text{(VII, 1; 107)} \qquad T = \frac{2\pi}{k\pi \dfrac{v}{L}} = \frac{2L}{kv}$$

et la fréquence

(VII, 1; 108) $$N = \frac{1}{T} = k\frac{v}{2L}.$$

Ces fréquences sont toutes des multiples de la « fréquence fondamentale » $N_0 = \frac{v}{2L}$.

Pour une vibration périodique qui se propage avec la vitesse v on introduit aussi la *longueur d'onde* $\Lambda = vT$ d'où

(VII, 1; 109) $$\Lambda = \frac{2L}{k} \quad \text{ou} \quad L = k\frac{\Lambda}{2}$$

Cette longueur d'ondes est la période en x de la solution $\bar{u}$ prolongeant u (voir p. 288).

Les longueurs d'onde des mouvements stationnaires de la corde à extrémités fixes sont donc telles que *L soit un multiple entier de la demi-longueur d'onde.* Cela devient très intuitif si l'on prolonge la fonction U au delà de $x = O$ et $x = L$ par *antisymétrie*, puis par *périodicité* avec la période 2L.

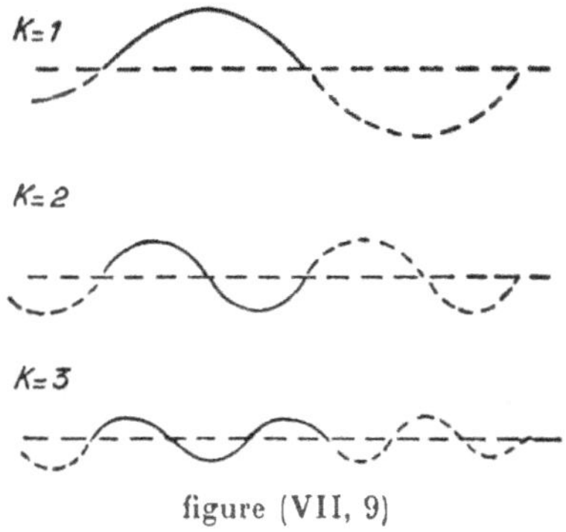

figure (VII, 9)

Cette façon de prolonger U en dehors de la corde (qui revient à prolonger naturellement la fonction $\sin k\pi\frac{x}{L}$) a été justifiée antérieurement par des motifs d'ordre général.

Nous allons montrer maintenant qu'on peut résoudre le problème de Cauchy donné en supposant que la solution $u(x, t)$ est une *combinaison linéaire infinie des mouvements stationnaires de la corde à extrémités fixées.* Si nous trouvons une telle solution, ce sera la seule d'après l'unicité déjà démontrée, et d'après le résultat de la page 288.

Comme par ailleurs toute solution de l'équation est déterminée par ses données initiales u_0 et u_1, nous aurons aussi montré que *toute solution* de l'équation des cordes vibrantes à extrémités fixes est combinaison des solutions stationnaires. Nous retrouvons par là le fait que toute solution a la période $\frac{2L}{v}$, multiple commun des périodes fondamentales de tous les mouvements stationnaires. Cherchons donc une solution de la forme

$$\text{(VII, 1; 110)} \quad u(x, t) = \sum_{k=1}^{\infty} \sin k\pi \frac{x}{L} \left(A_k \cos k\pi \frac{vt}{L} + B_k \sin k\pi \frac{vt}{L} \right).$$

Écrivons que u satisfait aux conditions initiales :

$$\text{(VII, 1; 111)} \quad u_0(x) = u(x, 0) = \sum_{k=1}^{\infty} A_k \sin k\pi \frac{x}{L},$$

$$\text{(VII, 1; 112)} \quad u_1(x) = \frac{\partial u}{\partial t}(x, 0) = \sum_{k=1}^{\infty} k\pi \frac{v}{L} B_k \sin k\pi \frac{x}{L}.$$

Or précisément toute fonction de x donnée dans l'intervalle (O, L) admet un développement (formel) unique en série de Fourier suivant les $\sin k\pi \frac{x}{L}$ Prolongeons en effet une telle fonction dans $(-L, 0)$ de façon qu'elle soit impaire, puis surtout l'axe réel de façon qu'elle ait la période 2 L (auquel cas elle est aussi antisymétrique par rapport à $x = L$, car $f(-x) = -f(x)$ et $f(x + 2L) = f(x)$ entraînent $f(2L - x) = -f(x)$. Inversement une fonction antisymétrique par rapport à $x = 0$ et $x = L$ a la période 2L, car $f(-x) = -f(x)$ et $f(2L - x) = -f(x)$ entraînent $f(x + 2L) = f(x)$). Alors elle est développable suivant les $\cos k\omega x$ et $\sin k\omega x$, $\omega = \frac{2\pi}{2L} = \frac{\pi}{L}$; étant impaire, elle est développable suivant les $\sin k\pi \frac{x}{L}$. Les formules (VII, 1; 111) et (VII, 1; 112) déterminent explicitement les coefficients A_k et B_k :

$$\text{(VII, 1; 113)} \quad \begin{cases} A_k = \dfrac{2}{L} \displaystyle\int_0^L u_0(\xi) \sin k\pi \frac{\xi}{L} \, d\xi \\ B_k = \dfrac{2}{k\pi v} \displaystyle\int_0^L u_1(\xi) \sin k\pi \frac{\xi}{L} \, d\xi. \end{cases}$$

(Remarquons que d'après (VII, 1; 110) A_k et B_k ont la dimension de u, c'est-à-dire l; comme il en est de même de u_0, et que u_1 a la dimension $ut^{-1} = lt^{-1}$ les formules (VII, 1; 113) sont bien homogènes, le sin n'ayant pas de dimension, et $d\xi$ ayant la dimension l). Finalement la solution explicite du problème de Cauchy est

(VII, 1; 114)

$$u(x, t) = \sum_{k=1}^{\infty} \sin k\pi \frac{x}{L} \left[\left(\cos k\pi \frac{vt}{L} \right) \frac{2}{L} \int_0^L u_0(\xi) \sin k\pi \frac{\xi}{L} d\xi + \left(\sin k\pi \frac{vt}{L} \right) \frac{2}{k\pi v} \int_0^L u_1(\xi) \sin k\pi \frac{\xi}{L} d\xi \right].$$

Si l'on admet que les données initiales, u_0 et u_1 sont 1 fois continuement différentiables, les séries de Fourier (VII, 1; 111) et (VII, 1; 112) sont uniformément convergentes. Mais cela ne règle pas la question de la convergence de la série (VII, 1; 114), ni surtout de la différentiabilité de u en x et t jusqu'au 2e ordre, qui seule permet d'affirmer que la série des solutions stationnaires définissant u est bien solution de l'équation des cordes vibrantes. Il y a là des difficultés sur lesquelles nous n'insisterons pas (la considération de la convergence et des dérivées au sens des distributions les supprime complètement, ou encore l'hypothèse que les données initiales u_0 et u_1 sont des fonctions suffisamment dérivables de x). Calculons l'énergie. Puisqu'elle est indépendante de t, elle se calcule pour $t = 0$, et vaut

(VII, 1; 115) $$E = \frac{1}{2} \int_0^L \left(\frac{1}{v^2} u_1^2 + u_0'^2 \right) dx.$$

D'après la formule de Parseval, cela vaut :

(VII, 1; 116) $$E = \frac{L}{4} \sum_{k=1}^{\infty} \left(B_k^2 \frac{k^2\pi^2}{L^2} + A_k^2 \frac{k^2\pi^2}{L^2} \right) = \sum_{k=1}^{\infty} \frac{\pi^2}{4L} k^2 (A_k^2 + B_k^2).$$

Si l'on appelle u_k le k-ième mouvement stationnaire qui intervient dans $u \left(u = \sum_{k=1}^{\infty} u_k \right)$, l'énergie E_k de u_k est précisément la quantité qui intervient sans la somme du 2e membre. Autrement dit :

$$\text{(VII, 1; 117)} \qquad \begin{cases} u(x, t) = \sum_{k=1}^{\infty} u_k(x, t) \\ E = \sum_{k=1}^{\infty} E_k. \end{cases}$$

Ainsi l'énergie d'un mouvement est égale à la somme des énergies des mouvements stationnaires qui le composent. Ce n'était pas une évidence car l'énergie est quadratique et non linéaire, cela tient à l'orthogonalité des fonctions $\sin k\pi \frac{x}{L}$ et $\cos k\pi \frac{x}{L}$, ou encore à la formule de Parseval. Remarquons que l'énergie d'une onde stationnaire, E_k, est proportionnelle à $A_k^2 + B_k^2$, c'est-à-dire au carré de son amplitude, et à k^2, c'est-à-dire au carré de sa fréquence. Remarquons aussi qu'on peut redémontrer ici la constance de l'énergie au cours du temps. Car si on calcule E à l'instant t, on est ramené à une intégrale, qui se calcule encore par la formule de Parseval; mais il faut utiliser ici les coefficients du développement de $\frac{\partial u}{\partial x}$ et $\frac{\partial u}{\partial t}$ $\left(\text{suivant } \sin \frac{k\pi x}{L} \text{ et } \cos \frac{k\pi x}{L}\right)$ à l'instant t, ce qui revient à remplacer les nombres A_k et B_k par

$$\text{(VII, 1; 118)} \qquad \begin{cases} A'_k = A_k \cos k\pi \frac{vt}{L} + B_k \sin k\pi \frac{vt}{L} \\ B'_k = -A_k \sin k\pi \frac{vt}{L} + B_k \cos k\pi \frac{vt}{L}. \end{cases}$$

Or

$$\text{(VII, 1; 119)} \qquad A_k'^2 + B_k'^2 = A_k^2 + B_k^2$$

donc l'énergie reste constante.

On dit souvent que les composantes stationnaires u_k qui interviennent dans u ont une « existence physique ». On entend par là que des appareils physiques simples (résonateurs de fréquence donnée) permettent de décomposer chaque mouvement u en ses composantes u_k. C'est là un fait d'une très grande importance pratique.

Problème de Cauchy pour un tuyau sonore ouvert

On admet qu'en chaque extrémité ouverte la *pression* est constante; d'après la 3e équation (VII, 1; 36) cela signifie que

$$\frac{\partial u}{\partial x}(0, t) \equiv \frac{\partial u}{\partial x}(L, t) \equiv 0,$$

ce qui est une nouvelle catégorie de conditions aux limites, vue page 294. (Si au lieu de prendre u comme inconnue, on prend la pression p, on sait qu'elle satisfait aussi à la même équation des cordes vibrantes; on aura alors les conditions aux limites $p(0, t) = p_1$, $p(L, t) = p_2$, ce qui, si l'on pose $\pi = p - p_1 - \frac{x}{L}(p_2 - p_1)$ donne pour π une équation des cordes vibrantes avec conditions aux limites $\pi(0, t) \equiv \pi(L, t) \equiv 0$, ce qui est le problème précédemment résolu). Les ondes stationnaires satisfont aux mêmes équations (VII, 1; 99). Les conditions aux limites $U'(0) = U'(L) = 0$ imposent encore (VII, 1; 102) pour $\lambda \neq 0$, et, à un facteur près

(VII, 1; 120) $$U(x) = \cos k\pi \frac{x}{L}.$$

Pour les raisons déjà vues, on peut se borner à prendre $\lambda > 0$. Mais ici le cas $\lambda = 0$ donne une onde stationnaire car la solution (VII, 1; 104) donne bien $U'(0) = U'(L) = 0$, si U est une *constante* arbitraire; cela revient à utiliser encore (VII, 1; 120) pour $k = 0$. Une fois k choisi, la solution générale de la 1re équation (VII, 1; 99) est toujours (VII, 1; 105) pour $k \neq 0$. Pour $k = 0$, c'est

(VII, 1; 121) $$V(t) = At + B.$$

Finalement, les ondes stationnaires sont, pour $k \neq 0$:

(VII, 1; 122) $$u_k(x, t) = \cos k\pi \frac{x}{L}\left(A \cos k\pi \frac{vt}{L} + B \sin k\pi \frac{vt}{L}\right).$$

Leurs fréquences et leurs longueurs d'ondes sont les mêmes que pour une corde vibrante à extrémités fixées (ce qui n'est pas étonnant, puisque la pression modifiée π est alors aussi stationnaire, et vérifie les conditions aux limites des cordes vibrantes); mais la fonction $U(x)$, prolongée sur tout la droite (c'est un cosinus) a une forme toute différente.

Pour $k = 0$, l'onde stationnaire est

(VII, 1; 123) $$u_0(x, t) = At + B$$

qui n'est pas périodique (si $A \neq 0$).

On résoudra alors le problème de Cauchy en cherchant une solu tion u, combinaison des ondes stationnaires, ce qui amène à développer u_0 et u_1 en série de $\cos k\pi \frac{x}{L}$; c'est possible, car si on prolonge ces fonctions symétriquement par rapport à 0, puis périodiquement avec la période 2L, leur développement de Fourier suivant les

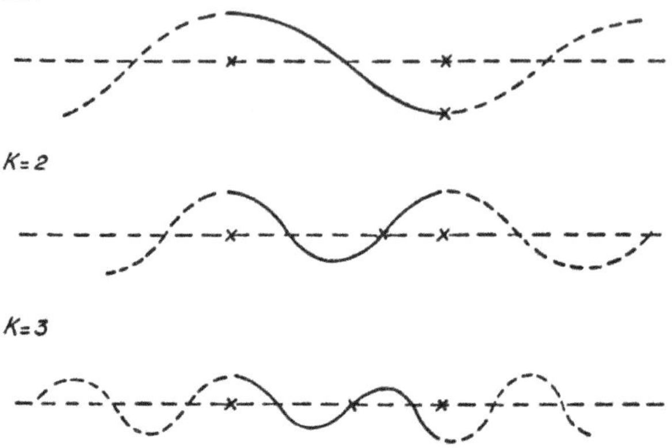

Figure (VII, 10)

fonctions $\cos \frac{k\pi x}{L}$ et $\sin \frac{k\pi x}{L}$ de période 2L, se fait suivant les cosinus seulement, puisque ces fonctions sont paires. Finalement :

(VII, 1; 124)

$$u(x, t) = \sum_{k=1}^{\infty} \cos k\pi \frac{x}{L} \left[\left(\cos k\pi \frac{vt}{L} \right) \frac{2}{L} \int_0^L u_0(\xi) \cos k\pi \frac{\xi}{L} d\xi + \left(\sin k\pi \frac{vt}{L} \right) \frac{2}{k\pi v} \int_0^L u_1(\xi) \cos k\pi \frac{\xi}{L} d\xi \right] + \frac{1}{L} \int_0^L u_0(\xi)\, d\xi + \frac{t}{L} \int_0^L u_1(\xi)\, d\xi.$$

Le terme non périodique en t correspond à une translation d'ensemble de la masse gazeuse qui entre par l'extrémité où l'on souffle et sort par l'autre. La vitesse moyenne de *circulation du gaz* à travers le tuyau est donc

(VII, 1; 125) $$V_0 = \frac{1}{L} \int_0^L u_1(\xi)\, d\xi.$$

Nous retrouvons le résultat de la page 294, formule (VII, 1; 79). Cette vitesse n'a naturellement *aucun rapport* avec la vitesse v de *propagation des ondes*; on sait que la propagation d'une onde n'est pas une propagation de matière. L'énergie E est encore la somme des énergies E_k, y compris E_0.

Problème de Cauchy pour un tuyau fermé

On appelle tuyau fermé, un tuyau fermé à l'une de ses extrémités, ouvert à l'autre. Par l'extrémité ouverte, on souffle, mais l'air insufflé quitte le tuyau par un orifice voisin, la colonne d'air enfermé

Figure (VII, 11)

dans le tuyau est animée d'un mouvement vibratoire entretenu.

Nous supposerons l'extrémité $x = 0$ fermée, l'extrémité $x = L$ ouverte. Les conditions aux limites sont, cette fois, $u(0, t) \equiv 0$, $\frac{\partial u}{\partial x}(L, t) \equiv 0$.

Les ondes stationnaires sont toujours données par (VII, 1; 99) mais U doit vérifier $U(0) = 0$, $U'(L) = 0$.

Donc λ est réel > 0 (car si $\lambda < 0$, cos et sin deviennent ch et sh. $U(0) = 0$ montrerait qu'il s'agit d'un sh, mais alors U' est un ch qui ne s'annule jamais), et ne peut être 0 (car alors $U(x) = Ax + B$; $U(0) = 0$ entraîne $B = 0$, $U'(L) = 0$ entraîne $A = 0$). Alors U est un sin, U' est un cos, et la condition $U'(L) = 0$ s'écrit

(VII, 1; 126) $$\cos \sqrt{\lambda} L = 0$$

(VII, 1; 127) $$\sqrt{\lambda} L = k\pi + \frac{\pi}{2} = (2k + 1)\frac{\pi}{2}.$$

La fonction $U(x)$ est, à un facteur près :

(VII, 1; 128) $$U(x) = \sin (2k + 1)\frac{\pi}{2}\frac{x}{L}.$$

On peut se borner à k entier $\geqslant 0$, car k et $-(k + 1)$ donnent des résultats opposés.

Les mouvements stationnaires correspondant à k donné sont

(VII, 1; 129) $$u_k(x, t) = \sin (2k + 1)\frac{\pi}{2}\frac{x}{L} \left[A \cos (2k + 1)\frac{\pi}{2}\frac{vt}{L} + B \sin (2k + 1)\frac{\pi}{2}\frac{vt}{L}\right]$$

La période T, la fréquence N, la longueur d'onde Λ vérifient

$$\text{(VII, 1; 130)} \quad \begin{cases} T = \dfrac{4L}{(2k+1)v}, & N = (2k+1)\dfrac{v}{4L}, \\ \Lambda = \dfrac{4L}{2k+1}, & L = (2k+1)\dfrac{\Lambda}{4}. \end{cases}$$

Lorsque k varie, les fréquences sont seulement les *multiples impairs* de la fréquence fondamentale $N_0 = \dfrac{v}{4L}$ qui est la moitié de la fréquence fondamentale du tuyau ouvert de même longueur. *La longueur du tuyau est un multiple impair du quart de longueur d'onde.* La fonction $U(x)$ (prolongée sur toute la droite) (c'est un sinus) a la forme suivante

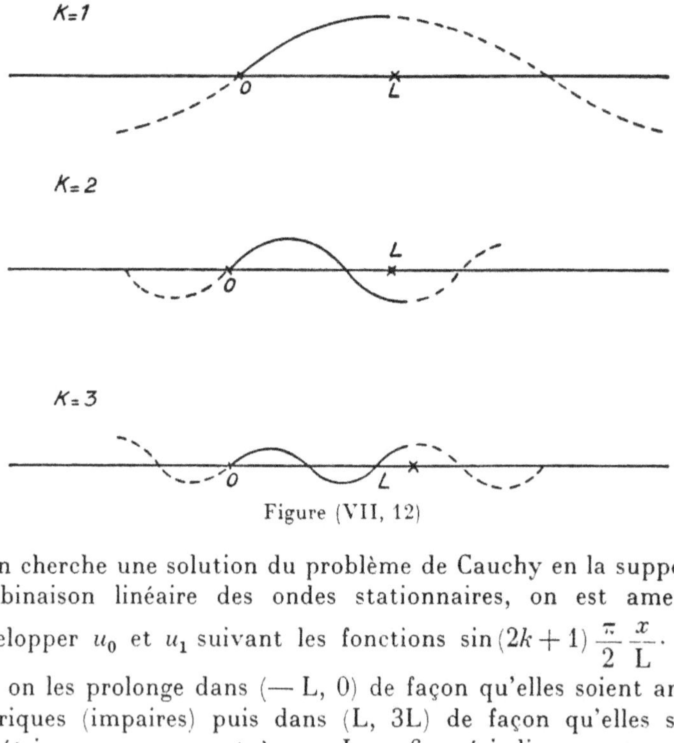

Figure (VII, 12)

Si on cherche une solution du problème de Cauchy en la supposant combinaison linéaire des ondes stationnaires, on est amené à développer u_0 et u_1 suivant les fonctions $\sin(2k+1)\dfrac{\pi}{2}\dfrac{x}{L}$. Pour cela on les prolonge dans $(-L, 0)$ de façon qu'elles soient antisymétriques (impaires) puis dans $(L, 3L)$ de façon qu'elles soient symétriques par rapport à $x = L$, enfin périodiquement avec la période $4L$. Les fonctions ainsi formées se développent suivant les fonctions $\cos m\dfrac{\pi}{2}\dfrac{x}{L}$, $\sin m\dfrac{\pi}{2}\dfrac{x}{L}$, de période $4L$.

Mais les fonctions étant impaires, il n'y a que des sinus dans le développement; les fonctions étant symétriques par rapport à $x = L$, il n'y a que les valeurs $m = 2k + 1$ qui aient des coefficients $\neq 0$.

On aura alors la solution

$$(\text{VII}, 1; 131) \quad u(x, t) = \sum_{k=0}^{\infty} \sin (2k + 1) \frac{\pi}{2} \frac{x}{L}$$
$$\left(\left(\cos (2k + 1) \frac{\pi}{2} \frac{vt}{L}\right) \frac{2}{L} \int_0^L u_0(\xi) \sin (2k + 1) \frac{\pi}{2} \frac{\xi}{L} d\xi\right.$$
$$\left. + \left(\sin (2k + 1) \frac{\pi}{2} \frac{vt}{L}\right) \frac{2}{(2k+1) \frac{\pi}{2} v} \int_0^L u_1(\xi) \sin (2k + 1) \frac{\pi}{2} \frac{\xi}{L} d\xi\right).$$

On a encore

$$E = \sum_{k=0}^{\infty} E_k.$$

2. Équations des membranes vibrantes et des ondes à trois dimensions

Lorsqu'on étudie les petites vibrations transversales d'une membrane homogène, tendue, la déformation, normale au plan d'équilibre, (qui sera le plan (x, y)) est une fonction $u(x, y, t)$ qui vérifie l'équation

$$(\text{VII}, 2; 1) \qquad \frac{1}{v^2} \frac{\partial^2 u}{\partial t^2} - \frac{\partial^2 u}{\partial x^2} - \frac{\partial^2 u}{\partial y^2} = 0.$$

avec

$$(\text{VII}, 2; 2) \qquad v = \sqrt{\frac{F}{\rho}}$$

où F est la tension superficielle et ρ la masse spécifique superficielle; v a la dimension d'une vitesse.

Nous appellerons l'équation (VII, 2; 1) *l'équation des membranes vibrantes*. Dans l'*espace à trois dimensions*, nous appellerons *équation des ondes* l'équation

$$(\text{VII}, 2; 3) \qquad \frac{1}{v^2} \frac{\partial^2 u}{\partial t^2} - \frac{\partial^2 u}{\partial x^2} - \frac{\partial^2 u}{\partial y^2} - \frac{\partial^2 u}{\partial z^2} = 0.$$

Nous nous proposons dans ce paragraphe d'étudier les équations (VII, 2; 1) et (VII, 2; 3). Pour simplifier l'écriture, nous poserons

(VII, 2; 4) $$\square_2 = \frac{1}{v^2}\frac{\partial^2}{\partial t^2} - \frac{\partial^2}{\partial x^2} - \frac{\partial^2}{\partial y^2}$$

et

(VII, 2; 5) $$\square_3 = \frac{1}{v^2}\frac{\partial^2}{\partial t^2} - \frac{\partial^2}{\partial x^2} - \frac{\partial^2}{\partial y^2} - \frac{\partial^2}{\partial z^2}.$$

1. Résolution de l'équation des membranes vibrantes et de l'équation des ondes à trois dimensions par la méthode de propagation. Problèmes de Cauchy

Reprenons l'équation (VII, 1; 37). Dans le plan (x, t) désignons par (C) le cône d'ondes d'avenir :

(VII, 2; 6) $$v^2t^2 - x^2 \geqslant 0. \quad t \geqslant 0$$

Soit $E(x, t)$ la fonction

(VII, 2; 7) $$E(x, t) = \begin{cases} \frac{v}{2} \text{ dans (C)} \\ 0 \text{ ailleurs.} \end{cases}$$

Un calcul très simple montre qu'on a au sens des distributions :

(VII, 2; 8) $$\frac{1}{v^2}\frac{\partial^2 E}{\partial t^2} - \frac{\partial^2 E}{\partial x^2} = \delta.$$

Autrement dit $E(x, t)$ définie par (VII, 2; 7) est solution élémentaire de l'opérateur

(VII, 2; 9) $$\square_1 = \frac{1}{v^2}\frac{\partial^2}{\partial t^2} - \frac{\partial^2}{\partial x^2}.$$

Soit alors $f(\xi)$ une fonction suffisamment régulière de la variable ξ. Posons :

(VII, 2; 10) $$I(x, t; f) = \frac{1}{v^2}\int_{-\infty}^{+\infty} E(x-\xi, t) f(\xi)\, d\xi = \frac{1}{2v}\int_{x-vt}^{x+vt} f(\xi)\, d\xi.$$

Remarque. L'intégrale ci-dessus est en fait le produit de convolution en ξ, pour t fixé de $E(\xi, t)$ et $f(\xi)$.

Il est très facile de vérifier que, quel que soit f (suffisamment régulière) $I(x, t; f)$ est solution de l'équation (VII, 1; 37) et que la solution

(VII, 1; 48) du problème de Cauchy (VII, 1; 44) n'est autre que

(VII, 2; 11) $$u(x, t) = \mathrm{I}(x, t; u_1) + \frac{\partial}{\partial t}\mathrm{I}(x, t; u_0).$$

Nous allons utiliser une méthode identique pour étudier l'équation (VII, 2; 3).

Solution élémentaire de $\square_3$.

Dans R^4, désignons par (Γ) le cône d'ondes d'avenir :

(VII, 2; 12) $$v^2t^2 - (x^2 + y^2 + z^2) \geqslant 0 \quad t \geqslant 0.$$

On appellera Σ sa surface.
Soit $\mathrm{E}(x, y, z, t)$ la distribution, portée par Σ, définie par

(VII, 2; 13) $$\langle \mathrm{E}, \varphi \rangle = \int_0^\infty \frac{dt}{4\pi t} \iint_{x^2+y^2+z^2=v^2t^2} \varphi(x, y, z, t)\, d\mathrm{S}$$

la seconde intégrale est étendue à la sphère ayant pour centre l'origine et pour rayon vt dans l'hyperplan de cote t, $d\mathrm{S}$ désignant l'élément d'aire superficielle.

Posons

(VII, 2; 14) $$\bar{\varphi}(s, t) = \frac{1}{4\pi s^2} \iint_{x^2+y^2+z^2=s^2} \varphi(x, y, z, t)\, d\mathrm{S}$$

($\bar{\varphi}(s, t)$ est pour t fixé, la moyenne sur la sphère de centre O et de rayon s, dans l'hyperplan de cote t, de la fonction

$$(x, y, z) \rightarrow \varphi(x, y, z, t)).$$

On a alors

(VII, 2; 15) $$\overline{\frac{\partial^2 \varphi}{\partial t^2}} = \frac{\partial^2 \bar{\varphi}}{\partial t^2}$$

et

(VII, 2; 16) $$\overline{\Delta \varphi} = \Delta \bar{\varphi} = \frac{\partial^2 \bar{\varphi}}{\partial s^2} + \frac{2}{s}\frac{\partial \bar{\varphi}}{\partial s}$$ (cf. formule (II, 2; 59))

la formule (VII, 2; 13) s'écrit

(VII, 2; 17) $$\langle \mathrm{E}, \varphi \rangle = \int_0^\infty v^2 t\, \bar{\varphi}(vt, t)\, dt$$

En tenant compte de (VII, 2; 15) et (VII, 2; 16) on a :

(VII, 2; 18) $$\langle \square_3 E, \varphi \rangle = \langle E, \square_3 \varphi \rangle = \frac{1}{v^2}\left\langle E, \frac{\partial^2 \varphi}{\partial t^2}\right\rangle - \langle E, \Delta\varphi \rangle$$
$$= \int_0^\infty \left[\frac{1}{v^2} v^2 t \frac{\partial^2 \bar\varphi}{\partial t^2} - v^2 t\left(\frac{\partial^2 \bar\varphi}{\partial s^2} + \frac{2}{s}\frac{\partial \bar\varphi}{\partial s}\right)\right]_{s=vt} dt$$
$$= \int_0^\infty \left[\frac{1}{v^2}\frac{\partial^2}{\partial t^2}(sv\bar\varphi) - \frac{\partial^2}{\partial s^2}(sv\bar\varphi)\right]_{s=vt} dt.$$

Mais

(VII, 2; 19) $$\left(\frac{1}{v^2}\frac{\partial^2 U}{\partial t^2} - \frac{\partial^2 U}{\partial s^2}\right)_{s=vt} = \frac{1}{v}\frac{d}{dt}\left[\left(\frac{1}{v}\frac{\partial U}{\partial t} - \frac{\partial U}{\partial s}\right)_{s=vt}\right].$$

Par suite

(VII, 2; 20) $$\langle E, \square_3 \varphi \rangle = \int_0^\infty \frac{1}{v}\frac{d}{dt}\left[\left\{\frac{1}{v}\frac{\partial}{\partial t}(sv\bar\varphi) - \frac{\partial}{\partial s}(sv\bar\varphi)\right\}_{s=vt}\right] dt$$
$$= \frac{1}{v}\left[\left\{\frac{1}{v}\frac{\partial}{\partial t}(sv\bar\varphi) - \frac{\partial}{\partial s}(sv\bar\varphi)\right\}_{s=vt}\right]_{t=0}^{t=\infty}$$

et puisque $\varphi(x, y, z, t)$ est à support borné, cette dernière expression est égale à

(VII, 2; 21) $$-\left[\frac{1}{v^2} vs \frac{\partial \bar\varphi}{\partial t} - \frac{1}{v}\left(v\bar\varphi + sv\frac{\partial\bar\varphi}{\partial s}\right)\right]_{s=t=0}$$
$$= \bar\varphi(0, 0) = \varphi(0, 0, 0, 0) = \langle \delta, \varphi \rangle.$$

Il en résulte que la distribution $E(x, y, z, t)$ définie par (VII, 2; 13) est solution élémentaire de $\square_3$.

Résolution du problème de Cauchy pour l'équation des ondes dans l'espace à trois dimensions

Le problème de Cauchy est ici le suivant : trouver une solution de l'équation (VII, 2; 3) vérifiant des conditions initiales données :

(VII, 2; 22) $$u(x, y, z, 0) = u_0(x, y, z),$$
$$\frac{\partial u}{\partial t}(x, y, z, 0) = u_1(x, y, z).$$

Nous allons donner explicitement une solution de ce problème. Nous admettrons que c'est la seule.

Montrons tout d'abord que pour toute fonction $f(\xi, \eta, \zeta)$ suffisamment régulière,

(VII, 2; 23)
$$I(x, y, z, t; f) = \frac{1}{v^2}\iiint_{R^3} E(x-\xi, y-\eta, z-\zeta, t) f(\xi, \eta, \zeta)\, d\xi\, d\eta\, d\zeta$$
$$= \frac{1}{4\pi v^2 t}\iint_{\gamma(x, y, z; vt)} f(\xi, \eta, \zeta)\, dS$$

où $\gamma(x, y, z; vt)$ est, dans l'hyperplan de cote t, la sphère de centre (x, y, z) et de rayon vt, est solution de l'équation (VII, 2; 3).
Or, (VII, 2; 23) s'écrit encore :
(VII, 2; 24)

$$I(x, y, z, t; f) = \frac{1}{4\pi v^2 t} \iint_{\gamma(0, 0, 0; vt)} f(x-\xi, y-\eta, z-\zeta)\, dS$$

et par suite :
(VII, 2; 25) $\quad \Delta I(x, y, z, t; f) = I(x, y, z, t; \Delta f).$

Mais on a aussi

(VII, 2; 26) $\quad I(x, y, z, t; f) = t\bar{f}(vt)$

où $\bar{f}(r)$ est la moyenne sur la sphère de centre (x, y, z) et de rayon r de la fonction f; On considérera $\bar{f}(r)$ comme fonction de r seul. Si alors on remplace r par la distance à l'origine dans R^3, elle devient une fonction sur R^3 dont on peut prendre le Laplacien donné par la formule classique (II, 2; 50). On a donc successivement :

(VII, 2; 27) $\quad \dfrac{\partial I}{\partial t}(x, y, z, t; f) = \bar{f}(vt) + vt\bar{f}'(vt)$

et

(VII, 2; 28)
$$\begin{aligned}\frac{\partial^2 I}{\partial t^2}(x, y, z, t; f) &= 2v\bar{f}'(vt) + v^2 t\bar{f}''(vt)\\ &= v^2 t\left(\frac{2}{vt}\bar{f}'(vt) + \bar{f}''(vt)\right) = v^2 t\, \Delta\bar{f}(vt)\\ &= v^2 t\, \overline{\Delta f}(vt) = v^2 I(x, y, z, t; \Delta f).\end{aligned}$$

Les formules (VII, 2; 25) et (VII, 2; 28) montrent que $I(x, y, z, t; f)$ est bien solution de l'équation (VII, 2; 3).
Quant $t \to 0$, on voit que

(VII, 2; 29) $\quad I(x, y, z, t; f) \to 0$ d'après (VII, 2; 26)

(VII, 2; 30) $\quad \dfrac{\partial}{\partial t} I(x, y, z, t; f) \to \bar{f}(0) = f(x, y, z)$ d'après (VII, 2; 27)

(VII, 2; 31) $\quad \dfrac{\partial^2}{\partial t^2} I(x, y, z, t; f) \to 0$ d'après (VII, 2; 28).

Il est alors immédiat de vérifier que

(VII, 2; 32) $\quad u(x, y, z, t) = I(x, y, z, t; u_1) + \dfrac{\partial}{\partial t} I(x, y, z, t; u_0)$

est solution du problème de Cauchy (VII, 2; 22). En effet, quand $t \to 0$:

(VII, 2; 33) $\quad I(x, y, z, t; u_1) \to 0$ d'après (VII, 2; 29)

(VII, 2; 34) $\quad \dfrac{\partial}{\partial t} I(x, y, z, t; u_0) \to u_0(x, y, z)$ d'après (VII, 2; 30)

donc, $u(x, y, z, t)$ donné par (VII, 2; 32) converge vers $u_0(x, y, z)$. De plus

(VII, 2; 35) $\quad \dfrac{\partial}{\partial t} I(x, y, z, t; u_1) \to u_1(x, y, z)$ d'après (VII, 2; 30)

et

(VII, 2; 36) $\quad \dfrac{\partial^2}{\partial t^2} I(x, y, z, t; u_0) \to 0$ d'après (VII, 2; 31).

Donc $\dfrac{\partial}{\partial t} u(x, y, z, t)$ tend vers $u_1(x, y, z)$ quand $t \to 0$.

C.Q.F.D.

Explicitons la formule (VII, 2; 32) :

(VII, 2; 37)
$$u(x, y, z, t) = \frac{1}{4\pi v^2 t} \iint_{\gamma(x, y, z; vt)} u_1(\xi, \eta, \zeta)\, dS + \frac{\partial}{\partial t}\left(\frac{1}{4\pi v^2 t} \iint_{\gamma(x, y, z; vt)} u_0(\xi, \eta, \zeta)\, dS\right).$$

Résolution du problème de Cauchy pour l'équation des membranes vibrantes. Méthode de descente

Soit $g(\xi, \eta)$ une fonction suffisamment régulière des deux variables ξ et η.

Considérée comme fonction des trois variables ξ, η et ζ, c'est une fonction indépendante de ζ, que l'on peut écrire :

(VII, 2; 38) $\quad g(\xi, \eta) = g(\xi, \eta) \otimes 1_\zeta = \tilde{g}(\xi, \eta, \zeta).$

Calculons à l'aide de (VII, 2; 23) $I(x, y, z, t; \tilde{g})$:

(VII, 2; 39)
$$I(x, y, z, t; \tilde{g}) = \frac{1}{4\pi v^2 t} \iint_{\gamma(x, y, z; vt)} \left(g(\xi, \eta) \otimes 1_\zeta\right) dS.$$

Pour les calculs qui vont suivre, on se reportera à la figure (VII, 13). L'intégrale qui figure au deuxième membre de (VII, 2; 39) est indépendante de z et on a

(VII, 2; 40)
$$I(x, y, z, t; \tilde{g}) = I(x, y, 0, t; \tilde{g}) = \frac{1}{4\pi v^2 t} \iint_{\gamma(x, y, 0; vt)} \left(g(\xi, \eta) \otimes 1_\zeta\right) dS.$$

Pour $0 \leqslant \rho \leqslant vt$, désignons par $\bar{g}(\rho)$ la moyenne de la fonction $g(\xi, \eta)$ sur le cercle C (du plan (ξ, η)) de centre $\omega = (x, y)$ et de rayon ρ.

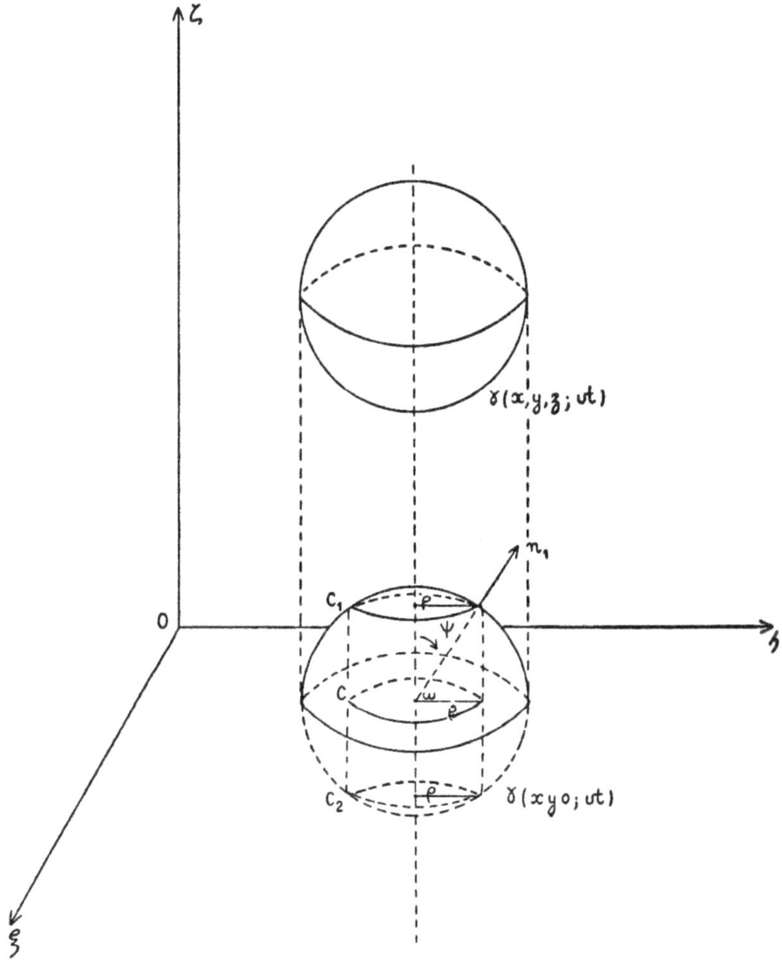

Figure (VII, 13)

Alors $\bar{g}(\rho)$ est aussi la moyenne de $\tilde{g}(\xi, \eta, \zeta)$ sur l'un des deux parallèles C_1 et C_2, de rayon ρ, de la sphère $\gamma(x, y, 0; vt)$.

Désignons par $\overrightarrow{\omega n_1}$ la normale extérieure à la sphère en un point de C_1 et posons

(VII, 2; 41) $$\psi = (\overrightarrow{O\zeta}, \overrightarrow{\omega n_1}).$$

On a alors

(VII, 2; 42) $$\rho = vt \sin \psi$$

d'où

(VII, 2; 43) $$d\psi = \frac{d\rho}{\sqrt{v^2t^2 - \rho^2}}.$$

Comme

(VII, 2; 44) $$\iint_{\gamma(x,\, y,\, 0;\, vt)} (g(\xi, \eta) \otimes 1_\zeta)\, dS = 2 \int_0^{\frac{\pi}{2}} vt\, d\psi \left(2\pi\rho\bar{g}(\rho)\right).$$

On a finalement :

(VII, 2; 45) $$I(x, y, z, t; \tilde{g}) = \frac{1}{v} \int_0^{vt} \frac{\bar{g}(\rho)}{\sqrt{v^2t^2 - \rho^2}} \rho\, d\rho.$$

Cette expression ne dépend que de x, y, t et g. Posons donc

(VII, 2; 46) $$J(x, y, t; g) = I(x, y, z, t; \tilde{g}) = \frac{1}{v} \int_0^{vt} \frac{\bar{g}(\rho)}{\sqrt{v^2t^2 - \rho^2}} \rho d\rho$$

Pour toute fonction g (ξ, η) suffisamment régulière $J(x, y, t; g)$ est solution de l'équation (VII, 2; 1) des membranes vibrantes. En effet, nous savons, d'après l'étude de l'équation (VII, 2; 3) que

(VII, 2; 47) $$\square_3 I(x, y, z, t; \tilde{g}) = 0.$$

Comme d'autre part, pour une fonction g des deux seules variables ξ et η, $I(x, y, z, t; \tilde{g})$ est indépendante de z, on a

(VII, 2; 48) $$\frac{\partial^2}{\partial z^2} I(x, y, z, t; \tilde{g}) = 0$$

et par suite

(VII, 2; 49) $$\square_3 I(x, y, z, t; \tilde{g}) = \square_2 I(x, y, z, t; \tilde{g}) = 0$$

d'où

(VII, 2; 50) $$\square_2 J(x, y, t; g) = \square_2 I(x, y, z, t; \tilde{g}) = 0.$$

Le problème de Cauchy, pour l'équation des membranes vibrantes est le suivant : trouver une solution de l'équation (VII, 2; 1) satisfaisant les conditions initiales suivantes :

$$\text{(VII, 2; 51)} \qquad \begin{aligned} u(x, y, 0) &= u_0(x, y) \\ \frac{\partial}{\partial t} u(x, y; 0) &= u_1(x, y). \end{aligned}$$

Une solution du problème (VII, 2; 51) est donnée par

$$\text{(VII, 2; 52)} \qquad u(x, y, t) = J(x, y, t; u_1) + \frac{\partial}{\partial t} J(x, y, t; u_0).$$

En effet, en posant

$$\text{(VII, 2; 53)} \qquad \tilde{u}_0(\xi, \eta, \zeta) = u_0(\xi, \eta) \otimes 1_\zeta$$

et

$$\text{(VII, 2; 54)} \qquad \tilde{u}_1(\xi, \eta, \zeta) = u_1(\xi, \eta) \otimes 1_\zeta$$

(VII, 2; 52) s'écrit encore

$$\text{(VII, 2; 55)} \qquad u(x, y, t) = I(x, y, z, t; \tilde{u}_1) + \frac{\partial}{\partial t} I(x, y, z, t; \tilde{u}_0).$$

On en déduit immédiatement, que lorsque $t \to 0$:

$$\text{(VII, 2; 56)} \qquad u(x, y, t) \to \tilde{u}_0(x, y, z) = u_0(x, y)$$

d'après (VII, 2; 33) et (VII, 2; 34) et

$$\text{(VII, 2; 57)} \qquad \frac{\partial}{\partial t} u(x, y, t) \to \tilde{u}_1(x, y, z) = u_1(x, y)$$

d'après (VII, 2; 35) et (VII, 2; 36).

Considérons, pour une fonction $g(\xi, \eta)$, suffisamment régulière, l'expression :

$$\text{(VII, 2; 58)} \qquad \frac{1}{2\pi\nu} \iint_{D(x, y; \nu t)} \frac{g(\xi, \eta)}{\sqrt{\nu^2 t^2 - (x-\xi)^2 - (y-\eta)^2}} \, d\xi \, d\eta$$

où $D(x, y; \nu t)$ est le disque de centre (x, y) et le rayon νt.

Posons

$$\text{(VII, 2; 59)} \qquad \begin{aligned} x - \xi &= \rho \cos \theta, \\ y - \eta &= \rho \sin \theta. \end{aligned}$$

Alors (VII, 2; 58) est égal à

$$\frac{1}{2\pi v}\int_0^{vt}\frac{\rho\, d\rho}{\sqrt{v^2t^2-\rho^2}}\int_0^{2\pi} g(\xi,\eta)\, d\theta.$$

Mais $\int_0^{2\pi} g(\xi,\eta)\, d\theta$ n'est autre que $2\pi\bar{g}(\rho)$. Par suite

(VII, 2; 60)

$$\frac{1}{2\pi v}\iint_{D(x,y;vt)}\frac{g(\xi,\eta)}{\sqrt{v^2t^2-(x-\xi)^2-(y-\eta)^2}}\, d\xi d\eta = \mathrm{J}(x, y, t; g).$$

La solution (VII, 2; 52) du problème de Cauchy (VII, 2; 51) relatif à l'équation des membranes vibrantes, s'écrit donc :

(VII, 2; 61)

$$\begin{aligned} u(x,y,t) = \frac{1}{2\pi v}\Bigg\{ &\iint_{D(x,y;vt)}\frac{1}{\sqrt{v^2t^2-(x-\xi)^2-(y-\eta)^2}}\, u_1(\xi,\eta)\, d\xi\, d\eta \\ &+ \frac{\partial}{\partial t}\iint_{D(x,y;vt)}\frac{1}{\sqrt{v^2t^2-(x-\xi)^2-(y-\eta)^2}}\, u_0(\xi,\eta)\, d\xi\, d\eta \Bigg\}. \end{aligned}$$

Nous admettons que le problème de Cauchy (VII, 2; 51) admet une seule solution, donnée par (VII, 2; 61).

Remarques. 1. Dans le cas des ondes à trois dimensions, la valeur de u [donnée par (VII, 2; 37)] au point (x, y, z) à l'instant t, ne dépend que des valeurs u_0 et u_1 de u et $\partial u/\partial t$, sur la sphère de centre (x, y, z) et de rayon vt, à l'instant 0. Il n'y a pas diffusion des ondes. Au contraire, dans le cas des ondes à deux dimensions, la valeur de u (donnée par (VII, 2; 61)) au point (x, y) à l'instant t, dépend des conditions initiales u_0 et u_1 dans tout le disque de centre (x, y) et de rayon vt. Il y a diffusion des ondes.

2. *Cas des ondes à trois dimensions.* Soit (x, y, z, t) un point de R^4. On appelle cône d'ondes rétrograde de ce point, le cône d'équation

$$\begin{cases} v^2(t-\tau)^2-(x-\xi)^2-(y-\eta)^2-(z-\zeta)^2 \geqslant 0 \\ t \geqslant \tau. \end{cases}$$

et cône d'ondes direct de ce point, le cône

$$v^2(t-\tau)^2-(x-\xi)^2-(y-\eta)^2-(z-\zeta)^2 \geqslant 0; \qquad t \leqslant \tau.$$

Si, au lieu de résoudre le problème de Cauchy pour l'instant initial

0, on le résoud pour l'instant initial t_0 (c'est-à-dire si on cherche la solution de l'équation (VII, 2; 3) satisfaisant aux conditions : $u(x, y, z, t_0) = u_0(x, y, z)$ et $\frac{\partial}{\partial t} u(x, y, z; t_0) = u_1(x, y, z)$), on voit facilement que la formule (VII, 2; 32) donnant $u(x, y, z, t)$ doit être remplacée par

$$u(x, y, z, t) = \mathrm{I}(x, y, z, t - t_0; u_1) + \frac{\partial}{\partial t} \mathrm{I}(x, y, z, t - t_0; u_0)$$

$$\text{pour} \qquad t > t_0$$

et par

$$u(x, y, z, t) = -\left[\mathrm{I}(x, y, z, t_0 - t; u_1) + \frac{\partial}{\partial t} \mathrm{I}(x, y, z, t_0 - t; u_0)\right]$$

$$\text{pour} \qquad t < t_0.$$

En transformant ces expressions à l'aide de (VII, 2; 23) on voit que ce qui se passe à l'instant t au point (x, y, z) ne dépend que de ce qui se passait à l'instant t_0 sur la *surface* de la sphère $\gamma\big(x, y, z; v(t - t_0)\big)$ intersection de la *surface* du cône d'ondes rétrograde du point (x, y, z, t) avec $\tau = t_0$, si $t > t_0$, et de ce qui se passait sur la *surface* de la sphère $\gamma\big(x, y, z; v(t_0 - t)\big)$ intersection de $\tau = t_0$ avec la surface du cône d'ondes direct, si $t < t_0$.

Cas des ondes à deux dimensions. Soit (x, y, t) un point de R^3. On appelle cône d'ondes rétrograde (resp. direct) de ce point le cône :

$$v^2(t - \tau)^2 - (x - \xi)^2 - (y - \eta)^2 \geqslant 0, \qquad t \geqslant \tau$$
$$\left(\text{resp. } v^2(t - \tau)^2 - (x - \xi)^2 - (y - \eta)^2 \geqslant 0; \qquad t \leqslant \tau\right).$$

Si on résoud le problème de Cauchy pour l'instant initial t_0, $u(x, y, t)$ est donné par

$$u(x, y, t) = \mathrm{J}(x, y, t - t_0; u_1) + \frac{\partial}{\partial t} \mathrm{J}(x, y, t - t_0; u_0)$$

$$\text{pour} \qquad t > t_0,$$

et par

$$u(x, y, t) = -\left[\mathrm{J}(x, y; t_0 - t; u_1) + \frac{\partial}{\partial t} \mathrm{J}(x, y, t_0 - t; u_0)\right]$$

$$\text{pour} \qquad t < t_0.$$

Utilisant alors (VII, 2; 60), on voit que ce qui se passe à l'instant t au point (x, y) ne dépend que de ce qui se passait à l'instant t_0

dans le disque $D(x, y; v(t - t_0))$ intersection du plan $\tau = t_0$, avec le cône d'ondes rétrograde du point (x, y, t), si $t > t_0$, et de ce qui se passait *dans* le disque $D(x, y; v(t_0 - t))$, intersection du plan $\tau = t_0$ avec le cône d'ondes direct de (x, y, t), à l'instant t_0, si $t < t_0$.

Membranes à bord

Dans le problème de Cauchy (VII, 2; 51), nous avons supposé la membrane illimitée; les fonctions u_0 et u_1, données, étaient définies dans tout le plan (x, y).

Supposons maintenant que la membrane ait des bords, *i.e.*, au repos, la membrane occupe dans le plan (x, y) un domaine G de frontière Γ [1], Un problème de Cauchy sera la donnée

a) de valeurs initiales

$$\text{(VII, 2; 62)} \quad \left\{ \begin{aligned} u_0(x, y) &= u(x, y, 0) \\ u_1(x, y) &= \frac{\partial}{\partial t} u(x, y, 0) \end{aligned} \right\} \quad \text{pour} \quad (x, y) \in G$$

b) de conditions aux limites; nous ne occuperons ici que des conditions aux limites de *Dirichlet:*

$$\text{(VII, 2; 63)} \qquad u(x, y, t) \equiv 0 \qquad \text{sur } \Gamma \text{ au cours du temps.}$$

On commencera, lorsqu'on le pourra, par prolonger u_0 et u_1 en $\bar{u}_0$ et $\bar{u}_1$ de façon que pour tout point $(x, y) \in \Gamma$, $u(x, y, t)$ donnée par (VII, 2; 61) dans laquelle on a remplacé u_0 et u_1 respectivement par $\bar{u}_0$ et $\bar{u}_1$, soit nulle quel que soit t.

Pour tout (x, y, t), $u(x, y, t)$ sera alors donné par

(VII, 2; 64)

$$u(x, y, t) = \frac{1}{2\pi v} \left\{ \iint_{D(x, y; vt)} \frac{1}{\sqrt{v^2t^2 - (x - \xi)^2 - (y - \eta)^2}} \bar{u}_1(\xi, \eta) \, d\xi d\eta + \frac{\partial}{\partial t} \iint_{D(x, y; vt)} \frac{1}{\sqrt{v^2t^2 - (x - \xi)^2 - (y - \eta)^2}} \bar{u}_0(\xi, \eta) \, d\xi d\eta \right\}.$$

Exemple : G est le demi-plan $x > 0$. Alors Γ est l'axe $x = 0$. On aura

$$\text{(VII, 2; 65)} \quad \begin{aligned} \bar{u}_0(x, y) &= - u_0(-x, y) \\ \bar{u}_1(x, y) &= - u_1(-x, y) \end{aligned} \quad \text{pour} \quad x < 0.$$

(Ce cas généralise manifestement celui de la corde ayant une extrémité fixe.)

1. Aucune confusion n'est possible entre ce Γ et le cone d'ondes futur.

Dans le cas où G n'est pas borné, nous admettons l'unicité de la solution.

Dans le cas où G est borné nous allons montrer cette unicité.

Intégrale d'énergie. Unicité du problème de Cauchy

Supposons ce qui est le cas dans la pratique, que G est un domaine borné limité par une courbe fermée Γ. En multipliant les deux membres de (VII, 2; 1) par $\partial u/\partial t$, et en intégrant sur G, on obtient :

$$\text{(VII, 2; 66)} \quad \frac{d}{dt}\iint_G \frac{1}{2v^2}\left(\frac{\partial u}{\partial t}\right)^2 dx\,dy = \iint_G \Delta u \frac{\partial u}{\partial t}\,dx\,dy.$$

En faisant dans le second membre des intégrations par parties et en utilisant (VII, 2; 63), on obtient :

$$\text{(VII, 2; 67)} \quad \frac{d}{dt}\iint_G \frac{1}{2}\left\{\frac{1}{v^2}\left(\frac{\partial u}{\partial t}\right)^2 + \left(\frac{\partial u}{\partial x}\right)^2 + \left(\frac{\partial u}{\partial y}\right)^2\right\} dx\,dy = 0,$$

l'intégrale d'énergie est ici :

$$\text{(VII, 2; 68)} \quad \mathrm{E} = \frac{1}{2}\iint_G \left[\frac{1}{v^2}\left(\frac{\partial u}{\partial t}\right)^2 + \left(\frac{\partial u}{\partial x}\right)^2 + \left(\frac{\partial u}{\partial y}\right)^2\right] dx\,dy.$$

Elle est constante au cours du temps, d'après (VII, 2; 67).

Montrons maintenant l'unicité de la solution du problème de Cauchy (VII, 2; 62) (VII, 2; 63). La différence entre deux solutions, U, est une solution de l'équation (VII, 2; 1). Elle satisfait aux conditions initiales : $\mathrm{U}_0(x, y) = \mathrm{U}_1(x, y) = 0$, et aux conditions aux limites $\mathrm{U}(x, y, t) \equiv 0$ sur Γ. Mais alors

$$\text{(VII, 2; 69)} \quad \mathrm{E} = \frac{1}{2}\iint_G \left(\frac{1}{v^2}\mathrm{U}_1^2 + \left(\frac{\partial \mathrm{U}_0}{\partial x}\right)^2 + \left(\frac{\partial \mathrm{U}_0}{\partial y}\right)^2\right) dx\,dy = 0.$$

L'énergie, nulle à l'instant initial est donc nulle à tout instant. Par suite :

$$\text{(VII, 2; 70)} \quad \frac{\partial \mathrm{U}}{\partial t} = 0 \quad \text{et} \quad \frac{\partial \mathrm{U}}{\partial x} \equiv 0 \quad \text{et} \quad \frac{\partial \mathrm{U}}{\partial y} = 0.$$

Donc U est constante. Comme elle est nulle à l'instant initial, elle est nulle à tout instant, donc identiquement nulle.

C.Q.F.D.

2. Résolution du problème de Cauchy pour l'équation des membranes vibrantes par la méthode des harmoniques [1]

Le domaine G est supposé borné et limité par une courbe Γ fermée. On appelle solution stationnaire de l'équation (VII, 2; 1), une solution de la forme :

$$u(x, y, t) = \mathrm{U}(x, y)\,\mathrm{V}(t). \tag{VII, 2; 71}$$

Pour une telle fonction, l'équation (VII, 2; 1) devient :

$$\frac{\Delta \mathrm{U}}{\mathrm{U}} = \frac{\mathrm{V}''}{v^2 \mathrm{V}} = \lambda \tag{VII, 2; 72}$$

où λ ne peut être qu'une constante. Réciproquement si λ est une constante les solutions $\mathrm{U}(x, y)$ et $\mathrm{V}(t)$ des équations :

$$\Delta \mathrm{U} - \lambda \mathrm{U} = 0, \tag{VII, 2; 73}$$

$$\mathrm{V}'' - \lambda v^2 \mathrm{V} = 0 \tag{VII, 2; 74}$$

définissent une solution stationnaire de (VII, 2; 1).

Nous nous proposons de chercher les solutions stationnaires de (VII, 2; 1) qui vérifient les conditions au contour (VII, 2; 63). On peut supposer que $\mathrm{V}(t)$ n'est pas identiquement nulle, faute de quoi la membrane resterait immobile. On ne peut alors avoir (VII, 2; 63) quel que soit t, que si

$$\mathrm{U}(x, y) = 0 \quad \text{sur} \quad \Gamma. \tag{VII, 2; 75}$$

Comme dans le cas des cordes vibrantes, cela n'autorise que des valeurs exceptionnelles de λ. Nous supposerons que la frontière Γ de G est « régulière » et nous admettons le théorème suivant sans démonstration :

Théorème de Dirichlet

Le problème suivant : trouver les solutions de l'équation aux dérivées partielles

$$\Delta \mathrm{U} - \lambda \mathrm{U} = 0 \tag{VII, 2; 73}$$

vérifiant les conditions aux limites

$$\mathrm{U}(x, y) = 0 \quad \textit{sur} \quad \Gamma \tag{VII, 2; 75}$$

n'admet que la solution nulle sauf pour un ensemble dénombrable de valeurs de λ, réelles, strictement négatives :

$$\lambda_1 = -\,\omega_1^2, \qquad \lambda_2 = -\,\omega_2^2, \qquad \ldots, \qquad \lambda_n = -\,\omega_n^2, \ \ldots$$

1. Cette méthode est aussi valable pour l'équation des ondes à trois dimensions. Nous nous bornerons, pour ce cas, à proposer certains exercices au lecteur.

pour chacune desquelles il admet un nombre fini $p(1)$, $p(2)$, ..., $p(n)$, ..., *de solutions, linéairement indépendantes, qui appartiennent à* $L^2(G)$. *Nous désignons par* U_{n_1}, U_{n_2}, ..., $U_{n_{p(n)}}$, *des solutions indépendantes, de norme* 1 *dans* $L^2(G)$ *correspondant à* λ_n, *telles que les* $U_{k_{j(k)}}$ $\big(k = 1, 2, \ldots, n, \ldots; j(k) = 1, 2, \ldots, p(k)\big)$ *soient deux à deux orthogonales dans* $L^2(G)$ [1]. *Alors les* $U_{k_{j(k)}}$ *forment une base Hilbertienne de* $L^2(G)$.

Remarque. Il est facile de voir que λ doit être réel négatif. En effet, une intégration par parties, compte tenu de (VII, 2; 75) donne :

$$\text{(VII, 2; 76)} \qquad \iint_G \left\{\left(\frac{\partial U}{\partial x}\right)^2 + \left(\frac{\partial U}{\partial y}\right)^2\right\} dx\, dy = -\iint_G U\Delta U\, dx\, dy$$

et le deuxième membre est égal, d'après (VII, 2; 73) à

$$\text{(VII, 2; 77)} \qquad -\lambda \iint_G U^2\, dx\, dy$$

d'où le résultat.
Il reste à résoudre l'équation

$$\text{(VII, 2; 78)} \qquad V'' + \omega^2\nu^2 V = 0$$

qui admet pour solution :

$$\text{(VII, 2; 79)} \qquad V(t) = a \cos \omega\nu t + b \sin \omega\nu t.$$

La forme la plus générale d'une solution stationnaire est donc :

$$\text{(VII, 2; 80)} \qquad u_n(x, y, t) = \sum_{j=1}^{p(n)} U_{n_j}(x, y)\, (a_{n_j} \cos \omega_n\nu t + b_{n_j} \sin \omega_n\nu t).$$

Cherchons maintenant une solution de (VII, 2; 1) de la forme

$$\text{(VII, 2; 81)} \qquad u(x, y, t) = \sum_{n=1}^{\infty} \sum_{j=1}^{j=p(n)} U_{n_j}(x, y)(a_{n_j} \cos \omega_n\nu t + b_{n_j} \sin \omega_n\nu t).$$

1. Les λ_n ainsi trouvées s'appellent les valeurs propres du problème (VII, 2; 73), (VII, 2; 75) ; les $U_{n_1}, \ldots, U_{n_{p(n)}}$, s'appellent les fonctions propres correspondantes. Si $p(n) = 1$, λ_n est dite valeur propre simple, si $p(n) > 1$, λ_n est dite valeur propre multiple et $p(n)$ est son ordre de multiplicité.

Il reste à écrire que $u(x, y, t)$ vérifie les conditions initiales (VII, 2; 62) :

(VII, 2; 82) $$u_0(x, y) = \sum_{n=1}^{\infty}\sum_{j=1}^{p(n)} U_{n_j} a_{n_j},$$

$$u_1(x, y) = \sum_{n=1}^{\infty}\sum_{j=1}^{p(n)} U_{n_j} b_{n_j} \omega_n \nu.$$

On doit donc développer les fonctions $u_0(x, y)$ et $u_1(x, y)$ en séries de fonctions U_{n_j}, ce qui est possible (à condition que u_0 et u_1 soient dans $L^2(G)$) puisque les U_{n_j} forment un système total de $L^2(G)$.

3. Cas particuliers : membrane rectangulaire et membrane circulaire

Membrane rectangulaire

Nous prenons ici pour G le rectangle :

(VII, 2; 83) $$G\begin{cases}0 \leqslant x \leqslant A,\\ 0 \leqslant y \leqslant B.\end{cases}$$

Nous cherchons $U(x, y)$ sous la forme

(VII, 2; 84) $$U(x, y) = L(x)M(y).$$

L'équation (VII, 2; 73) devient :

(VII, 2; 85) $$\frac{L''}{L} + \frac{M''}{M} + \omega^2 = 0$$

et la condition (VII, 2; 75) se traduit par

(VII, 2; 86) $$L(0) = L(A) = 0.$$
(VII, 2; 87) $$M(0) = M(B) = 0.$$

On ne peut avoir (VII, 2; 85) que si l'on a :

(VII, 2; 88) $$L'' + \alpha L = 0.$$
(VII, 2; 89) $$M'' + \beta M = 0.$$

où α et β sont des constantes vérifiant :

(VII, 2; 90) $$\alpha + \beta = \omega^2.$$

Le problème (VII, 2; 88) et (VII, 2; 86) admet pour solutions :

(VII, 2; 91) $$\sin\frac{k\pi x}{A}\left(\sqrt{\alpha} = \frac{k\pi}{A}\right) \qquad \text{avec } k \text{ entier} > 0.$$

(comparez pages 300).

De même le problème (VII, 2; 89) et (VII, 2; 87) a pour solutions :

(VII, 2; 92) $\sin \frac{l\pi y}{B} \left(\sqrt{\beta} = \frac{l\pi}{B}\right)$ avec l entier > 0.

On obtient donc, dans ce cas toutes les valeurs propres du problème (VII, 2; 73) (VII, 2; 75) :

(VII, 2; 93) $\lambda_{kl} = -\omega_{kl}^2 = -\pi^2\left(\frac{k^2}{A^2} + \frac{l^2}{B^2}\right)$ k, l entiers positifs.

On trouve bien dans ce cas particulier des valeurs de λ réelles négatives. Les fonctions propres sont

(VII, 2; 94) $$U_{kl} = \sin \frac{k\pi x}{A} \sin \frac{l\pi y}{B}.$$

On obtient pour fonctions $V(t)$:

(VII, 2; 95) $$V_{kl}(t) = a_{kl} \cos \omega_{kl}\nu t + b_{kl} \sin \omega_{kl}\nu t$$

où ω_{kl} est donné par (VII, 2; 93).

Le mouvement stationnaire correspondant aux entiers k et l, a pour fréquence, dans le temps

(VII, 2; 96) $$N = \frac{\nu}{2}\sqrt{\frac{k^2}{A^2} + \frac{l^2}{B^2}}$$

ce qui généralise la formule (VII, 1; 108) obtenue pour les cordes vibrantes. Ce n'est pas, si $A \neq B$, un multiple de la fréquence fondamentale :

(VII, 2; 97) $$N_0 = \frac{\nu}{2}\sqrt{\frac{1}{A^2} + \frac{1}{B^2}}.$$

Mais si $A = B$ (membrane carrée), alors

(VII, 2; 98) $N = \sqrt{\frac{k^2 + l^2}{2}}\, N_0$ avec $N_0 = \frac{\sqrt{2}}{2A}\nu$.

Nous cherchons pour (VII, 2; 1) une solution de la forme (VII, 2; 99)

$$u(x, y, t) = \sum_{k,\, l=1}^{\infty} \sin \frac{k\pi x}{A} \sin \frac{l\pi y}{B} (a_{kl} \cos \omega_{kl}\nu t + b_{kl} \sin \omega_{kl}\nu t).$$

Pour qu'elle satisfasse aux conditions initiales, on doit avoir :

$$\text{(VII, 2; 100)} \quad u_0(x, y) = \sum_{k, l, =1}^{\infty} a_{kl} \sin \frac{k\pi x}{A} \sin \frac{l\pi y}{B},$$

$$u_1(x, y) = \sum_{k, l, =1}^{\infty} \nu b_{kl} \pi \sqrt{\frac{k^2}{A^2} + \frac{l^2}{B^2}} \sin \frac{k\pi x}{A} \sin \frac{l\pi y}{B}.$$

On est donc amené à développer $u_0(x, y)$ et $u_1(x, y)$ en séries de Fourier à deux variables (voir exercices sur le chapitre IV) en $\sin \frac{k\pi x}{A} \sin \frac{l\pi y}{B}$.

Or toute fonction f en (x, y) donnée dans le rectangle G admet un développement unique de ce type. En effet pour $0 \leqslant y \leqslant B$, on prolongera $x \to f(x, y)$ dans $(-A, 0)$ en fonction impaire de x. Puis pour $y \in (-B, 0)$ et $x \in (-A, +A)$ on posera

$$f(x, y) = -f(x, -y).$$

On obtient alors une fonction définie dans le rectangle

$$(-A \leqslant x \leqslant A, \ -B \leqslant y \leqslant B).$$

On la prolonge ensuite en fonction périodique de période 2A par rapport à x et de période 2B par rapport à y.

Les coefficients a_{kl} et b_{kl} sont donnés par les formules :

$$\text{(VII, 2; 101)} \quad \frac{a_{kl}}{4} = \frac{1}{AB} \int_0^A dx \int_0^B u_0(x, y) \sin \frac{k\pi x}{A} \sin \frac{l\pi y}{B} dy$$

et

$$\frac{b_{kl} \omega_{kl} \nu}{4} = \frac{1}{AB} \int_0^A dx \int_0^B u_1(x, y) \sin \frac{k\pi x}{A} \sin \frac{l\pi y}{B} dy.$$

Ceci démontre, dans notre cas particulier, que le système des U_{kl}, définis par (VII, 2; 94) est total.

Nous obtenons ainsi une solution de notre problème et nous savons que c'est la seule.

Membrane circulaire

Nous prenons maintenant pour G, le disque

$$\text{(VII, 2; 102)} \qquad x^2 + y^2 \leqslant R^2.$$

Nous nous restreignons, de plus, à l'étude des solutions de (VII, 2; 1) *qui possèdent la symétrie de révolution*, c'est-à-dire des solutions de la forme $u(r, t)$, où $r = \sqrt{x^2 + y^2}$, qui satisfont aux conditions initiales

(VII, 2; 103) $$u_0(r) = u(r, 0)$$ $$u_1(r) = \frac{\partial}{\partial t} u(r, 0)$$

et aux conditions aux limites

(VII, 2; 104) $$u\,(\mathrm{R}, t) \equiv 0.$$

Nous cherchons $u(r, t)$ sous la forme

(VII, 2; 105) $$u(r, t) = \mathrm{U}(r)\mathrm{V}(t)$$

l'équation (VII, 2; 73) devient [Comparez formule (II, 2; 59)] :

(VII, 2; 106) $$\mathrm{U}'' + \frac{1}{r}\mathrm{U}' + \omega^2\mathrm{U} = 0$$

et la condition (VII, 2; 104) se traduit par :

(VII, 2; 107) $$\mathrm{U}(\mathrm{R}) = 0.$$

Faisons dans (VII, 2; 106) le changement de variable :

(VII, 2; 108) $$\rho = \omega r.$$

Alors, $\tilde{\mathrm{U}}(\rho) = \mathrm{U}\left(\frac{\rho}{\omega}\right)$ est solution de l'équation :

(VII, 2; 109) $$\tilde{\mathrm{U}}'' + \frac{1}{\rho}\tilde{\mathrm{U}}' + \tilde{\mathrm{U}} = 0.$$

On a donc (voir chapitre IX et exercice IX, 5) puisqu'on ne doit prendre que les solutions régulières :

(VII, 2; 110) $$\tilde{\mathrm{U}}(\rho) = \mathrm{J}_0(\rho)$$

où J_0 est la fonction de Bessel d'indice 0.
On obtient donc comme solution de (VII, 2; 106) :

(VII, 2; 111) $$\mathrm{U}(r) = \mathrm{J}_0(\omega r).$$

Pour que la condition (VII, 2; 107) soit satisfaite, ω doit être tel que

(VII, 2; 112) $$\mathrm{J}_0(\omega\mathrm{R}) = 0.$$

Or, on sait que les zéros de J_0 sont tous réels (chapitre IX). La condition (VII, 2; 112) nous conduit donc uniquement à des valeurs de ω réelles. D'autre part, dans (VII, 2; 111), ω et $-\omega$ donnent la même fonction $U(r)$. On ne doit donc retenir que les valeurs de ω positives. Soit donc $z_1, \ldots, z_n, \ldots$ la suite des zéros positifs de J_0. Les valeurs de ω nous sont données par

(VII, 2; 113) $$\omega_n R = z_n \quad \text{ou} \quad \omega_n = \frac{z_n}{R}.$$

(Ceci montre encore, dans ce cas particulier que les $\lambda_n = -\omega_n^2$ sont réels < 0.) La fonction $U_n(r)$ qui correspond à ω_n est

(VII, 2; 114) $$U_n(r) = J_0\left(\frac{z_n r}{R}\right).$$

On obtient pour fonctions $V(t)$:

(VII, 2; 115) $$V_n(t) = a_n \cos \frac{z_n}{R} \nu t + b_n \sin \frac{z_n}{R} \nu t.$$

Le mouvement stationnaire correspondant à l'entier n a pour fréquence

(VII, 2; 116) $$N = \frac{z_n}{2\pi R} \nu.$$

On cherche $u(r, t)$ sous la forme :

(VII, 2; 117) $$u(r, t) = \sum_{n=1}^{\infty} J_0\left(\frac{z_n r}{R}\right)\left(a_n \cos \frac{z_n}{R} \nu t + b_n \sin \frac{z_n}{R} \nu t\right).$$

Écrivons qu'elle vérifie les conditions initiales (VII, 2; 103) :

(VII, 2; 118) $$u_0(r) = \sum_{n=1}^{\infty} J_0\left(\frac{z_n r}{R}\right) a_n$$
$$u_1(r) = \sum_{n=1}^{\infty} J_0\left(\frac{z_n r}{R}\right) \frac{z_n}{R} b_n \nu.$$

On doit donc développer $u_0(r)$ et $u_1(r)$ en séries de $J_0\left(\frac{z_n r}{R}\right)$, ce qui est possible d'après le théorème de Dirichlet si u_0 et u_1 sont suffisamment régulières. Les coefficients a_n et b_n sont alors parfaitement déterminés, ainsi par conséquent que $u(r, t)$. On obtient ainsi une solution du problème et nous savons que c'est la seule.

4. Équation des ondes dans R^n

On appelle équation des ondes, dans R^n, l'équation

(VII, 2; 119) $$\frac{1}{v^2}\frac{\partial^2 u}{\partial t^2} - \Delta u = 0$$

où

(VII, 2; 120) $$\Delta u = \sum_{i=1}^{n} \frac{\partial^2 u}{\partial x_i^2}.$$

Une étude détaillée de cette équation dépasse le cadre de ce cours. Nous nous bornons à proposer, en exercices certains aspects de cette étude.

3. Équation de la chaleur

Nous avons déjà rencontré l'équation de la chaleur (chapitre v, § 4). Nous nous proposons ici d'étudier, par des méthodes analogues à celles utilisées pour les équations des cordes vibrantes et des membranes vibrantes, les solutions de l'équation simplifiée :

(VII, 3; 1) $$\frac{\partial u}{\partial t} - \frac{\partial^2 u}{\partial x^2} = 0.$$

1. Étude par la méthode de propagation, Problème de Cauchy

D'après le chapitre v, formule (V; 4; 16) nous connaissons une solution élémentaire de l'opérateur

(VII, 3; 2) $$\frac{\partial}{\partial t} - \frac{\partial^2}{\partial x^2}$$

c'est

(VII, 3; 3) $$\frac{Y(t)}{2\sqrt{\pi t}} e^{-\frac{x^2}{4t}}$$

D'autre part, il est immédiat de vérifier, que, quelle que soit la fonction $f(\xi)$ suffisamment régulière,

(VII, 3; 4) $$I(x, t; f) = \int_{-\infty}^{+\infty} \frac{e^{-\frac{(x-\xi)^2}{4t}}}{2\sqrt{\pi t}} f(\xi)\, d\xi$$

est, pour $x \in R$ et $t > 0$, solution de l'équation (VII, 3; 1). Montrons de plus que, quand $t \to 0, I(x, t; f.) \to f(x)$

D'après (V, 1; 38) on a :

$$\frac{e^{-\frac{\xi^2}{4t}}}{2\sqrt{\pi t}} = \mathcal{F}[e^{-4\pi^2 t \lambda^2}]. \tag{VII, 3; 5}$$

On a donc, en fait :

$$\mathrm{I}(x, t; f) = \mathcal{F}[e^{-4\pi^2 t\lambda^2}] \underset{(\xi)}{*} f. \tag{VII, 3; 6}$$

Mais, quand $t \to 0$, $e^{-4\pi^2 t\lambda^2} \to 1$ dans $\mathcal{S}'$, et par suite (voir exercices sur le chapitre v) $\mathcal{F}[e^{-4\pi^2 t\lambda^2}] \to \delta$ dans $\mathcal{S}'$ donc dans $\mathcal{D}'$. Utilisant alors la continuité du produit de convolution on en déduit que

$$\mathrm{I}(x, t; f) \to \delta * f = f(x). \tag{VII, 3; 7}$$

Problème de Cauchy

1. *Cas d'un conducteur illimité.* Le problème de Cauchy, dans ce cas, est le suivant : trouver une solution de l'équation (VII, 3; 1) qui vérifie la condition initiale :

$$u_0(x) = u(x, 0). \tag{VII, 3; 8}$$

On obtient, comme solution, d'après (VII, 3; 7) :

$$u(x, t) = \int_{-\infty}^{+\infty} \frac{e^{-\frac{(x-\xi)^2}{4t}}}{2\sqrt{\pi t}} u_0(\xi)\, d\xi. \tag{VII, 3; 9}$$

2. *Cas d'un conducteur limité à une extrémité (l'origine).*

Le problème de Cauchy est alors : trouver une solution de l'équation (VII, 3; 1) qui vérifie la condition initiale (VII, 3; 8) et une condition aux limites : soit

$$u(0, t) \equiv 0 \tag{VII, 3; 10}$$

soit

$$\frac{\partial u}{\partial x}(0, t) \equiv 0 \tag{VII, 3; 11}$$

soit encore des conditions plus compliquées que nous laisserons de côté.

Dans le cas de la condition aux limites (VII, 3; 10) on prolongera u_0, en fonction impaire $\bar{u}_0$; dans le cas de la condition aux limites

(VII, 3; 11) on prolongera u_0, en fonction paire u_1. Dans le premier cas, la solution du problème de Cauchy sera donné par (VII, 3; 9) où u_0 sera remplacé par $\bar{u}_0$, et dans le second cas, la solution sera encore donnée par (VII, 3; 9) où u_0 sera remplacé par u_1.

3. *Cas d'un conducteur limité à ses deux extrémités* (O *et* L).

Le problème de Cauchy consiste à trouver une solution de l'équation (VII, 3; 1) vérifiant la condition initiale (VII, 3; 8) et deux conditions aux limites :
Nous nous restreindrons aux conditions aux limites suivantes : ou bien

(VII, 3; 12) $$u(0, t) = u(L, t) \equiv 0$$

ou bien

(VII, 3; 13) $$\frac{\partial u}{\partial x}(0, t) = \frac{\partial u}{\partial x}(L, t) \equiv 0.$$

Il faudrait aussi prolonger u_0 de manière que les conditions (VII, 3; 12) ou (VII, 3; 13) soient satisfaites. Nous n'insistons pas sur ce point car nous donnerons une solution explicite de ce problème par la méthode des harmoniques.

Unicité du problème de Cauchy

Prenons le cas d'un conducteur de longueur L. La différence entre deux solutions du problème de Cauchy (VII, 3; 8) (VII, 3; 12) [resp. (VII, 3; 8) (VII, 3; 13)], est solution de l'équation (VII, 3; 1) vérifiant la condition initiale

(VII, 3; 14) $$U_0(x) = 0$$

et les conditions aux limites

(VII, 3; 15) $$U(0, t) = U(L, t) \equiv 0$$

(resp.

(VII, 3; 16) $$\frac{\partial U}{\partial x}(0, t) = \frac{\partial U}{\partial x}(L, t) \equiv 0\Big).$$

De l'équation (VII, 3; 1) on déduit :

(VII, 3; 17) $$\int_0^L \frac{\partial U}{\partial t} U\,dx = \int_0^L \frac{\partial^2 U}{\partial x^2} U\,dx$$

d'où l'on déduit

(VII, 3; 18) $$\frac{1}{2}\frac{d}{dt}\int_0^L U^2\,dx = \left[\frac{\partial U}{\partial x}U\right]_0^L - \int_0^L \left(\frac{\partial U}{\partial x}\right)^2 dx.$$

Pour les conditions aux limites (VII, 3; 15) ou (VII, 3; 16), le terme $\left[\frac{\partial U}{\partial x}U\right]_0^L$ est nul. Posons alors

(VII, 3; 19) $$G(t) = \int_0^L U^2(x, t)\,dx.$$

On déduit de (VII, 3; 19) et (VII, 3; 18) que $G(t)$ est une fonction positive décroissante. Mais $G(0)$ est nulle d'après (VII, 3; 14) par suite $G(t)$ est identiquement nulle, donc U est nulle.

C.Q.F.D.

2. Résolution du problème de Cauchy par la méthode des harmoniques

On appelle solution stationnaire de l'équation (VII, 3; 1) une solution de la forme

(VII, 3; 20) $$u(x, t) = U(x)V(t).$$

Pour une telle fonction, l'équation devient :

(VII, 3; 21) $$\frac{U''}{U} = \frac{V'}{V} = -\lambda$$

où λ est une constante. Réciproquement, si λ est une constante, les solutions $U(x)$ et $V(t)$ des équations différentielles

(VII, 3; 22) $$U'' + \lambda U = 0,$$
(VII, 3; 23) $$V' + \lambda V = 0,$$

définissent une solution stationnaire de (VII, 3; 1).
Cherchons tout d'abord les solutions stationnaires de (VII, 3; 1) qui vérifient les conditions (VII, 3; 12).

On peut supposer que $V(t)$ n'est pas identiquement nulle, faute de quoi $u(x, t)$ serait identiquement nulle. Alors les conditions (VII, 3; 12) ne peuvent être vérifiées que si l'on a

(VII, 3; 24) $$U(0) = U(L) = 0.$$

Les solutions de (VII, 3; 22) vérifiant les conditions (VII, 3; 24) ne peuvent être que

(VII, 3; 25) $\sin \sqrt{\lambda}\, x$ avec $\sqrt{\lambda} = \frac{k\pi}{L}$, k entier > 0.

L'équation (VII, 3; 23) a alors pour solutions :

(VII, 3; 26) $$a_k e^{-\frac{k^2\pi^2 t}{L^2}}.$$

La forme générale d'un mouvement stationnaire est alors

(VII, 3; 27) $$u_k(x, t) = a_k e^{-\frac{k^2\pi^2 t}{L^2}} \sin \frac{k\pi x}{L}.$$

Cherchons donc une solution de la forme

(VII, 3; 28) $$u(x, t) = \sum_{k=1}^{\infty} a_k e^{-\frac{k^2\pi^2 t}{L^2}} \sin \frac{k\pi x}{L}.$$

Écrivons que $u(x, t)$ vérifie la condition (VII, 3; 8) :

(VII, 3; 29) $$u_0(x) = \sum_{k=1}^{\infty} a_k \sin \frac{k\pi x}{L}.$$

Il reste à développer $u_0(x)$ en série de Fourier en $\sin \frac{k\pi x}{L}$, ce qui est possible (voir p. 303). Les coefficients a_k sont donnés par les formules :

(VII, 3; 30) $$a_k = \frac{2}{L} \int_0^L u_0(x) \sin \frac{k\pi x}{L}\, dx.$$

On obtient donc, ici encore, une solution explicite du problème de Cauchy (VII, 3; 8) (VII, 3; 12), et nous savons que c'est la seule. Pour résoudre, par cette méthode le problème de Cauchy (VII, 3; 8) (VII, 3; 13), on devra résoudre les mêmes équations (VII, 3; 22) et (VII, 3; 23), mais les conditions (VII, 3; 24) font place aux conditions :

(VII, 3; 31) $$\frac{dU}{dx}(0) = \frac{dU}{dx}(L) = 0.$$

Les solutions de (VII, 3; 22) vérifiant les conditions (VII, 3; 31) sont

(VII, 3; 32) $\cos\sqrt{\lambda}x$ avec $\sqrt{\lambda}=\frac{k\pi}{L}$, k entier $\geqslant 0$ (voir p. 306).

Les solutions de (VII, 3; 23) sont alors

(VII, 3; 33) $$V_0(t) = a_0,$$
$$V_k(t) = a_k e^{-\frac{k^2\pi^2 t}{L^2}} \quad \text{pour} \quad k > 0.$$

On cherchera donc une solution de la forme :

(VII, 3; 34) $$u(x, t) = a_0 + \sum_{k=1}^{\infty} a_k e^{-\frac{k^2\pi^2 t}{L^2}} \cos\frac{k\pi x}{L}.$$

Écrivons qu'elle satisfait la condition initiale (VII, 3; 8)

(VII, 3; 35) $$u_0(x) = \sum_{k=0}^{\infty} a_k \cos\frac{k\pi x}{L}.$$

Un développement de $u_0(x)$ en série de Fourier en $\cos\frac{k\pi x}{L}$ détermine complètement les coefficients a_k. Ils sont donnés par les formules :

(VII, 3; 36) $$a_0 = \frac{1}{L}\int_0^L u_0(x)\,dx,$$
$$a_k = \frac{2}{L}\int_0^L u_0(x)\cos\frac{k\pi x}{L}\,dx.$$

Exercices sur le chapitre VII

Exercice VII-1
(Corde pincée)

On considère une corde vibrante, de longueur L, fixée à ses deux extrémités $x = 0$ et $x = L$.

Initialement elle est pincée en deux points A, C de façon que sa vitesse initiale soit nulle et sa position initiale définie par la courbe représentative de la fonction $u_0(x) = \frac{4h}{L} v_0(x)$, $h > 0$ donnée et

$$v_0(x) = \begin{cases} x, & 0 \leqslant x \leqslant L/4, \\ -(x - L/2), & L/4 \leqslant x \leqslant 3L/4, \\ x - L, & 3L/4 \leqslant x \leqslant L. \end{cases}$$

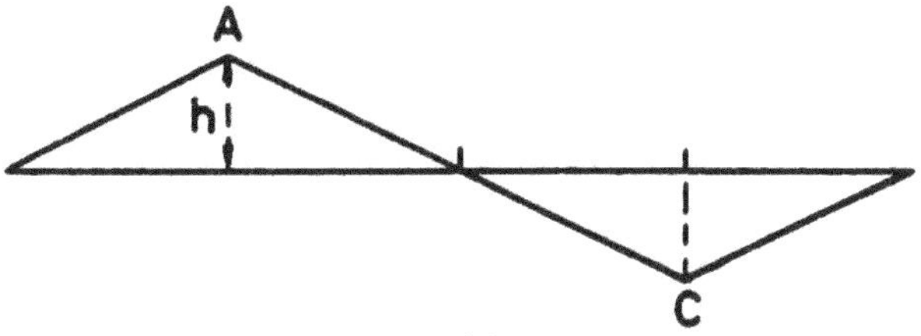

$u_0(x)$
Figure (VII, 14)

En utilisant la méthode des ondes stationnaires, donner la position de la corde à l'instant t. Quelles sont les fréquences des harmoniques obtenus? Suivant quelles rapport décroissent leurs intensités.

Exercice VII-2

Même exercice que le précédent en supposant que la corde est pincée en un seul point A, et que sa position initiale est définie par la courbe représentative de la fonction $u_0(x) = \frac{2h}{L} \nu_0(x)$ avec

$$\nu_0(x) = \begin{cases} x, & 0 \leqslant x \leqslant L/2, \\ L - x, & L/2 \leqslant x \leqslant L. \end{cases}$$

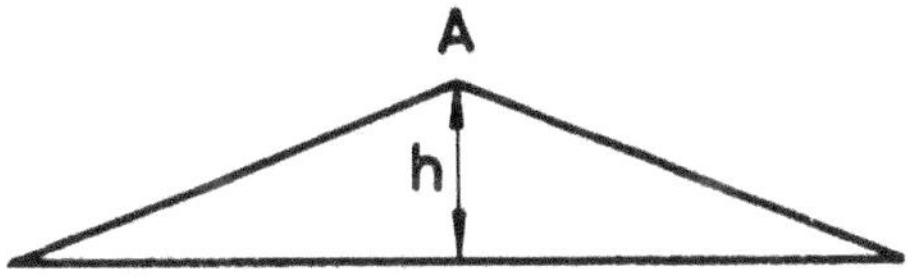

$u_0(x)$
Figure (VII, 15)

Exercice VII-3

Même exercice que le précédent avec

$$u_0(x) = \begin{cases} \frac{h}{l} x, & 0 \leqslant x \leqslant l, \\ \frac{h}{l - L}(x - L), & l \leqslant x \leqslant L \end{cases}$$

où l et h sont donnés ($h > 0$, $0 < l < L$).

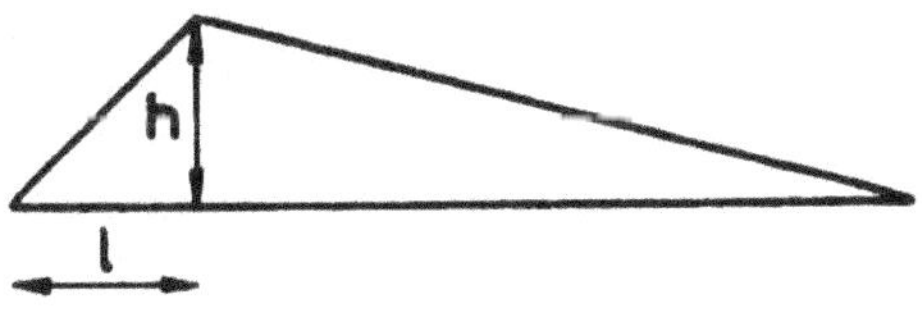

$u_0(x)$
Figure (VII, 16)

Exercice VII-4

Trouver, par la méthode des harmoniques, la position à l'instant t d'une corde vibrante, de longueur L, fixée en ses deux extrémités, dont la vitesse initiale est nulle et dont la position initiale est définie par la courbe représentative de la fonction $u_0(x) = x(L - x)$. Fréquence des harmoniques? Suivant quel rapport décroissent leurs intensités?

Exercice VII-5. (Corde frappée)

Trouver par la méthode des harmoniques, la position à l'instant t, d'une corde vibrante, de longueur L, fixée en ses deux extrémités, dont la position initiale est l'intervalle $0 \leqslant x \leqslant L$, et dont la vitesse initiale est représentée par la distribution de Dirac en un point B d'abscisse $b, 0 < b < L \left(\frac{\partial u}{\partial t}(x, 0) = \delta_{(b)} \right)$.

Exercice VII-6

Trouver la solution de l'équation des cordes vibrantes satisfaisant aux conditions de Cauchy suivantes :

$$u_0(x) = \begin{cases} 1 & \text{si} \quad 2p < x < 2p + 1 \\ 0 & \text{si} \quad 2p + 1 < x < 2p + 2 \end{cases} \qquad p \text{ entier,}$$

$$u_1(x) = \sum_{n=-\infty}^{+\infty} \delta_{(n)}.$$

Exercice VII-7

Trouver la solution de l'équation

$$\frac{\partial^2 u}{\partial x^2} - \frac{1}{v^2} \frac{\partial^2 u}{\partial t^2} = \sin(\alpha x - \omega t),$$

vérifiant $u(x, 0) = 0$ et $\frac{\partial u}{\partial t}(x, 0) = 0$.
On posera $\frac{\omega}{\alpha} = c$.

Exercice VII-8

Étudier la propagation d'une onde plane qui se propage avec la vitesse v_1 pour $x > 0$ et v_2 pour $x < 0$, et qui satisfait aux conditions initiales :

$$u(x, 0) = 0, \qquad \frac{\partial u}{\partial t}(x, 0) = \psi(x),$$

$\psi(x)$ étant nulle pour $x \leqslant 0$.

Exercice VII-9

On pose

$$(1) \qquad \Lambda_n = \frac{\partial^n}{\partial y^n} + a_1 \frac{\partial^{n-1}}{\partial y^{n-1}} \frac{\partial}{\partial x} + \cdots + a_p \frac{\partial^{n-p}}{\partial y^{n-p}} \frac{\partial^p}{\partial x^p} + \cdots + a_n \frac{\partial^n}{\partial x^n}$$

où les a_i sont des nombres complexes donnés. On se propose de chercher les solutions de

$$(2) \qquad \Lambda_n(u(x,\ y)) = 0$$

sous la forme $u(x, y) = f(x + \lambda y)$; λ est alors racine de l'équation caractéristique

$$(3) \qquad \lambda^n + a_1\lambda^{n-1} + \cdots + a_p\lambda^{n-p} + a_n = 0.$$

Dans le cas où l'équation caractéristique (3) admet n racines réelles $\lambda_1, \ldots, \lambda_n$, on peut mettre (1) sous la forme

$$\Lambda_n = \left(\frac{\partial}{\partial y} - \lambda_1 \frac{\partial}{\partial x}\right)\left(\frac{\partial}{\partial y} - \lambda_2 \frac{\partial}{\partial x}\right)\cdots\left(\frac{\partial}{\partial y} - \lambda_n \frac{\partial}{\partial x}\right).$$

1) Montrer que si tous les λ_i sont distincts, toute solution de (2) est de la forme

$$(4) \qquad u(x,\ y) = \sum_{k=1}^{n} F_k(x + \lambda_k y)$$

où les F_k sont des fonctions arbitraires. On pourra raisonner par récurrence sur n.

2) Comment faut-il modifier la formule (4) dans le cas où (3) a des racines multiples.

Exercice VII-10

On considère, dans R^n, l'équation des ondes

$$\frac{1}{v^2}\frac{\partial^2 u}{\partial t^2} - \Delta u = 0;\ \Delta = \sum_{i=1}^{n} \frac{\partial^2}{\partial x_i^2}$$

pour le pavé

$$0 \leqslant x_i \leqslant A_i; \qquad i = 1,\ 2,\ \ldots\ n.$$

Trouver toutes les solutions stationnaires de la forme

$$u(x_1, x_2, \ldots, x_n, t) = \left[\prod_{i=1}^{n} U_i(x_i)\right] V(t)$$

pour lesquelles $U_i(0) = U_i(A_i) = 0$, $i = 1, 2, \ldots n$.

Pour $n = 2$, déterminer celle de ces solutions qui vérifie les conditions initiales

$$\frac{\partial}{\partial t} u(x_1, x_2, 0) = 0, \qquad u(x_1, x_2, 0) = x_1 x_2 (A_1 - x_1)(A_2 - x_2).$$

Exercice VII-11

Trouver, pour l'équation

$$\frac{\partial^4 u}{\partial x^4} + \frac{\partial^2 u}{\partial t^2} = 0$$

toutes les solutions stationnaires de la forme

$$u(x, t) = U(x)V(t)$$

qui satisfont dans le domaine $0 \leqslant x \leqslant 1$, aux conditions aux limites

$$u(0, t) = u(1, t) = 0 \qquad \text{et} \qquad \frac{\partial^2 u}{\partial x^2}(0, t) = \frac{\partial^2 u}{\partial x^2}(1, t) = 0.$$

Déterminer celle de ces solutions qui vérifie les conditions initiales

$$\frac{\partial u}{\partial t}(x, 0) = 0, \qquad u(x, 0) = x^4 - 2x^3 + x.$$

Exercice VII-12

On considère l'équation de la chaleur

$$(1) \qquad \frac{\partial u}{\partial t} - \frac{\partial^2 u}{\partial x^2} = 0$$

pour un conducteur linéaire de longueur L, qui est supposé être l'intervalle $0 \leqslant x \leqslant L$.

Trouver toutes les solutions stationnaires de l'équation (1) correspondant aux conditions aux limites :

$$\frac{\partial}{\partial x} u(0, t) = \frac{\partial}{\partial x} u(L, t) = 0.$$

Exercice VII-13

Même exercice que le précédent pour les conditions aux limites

$$u(0, t) = 0, \qquad \frac{\partial u}{\partial x}(L, t) = 0.$$

Exercice VII-14

Même exercice que les précédents pour les conditions aux limites

$$\frac{\partial u}{\partial x}(0, t) = 0, \qquad u(L, t) = 0$$

Exercice VII-15
Equation de la chaleur dans le plan.

On considère, pour une plaque plane (P), l'équation de la chaleur :

$$c\frac{\partial u}{\partial t} = \gamma \Delta u$$

$u(x, y, t)$ est la température au point (x, y) de la plaque à l'instant t;

$$\Delta = \frac{\partial^2}{\partial x^2} + \frac{\partial^2}{\partial y^2}$$

c est la capacité calorifique par unité de surface, γ est la conductibilité calorifique.

1° On suppose que (P) est la région du plan définie par $x^2 + y^2 \leqslant R^2$. Trouver toutes les solutions stationnaires de la forme

$$u(x, y, t) = U(r)\,V(t), \qquad r = \sqrt{x^2 + y^2},$$

pour lesquelles u est constamment nulle au bord de la plaque $r = R$.

2° On suppose que (P) est la région du plan définie par $R_1^2 \leqslant x^2 + y^2 \leqslant R_2^2$. Trouver toutes les solutions stationnaires de la forme $U(r)\,V(t)$ pour lesquelles $u(x, y, t)$ est constamment nulle au bord de la plaque $r = R_1$ et $r = R_2$.

3° On suppose que (P) est la région du plan définie par $0 \leqslant x \leqslant a$, $0 \leqslant y \leqslant b$. Trouver toutes les solutions stationnaires de la forme $U(x)\,V(y)\,W(t)$, pour lesquelles $u(x, y, t)$ est constamment nulle au bord de la plaque.

Exercice VII-16. Equation de la chaleur dans l'espace

Trouver toutes les solutions stationnaires de l'équation

$$c\frac{\partial u}{\partial t} = \gamma\Delta u, \qquad \Delta = \frac{\partial^2}{\partial x^2} + \frac{\partial^2}{\partial y^2} + \frac{\partial^2}{\partial z^2}$$

de la forme $u(x, y, z, t) = U(\sqrt{x^2+y^2})\,V(z)\,W(t)$, pour lesquelles $u(x, y, z, t)$ est nulle au bord du domaine compris entre les deux plans $z = 0$ et $z = b$, et les deux cylindres $x^2 + y^2 \leqslant R_1^2$, $x^2 + y^2 \leqslant R_2^2$.

Exercice VII-17. (Problème de Cauchy pour l'équation des membranes vibrantes.)

Le problème est le suivant : trouver directement la solution de l'équation des membranes vibrantes :

$$\frac{1}{v^2}\frac{\partial^2 u}{\partial t^2} - \Delta u = 0, \qquad \Delta = \frac{\partial^2}{\partial x^2} + \frac{\partial^2}{\partial y^2} \tag{1}$$

qui vérifie les conditions initiales

$$\begin{aligned} u(x, y, 0) &= u_0(x, y),\\ \frac{\partial u}{\partial t}(x, y, 0) &= u_1(x, y). \end{aligned} \tag{2}$$

I. — Soit $f(\xi, \eta)$ une fonction suffisamment régulière. On pose

$$(3)\quad I(x, y, t; f) = \frac{1}{2\pi v}\iint_{\gamma(x, y; vt)} \frac{1}{\sqrt{v^2t^2-(x-\xi)^2-(y-\eta)^2}} f(\xi, \eta)\, d\xi\, d\eta$$

où $\gamma(x, y; vt)$ est le disque de centre (x, y) et de rayon (vt).

a) Montrer que $\Delta I(x, y, t; f) = I(x, y, t; \Delta f)$.

b) En faisant le changement de variables

$$x-\xi = r\cos\theta,$$
$$y-\eta = r\sin\theta$$

montrer que

$$(4)\qquad I(x, y, t; f) = \frac{1}{v}\int_0^{vt} \frac{\bar{f}(r)}{\sqrt{v^2t^2-r^2}}\, r\, dr$$

où $\bar{f}(r) = \dfrac{1}{2\pi}\displaystyle\int_0^{2\pi} f(\xi, \eta)\, d\theta$ est la moyenne de f sur le cercle de centre (x, y) et de rayon r.

Montrer que

$$\frac{\partial^2}{\partial t^2} I(x, y, t; f) = v\int_0^{vt}\left(\frac{\bar{f}'(r)}{r} + \bar{f}''(r)\right)\frac{r\, dr}{\sqrt{v^2t^2-r^2}}.$$

(On pourra au cours de ce calcul intégrer par parties tout d'abord l'intégrale qui figure au deuxième membre de (4) puis l'intégrale $\displaystyle\int_0^{vt} \frac{\bar{f}'(r)\, dr}{\sqrt{v^2t^2-r^2}}$.)

c) Déduire de *a*) et *b*) que $I(x, y, t; f)$ est solution de (1).

II. — 1° Montrer que lorsque $t \to 0$,

a) $I(x, y, t; f) \to 0$;

b) $\dfrac{\partial}{\partial t} I(x, y, t; f) \to \bar{f}(0) = f(x, y)$;

c) $\dfrac{\partial^2}{\partial t^2} I(x, y, t; f) \to 0$.

2° En déduire que la solution de (1) qui vérifie les conditions (2) est

$$u(x, y, t) = I(x, y, t; u_1) + \frac{\partial}{\partial t} I(x, y, t; u_0).$$

Exercice VII-18

I. — On considère l'équation de Schrödinger dans l'espace à trois dimensions

$$\left\{-\frac{\hbar^2}{2m}\Delta + V(\vec{r})\right\}\psi(\vec{r}, t) = i\hbar\frac{\partial}{\partial t}\psi(\vec{r}, t)$$

et l'on appelle états stationnaires les états représentés par la fonction d'onde ψ de la forme

$$\psi(\vec{r}, t) = \Phi(\vec{r})e^{-i\frac{Et}{\hbar}}.$$

Montrer que la recherche des états stationnaires se ramène au problème de la recherche des valeurs propres et des fonctions propres d'un certain opérateur que l'on écrira. Écrire l'équation différentielle vérifiée par $\Phi(\vec{r})$.

II. — On réduit le problème à un problème à une dimension, x, et l'on traite le cas de l'oscillateur harmonique où le potentiel est donné par

$$V(x) = \frac{1}{2}Kx^2 \qquad \text{K étant une constante.}$$

1° Écrire l'équation vérifiée par $\Phi(x)$.

2° En posant $K = \omega^2 m$, faire un changement de variable simple permettant de conserver comme seul paramètre la quantité $\frac{2E}{\hbar\omega}$. On appellera z la nouvelle variable.

3° Faire un changement de fonction du type

$$\Phi(z) = e^{\alpha z^2}f(z)$$

permettant de rendre les coefficients de f'' et de f indépendants de z, celui de f' dépendant seul de z.

4° Chercher la solution sous forme d'une série

$$f(z) = \Sigma a_n z^n.$$

Écrire la relation de récurrence liant les coefficients a_n.

5° Trouver la condition nécessaire et suffisante pour que cette série soit un polynôme. En déduire les valeurs propres des états stationnaires.

6° Si l'on appelle N le degré du polynôme correspondant à la valeur propre E_N, exprimer les coefficients de ce polynôme appelé polynôme d'Hermite de degré N en fonction de a_N posé arbitrairement égal à 2^N. On appelle $H_N(z)$ le polynôme d'Hermite.

7° Écrire les fonctions propres du problème normalisées. Montrer qu'elles sont orthogonales entre elles. On se servira de la relation :

$$\int_{-\infty}^{+\infty} H_\lambda(z)\, H_\mu(z)\, e^{-z^2}\, dz = 2^\lambda \lambda\,!\; (\pi)^{\frac{1}{2}} \delta_{\lambda\mu}$$

où λ et μ sont des entiers non-négatifs et $\delta_{\lambda\mu}$ le symbole de Kronecker.

Chapitre VIII

Fonctions eulériennes

1. Fonction $\Gamma(z)$

La fonction Γ définie comme intégrale

Posons

$$\text{(VIII, 1; 1)} \quad \Gamma(z) = \int_0^{+\infty} e^{-t}\, t^{z-1}\, dt, \qquad z = x + iy.$$

L'intégrale est sommable pour $x > 0$ (pour $t \to \infty$, elle est toujours sommable à cause de e^{-t}. Pour $t \to 0$, $|e^{-t}t^{z-1}| \sim t^{x-1}$, d'où sommabilité pour $x - 1 > -1$ ou $x > 0$). La sommabilité est uniforme pour $0 < \alpha \leqslant x \leqslant A < +\infty$, car alors

$$|e^{-t}\, t^{z-1}| \leqslant \begin{cases} t^{\alpha-1} & \text{pour} \quad 0 \leqslant t \leqslant 1 \\ t^{A-1}\, e^{-t} & \text{pour} \quad 1 \leqslant t < +\infty \end{cases}$$

or $\int_0^1 t^{\alpha-1}\, dt$ et $\int_1^{\infty} t^{A-1}\, e^{-t}\, dt$ sont finis.

Donc $\Gamma(z)$ est une fonction continue de z pour $x > 0$, $e^{-t}\, t^{z-1}$ étant séparément continue en z (et même continue en t et z) pour $t > 0$, $x > 0$ (théorème de Lebesgue, chapitre I, proposition 45). Dérivons *formellement*.

$$\text{(VIII, 1; 2)} \qquad \Gamma'(z) = \int_0^{+\infty} e^{-t}\, t^{z-1} \log t\, dt.$$

Cette formule sera valable pour $x > 0$ *si l'intégrale* (VIII, 1; 2) *est elle aussi uniformément sommable* pour $0 < \alpha \leqslant x \leqslant A < \infty$. Or il en est bien ainsi, comme ci-dessus, parce que

$$\int_0^1 t^{\alpha-1} |\log t|\, dt \quad \text{et} \quad \int_1^{\infty} t^{A-1} \log t\; e^{-t}\, dt \quad \text{sont finies.}$$

On calculera de même les dérivées suivantes. Remarquons en particulier

(VIII, 1; 3) $$\Gamma''(z) = \int_0^{+\infty} e^{-t} t^{z-1} (\log t)^2 \, dt.$$

$\Gamma(z)$ est donc une fonction indéfiniment dérivable de la variable complexe z (on dit « holomorphe ») pour $x > 0$.

Relation fonctionnelle

$$\Gamma(z+1) = \int_0^{+\infty} e^{-t} t^z \, dt = [-t^z e^{-t}]_{t=0}^{t \to +\infty} + z \int_0^{\infty} e^{-t} t^{z-1} \, dt.$$

(VIII, 1; 4) $$\boxed{\Gamma(z+1) = z\Gamma(z)} \qquad \text{pour} \qquad x > 0.$$

Application

$$\Gamma(z+n) = (z+n-1)(z+n-2) \dots z\Gamma(z) \quad \text{pour} \quad x > 0.$$

(VIII, 1; 5) $$\Gamma(n) = (n-1)!\, \Gamma(1) = (n-1)!$$

$$\left(\text{car } \Gamma(1) = \int_0^{+\infty} e^{-t} \, dt = 1\right).$$

La fonction $\Gamma(z+1)$, qu'on peut appeler $z\,!$, définie pour $x > -1$, prend la valeur $n\,!$ pour $z = n$ entier $\geqslant 1$. Noter qu'on trouve ainsi $0\,! = \Gamma(1) = 1$.

Prolongement de $\Gamma(z)$ par la relation fonctionnelle

Quel que soit $z \neq 0, -1, -2, \dots$, la quantité

$$\frac{\Gamma(z+n)}{(z+n-1)(z+n-2) \dots (z+1)z}$$

est définie pour n entier > 0 assez grand. Sa valeur est alors indépendante de n; car si on remplace n par $n+p$, on la remplace par

$$\frac{\Gamma(z+n+p)}{(z+n+p-1) \dots (z+1)z} = \frac{\Gamma(z+n)(z+n+p-1) \dots (z+n)}{(z+n+p-1) \dots (z+n)(z+n-1) \dots z} = \frac{\Gamma(z+n)}{(z+n-1) \dots z}.$$

On peut donc *définir* $\Gamma(z)$ pour z quelconque, différent de 0, -1, -2, ... par

(VIII, 1; 6)

$$\Gamma(z) = \frac{\Gamma(z+n)}{(z+n-1)(z+n-2)\ldots(z+1)z} \quad n \text{ quelconque tel que } x+n>0$$

Naturellement si $x > 0$, on retrouve $\Gamma(z)$ défini antérieurement, comme on le voit en prenant $n = 0$. $\Gamma(z)$ *est une fonction holomorphe de la variable complexe* z *pour* $z \neq 0, -1, -2, \ldots$

Les pôles de $\Gamma(z)$

Étudions $\Gamma(z)$ au voisinage de $z = -n$, n entier $\geqslant 0$.
Posons $z = -n + u$.

(VIII, 1; 7) $$\Gamma(z) = \frac{\Gamma(u+1)}{u(u-1)(u-2)\ldots(u-n)} \underset{(u\to 0)}{\sim} \frac{(-1)^n}{n!\,u}.$$

Γ admet donc les points $z = 0, -1, -2, \ldots$ pour *pôles simples* avec le résidu $\dfrac{(-1)^n}{n!}$ pour le pôle $z = -n$.
Retenons en particulier que :

(VIII, 1; 8) $$\Gamma(z) \underset{(z\to 0)}{\sim} \frac{1}{z}.$$

Nous verrons plus tard que $\Gamma'(1) = -\gamma$, constante d'Euler.
Alors pour $z \to 0$, $\Gamma(1+z) = 1 - \gamma z + \cdots$, et

(VIII, 1; 9) $$\Gamma(z) = \frac{\Gamma(z+1)}{z} = \frac{1}{z} - \gamma + \cdots \quad \text{pour} \quad z \to 0.$$

Intégrale de Gauss

(VIII, 1; 10) $$\Gamma(z) = 2\int_0^{+\infty} e^{-t^2} t^{2z-1}\, dt, \quad \text{pour} \quad z = x + iy,\ x > 0,$$

[obtenu à partir de (VIII, 1; 1) par changement de t en t^2).
En particulier :

(VIII, 1; 11) $$\int_0^{\infty} e^{-t^2}\, dt = \frac{1}{2}\Gamma\left(\frac{1}{2}\right) = \frac{1}{2}\sqrt{\pi}$$

comme nous le verrons plus loin [formule (VIII, 1; 15)].

2. Fonction B(p, q)

Calcul de $\Gamma(p)\,\Gamma(q)$, $\Re p > 0$, $\Re q > 0$.

$$\Gamma(p) = 2\int_0^\infty e^{-u^2}\,u^{2p-1}\,du$$

$$\Gamma(q) = 2\int_0^\infty e^{-v^2}\,v^{2q-1}\,dv$$

donc $$\Gamma(p)\Gamma(q) = 4\iint_{\substack{u\geqslant 0\\ v\geqslant 0}} e^{-(u^2+v^2)}u^{2p-1}v^{2q-1}\,du\,dv.$$

Passons en polaires : $u = r\cos\theta$, $v = r\sin\theta$

$$\Gamma(p)\,\Gamma(q) = 4\iint_{\substack{r\geqslant 0\\ 0\leqslant\theta\leqslant\frac{\pi}{2}}} e^{-r^2}r^{2(p+q)-1}\cos^{2p-1}\theta\,\sin^{2q-1}\theta\,dr\,d\theta$$

$$= 2\int_0^\infty e^{-r^2}r^{2(p+q)-1}\,dr\,.\,2\int_0^{\frac{\pi}{2}}\cos^{2p-1}\theta\,\sin^{2q-1}\theta\,d\theta$$

$$= \Gamma(p+q)\,.\,2\int_0^{\frac{\pi}{2}}\cos^{2p-1}\theta\,\sin^{2p-1}\theta\,d\theta$$

d'où finalement

(VIII, 1; 12) $$\boxed{\mathrm{B}(p,\ q) = \frac{\Gamma(p)\Gamma(q)}{\Gamma(p+q)} = 2\int_0^{\frac{\pi}{2}}\cos^{2p-1}\theta\,\sin^{2q-1}\theta\,d\theta}\,.$$

L'intégrale de Wallis est un cas particulier :

(VIII, 1; 13)

$$\mathrm{W}(r) = \int_0^{\frac{\pi}{2}}\cos^r\theta\,d\theta = \int_0^{\frac{\pi}{2}}\sin^r\theta\,d\theta = \frac{1}{2}\mathrm{B}\left(\frac{r+1}{2},\ \frac{1}{2}\right).$$

En faisant $p = q = \dfrac{1}{2}$, on trouve

(VIII, 1; 14) $$\left(\Gamma\left(\frac{1}{2}\right)\right)^2 = \mathrm{B}\left(\frac{1}{2},\ \frac{1}{2}\right) = 2\int_0^{\frac{\pi}{2}}d\theta = \pi$$

comme $\Gamma\left(\dfrac{1}{2}\right) = \displaystyle\int_0^\infty e^{-t}\frac{dt}{\sqrt{t}} > 0$, on a

(VIII, 1; 15) $$\boxed{\Gamma\left(\frac{1}{2}\right) = \sqrt{\pi}}\,.$$

On en déduit

$$\text{(VIII, 1; 16)}\quad \begin{cases} \Gamma\left(n+\frac{1}{2}\right) = \left(n-\frac{1}{2}\right)\left(n-\frac{3}{2}\right)\cdots\frac{1}{2}\Gamma\left(\frac{1}{2}\right) \\ \qquad = \frac{1.3.5\ldots(2n-1)}{2^n}\sqrt{\pi} \quad n \text{ entier} > 0, \\ \qquad = \frac{(2n)!}{2^{2n}n!}\sqrt{\pi}. \end{cases}$$

La formule (VIII, 1; 12) se modifie, en posant $\cos^2\theta = t$.

$$\text{(VIII, 1; 17)}\quad \boxed{\begin{array}{l} \mathrm{B}(p,\ q) = \dfrac{\Gamma(p)\,\Gamma(q)}{\Gamma(p+q)} = \displaystyle\int_0^1 t^{p-1}(1-t)^{q-1}\,dt, \\ \Re p > 0,\ \Re q > 0. \end{array}}$$

On retrouve

$$\text{(VIII, 1; 18)}\quad \mathrm{B}\left(\frac{1}{2}, \frac{1}{2}\right) = \left(\Gamma\left(\frac{1}{2}\right)\right)^2 = \int_0^1 \frac{dt}{\sqrt{t(1-t)}} = \pi.$$

Comme conséquence des formules précédentes :

$$\int_\alpha^\beta (x-\alpha)^{p-1}(\beta-x)^{q-1}\,dx = (\beta-\alpha)^{p+q-1}\frac{\Gamma(p)\,\Gamma(q)}{\Gamma(p+q)},$$

$$\int_0^\infty \frac{r^\alpha}{(1+r^2)^\beta}\,dr = \frac{1}{2}\,\frac{\Gamma\left(\frac{\alpha+1}{2}\right)\Gamma\left(\beta-\frac{\alpha+1}{2}\right)}{\Gamma(\beta)}$$

$\left(\text{en posant } \dfrac{r^2}{1+r^2} = t\right).$

3. Formule des compléments

$$\text{(VIII, 1; 19)}\quad \mathrm{B}(z, 1-z) = \Gamma(z)\,\Gamma(1-z) = \int_0^1 t^{z-1}(1-t)^{-z}\,dt$$

$$= \int_0^{+\infty} \frac{u^{z-1}}{1+u}\,du \quad \left(\text{en posant } \frac{u}{1+u} = t,\ \frac{t}{1-t} = u\right).$$

Cette intégrale (pour $0 < x = \Re z < 1$) se calcule par la méthode des résidus, qui sera vue en théorie des fonctions de variables complexes.

La fonction $\dfrac{u^{z-1}}{1+u}$, pour z fixé, $0 < x = \Re z < 1$, est multiforme, elle a $u = 0$ pour seul point critique. Considérons le contour C, dont les portions (1) et (2) sont supposées infiniment voisines de l'axe réel. Dans la région délimitée par ce contour, la fonction est

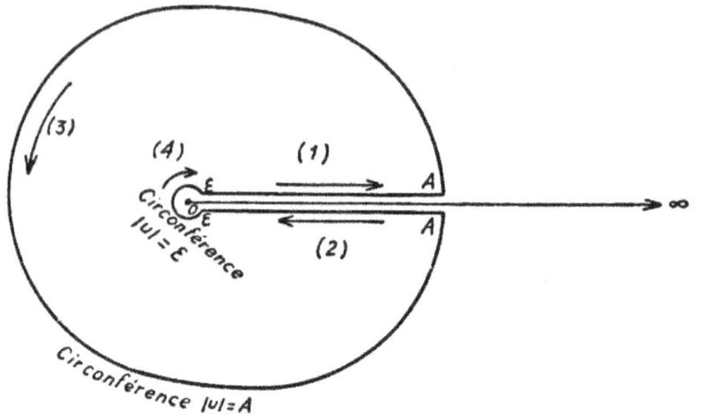

Figure (VIII, 1).

composée de branches uniformes distinctes; nous choisirons celle pour laquelle, sur (1), $u^{x-1} = e^{(x-1)\log u}$, $\log u$ réel. Alors :

$$a) \qquad \lim_{\varepsilon \to 0,\ A \to \infty} \int_{(1)} \frac{u^{x-1}}{1+u}\, du = \int_0^\infty \frac{u^{x-1}}{1+u}\, du$$

$$b) \qquad \lim_{\varepsilon \to 0,\ A \to \infty} \int_{(2)} = e^{2i\pi x} \int_\infty^0 = -\, e^{2i\pi x} \int_0^\infty \frac{u^{x-1}}{1+u}\, du.$$

$$c) \qquad \lim_{A \to \infty} \int_{(3)} = 0, \quad \text{car} \quad \left| \frac{u^{x-1}}{1+u} \right| \leqslant \frac{e^{(x-1)\log A + 2\pi|y|}}{|1+u|} \lesssim C\, \frac{A^{x-1}}{A}$$

de sorte que l'intégrale sur une courbe de longueur $2\pi A$ tend vers 0 comme A^{x-1}, $x - 1 < 0$.

$$d) \qquad \lim_{\varepsilon \to 0} \int_{(4)} = 0, \quad \text{car} \quad \left| \frac{u^{x-1}}{1+u} \right| < \frac{e^{(x-1)\log \varepsilon + 2\pi|y|}}{|1+u|} \lesssim C \varepsilon^{x-1}$$

de sorte que l'intégrale sur une courbe de longueur $2\pi\varepsilon$ tend vers 0 comme ε^x, $x > 0$.

Finalement

$$\lim_{\varepsilon \to 0,\ A \to \infty} \int_C \frac{u^{x-1}}{1+u}\, du = (1 - e^{2i\pi x}) \int_0^\infty \frac{u^{x-1}}{1+u}\, du.$$

Mais l'intégrale sur C se calcule d'après la formule des résidus.

Le seul pôle est $u = -1$ le résidu correspondant est la valeur de $e^{(z-1)\log u}$ pour $u = -1$, avec $\log u = i\pi$, soit $e^{i\pi(z-1)}$. Finalement

$$\int_C \frac{u^{z-1}}{1+u}\,du = 2i\pi e^{i\pi(z-1)} = -2i\pi e^{i\pi z},$$

et

$$\int_0^\infty \frac{u^{z-1}}{1+u}\,du = \frac{-2i\pi e^{i\pi z}}{1-e^{2i\pi z}} = \pi\frac{2i}{e^{i\pi z}-e^{-i\pi z}} = \frac{\pi}{\sin \pi z}.$$

D'où la « formule des compléments » :

(VIII, 1; 20) $$\boxed{\Gamma(z)\Gamma(1-z) = \frac{\pi}{\sin \pi z}}.$$

Cela redonne $\left(\Gamma\left(\frac{1}{2}\right)\right)^2 = \pi$, donc $\Gamma\left(\frac{1}{2}\right) = \sqrt{\pi}$.

La formule (VIII, 1; 20) n'est jusqu'ici démontrée que pour $0 < x < 1$. Mais si on remplace z par $z+1$, le 2e membre est multiplié par -1 et le premier aussi

$$\big(\Gamma(z+1)\Gamma(-z) = z\Gamma(z)\Gamma(-z) = -\Gamma(z)\Gamma(1-z)\big),$$

donc leur égalité pour $0 < x < 1$ entraîne leur égalité pour tout z tel que $x = \Re z$ ne soit pas entier, donc pour tout z non entier, les 2 membres étant continus; enfin pour z entier, les 2 membres sont infinis (pôles).

4. Généralisation de la fonction B

$$\Gamma(p_i) = 2\int_0^\infty e^{-u_i^2}u_i^{2p_i-1}\,du_i$$

(VIII, 1; 21) $$\Gamma(p_1)\Gamma(p_2)\ldots\Gamma(p_n) = 2^n \iint\limits_{\substack{u_1\geq 0\\ \cdots\cdots\\ u_n \geq 0}} \cdots \int e^{-(u_1^2+\cdots+u_n^2)}u_1^{2p_1-1}u_2^{2p_2-1}\ldots u_n^{2p_n-1}\,du_1\,du_2\ldots du_n.$$

Calculons cette intégrale multiple par intégration superficielle sur la sphère de rayon r, suivie d'une intégration par rapport à r. On trouve sur la sphère de rayon r en posant $u_i = r\xi_i$:

$$2^n e^{-r^2} r^{2(p_1+p_2+\cdots+p_n)-n} r^{n-1} \iint\limits_{\substack{r=1\\ \xi_i\geq 0}}\cdots\int \xi_1^{2p_1-1}\ldots\xi_n^{2p_n-1}\,dS$$

d'où le résultat

$$2\int_0^{\infty} e^{-r^2} r^{2(p_1+p_2+\cdots+p_n)-1}\, dr \,.\, 2^{n-1} \iint_{\substack{r=1\\ \xi_i \geqslant 0}} \cdots \int \xi_1^{2p_1-1} \ldots \xi_n^{2p_n-1}\, dS$$

$$\text{(VIII, 1; 22)} \quad B(p_1, p_2, \ldots p_n) = \frac{\Gamma(p_1)\,\Gamma(p_2)\ldots\Gamma(p_n)}{\Gamma(p_1+p_2+\cdots+p_n)}$$

$$= 2^{n-1}\int_{\substack{r=1\\ \xi_i \geqslant 0}} \cdots \int \xi_1^{2p_1-1} \ldots \xi_n^{2p_n-1}\, dS.$$

Dans le cas $n = 2$, en posant, sur le cercle unité $r = 1$, $\xi_1 \geqslant 0$, $\xi_2 \geqslant 0$, $\xi_1 = \cos\theta$, $\xi_2 = \sin\theta$, $dS = d\theta$, on retrouve la formule (VIII, 1; 12).

La formule (VIII, 1; 22) permet de calculer les « moments » du quadrant sphérique, qui sont des intégrales du type de l'intégrale de surface du 2e membre. En particulier si tous les p_i valent $\frac{1}{2}$:

$$\text{(VIII, 1; 23)} \quad B\left(\frac{1}{2}, \ldots \frac{1}{2}\right) = \frac{\left(\Gamma\left(\frac{1}{2}\right)\right)^n}{\Gamma\left(\frac{n}{2}\right)} = 2^{n-1}\frac{S_n}{2^n} = \frac{S_n}{2}.$$

(S_n = aire de la sphère unité, $\frac{S_n}{2^n}$ = aire du quadrant sphérique) on trouve :

$$\text{(VIII, 1; 24)} \qquad S_n = \frac{2\left(\Gamma\left(\frac{1}{2}\right)\right)^n}{\Gamma\left(\frac{n}{2}\right)} = \frac{2\pi^{\frac{n}{2}}}{\Gamma\left(\frac{n}{2}\right)}.$$

On trouve ainsi

$$\text{(VIII, 1; 25)} \quad \begin{cases} S_1 = 2, \quad S_2 = 2\pi\left(\text{ce qui redonne } \Gamma\left(\frac{1}{2}\right) = \sqrt{\pi}\right), \\ S_3 = 4\pi, \quad S_4 = 2\pi^2, \quad S_5 = \frac{8}{3}\pi^2, \quad S_6 = \pi^3. \end{cases}$$

A partir de (VIII, 1; 22), on a, en posant $p_i = \frac{\alpha_i + 1}{2}$:

$$\text{(VIII, 1; 26)} \quad \int_{\substack{r=1\\ \xi_i \geqslant 0}} \cdots \int \xi_1^{\alpha_1}\xi_2^{\alpha_2} \ldots \xi_n^{\alpha_n}\, dS$$

$$= \frac{1}{2^{n-1}} \frac{\Gamma\left(\frac{\alpha_1+1}{2}\right)\Gamma\left(\frac{\alpha_2+1}{2}\right)\ldots\Gamma\left(\frac{\alpha_n+1}{2}\right)}{\Gamma\left(\frac{\alpha_1+\alpha_2+\cdots+\alpha_n+n}{2}\right)}.$$

Cherchons en particulier le centre de gravité de l'octant de sphère $r = 1$, $\xi_i \geqslant 0$ $(i = 1, 2, 3)$, dans R^3. On a

$$x_1 = \frac{\iint \xi_1\, dS}{\iint dS}, \qquad \iint \xi_1\, dS = \frac{(\sqrt{\pi})^2}{4.1} = \frac{\pi}{4}, \tag{VIII, 1; 27}$$

$$\iint dS = \frac{(\sqrt{\pi})^3}{4.\dfrac{1}{2}\sqrt{\pi}} = \frac{\pi}{1}, \qquad x_1 = \frac{1}{2}.$$

On a la même valeur pour chaque coordonnée,

$$x_i = \frac{1}{2}, \qquad i = 1, 2, 3, \qquad \text{d'où} \qquad OG = \frac{\sqrt{3}}{2}.$$

5. Courbe représentative de la fonction $y = \Gamma(x)$, x réel

Pour $x > 0$, $\Gamma''(x)$ est toujours > 0 (VIII, 1; 3). Donc Γ est *convexe*. Elle est donc ou monotone, ou d'abord décroissante puis croissante, avec un minimum. Or $\Gamma(1) = \Gamma(2) = 1$; donc elle a un minimum pour $x = x_0$, $1 < x_0 < 2$, elle est décroissante pour $x < x_0$, croissante pour $x > x_0$.

Étudions la maintenant pour $x < 0$. On a, en prenant la dérivée logarithmique des 2 membres de (VIII, 1; 4), puis la dérivée ordinaire

$$\frac{\Gamma'(x+1)}{\Gamma(x+1)} = \frac{\Gamma'(x)}{\Gamma(x)} + \frac{1}{x}$$

$$\frac{\Gamma''(x+1)\,\Gamma(x+1) - \Gamma'^2(x+1)}{\Gamma^2(x+1)} = \frac{\Gamma''(x)\Gamma(x) - \Gamma'^2(x)}{\Gamma^2(x)} - \frac{1}{x^2}$$

donc $\dfrac{\Gamma''\Gamma - \Gamma'^2}{\Gamma^2}$ diminue quand on augmente x d'une unité et par suite augmente quand on diminue x d'une unité. Or, pour $x > 0$,

$$\Gamma''\Gamma - \Gamma'^2 = \int_0^\infty e^{-t}t^{x-1}(\log t)^2\,dt \int_0^\infty e^{-t}t^{x-1}\,dt - \left(\int_0^\infty e^{-t}t^{x-1}\log t\,dt\right)^2$$

est toujours > 0 d'après l'inégalité de Schwarz. Donc, $\Gamma''\Gamma - \Gamma'^2$ est à fortiori > 0 pour $x < 0$. Encore à fortiori $\Gamma''(x)\Gamma(x) > 0$, donc $\Gamma''(x)$ est toujours du signe de $\Gamma(x)$: là où $\Gamma(x) > 0$, on a

$\Gamma''(x) > 0$ et Γ est convexe, là où $\Gamma(x) < 0$, on a $\Gamma''(x) < 0$ et Γ est concave[1]. D'où la courbe de la figure (VIII, 2).

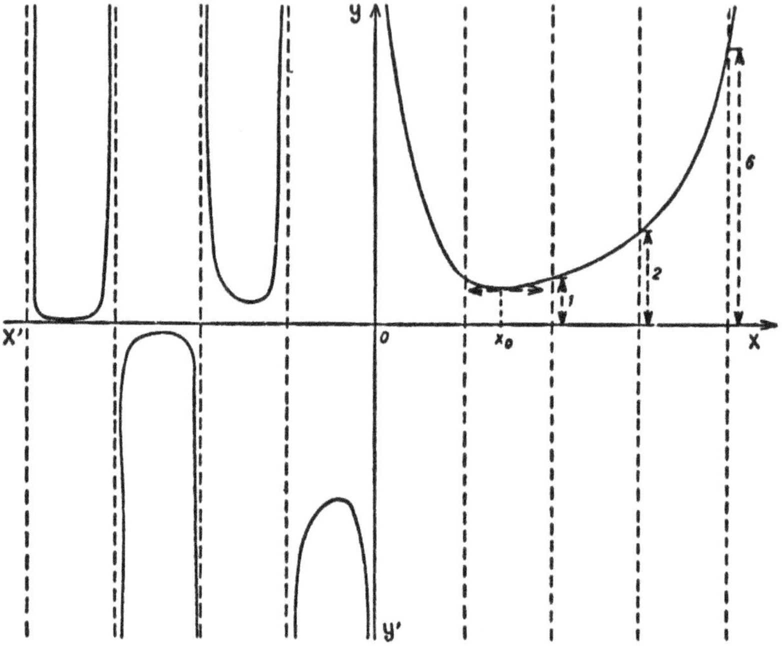

Figure (VIII, 2).

6. Formule de Stirling

(VIII, 1; 28) $\quad x! = \int_0^{\infty} e^{-t}t^x\,dt \sim x^x e^{-x}\sqrt{2\pi x}, \quad$ pour $\quad x \to +\infty.$

La dérivée logarithmique de la fonction de t :

$e^{-t}t^x$ (pour x fixé) est : $-1+\dfrac{x}{t}\cdot$ Elle est > 0 pour $0 \leqslant t < x$, nulle pour $t = x$, < 0 pour $t > x$. Donc cette fonction a un maximum pour $t = x$; ce maximum vaut :

$x^x e^{-x}$. Il est donc naturel de poser : $t = x + u$

(VIII, 1; 29) $\quad x! = x^x e^{-x}\displaystyle\int_{-x}^{+\infty} e^{-u+x\log\left(1+\frac{u}{x}\right)}\,du.$

Tant que $|u|$ reste petit devant x, on a :

$$-u+x\log\left(1+\frac{u}{x}\right)=-u+x\left[\frac{u}{x}-\frac{u^2}{2x^2}+0\left(\frac{|u|^3}{x^3}\right)\right]=-\frac{u^2}{2x}+0\left(\frac{|u|^3}{x^2}\right)$$

1. L'inégalité $\Gamma''\Gamma - \Gamma'^2 > 0$ prouve que Log Γ est *convexe* dans chaque intervalle de définition.

La fonction de u : $e^{-u+x\log\left(1+\frac{u}{x}\right)}$ (pour x fixé) qui a un maximum égal à 1 pour $u = 0$, ne devient pas infiniment petite tant que $|u|$ reste comparable à $\sqrt{x}$.
Il est naturel de poser : $u = \sqrt{x}v$.

$$\text{(VIII, 1; 30)} \qquad x\,! = x^x e^{-x}\sqrt{x}\int_{-\sqrt{x}}^{+\infty} e^{-v\sqrt{x}+x\log\left(1+\frac{v}{\sqrt{x}}\right)}\,dv.$$

Il reste donc à montrer que l'intégrale :

$$\text{(VIII, 1; 31)} \qquad \mathrm{I}(x) = \int_{-\sqrt{x}}^{+\infty} e^{-v\sqrt{x}+x\log\left(1+\frac{v}{\sqrt{x}}\right)}\,dv$$

converge vers $\sqrt{2\pi}$ pour x réel $\to +\infty$.
Nous avons une intégrale du type :

$$\text{(VIII, 1; 32)} \qquad \mathrm{I}(x) = \int_{-\infty}^{+\infty} h(x, v)\,dv.$$

Nous montrerons que, pour v fixé, $h(x, v)$ tend, pour $x \to \infty$, vers une fonction $h(v)$, sommable, telle que :

$$\text{(VIII, 1; 33)} \qquad \int_{-\infty}^{+\infty} h(v)\,dv = \sqrt{2\pi}$$

et que $h(x, v)$ croît avec x pour $v < 0$, et décroît avec x pour $v > 0$.
Alors, pour $v \leqslant 0$, $h(x, v)$ est majorée par la limite $h(v)$ sommable; pour $v \geqslant 0$, $h(x, v)$ est majorée (pour $x \geqslant 1$) par $h(1, v)$ sommable; il suffira donc d'appliquer le théorème de Lebesgue (chapitre I, proposition, 45 page 61) séparément pour $v \leqslant 0$ et $v \geqslant 0$.
Or d'une part, pour v fixé et $x \to +\infty$ (donc $v > -\sqrt{x}$)

$$-v\sqrt{x} + x\log\left(1+\frac{v}{\sqrt{x}}\right) = -v\sqrt{x} + x\left[\frac{v}{\sqrt{x}} - \frac{v^2}{2x} + 0\left(\frac{|v^3|}{x^{3/2}}\right)\right]$$
$$= -\frac{v^2}{2} + 0\left(\frac{|v^3|}{x^{3/2}}\right).$$

Donc : $\lim\limits_{x\to+\infty} h(x, v) = h(v) = e^{-\frac{v^2}{2}}$ et :

$$\text{(VIII, 1; 34)} \qquad \int_{-\infty}^{+\infty} e^{-\frac{v^2}{2}}\,dv = \sqrt{2\pi} \quad \text{(intégrale de Gauss).}$$

Quant à la propriété de croissance, nous la montrerons comme suit.

Tout d'abord, si $x_1 \leqslant x_2$, $h(x_1, \nu) \leqslant h(x_2, \nu)$ pour $\nu \leqslant -\sqrt{x_1}$, puisqu'alors $h(x_1, \nu) = 0$ et $h(x_2, \nu) \geqslant 0$. Il reste donc à montrer que $\log h(x, \nu)$ est une fonction croissante de $\sqrt{x}$ pour $0 \geqslant \nu > -\sqrt{x}$, et décroissante de $\sqrt{x}$ pour $\nu \geqslant 0$; ou encore que:

$$\begin{cases} \dfrac{\partial}{\partial(\sqrt{x})} \log h(x, \nu) \geqslant 0 & \text{pour} \quad -\sqrt{x} < \nu \leqslant 0, \\ \dfrac{\partial}{\partial(\sqrt{x})} \log h(x, \nu) \leqslant 0 & \text{pour} \quad \nu \geqslant 0. \end{cases}$$

Comme $\dfrac{\partial}{\partial(\sqrt{x})} \log h(x, \nu)$ est nul pour $\nu = 0$ (car $h(x, 0) \equiv 1$), il suffit de savoir que $\dfrac{\partial}{\partial(\sqrt{x})} \log h(x, \nu)$ est une fonction décroissante de ν pour $\nu > -\sqrt{x}$, ou encore que:

$$\text{(VIII, 1; 35)} \qquad \frac{\partial}{\partial \nu} \frac{\partial}{\partial \sqrt{x}} \log h(x, \nu) \leqslant 0 \qquad \text{pour} \qquad \nu > -\sqrt{x}.$$

Cette dérivée se calcule immédiatement (et plus commodément en inversant l'ordre des dérivations):

$$\text{(VIII, 1; 36)} \qquad \begin{cases} \log h(x, \nu) = -\nu\sqrt{x} + x \log\left(1 + \dfrac{\nu}{\sqrt{x}}\right), \\ \dfrac{\partial}{\partial \nu} \log h(x, \nu) = -\sqrt{x} + \dfrac{x}{\sqrt{x} + \nu} = \dfrac{-\sqrt{x}\,\nu}{\sqrt{x} + \nu}, \\ \dfrac{\partial}{\partial \sqrt{x}} \dfrac{\partial}{\partial \nu} \log h(x, \nu) = -\dfrac{\nu^2}{(\nu + \sqrt{x})^2} \leqslant 0. \end{cases}$$

C.Q.F.D.

7. Application au développement de $\frac{1}{\Gamma}$ en produit infini

Calculons la partie principale, pour x fixé et $t \to +\infty$ de:

$$\text{(VIII, 1; 37)} \qquad \frac{(x+t)\,!}{t\,!} \sim \frac{\Gamma(x+t)}{\Gamma(t)}.$$

La formule de Stirling donne:

$$\text{(VIII, 1; 38)} \qquad \frac{(x+t)\,!}{t\,!} \sim \frac{(x+t)^{x+t} e^{-x-t} \sqrt{2\pi(x+t)}}{t^t e^{-t} \sqrt{2\pi t}} \sim t^x \left(1 + \frac{x}{t}\right)^{x+t} e^{-x}.$$

Or : $\left(1+\frac{x}{t}\right)^{x+t}=\left(1+\frac{x}{t}\right)^{x}\left(1+\frac{x}{t}\right)^{t}$ tend vers $1.e^x$ pour $t\to\infty$, donc finalement :

$$\frac{\Gamma(x+t)}{\Gamma(t)}\sim t^x \quad \text{pour} \quad t\to+\infty. \tag{VIII, 1; 39}$$

Prenons en particulier $t=n$ entier :

$$\begin{aligned}\frac{\Gamma(x+n)}{\Gamma(n)}&=\frac{(x+n-1)(x+n-2)\ldots(x+1)x\Gamma(x)}{(n-1)(n-2)\ldots1}\\&=\left(1+\frac{x}{n-1}\right)\left(1+\frac{x}{n-2}\right)\ldots(1+x)x\Gamma(x).\end{aligned} \tag{VIII, 1; 40}$$

De (VIII, 1; 39) et (VIII, 1; 40) on déduit donc :

$$\frac{1}{\Gamma(x)}=\lim_{n\to\infty}\left[x\left(1+\frac{x}{1}\right)\left(1+\frac{x}{2}\right)\cdots\left(1+\frac{x}{n-1}\right)n^{-x}\right] \tag{VIII, 1; 41}$$

Mais $n^{-x}=e^{-x\log n}=e^{-x\left(1+\frac{1}{2}+\cdots+\frac{1}{n-1}\right)+\gamma_n x}$ où γ_n tend, pour $n\to\infty$, vers la constante d'Euler γ.
On a donc :

(VIII, 1; 42)
$$\frac{1}{\Gamma(x)}=e^{\gamma x}x\lim_{n\to\infty}\left[\left(1+\frac{x}{1}\right)e^{-\frac{x}{1}}\left(1+\frac{x}{2}\right)e^{-\frac{x}{2}}\cdots\left(1+\frac{x}{n-1}\right)e^{-\frac{x}{n-1}}\right]$$

ou :

$$\frac{1}{\Gamma(x)}=e^{\gamma x}x\prod_{n=1}^{n=\infty}\left(\left(1+\frac{x}{n}\right)e^{-\frac{x}{n}}\right) \tag{VIII, 1; 43}$$

Notion de produit infini

De même que, pour les séries, il y a les notions de sommabilité (convergence « absolue ») et de convergence (seulement lorsque l'ensemble d'indices est l'ensemble N des entiers), il y a les produits infinis « multipliables » et « convergents ». Seuls les produits multipliables ont un intérêt pratique, même lorsque l'ensemble d'indices est N ; on les appelle souvent absolument convergents ou même convergents.

Un produit $\prod_{i\in I}u_i$ *est multipliable si tous les* u_i *sont* $\neq 0$, *et s'il existe un nombre* $P\neq 0$, *valeur du produit infini, vérifiant la pro-*

priété suivante : quel que soit $\varepsilon > 0$, *il existe un ensemble fini d'indices* $J \subset I$ *tel que, pour tout ensemble fini d'indices* $K \supset J$,

$$\text{(VIII, 1; 44)} \qquad \left|\frac{\Pi_K}{P} - 1\right| \leqslant \varepsilon \qquad \left(\Pi_K = \prod_{i \in K} u_i\right).$$

On notera, d'après cette définition qu'un produit infini « convergent vers 0 » (en un sens évident) doit être considéré comme *divergent.*

Les propriétés des produits multipliables sont les mêmes que celles des séries sommables, le rôle de 0 dans les séries étant tenu par 1 dans les produits. Signalons :

1. Pour que $\prod_{i \in I} u_i$ soit multipliable, il est nécessaire que u_i *tende vers* 1, c'est-à-dire que, quel que soit $\varepsilon > 0$, il existe un ensemble fini $J \subset I$ tel que, pour $i \notin J$ $|u_i - 1| \leqslant \varepsilon$.

2. *Critère de Cauchy.* — Pour que $\prod_{i \in I} u_i$ soit multipliable, il faut et il suffit que tous les u_i soient $\neq 0$, et que, quel que soit $\varepsilon > 0$, il existe un ensemble fini $J \subset I$, tel que pour tout ensemble fini K avec $K \cap J = \emptyset$, $|\Pi_K - 1| \leqslant \varepsilon$.

3. *Multiplication par paquets.*

Soit A un ensemble d'indices ; $(I_\alpha)_{\alpha \in A}$ un partage de I en sous-ensemble finis ou infinis, 2 à 2 sans élément commun. Alors si $\prod_{i \in I} u_i$ est multipliable, $\prod_{i \in I_\alpha} u_i$ est multipliable pour tout $\alpha \in A$; si P_α est sa valeur, $\prod_{\alpha \in A} P_\alpha$ est multipliable, et l'on a :

$$\text{(VIII, 1; 45)} \qquad \prod_{i \in I} u_i = \prod_{\alpha \in A} P_\alpha = \prod_{\alpha \in A}\left(\prod_{i \in I_\alpha} u_i\right).$$

De plus, les deux membres sont toujours égaux même si $\prod_{i \in I} u_i$ n'est pas multipliable, pourvu que les u_i soient tous $\geqslant 1$, à condition d'appeler $+\infty$ la valeur d'un produit divergent de $u_i \geqslant 1$, ou pourvu que les u_i soient tous > 0 et $\leqslant 1$, à condition d'appeler 0 la valeur d'un produit infini divergent de u_i vérifiant $0 < u_i \leqslant 1$. Ces théorèmes peuvent se redémontrer directement comme on l'a fait pour les séries. Toutefois, il est plus simple de se ramener aux séries en passant aux logarithmes. A vrai dire, $\log u_i$ n'est pas déterminé de manière unique pour u_i complexe ou même $u_i < 0$. Mais si les u_i ne tendent pas vers 1, on sait tout de suite que le produit est divergent. Si les u_i tendent vers 1, on a $|u_i - 1| < 1$ sauf pour un nombre fini de termes *qu'on peut laisser de côté.*

Or la fonction $\log z$ est continue et uniforme pour $|z - 1| < 1$, et nous prendrons la détermination qui s'annule pour $z = 1$. Dans ces conditions, pour que $\prod_{i \in I} u_i$ converge, il faut et il suffit que la série $\sum_{i \in I} \log u_i$ soit sommable. En effet :

a) Quel que soit $\varepsilon > 0$, il existe $\eta > 0$ tel que $|\xi| \leqslant \eta$ entraîne $|e^{\xi} - 1| \leqslant \varepsilon$ (continuité de l'exponentielle).

Alors, si $\sum_{i \in I} \log u_i$ est sommable, il existe un ensemble fini $J \subset I$ tel que, pour $K \cap J = \emptyset$

$$|\Sigma_K| \leqslant \eta; \quad \text{alors} \quad |\Pi_K - 1| = |e^{\Sigma_K} - 1| \leqslant \varepsilon, \quad \text{donc} \quad \prod_{i \in I} u_i$$

est multipliable.

b) Quel que soit $\varepsilon > 0$, il existe $\eta > 0$ tel que $|\xi - 1| \leqslant \eta$ entraîne $|\log \xi| \leqslant \varepsilon$ pour la détermination du logarithme choisie ci-dessus (continuité du logarithme).

Alors si $\prod_{i \in I} u_i$ est multipliable, il existe un ensemble fini $J \subset I$ tel que, pour $K \cap J = \emptyset$, $|\Pi_K - 1| \leqslant \eta$, alors $|\Sigma_K| = |\log \Pi_K| \leqslant \varepsilon$, donc $\sum_{i \in I} \log u_i$ est sommable.

Une conséquence importante sera la suivante :

Pour qu'un produit infini $\prod_{i \in I} (1 + v_i)$ soit multipliable, il faut et il suffit que la série $\sum_{i \in I} v_i$ soit sommable, et que tous les $1 + v_i$ soient $\neq 0$.

Tout d'abord il est nécessaire que v_i tende vers 0, pour que $1 + v_i$ tende vers 1. Cette condition étant réalisée, on a vu qu'il faut et il suffit que $\sum_{i \in I} \log (1 + v_i)$ soit sommable. Mais pour $v \to 0$, $\log (1 + v) \sim v$, et on sait que pour la sommabilité on a le droit de remplacer le terme général $\log (1 + v_i)$ par un équivalent v_i donc il faut et il suffit que Σv_i soit sommable, C.Q.F.D.

Exemples

(VIII, 1; 46) $\prod_{n=1}^{\infty}\left(1 \pm \frac{1}{n^{\alpha}}\right)$ $\begin{cases}\text{convergent si} & \alpha > 1 \\ \text{divergent si} & 0 < \alpha \leqslant 1.\end{cases}$

En particulier

$$\prod_{n=1}^{\infty}\left(1 + \frac{1}{n}\right) = +\infty \quad \text{(divergent)}$$

$$\prod_{n=2}^{\infty}\left(1 - \frac{1}{n}\right) = 0 \quad \text{(divergent).}$$

Ces deux dernières formules sont directement évidentes (bien plus que la divergence de la série : $\sum_{n=1}^{\infty}\frac{1}{n}$) :

$$\left(1+\frac{1}{1}\right)\left(1+\frac{1}{2}\right)\cdots\left(1+\frac{1}{n}\right) = \frac{2}{1}\cdot\frac{3}{2}\cdots\frac{n+1}{n} = n+1 \to \infty$$

$$\left(1-\frac{1}{2}\right)\left(1-\frac{1}{3}\right)\cdots\left(1-\frac{1}{n}\right) = \frac{1}{2}\cdot\frac{2}{3}\cdots\frac{n-1}{n} = \frac{1}{n} \to 0.$$

Convergence du produit représentant $\frac{1}{\Gamma}$

Le produit infini $e^{\gamma z} z \prod_{n=1}^{\infty}\left(\left(1+\frac{z}{n}\right)e^{-\frac{z}{n}}\right)$ est multipliable, pour toute valeur de z pour laquelle aucun terme n'est nul (donc $z \neq 0, -1, -2, \ldots -n, \ldots$) et uniformément sur tout ensemble borné du plan complexe ne contenant aucun de ces points (pour lesquels : $\frac{1}{\Gamma(z)} = 0$).

En effet, uniformément pour z borné :

$$\log\left[\left(1+\frac{z}{n}\right)e^{-\frac{z}{n}}\right] = \log\left(1+\frac{z}{n}\right) - \frac{z}{n}$$
$$= \frac{z}{n} + O\left(\frac{|z|^2}{n^2}\right) - \frac{z}{n} = O\left(\frac{|z|^2}{n^2}\right);$$

et $\sum_{n=1}^{\infty}\frac{1}{n^2}$ est une série sommable.

Ce produit infini représente alors une fonction de la variable complexe z, holomorphe entière, coïncidant avec $\frac{1}{\Gamma(z)}$, elle-même méromorphe, pour $z = x$ réel > 0 donc pour toute valeur de z. Cela prouve d'abord que $\frac{1}{\Gamma(z)}$ est représentée pour tout z complexe par le produit infini (auquel on donnera la valeur 0 pour $z = 0$, -1, -2, ... $-n$ ..., un des termes du produit étant nul et le produit de tous les autres termes fini); ensuite que $\frac{1}{\Gamma(z)}$ est holomorphe entière, donc que Γ ne s'annule pour aucune valeur de z.

8. La fonction $\Psi(z) = \frac{\Gamma'(z)}{\Gamma(z)}$

Prenons les dérivés logarithmiques des deux membres:

$$(\text{VIII}, 1; 47) \quad -\frac{\Gamma'(z)}{\Gamma(z)} = \frac{1}{z} + \left[\sum_{k=1}^{\infty}\left(\frac{1}{z+k} - \frac{1}{k}\right)\right] + \gamma.$$

Une telle formule sera légitime si la série obtenue est uniformément convergente pour z borné $\neq 0, -1, -2, \ldots$ Or il en est bien ainsi, car alors

$$\left|\frac{1}{z+k} - \frac{1}{k}\right| = \left|\frac{-z}{k(z+k)}\right| = \left|\frac{z}{k^2\left(1 + \frac{z}{k}\right)}\right|$$

est majoré par $\frac{2 \operatorname{Sup} |z|}{k^2}$ pour $k > 2 \sup |z|$.

Ce que nous obtenons là est une « décomposition en éléments simples » de $-\frac{\Gamma'}{\Gamma}$, dont les pôles sont $z = 0, -1, -2, \ldots$ avec les résidus 1.

On pose généralement

$$(\text{VIII}, 1; 48) \qquad \Psi(z) = \frac{\Gamma'(z)}{\Gamma(z)}.$$

En utilisant la formule (VIII, 1; 17) et en faisant tendre p vers 0 pour $q = z$ fixé, on peut démontrer la formule

$$(\text{VIII}, 1; 49) \quad \Psi(z) = -\gamma + \int_0^1 \frac{1-(1-t)^{z-1}}{t}\, dt, \quad \text{pour } \mathcal{R}z > 0.$$

Cette intégrale se calcule élémentairement pour toute valeur rationnelle de z.

En particulier, on a :

$$-\Gamma'(1) = 1 + \left[\left(\frac{1}{2} - 1\right) + \left(\frac{1}{3} - \frac{1}{2}\right) + \cdots\right] + \gamma$$

ou

$$\Gamma'(1) = -\gamma.$$

On a donc

(VIII, 1; 50) $$\boxed{\Gamma'(1) = \int_0^\infty e^{-t} \log t \, dt = -\gamma}$$

Ensuite

$$-\frac{\Gamma'(2)}{\Gamma(2)} = \frac{1}{2} + \left(\frac{1}{3} - 1\right) + \left(\frac{1}{4} - \frac{1}{2}\right) + \cdots + \cdots + \gamma$$

$$\frac{-\Gamma'(2)}{\Gamma(2)} = -1 + \gamma.$$

(VIII, 1; 51) $$\boxed{\Gamma'(2) = \int_0^\infty e^{-t}\, t \log t \, dt = 1 - \gamma}$$

Pour p entier $\geqslant 2$

(VIII, 1; 52) $$\Gamma'(p) = (p-1)!\left(1 + \frac{1}{2} + \frac{1}{3} + \cdots + \frac{1}{p-1} - \gamma\right)$$
$$= \int_0^\infty e^{-t} t^{p-1} \log t \, dt.$$

Dérivons à nouveau :

(VIII, 1; 53) $$\frac{\Gamma\Gamma'' - \Gamma'^2}{\Gamma^2} = + \frac{1}{z^2} + \sum_{k=1}^{\infty}\left(\frac{1}{z+k}\right)^2 = \sum_{k=0}^{\infty}\left(\frac{1}{z+k}\right)^2.$$

Cette série converge uniformément pour z borné, différent des pôles.

Remarque : Pour $z = x$ réel (différent des pôles), $\Gamma\Gamma'' - \Gamma'^2 > 0$; c'est ce que nous avions déjà vu page 352.

(VIII, 1; 54) $$\Gamma''(1) = \gamma^2 + \sum_{k=0}^{\infty} \frac{1}{(k+1)^2} = \gamma^2 + \sum_{n=1}^{\infty} \frac{1}{n^2}$$
$$= \gamma^2 + \frac{\pi^2}{6} \text{ (VIII, 1; 63)} = \int_0^\infty e^{-t} (\log t)^2 \, dt.$$

9. Applications

Développement de $\frac{\Gamma'}{\Gamma}$ *suivant les puissances croissantes de z au voisinage de* $z = 0$

(VIII, 1; 55) $$\frac{\Gamma'(z)}{\Gamma(z)} = -\frac{1}{z} - \gamma - \sum_{n=1}^{\infty}\left[\sum_{p=1}^{\infty}(-1)^p \frac{z^p}{n^{p+1}}\right]$$

Si nous pouvons intervertir les 2 signes de sommation, nous obtiendrons :

(VIII, 1; 56) $$\boxed{\frac{\Gamma'(z)}{\Gamma(z)} = -\frac{1}{z} - \gamma + \sum_{p=1}^{\infty}(-1)^{p+1} z^p \zeta(p+1)}$$

avec

$$\zeta(\alpha) = \sum_{n=1}^{\infty}\frac{1}{n^\alpha}$$

Nous avons une série double (à 2 indices). Nous aurons le droit de faire l'intervertion si la série totale est absolument convergente. Or la série totale a pour module du terme général :

$$u_{n,p} = \frac{|z|^p}{n^{p+1}} \leqslant \frac{|z|^p}{n^2}.$$

Cette dernière série est convergente pour $|z| < 1$ comme produit de la série $\Sigma|z|^p$ (série convergente pour $|z| < 1$) et de la série $\Sigma \frac{1}{n^2}$. Le rayon de convergence de (VIII, 1; 56) est 1. Nous verrons plus loin (VIII, 1; 63) la valeur des $\zeta(\alpha)$ pour α entier pair.

Développement en produit infini de sin z

On a :

(VIII, 1; 57) $$\frac{\sin \pi z}{\pi} = \frac{1}{\Gamma(z)}\frac{1}{\Gamma(1-z)} = -\frac{1}{z}\frac{1}{\Gamma(z)\Gamma(-z)}.$$

D'où, en effectuant le produit des développements :

(VIII, 1; 58) $$\sin \pi z = \pi z \prod_{n=1}^{\infty}\left[\left(1+\frac{z}{n}\right)e^{-\frac{z}{n}}\left(1-\frac{z}{n}\right)e^{\frac{z}{n}}\right]$$
$$= \pi z \prod_{n=1}^{\infty}\left(1-\frac{z^2}{n^2}\right)$$

Le développement du deuxième membre est multipliable pour tout $z \neq 0, 1, 2, \ldots, n, \ldots, -1, -2, \ldots, -n, \ldots$ et uniformément pour z borné distinct de ces valeurs puisque $\sum_{n=1}^{\infty}\frac{1}{n^2} < \infty$;

en convenant comme précédemment de donner la valeur 0 au produit pour z entier, il représente toujours $\sin \pi z$. C'est une décomposition de $\sin \pi z$ en facteurs, analogue à celle d'un polynôme. On en déduit

$$\text{(VIII, 1; 59)} \qquad \sin z = z \prod_{n=1}^{\infty} \left(1 - \frac{z^2}{n^2\pi^2}\right)$$

Décomposition en éléments simples de cotg z

Prenons la dérivée logarithmique de ce produit (justification analogue à celle de la page 360) :

$$\text{(VIII, 1; 60)} \quad \operatorname{cotg} z = \frac{1}{z} + \sum_{n=1}^{\infty} \left(\frac{1}{z - n\pi} + \frac{1}{z + n\pi}\right).$$

Remarquons que, pour $n \to \infty$,

$$\frac{1}{z - n\pi} + \frac{1}{z + n\pi} \sim - \frac{2z}{n^2\pi^2};$$

c'est ce qui fait que la série est sommable. Mais la série $\sum_{\substack{n=-\infty \\ n\neq 0}}^{+\infty} \frac{1}{z - n\pi}$ ne serait pas sommable.

(VIII, 1; 60) est une décomposition en éléments simples de $\operatorname{cotg} z$, ayant pour pôles les valeurs $z = n\pi (n = -\infty$ à $+\infty)$, avec les résidus 1.

Développement de cotg z suivant les puissances de z

En développant suivant les puissances de z (justification analogue, à celles de la page 362), on obtient :

$$\text{(VIII, 1; 61)} \quad \operatorname{cotg} z = \frac{1}{z} - \frac{2}{\pi^2}\zeta(2)z \quad \ldots - \frac{2}{\pi^{2p}}\zeta(2p)z^{2p-1} \ldots$$

développement valable pour $|z| < \pi$.

Or le développement de $\operatorname{cotg} z$ peut s'obtenir directement, par division des développements de $\cos z$ et $\sin z$:

$$\text{(VIII, 1; 62)} \quad \operatorname{cotg} z = \frac{1}{z} - \frac{z}{3} - \frac{z^3}{45} - \frac{2z^5}{945} - \frac{z^7}{4\,725}$$

Tous les coefficients de ce développement sont rationnels. Donc $\frac{\zeta(2p)}{\pi^{2p}}$ est rationnel, et l'on peut le calculer de proche en proche :

$$\text{(VIII, 1; 63)} \quad \zeta(2) = \frac{\pi^2}{6}, \quad \zeta(4) = \frac{\pi^4}{90}, \quad \zeta(6) = \frac{\pi^6}{945}, \quad \zeta(8) = \frac{\pi^8}{9\,450}, \ldots$$

Dans le calcul numérique des intégrales par la formule d'Euler-

Maclaurin, on utilise les coefficients du développement suivant les puissances de z de $\dfrac{1}{e^z - 1}$:

$$\text{(VIII, 1; 64)} \quad \frac{1}{e^z - 1} = -\frac{1}{2} + \frac{1}{2}\coth\frac{z}{2} = -\frac{1}{2} + \frac{i}{2}\operatorname{cotg}\frac{iz}{2}$$

$$= \frac{1}{z} - \frac{1}{2} + \sum_{p=1}^{\infty} \frac{(-1)^{p+1}}{2^{2p-1}\pi^{2p}} \zeta(2p) z^{2p-1}, \quad \text{pour} \quad |z| < 2\pi$$

qu'on écrit

$$\text{(VIII, 1; 65)} \quad \frac{1}{e^z - 1} = \frac{1}{z} - \frac{1}{2} + \sum_{p=1}^{\infty} \frac{(-1)^{p+1} B_p}{(2p)!} z^{2p-1}$$

avec

$$\text{(VIII, 1; 66)} \qquad B_p = 2\frac{(2p)!\,\zeta(2p)}{(2\pi)^{2p}}.$$

Les B_p sont appelés nombres de Bernoulli :

$$\text{(VIII, 1; 67)} \quad B_1 = \frac{1}{6}, \quad B_2 = \frac{1}{30}, \quad B_3 = \frac{1}{42}, \quad B_4 = \frac{1}{30}, \ldots$$

Exercices sur le chapitre VIII

Exercice VIII-1

Démontrer à l'aide de la fonction Γ que :

$$\int_0^{\infty} e^{-x} \operatorname{Log} x \, dx = -\gamma$$

où γ est la constante d'Euler. On rappelle que $\psi(1) = -\gamma$, où $\psi(x)$ est la dérivée logarithmique de $\Gamma(x)$. On justifiera toutes les dérivations sous le signe somme, effectuées.

Exercice VIII-2

On considère la suite de fonctions

$$f_n(x) = \frac{n}{\sqrt{\pi}} e^{-n^2 x^2}.$$

Donner l'allure des courbes $y = f_n(x)$. Montrer que si $\varphi(x)$ est une fonction continue, nulle en dehors d'un intervalle $[-A, +A]$ de la droite réelle,

$$\lim_{n \to +\infty} \int_{-\infty}^{+\infty} \varphi(x) f_n(x) \, dx = \varphi(0).$$

De l'égalité

$$\int_{-\infty}^{+\infty} f_n(x) e^{-px} \, dx = e^{\frac{p^2}{4n^2}} \quad (p \text{ réel quelconque}).$$

Déduire la somme de la série

$$\frac{1}{\sqrt{\pi}}\sum_{m=0}^{\infty}\frac{\Gamma\left(\frac{m+1}{2}\right)}{\Gamma(m+1)}.$$

Exercice VIII-3

On pose

$$f(p)=\Gamma\left(\frac{1}{p}\right)\Gamma\left(\frac{2}{p}\right)\dots\Gamma\left(\frac{p-1}{p}\right)\Gamma(1).$$

En utilisant la formule des compléments, montrer que

$$f(p)=\sqrt{\frac{(2\pi)^{p-1}}{p}}.$$

Exercice VIII-4

Soit V_n le déterminant de Vandermonde

$$V_n=\begin{vmatrix} 1 & 1 & \dots & 1 \\ 1 & 2 & \dots & n \\ 1 & 2^2 & \dots & n^2 \\ \dots & \dots & \dots & \dots \\ 1 & 2^{n-1} & \dots & n^{n-1} \end{vmatrix}$$

Montrer que, lorsque $n \to \infty$, $\operatorname{Log} V_n$ est équivalent à

$$\frac{n^2}{2}\operatorname{Log} n-\frac{3n^2}{4}+\frac{n}{2}\operatorname{Log} 2\pi-\frac{1}{12}\operatorname{Log} n.$$

Exercice VIII-5

Calculer

$$\iiint\frac{dx\,dy\,dz}{1+x^{\alpha}+y^{\beta}+z^{\gamma}}$$

étendue au domaine $x>0$, $y>0$, $z>0$, à l'aide du changement de variables

$$u=x^{\alpha/2},\quad v=y^{\beta/2},\quad w=z^{\gamma/2}.$$

Pour quelles valeurs de α, β, γ cette intégrale a-t-elle un sens?

Exercice VIII-6

Calculer les intégrales :

$$\int_0^{\infty}e^{-t^2}\operatorname{ch} t\,dt \qquad \text{et} \qquad \int_0^{\infty}e^{-t^2}\cos t\,dt$$

(on utilisera les développements en séries de $\operatorname{ch} t$ et $\cos t$).

Exercice VIII-7

Calculer et comparer les intégrales :

$$\int_{-\frac{1}{2}}^{+\frac{1}{2}} e^{-x^2}\,dx \qquad \text{et} \qquad \int_0^{\infty} e^{-x^2}\frac{\sin x}{x}\,dx.$$

Exercice VIII-8

Montrer que

$$\Gamma(2p) = \frac{2^{2p-1}}{\sqrt{\pi}}\,\Gamma(p)\,\Gamma\left(p+\frac{1}{2}\right).$$

Exercice VIII-9

$\Gamma(x)$ étant définie par

$$\Gamma(x) = \int_0^{\infty} e^{-t}t^{x-1}\,dt \quad \text{pour} \quad x > 0,$$

On pose

$$\varphi(x) = \operatorname{Log}\Gamma(x).$$

1° Montrer que $\varphi(x)$ est une fonction convexe de x, pour $x > 0$, c'est-à-dire

$$\frac{\varphi(x_1) + \lambda\varphi(x_2)}{1+\lambda} \geqslant \varphi\left(\frac{x_1+\lambda x_2}{1+\lambda}\right),$$

quels que soient x_1, x_2, $\lambda > 0$; ou encore $\varphi''(x) \geqslant 0$ pour tout $x > 0$, si cette dérivée existe.

2° $\varphi(x)$ est la seule fonction $g(x)$ convexe, définie pour $x > 0$, et vérifiant

(1) $$g(x+1) - g(x) = \operatorname{Log} x,$$
(2) $$g(1) = 0.$$

a) g convexe entraîne pour $0 < x \leqslant 1$, n entier > 1,

$$g(n) - g(n-1) \leqslant \frac{g(n+x) - g(n)}{x} \leqslant g(n+1) - g(n).$$

b) Si on pose $U_n(x) = x \operatorname{Log}\dfrac{n}{n-1} - \operatorname{Log}(x+n-1) + \operatorname{Log}(n-1)$ et

$$g_n(x) = -\operatorname{Log} x + \sum_{k=2}^{n} U_k(x).$$

On a

$$g_n(x) - x\operatorname{Log}\frac{n}{n-1} \leqslant g(x) \leqslant g_n(x) \qquad 0 < x \leqslant 1.$$

c) En déduire que $g(x) = -\operatorname{Log} x + \sum_{n=2}^{\infty} U_n(x)$ existe pour tout $x > 0$, est convexe, satisfait (1) et (2), donc $g(x) = \varphi(x)$.

3° *a*) Il résulte de 2° que pour tout $x > 0$

$$\Gamma(x) = \lim_{n \to \infty} \frac{n^x n!}{x(x+1)\dots(x+n)}$$

Peut-on étendre cette formule à $x < 0$?

b) Montrer que la série $V_n = \frac{1}{n} - \operatorname{Log} \frac{n+1}{n}$ converge absolument. On pose

$$\sum_{1}^{\infty} V_n = C.$$

c) Montrer que

$$\Gamma(x) = e^{-Cx} \frac{1}{x} \prod_{1}^{\infty} \frac{e^{\frac{x}{n}}}{1 + \frac{x}{n}}.$$

Le produit infini étant absolument et uniformément convergent pour tout intervalle $a \leqslant x \leqslant b$ de R, ne contenant aucun entier négatif.

4° Montrer que $\Gamma(x)$ est indéfiniment dérivable et que l'on a pour $x > 0$ ·

$$\frac{\Gamma'(x)}{\Gamma(x)} = -C - \frac{1}{x} + \sum_{1}^{\infty} \left(\frac{1}{n} - \frac{1}{x+n} \right)$$

et

$$\frac{d^k [\operatorname{Log} \Gamma(x)]}{dx^k} = \sum_{0}^{\infty} \frac{(-1)^k (k-1)!}{(x+n)^k} \quad \text{pour} \quad k \geqslant 2.$$

Montrer que pour tout entier $q > 1$, tout entier k tel que $1 \leqslant k \leqslant q-1$ on a :

$$\sum_{p=1}^{q} \frac{\Gamma'\left(\frac{p}{q}\right)}{\Gamma\left(\frac{p}{q}\right)} e^{2ip\frac{k\pi}{q}} = -q \sum_{n=1}^{\infty} \frac{1}{n} e^{2in\frac{k\pi}{q}} = q \operatorname{Log}\left(1 - e^{\frac{2ik\pi}{q}}\right).$$

Chapitre IX

Fonctions de Bessel

1. Définition et propriétés élémentaires

1. Définition des fonctions de Bessel; fonctions de Neumann et de Hankel

Pour simplifier, on prendra x réel > 0 [1]. On appelle *équation de Bessel*, l'équation :

$$y'' + \frac{1}{x} y' + \left(1 - \frac{\nu^2}{x^2}\right) y = 0 \qquad \text{(IX, 1; 1)}$$

où ν est un nombre complexe donné dont on peut toujours supposer la partie réelle $\geqslant 0$.
Cherchons les solutions usuelles de cette équation sous la forme :

$$y = x^{\lambda} \sum_{k=0}^{\infty} a_k x^k. \qquad \text{(IX 1; 2)}$$

Le premier membre de (IX, 1; 1) est alors égal à

$$\sum_{k=0}^{\infty} \left\{(k + \lambda)^2 - \nu^2\right\} a_k x^{k+\lambda-2} + \sum_{k=0}^{\infty} a_k x^{k+\lambda}. \qquad \text{(IX, 1; 3)}$$

Pour que (IX, 1; 2) soit solution de (IX, 1; 1) on doit donc avoir :

$$\sum_{k=0}^{\infty} \left\{(k + \lambda)^2 - \nu^2\right\} a_k x^{k+\lambda} + \sum_{k=0}^{\infty} a_k x^{k+\lambda+2} \equiv 0. \qquad \text{(IX, 1; 4)}$$

1. Nous faisons cette hypothèse pour fixer les idées et simplifier les démonstrations. En fait, presque tous les résultats établis ici, en particulier, ceux des nos 1, 2, et 3 sont valables pour x complexe quelconque.

En écrivant que les coefficients respectifs des termes en x^λ, $x^{\lambda+1}$, $x^{k+\lambda}$ pour $k \geqslant 2$, doivent être nuls, on obtient les relations :

(IX, 1; 5) $$(\lambda^2 - \nu^2)a_0 = 0$$

(IX, 1; 6) $$\{(1+\lambda)^2 - \nu^2\}\, a_1 = 0$$

(IX, 1; 7) $$\{(k+\lambda)^2 - \nu^2\} a_k + a_{k-2} = 0 \qquad \text{pour} \qquad k \geqslant 2.$$

Comme on peut toujours supposer $a_0 \neq 0$ dans (IX, 1; 2) [en convenant d'appeler $a_0 x^\lambda$ le premier terme non nul du développement (IX, 1; 2)] l'équation (IX, 1; 5) donne :

(IX, 1; 8) $$\lambda = \pm \nu.$$

Cherchons tout d'abord la solution correspondant à $\lambda = \nu$. Les équations (IX, 1; 6) et (IX, 1; 7) s'écrivent :

(IX, 1; 9) $$(2\nu + 1)\, a_1 = 0$$

(IX, 1; 10) $$k(k+2\nu)\, a_k + a_{k-2} = 0; \qquad k \geqslant 2.$$

Il résulte de (IX, 1; 9) et (IX, 1; 10) que tous les coefficients d'indices impairs sont nuls; quant aux coefficients d'indices pairs, a_{2n}, pour $n \geqslant 1$, on obtient facilement leur expression, d'après (IX, 1; 10) :

(IX, 1; 11) $$a_{2n} = \frac{(-1)^n a_0}{2^{2n} n!\,(\nu+1)(\nu+2)\ldots(\nu+n)}, \qquad n \geqslant 1$$

En choisissant

(IX, 1; 12) $$a_0 = \frac{1}{2^\nu \Gamma(\nu+1)}$$

on obtient :

(IX, 1; 13) $$a_{2n} = \frac{1}{2^\nu} \frac{(-1)^n}{2^{2n} n!\, \Gamma(\nu+n+1)}$$

et pour (IX, 1; 2)

(IX, 1; 14) $$\mathrm{J}_\nu(x) = \left(\frac{x}{2}\right)^\nu \sum_{n=0}^{\infty} \frac{(-1)^n \left(\frac{x}{2}\right)^{2n}}{n!\, \Gamma(n+\nu+1)}.$$

Il est évident que la série du second membre converge quel que soit x et même uniformément sur tout intervalle borné, et on appelle *fonction de Bessel d'indice* ν, *la fonction* $\mathrm{J}_\nu(x)$ *définie par* (IX, 1; 14).

Examinons maintenant le cas $\lambda = -\nu$. Les équations (IX, 1; 6) (IX, 1; 7) s'écrivent :

$$(\text{IX}, 1; 15) \qquad (-2\nu + 1)a_1 = 0$$
$$(\text{IX}, 1; 16) \qquad k(k - 2\nu)a_k + a_{k-2} = 0 \quad k \geqslant 2.$$

Si ν est différent d'un entier, posons

$$(\text{IX}, 1; 17) \qquad J_{-\nu}(x) = \left(\frac{x}{2}\right)^{-\nu} \sum_{n=0}^{\infty} \frac{(-1)^n \left(\frac{x}{2}\right)^{2n}}{n!\ \Gamma(n - \nu + 1)}$$

(obtenue en changeant ν en $-\nu$ dans (IX, 1; 14)). Il est facile de voir que les coefficients a_k de $J_{-\nu}(x)$, vérifient les relations (IX, 1; 15) et (IX, 1; 16) et que par suite $J_{-\nu}(x)$ est solution de (IX, 1; 1). Si ν est un entier $p \geqslant 1$, comme les poles de la fonction Γ, sont précisément les entiers $\leqslant 0$, la formule devient :

$$(\text{IX}, 1; 18) \qquad J_{-p}(x) = \left(\frac{x}{2}\right)^{-p} \sum_{n=p}^{\infty} \frac{(-1)^n \left(\frac{x}{2}\right)^{2n}}{n!\ \Gamma(n - p + 1)}.$$

Mais on a, en posant $n - p = k$

$$(\text{IX}, 1; 19) \qquad J_{-p}(x) = (-1)^p \left(\frac{x}{2}\right)^{p} \sum_{k=0}^{\infty} \frac{(-1)^k \left(\frac{x}{2}\right)^{2k}}{k!\ \Gamma(k + p + 1)} = (-1)^p J_p(x).$$

Dans le cas où ν n'est pas un entier $\geqslant 0$, les solutions (IX, 1; 14) et (IX, 1; 17) de (IX, 1; 1) sont linéairement indépendantes (pour le voir il suffit de remarquer que quand $x \to 0$, comme $\Re\nu > 0$, $J_\nu(x)$ converge vers 0, comme x^ν, et $J_{-\nu}(x)$ tend vers l'infini comme $x^{-\nu}$). Dans ce cas la solution générale de l'équation (IX, 1; 1) est donc

$$(\text{IX}, 1; 20) \qquad AJ_\nu(x) + BJ_{-\nu}(x)$$

où A et B sont des constantes.

Dans le cas où ν est un entier $\geqslant 0$, comme J_p et J_{-p} sont liées par (IX, 1; 19) nous devons chercher une deuxième solution de (IX, 1; 1) indépendante de J_p.

Fonctions de Neumann

Pour ν différent d'un entier, nous appelons fonction de Neumann d'indice ν la fonction :

(IX, 1; 21) $$N_\nu(x) = \frac{\cos \nu\pi\, J_\nu(x) - J_{-\nu}(x)}{\sin \nu\pi}$$

Pour $\nu = p$, entier, on pose

(IX, 1; 22) $$N_p(x) = \lim_{\nu \to p} N_\nu(x).$$

Comme pour tout x réel > 0, $\nu \to J_\nu(x)$ est une fonction analytique de ν, le numérateur et le dénominateur du deuxième membre de (IX, 1; 21) sont des fonctions analytiques de ν; par suite, d'après la règle de l'Hospital :

$$N_p(x) = \lim_{\nu \to p} \left\{ \frac{\dfrac{\partial}{\partial\nu}\left(\cos \nu\pi J_\nu(x) - J_{-\nu}(x)\right)}{\pi \cos \nu\pi} \right\}$$

d'où

(IX, 1; 23) $$\pi N_p(x) = \lim_{\nu \to p} \left\{ \frac{\partial}{\partial\nu} J_\nu(x) - (-1)^p \frac{\partial}{\partial\nu} J_{-\nu}(x) \right\}$$

Il résulte de (IX, 1; 23) que l'on a, pour chaque m entier $\geqslant 0$:

(IX, 1; 24) $$\frac{d^m}{dx^m}(\pi N_p(x)) = \left[\frac{\partial}{\partial\nu}\left(\frac{\partial^m}{\partial x^m} J_\nu(x)\right)\right]_{\nu=p} - (-1)^p \left[\frac{\partial}{\partial\nu}\left(\frac{\partial^m}{\partial x^m} J_{-\nu}(x)\right)\right]_{\nu=p}$$

Calculons tout d'abord $\dfrac{\partial}{\partial\nu} J_\nu(x)$.

On a

(IX, 1; 14) $$J_\nu(x) = \left(\frac{x}{2}\right)^\nu \sum_{k=0}^{\infty} \frac{(-1)^k \left(\dfrac{x}{2}\right)^{2k}}{k!\, \Gamma(\nu + k + 1)}$$

d'où

(IX, 1; 25) $$\frac{\partial}{\partial\nu} J_\nu(x) = \left(\operatorname{Log} \frac{x}{2}\right) J_\nu(x) + \left(\frac{x}{2}\right)^\nu \sum_{k=0}^{\infty} (-1)^k \left(\frac{x}{2}\right)^{2k} \frac{1}{k!} \frac{\partial}{\partial\nu}\left(\frac{1}{\Gamma(\nu + k + 1)}\right).$$

Mais

(IX, 1; 26) $$\frac{\partial}{\partial\nu}\left(\frac{1}{\Gamma(\nu + k + 1)}\right) = -\frac{\Gamma'(\nu + k + 1)}{\Gamma^2(\nu + k + 1)}$$

et, d'après la formule (VIII, 1; 47) :

(IX, 1; 27)
$$-\frac{\Gamma'(\nu+k+1)}{\Gamma(\nu+k+1)}=\frac{1}{\nu+k+1}+\sum_{n=1}^{\infty}\left\{\frac{1}{\nu+k+1+n}-\frac{1}{n}\right\}+\gamma.$$

Faisons tendre ν vers l'entier p.

Si $p=0$, le deuxième membre de (IX, 1; 27), tend, pour $k=0$, vers γ, et pour $k\neq 0$, vers

(IX, 1; 28)
$$-\sum_{n=1}^{k}\frac{1}{n}+\gamma.$$

Si $p>0$, le deuxième membre de (IX, 1; 27) tend pour chaque k, vers :

(IX, 1; 29)
$$-\sum_{n=1}^{p+k}\frac{1}{n}+\gamma.$$

Par suite, quand $\nu\to p$, $\frac{\partial}{\partial\nu}J_\nu(x)$ tend vers :

(IX, 1; 30)
$$\left(\operatorname{Log}\frac{x}{2}+\gamma\right)J_0(x)-\sum_{k=1}^{\infty}\left\{(-1)^k\left(\frac{x}{2}\right)^{2k}\frac{1}{(k\,!)^2}\sum_{n=1}^{k}\frac{1}{n}\right\}\quad\text{si}\quad p=0$$

et vers

(IX, 1; 31)
$$\left(\operatorname{Log}\frac{x}{2}+\gamma\right)J_p(x)$$
$$+\left(\frac{x}{2}\right)^p\sum_{k=0}^{\infty}\left\{(-1)^k\left(\frac{x}{2}\right)^{2k}\frac{1}{k\,!}\frac{(-1)}{\Gamma(p+k+1)}\sum_{n=1}^{p+k}\frac{1}{n}\right\}\quad\text{si}\quad p\neq 0.$$

Calculons maintenant $\frac{\partial}{\partial\nu}J_{-\nu}(x)$.

On obtient facilement, à partir de (IX, 1; 17) :

(IX, 1; 32)
$$\frac{\partial}{\partial\nu}J_{-\nu}(x)=-\operatorname{Log}\frac{x}{2}J_{-\nu}(x)$$
$$+\left(\frac{x}{2}\right)^{-\nu}\sum_{k=0}^{\infty}(-1)^k\left(\frac{x}{2}\right)^{2k}\frac{1}{k\,!}\frac{\Gamma'(-\nu+k+1)}{\Gamma^2(-\nu+k+1)}.$$

D'après ce que nous avons vu précédemment, si $\nu \to 0$, $\frac{\partial}{\partial \nu} J_{-\nu}(x)$ tend vers :

(IX, 1; 33)

$$-\operatorname{Log}\frac{x}{2}J_0(x) - \gamma J_0(x) + \sum_{k=1}^{\infty}\left((-1)^k\left(\frac{x}{2}\right)^{2k}\frac{1}{(k!)^2}\sum_{n=1}^{k}\frac{1}{n}\right).$$

On déduit alors de (IX, 1; 23), (IX, 1; 30) et (IX, 1; 33) :

(IX, 1; 34)

$$N_0(x) = \frac{2}{\pi}\left\{\left(\log\frac{x}{2} + \gamma\right)J_0(x) - \left[\sum_{k=1}^{\infty}(-1)^k\left(\frac{x}{2}\right)^{2k}\frac{1}{(k!)^2}\sum_{n=1}^{k}\frac{1}{n}\right]\right\}.$$

Supposons maintenant que ν tende vers l'entier $p > 0$. Considérons dans la série qui figure au second membre de (IX, 1; 32) les termes correspondant à $k \geqslant p$. Quand $\nu \to p$, d'après ce qui précède :

$$\left(\frac{x}{2}\right)^{-\nu}\sum_{k=p}^{\infty}(-1)^k\left(\frac{x}{2}\right)^{2k}\frac{1}{(k!)\,\Gamma(-\nu+k+1)}\frac{\Gamma'(-\nu+k+1)}{\Gamma(-\nu+k+1)}$$

tend vers

(IX, 1; 35)

$$(-1)^p\left\{-\gamma J_p(x) + \left(\frac{x}{2}\right)^p\sum_{k=1}^{\infty}(-1)^k\left(\frac{x}{2}\right)^{2k}\frac{1}{k!\;\Gamma(k+p+1)}\sum_{n=1}^{k}\frac{1}{n}\right\}.$$

Il reste à étudier les termes :

(IX, 1; 36) $$\left(\frac{x}{2}\right)^{-\nu}\sum_{k=0}^{p-1}(-1)^k\left(\frac{x}{2}\right)^{2k}\frac{1}{k!}\frac{\Gamma'(-\nu+k+1)}{\Gamma^2(-\nu+k+1)}.$$

Mais pour $0 \leqslant k \leqslant p-1$, d'après les formules (VIII, 1; 7) et (VIII, 1; 47), quand $\nu \to p$, alors

(IX, 1; 37) $$\frac{\Gamma'(-\nu+k+1)}{\Gamma^2(-\nu+k+1)} \quad \text{tend vers} \quad (-1)^{p-k}(p-k-1)\,!$$

et par suite (IX, 1; 36) tend vers

(IX, 1; 38) $$(-1)^p\left(\frac{x}{2}\right)^{-p}\sum_{k=0}^{p-1}\left(\frac{x}{2}\right)^{2k}\frac{1}{k!}(p-k-1)\,!$$

On déduit de (IX, 1; 23), (IX, 1; 31), (IX, 1; 32), (IX, 1; 35) et (IX, 1; 38) :

(IX, 1; 39)

$$\pi N_p(x) = 2\left(\operatorname{Log}\frac{x}{2}+\gamma\right)J_p(x)-\left(\frac{x}{2}\right)^{-p}\sum_{k=0}^{p-1}\left(\frac{x}{2}\right)^{2k}\frac{1}{k\,!}(p-k-1)\,!$$

$$-\left(\frac{x}{2}\right)^{p}\frac{1}{p\,!}\left(\sum_{n=1}^{p}\frac{1}{n}\right)-\left(\frac{x}{2}\right)^{p}\sum_{k=1}^{\infty}\frac{(-1)^k\left(\frac{x}{2}\right)^{2k}}{k\,!(p+k)\,!}\left(\sum_{n=1}^{k}\frac{2}{n}+\sum_{n=k+1}^{p+k}\frac{1}{n}\right).$$

Il nous reste à montrer que, pour p entier $\geqslant 0$, $N_p(x)$ est une solution de (IX, 1; 1) linéairement indépendante de $J_p(x)$. Le premier point résulte de (IX, 1; 24). Montrons-le d'une autre manière; dérivons par rapport à ν, l'identité en ν :

(IX, 1; 40) $$\frac{d^2}{dx^2}J_\nu(x)+\frac{1}{x}\frac{d}{dx}J_\nu(x)+\left(1-\frac{\nu^2}{x^2}\right)J_\nu(x)=0.$$

On obtient :

(IX, 1; 41) $$\frac{d^2}{dx^2}\frac{\partial}{\partial\nu}J_\nu(x)+\frac{1}{x}\frac{d}{dx}\frac{\partial}{\partial\nu}J_\nu(x)+\left(1-\frac{\nu^2}{x^2}\right)\frac{\partial}{\partial\nu}J_\nu(x)=\frac{2\nu}{x^2}J_\nu(x).$$

On a de même :

(IX, 1; 42)

$$\frac{d^2}{dx^2}\frac{\partial}{\partial\nu}J_{-\nu}(x)+\frac{1}{x}\frac{d}{dx}\frac{\partial}{\partial\nu}J_{-\nu}(x)+\left(1-\frac{\nu^2}{x^2}\right)\frac{\partial}{\partial\nu}J_{-\nu}(x)=\frac{2\nu}{x^2}J_{-\nu}(x)$$

d'où, en posant

(IX, 1; 43) $$F_\nu(x)=\frac{1}{\pi}\left(\frac{\partial}{\partial\nu}J_\nu(x)-(-1)^p\frac{\partial}{\partial\nu}J_{-\nu}(x)\right)$$

(IX, 1; 44)

$$\frac{d^2}{dx^2}F_\nu(x)+\frac{1}{x}\frac{d}{dx}F_\nu(x)+\left(1-\frac{\nu^2}{x^2}\right)F_\nu(x)=\frac{2\nu}{x^2}\left(J_\nu(x)-(-1)^pJ_{-\nu}(x)\right).$$

Faisons tendre ν vers p. En tenant compte de (IX, 1; 23) et (IX, 1; 19) on obtient :

(IX, 1; 45) $$\frac{d^2}{dx^2}N_p(x)+\frac{1}{x}\frac{d}{dx}N_p(x)+\left(1-\frac{p^2}{x^2}\right)N_p(x)=0$$

C.Q.F.D.

Quant à l'indépendance linéaire de J_p et N_p, elle est facile à montrer. En effet, pour $p = 0$, quand $x \to 0$, $J_0(x) \to 1$, alors que $N_0(x) \to -\infty$ comme $\operatorname{Log} \frac{x}{2}$; pour $p > 0$, quand $x \to 0$, $J_p(x) \to 0$ comme x^p et $N_p(x) \to -\infty$ comme $-(x)^{-p}$.
Par suite, quand ν est un entier $p \geqslant 0$, la solution générale de (IX, 1; 1) est de la forme

(IX, 1; 46) $$AJ_p(x) + B\,N_p(x)$$

où A et B sont des constantes.

Remarque. La formule (IX, 1; 21) définit $N_\nu(x)$, pour *tout* ν *différent d'un entier*, la formule (IX, 1; 22) définit $N_p(x)$ pour *tout entier* p, positif, négatif ou nul. On voit facilement, dans ce dernier cas, que

(IX, 1; 47) $$N_{-p}(x) = (-1)^p N_p(x).$$

En effet, d'après (IX, 1; 23).

(IX, 1; 48) $$\pi N_{-p}(x) = \lim_{\nu \to -p} \left(\frac{\partial}{\partial \nu} J_\nu(x) - (-1)^p \frac{\partial}{\partial \nu} J_{-\nu}(x) \right)$$

d'où en posant $\nu = -\lambda$:

(IX, 1; 49)
$$\pi N_{-p}(x) = \lim_{\lambda \to p} (-1)^p \left(\frac{\partial}{\partial \lambda} J_\lambda(x) - (-1)^p \frac{\partial}{\partial \lambda} J_{-\lambda}(x) \right) = (-1)^p \pi N_p(x).$$

Fonctions de Hankel

Pour tout nombre complexe ν, les deux fonctions de Hankel, d'indice ν, $H_\nu^{(1)}$ et $H_\nu^{(2)}$ sont définies par :

(IX, 1; 50) $$H_\nu^{(1)} = J_\nu + iN_\nu$$
(IX, 1; 51) $$H_\nu^{(2)} = J_\nu - iN_\nu.$$

Ce sont encore des solutions de l'équation (IX, 1; 1). Nous laissons au lecteur le soin de vérifier les deux formules

(IX, 1; 52) $$H_{-\nu}^{(1)} = e^{i\nu\pi} H_\nu^{(1)}$$
(IX, 1; 53) $$H_{-\nu}^{(2)} = e^{-i\nu\pi} H_\nu^{(2)}$$

valables quel que soit ν, et qui pour ν égal à un entier p, s'écrivent

(IX, 1; 54) $$H_{-p}^{(k)} = (-1)^p H_p^{(k)} \qquad k = 1,2.$$

Remarque. De (IX, 1; 50) et (IX, 1; 51), on déduit :

(IX, 1; 55) $$J_\nu = \frac{H_\nu^{(1)} + H_\nu^{(2)}}{2}$$

et

(IX, 1; 56) $$N_\nu = \frac{H_\nu^{(1)} - H_\nu^{(2)}}{2i}.$$

On notera que si l'on remplace, dans les formules (IX, 1; 50) (IX, 1; 51) (IX, 1; 55) et (IX, 1; 56) :

$$\begin{array}{llllll} H_\nu^{(1)} & \text{par} & e^{ix}, & H_\nu^{(2)} & \text{par} & e^{-ix}, \\ J_\nu & \text{par} & \cos x, & N_\nu & \text{par} & \sin x. \end{array}$$

On retrouve des formules bien connues !

2. Représentations intégrales des fonctions de Bessel

Considérons la fonction $f_\nu(t)$, complexe, de la variable réelle t, définie par

(IX, 1; 57) $$f_\nu(t) = \begin{cases} (1 - t^2)^{\nu - \frac{1}{2}} & \text{pour} \quad |t| < 1 \\ 0 & \text{ailleurs.} \end{cases}$$

Pour $\Re\left(\nu + \frac{1}{2}\right) > 0$, $f_\nu(t)$ est sommable, et a pour transformée de Fourier (chapitre v, § 2, nº 7)

(IX, 1; 58) $$\mathcal{F}f_\nu = \int_{-1}^{1} (1 - t^2)^{\nu - \frac{1}{2}} e^{-itx}\, dt.$$

Nous allons montrer que sous la condition

(IX, 1; 59) $$\Re\left(\nu + \frac{1}{2}\right) > 0,$$

la fonction

(IX, 1; 60) $$Z_\nu(x) = x^\nu(\mathcal{F}f_\nu)$$

est solution de l'équation (IX, 1; 1). Quel que soit l'entier $m > 0$, sous la condition (IX, 1; 59), $t^m f_\nu(t)$ est sommable et par suite $\mathcal{F}f_\nu$ est infiniment dérivable; on a en particulier

(IX, 1; 61) $$\begin{aligned} (\mathcal{F}f_\nu)' &= \mathcal{F}(-itf_\nu(t)) \\ (\mathcal{F}f_\nu)'' &= \mathcal{F}(-t^2 f_\nu(t)). \end{aligned}$$

On obtient facilement :

$$(\text{IX, 1; 62}) \quad Z''_\nu + \frac{1}{x} Z'_\nu + \left(1 - \frac{\nu^2}{x^2}\right) Z_\nu = x^\nu (\mathcal{F} f_\nu + (\mathcal{F} f_\nu)'') + (2\nu + 1) x^{\nu - 1} (\mathcal{F} f_\nu)',$$

mais, en tenant compte de (IX, 1; 61)

$$(\text{IX, 1; 63}) \qquad \mathcal{F} f_\nu + (\mathcal{F} f_\nu)'' = \mathcal{F} f_{\nu+1}$$

avec

$$(\text{IX, 1; 64}) \qquad f'_{\nu+1} = -(2\nu + 1) t f_\nu(t).$$

Alors $f'_{\nu+1}$ est sommable et on a :

$$(\text{IX, 1; 65}) \qquad x \mathcal{F} f_{\nu+1} = -i \mathcal{F}(f'_{\nu+1}).$$

Le deuxième membre de (IX, 1; 62), peut donc s'écrire, en tenant compte de la première relation (IX, 1; 61), de (IX, 1; 65) et (IX, 1; 64) :

$$(\text{IX, 1; 66}) \quad -i x^{\nu-1} \{ \mathcal{F} [-(2\nu + 1) t f_\nu(t) + (2\nu + 1) t f_\nu(t)] \} = 0$$

C.Q.F.D.

Quand $x \to 0$, $Z_\nu(x)$ se comporte comme x^ν, et par suite, $Z_\nu(x)$ est proportionnel à $J_\nu(x)$. Soit a_ν le coefficient de proportionalité. On a alors :

$$(\text{IX, 1; 67}) \qquad \mathcal{F} f_\nu = a_\nu \frac{1}{2^\nu} \sum_{k=0}^{\infty} \frac{(-1)^k \left(\frac{x}{2}\right)^{2k}}{k!\, \Gamma(\nu + k + 1)}$$

d'où pour $x = 0$

$$(\text{IX, 1; 68}) \qquad \int_{-1}^{1} (1 - t^2)^{\nu - \frac{1}{2}} dt = a_\nu \frac{1}{2^\nu \Gamma(\nu + 1)}.$$

Mais on a au premier membre $B\left(\frac{1}{2}, \nu + \frac{1}{2}\right)$, d'où finalement en tenant compte des formules (VIII, 1; 12) et (VIII, 1; 15) :

$$(\text{IX, 1; 69}) \qquad a_\nu = 2^\nu \sqrt{\pi}\, \Gamma\left(\nu + \frac{1}{2}\right).$$

Finalement on obtient l'importante formule :

$$\text{(IX, 1; 70)}\quad J_\nu(x) = \frac{\left(\frac{x}{2}\right)^\nu}{\Gamma\left(\nu+\frac{1}{2}\right)\sqrt{\pi}} \int_{-1}^{1} (1-t^2)^{\nu-\frac{1}{2}} e^{-itx}\, dt$$

valable pour $\Re\left(\nu+\frac{1}{2}\right) > 0$.

Remarque. Nous supposons toujours la condition (IX, 1; 59) réalisée. Comme

$$\text{(IX, 1; 71)}\qquad \int_{-1}^{1} (1-t^2)^{\nu-\frac{1}{2}} \sin tx\, dt = 0$$

on a aussi :

$$\text{(IX, 1; 72)}\quad J_\nu(x) = \left(\frac{x}{2}\right)^\nu \frac{1}{\sqrt{\pi}\,\Gamma\left(\nu+\frac{1}{2}\right)} \int_{-1}^{1} (1-t^2)^{\nu-\frac{1}{2}} e^{itx}\, dt$$

$$= \left(\frac{x}{2}\right)^\nu \frac{1}{\sqrt{\pi}\,\Gamma\left(\nu+\frac{1}{2}\right)} \int_{-1}^{1} (1-t^2)^{\nu-\frac{1}{2}} \cos tx\, dt.$$

Autre représentation intégrale

Dans (IX, 1; 70) le changement de variable $t = \cos\theta$, donne

$$\text{(IX, 1; 73)}\quad J_\nu(x) = \frac{\left(\frac{x}{2}\right)^\nu}{\sqrt{\pi}\,\Gamma\left(\nu+\frac{1}{2}\right)} \int_{0}^{\pi} \sin^{2\nu}\theta\, e^{-ix\cos\theta}\, d\theta$$

valable pour $\Re\left(\nu+\frac{1}{2}\right) > 0$.

Nous laissons au lecteur le soin d'obtenir les formules déduites de (IX, 1; 72) par le même changement de variable.

3. Formules de récurence

Montrons tout d'abord :

$$\text{(IX, 1; 74)}\qquad -\frac{1}{x}\frac{d}{dx}\left(x^{-\nu} J_\nu(x)\right) = x^{-(\nu+1)} J_{\nu+1}(x)$$

qui peut encore s'écrire :

$$\text{(IX, 1; 75)}\qquad J'_\nu(x) = \frac{\nu}{x} J_\nu(x) - J_{\nu+1}(x).$$

Il nous suffit de montrer (IX, 1; 74) pour $\mathcal{R}\nu$ suffisamment grande. Car comme chaque membre de (IX, 1; 74) est une fonction analytique de ν, par prolongement analytique, par rapport à ν la formule sera vraie partout (c'est-à-dire pour tout ν).
Plaçons-nous donc sous l'hypothèse (IX, 1; 59). Remarquons alors que a donné par (IX, 1; 69) vérifie

(IX, 1; 76) $$\frac{1}{a_\nu} = \frac{2\nu + 1}{a_{\nu+1}}.$$

On déduit donc de (IX, 1; 61) et (IX, 1; 64)

(IX, 1; 77) $$\frac{i\mathcal{F}(f'_{\nu+1})}{a_{\nu+1}} = \frac{(\mathcal{F}f_\nu)'}{a_\nu}$$

ou encore, en tenant compte de (IX, 1; 65)

(IX, 1; 78) $$-x\frac{\mathcal{F}f_{\nu+1}}{a_{\nu+1}} = \frac{d}{dx}\frac{\mathcal{F}f_\nu}{a_\nu}$$

et finalement, en tenant compte de (IX, 1; 67)

(IX, 1; 79) $$-x(x^{-(\nu+1)}J_{\nu+1}(x)) = \frac{d}{dx}\left(x^{-\nu}J_\nu(x)\right)$$

qui n'est autre que (IX, 1; 74).
Cas particulier de (IX, 1; 75)

(IX, 1; 80) $$J'_0(x) = -J_1(x).$$

Montrons maintenant la formule

(IX, 1; 81) $$\frac{1}{x}\frac{d}{dx}\left(x^\nu J_\nu(x)\right) = x^{\nu-1}J_{\nu-1}(x)$$

qui s'écrit encore

(IX, 1; 82) $$J'_\nu(x) = -\frac{\nu}{x}J_\nu(x) + J_{\nu-1}(x).$$

Comme précédemment, il suffit de montrer (IX, 1; 81) pour $\mathcal{R}\nu$ suffisamment grande. Nous supposerons ici $\mathcal{R}\left(\nu - 1 + \frac{1}{2}\right) > 0$.
On a alors :

(IX, 1; 83) $$\frac{2\nu - 1}{a_\nu} = \frac{1}{a_{\nu-1}}.$$

D'autre part

(IX, 1; 84) $$(2\nu - 1)f_\nu - tf'_\nu = (2\nu - 1)f_{\nu-1}$$

donc

(IX, 1; 85) $$\frac{\mathfrak{F}\big((2\nu - 1)f_\nu - tf'_\nu\big)}{a_\nu} = \frac{\mathfrak{F}f_{\nu-1}}{a_{\nu-1}}.$$

Mais au premier membre, on a

(IX, 1; 86) $$x\frac{d}{dx}\left(\frac{\mathfrak{F}f_\nu}{a_\nu}\right) + 2\nu\frac{\mathfrak{F}f_\nu}{a_\nu}$$

d'où finalement

(IX, 1; 87) $$x(x^{-\nu}J_\nu)' = -2\nu x^{-\nu}J_\nu + x^{-\nu+1}J_{\nu-1}$$

qui n'est autre que (IX, 1; 82).

Application des formules (IX, 1; 70) *et* (IX, 1; 81). Calcul de $J_{\frac{1}{2}}$ et de $J_{-\frac{1}{2}}$.

Pour $\nu = \frac{1}{2}$, la formule (IX, 1; 70) s'écrit :

(IX, 1;, 88)
$$J_{\frac{1}{2}}(x) = \sqrt{\frac{x}{2\pi}}\int_{-1}^{1} e^{-itx}\,dt = \sqrt{\frac{x}{2\pi}}\,\frac{1}{x}\,\frac{e^{ix} - e^{-ix}}{i} = \sqrt{\frac{2}{\pi x}}\sin x$$

Mais d'après (IX, 1; 81).

(IX, 1; 89) $$x^{-\frac{1}{2}}J_{-\frac{1}{2}}(x) = \frac{1}{x}\frac{d}{dx}\left\{\sqrt{\frac{2}{\pi}}\sin x\right\} = \frac{1}{x}\sqrt{\frac{2}{\pi}}\cos x$$

d'où

(IX, 1; 90) $$J_{-\frac{1}{2}}(x) = \sqrt{\frac{2}{\pi x}}\cos x.$$

Notons que

(IX, 1; 91) $$N_{-\frac{1}{2}}(x) = J_{\frac{1}{2}}(x) = \sqrt{\frac{2}{\pi x}}\sin x$$

et

(IX, 1; 92) $$N_{\frac{1}{2}}(x) = -J_{-\frac{1}{2}}(x) = -\sqrt{\frac{2}{\pi x}}\cos x.$$

Généralisation des formules (IX, 1; 74) *et* (IX, 1; 81).

Appelons D_1 l'opérateur $-\frac{1}{x}\frac{d}{dx}$ et D_2 l'opérateur $\frac{1}{x}\frac{d}{dx}$. Soit l un entier $\geqslant 1$. En opérant de proche en proche, on déduit facilement de (IX, 1; 74) (resp. (IX, 1; 81)) la formule :

(IX, 1; 93) $$D_1^l(x^{-\nu}\,J_\nu) = x^{-(\nu+l)}J_{l+\nu}$$

(resp.

(IX, 1; 94) $$D_2^l(x^\nu J_\nu) = x^{\nu-l}J_{\nu-l}.$$

4. Autres propriétés des fonctions de Bessel

Fonctions de Bessel d'indices entiers

Proposons-nous de développer en série de Fourier, la fonction $e^{ix\sin\theta}$, où x est un paramètre (que nous supposons réel positif) :

(IX, 1; 95) $$e^{ix\sin\theta} \doteq \sum_{n=-\infty}^{+\infty} a_n(x)\, e^{in\theta}$$

avec

(IX, 1; 96) $$a_n(x) = \frac{1}{2\pi}\int_0^{2\pi} e^{ix\sin\theta}e^{-in\theta}\,d\theta.$$

On peut développer $e^{ix\sin\theta}$ en série entière :

(IX, 1; 97) $$e^{ix\sin\theta} = \sum_{k=0}^{\infty}\frac{i^k x^k \sin^k\theta}{k\,!}.$$

Cette série, pour x fixé et θ variant de 0 à 2π, est normalement convergente; on peut donc intégrer terme à terme, et

(IX, 1; 98) $$a_n(x) = \sum_{k=0}^{\infty}\left(\frac{x}{2}\right)^k \frac{1}{k\,!}\frac{1}{2\pi}\int_0^{2\pi}(e^{i\theta} - e^{-i\theta})^k e^{-in\theta}\,d\theta.$$

Supposons d'abord n positif ou nul. Développons $(e^{i\theta} - e^{-i\theta})^k$, par la formule du binôme. Alors l'intégrale

(IX, 1; 99) $$\frac{1}{2\pi}\int_0^{2\pi}(e^{i\theta} - e^{-i\theta})^k\, e^{-in\theta}\,d\theta$$

est nulle, sauf si $k = n + 2\,m$, avec $m \geqslant 0$, et dans ce cas elle est égale à

$$(IX, 1; 100) \qquad (-1)^m C_{n+2m}^m \frac{1}{2\pi} \int_0^{2\pi} d\theta = (-1)^m \frac{(n+2m)\,!}{m\,!(n+m)\,!}$$

d'où

$$(IX, 1; 101) \quad a_n(x) = \left(\frac{x}{2}\right)^n \sum_{m=0}^{+\infty} (-1)^m \left(\frac{x}{2}\right)^{2m} \frac{1}{m\,!\,(n+m)\,!} = J_n(x).$$

Pour n négatif, on trouverait aussi, facilement, $a_n(x) = J_n(x)$. D'où

$$(IX, 1; 102) \quad \text{pour } n \text{ entier, } J_n(x) = \frac{1}{2\pi} \int_0^{2\pi} e^{i(x \sin\theta - n\theta)}\, d\theta.$$

($J_n(x)$ est donc la moyenne de la fonction $e^{ix \sin\theta - n\theta}$ sur un intervalle période) et

$$(IX, 1; 103) \qquad e^{ix \sin\theta} = \sum_{n=-\infty}^{+\infty} J_n(x)\, e^{ni\theta}.$$

La formule (IX, 1; 103) s'écrit encore

(IX, 1; 104)

$$e^{ix\sin\theta} = J_0(x) + 2\sum_{n=1}^{\infty} J_{2n}(x) \cos 2n\theta + 2i \sum_{n=0}^{\infty} J_{2n+1}(x) \sin(2n+1)\theta$$

d'où

$$(IX, 1; 105) \quad \cos(x \sin\theta) = J_0(x) + 2\sum_{n=1}^{\infty} J_{2n}(x) \cos 2n\theta$$

et

$$(IX, 1; 106) \quad \sin(x \sin\theta) = 2\sum_{n=0}^{\infty} J_{2n+1}(x) \sin(2n+1)\theta.$$

Développement asymptotique

Nous nous proposons d'étudier le comportement de $J_\nu(x)$, pour ν réel, quand $x \to \infty$.

Posons

$$(IX, 1; 107) \qquad u_\nu(x) = \sqrt{x}\, J_\nu(x).$$

Il est facile de voir que $u_\nu(x)$ est solution de l'équation différentielle :

$$(IX, 1; 108) \qquad u'' + \left(1 - \frac{\nu^2 - \frac{1}{4}}{x^2}\right) u = 0.$$

Nous concevons donc, intuitivement, que $u_\nu(x)$ tende asymptotiquement, lorsque $x \to \infty$, vers une fonction trigonométrique solution de l'équation

$$u'' + u = 0. \tag{IX, 1; 109}$$

On démontre, nous l'admettons, que l'on a, de façon précise, pour ν réel, lorsque $x \to \infty$:

$$J_\nu(x) = \sqrt{\frac{2}{\pi x}} \cos\left(x - (2\nu + 1)\frac{\pi}{4}\right) + 0\left(\frac{1}{x^{\frac{3}{2}}}\right).\text{[1]} \tag{IX, 1; 110}$$

Quand $x \to \infty$, $J_\nu(x)$ se comporte donc, approximativement, comme

$$\sqrt{\frac{2}{\pi x}} \cos\left(x - (2\nu + 1)\frac{\pi}{4}\right).$$

Remarquons que pour $\nu = \pm\frac{1}{2}$, d'après les formules (IX, 1; 88) et (IX, 1; 90) $J_\nu(x)$ est exactement, et non plus approximativement, égal à

(IX, 1; 111)

$$\sqrt{\frac{2}{\pi x}} \cos\left(x - (2\nu + 1)\frac{\pi}{4}\right) = \begin{cases} \sqrt{\dfrac{2}{\pi x}} \sin x & \text{pour } \nu = \dfrac{1}{2} \\ \sqrt{\dfrac{2}{\pi x}} \cos x & \text{pour } \nu = -\dfrac{1}{2} \end{cases}$$

et ceci pour tout x, et non seulement pour x assez grand. On voit d'ailleurs que, pour $\nu = \pm\frac{1}{2}$, l'équation (IX, 1; 108) s'écrit :

$$u'' + u = 0. \tag{IX, 1; 112}$$

On déduit de (IX, 1; 110), en utilisant (IX, 1; 21)

$$N_\nu(x) = \sqrt{\frac{2}{\pi x}} \sin\left(x - (2\nu + 1)\frac{\pi}{4}\right) + 0\left(\frac{1}{x^{\frac{3}{2}}}\right) \tag{IX, 1; 113}$$

quand $x \to \infty$

1. $g(x) = 0(f(x))$, quand $x \to \infty$, signifie que, lorsque $x \to \infty$, $\left|\frac{g(x)}{f(x)}\right|$ reste borné.

et, en utilisant (IX, 1; 50) et (IX, 1; 51)

$$\text{(IX, 1; 114)} \quad H_\nu^{(1)}(x) = \sqrt{\frac{2}{\pi x}}\, e^{i\left(x-(2\nu+1)\frac{\pi}{4}\right)} + 0\left(\frac{1}{x^{\frac{3}{2}}}\right)$$

quand $x \to \infty$

$$\text{(IX, 1; 115)} \quad H_\nu^{(2)}(x) = \sqrt{\frac{2}{\pi x}}\, e^{-i\left(x-(2\nu+1)\frac{\pi}{4}\right)} + 0\left(\frac{1}{x^{\frac{3}{2}}}\right)$$

quand $x \to \infty$.

Zéros positifs des fonctions de Bessel

Nous nous proposons d'étudier la répartition des zéros de $J_\nu(x)$, pour ν réel, et x suffisamment grand.

Nous allons montrer que quand $x \to \infty$, les zéros de $J_\nu(x)$ sont approximativement les zéros de $\cos\left(x - (2\nu+1)\frac{\pi}{4}\right)$.

Remarquons tout d'abord que quand $x \to \infty$, d'après la formule (IX, 1; 110) les zéros de $J_\nu(x)$ ne peuvent être situés qu'au voisinage des zéros de $\cos\left(x - (2\nu+1)\frac{\pi}{4}\right)$.

Il nous reste à montrer qu'au voisinage d'un zéro de

$$\cos\left(x - (2\nu+1)\frac{\pi}{4}\right),$$

il y a un seul zéro de $J_\nu(x)$.

Les zéros de $\cos\left(x - (2\nu+1)\frac{\pi}{4}\right)$ sont :

$$\text{(IX, 1; 116)} \quad x = (2\nu+1)\frac{\pi}{4} + (2n+1)\frac{\pi}{2} \quad n \text{ entier.}$$

Seules les valeurs > 0 de n, nous intéressent ici.

Pour ε positif donné il existe $\eta > 0$ indépendant de n tel que la condition

$$\text{(IX, 1; 117)} \quad \left| x - (2\nu+1)\frac{\pi}{4} - (2n+1)\frac{\pi}{2} \right| < \eta$$

entraîne

$$\text{(IX, 1; 118)} \quad \left| \cos\left(x - (2\nu+1)\frac{\pi}{4}\right) \right| < \varepsilon.$$

Désignons par I_n l'intervalle

$$\left[(2\nu+1)\frac{\pi}{4}+(2n+1)\frac{\pi}{2}-\eta, \quad (2\nu+1)\frac{\pi}{4}+(2n+1)\frac{\pi}{2}+\eta\right].$$

Quand x décrit cet intervalle, $\cos\left(x-(2\nu+1)\frac{\pi}{4}\right)$ passe de la valeur $(-1)^n\varepsilon$ à la valeur $(-1)^{n+1}\varepsilon$. Quand $n \to \infty$, à l'extrémité gauche de l'intervalle I_n, $J_\nu(x)$ a même signe que $[(-1)^n\varepsilon]$, et à l'extrémité droite, $J_\nu(x)$ a même signe que $[(-1)^{n+1}\varepsilon]$. Quand x décrit I_n, $J_\nu(x)$ change donc de signe, et possède, par suite, dans cet intervalle, un nombre impair de zéros. Pour montrer qu'elle n'en possède qu'un seul, il suffit de montrer que dans I_n, $J'_\nu(x)$ ne s'annule pas. Or, d'après la formule (IX, 1; 75), on a

(IX, 1; 119)

$$J'_\nu(x) = -\sqrt{\frac{2}{\pi x}}\sin\left(x-(2\nu+1)\frac{\pi}{4}\right)+O\left(\frac{1}{x^{\frac{3}{2}}}\right) \quad \text{pour} \quad x \to \infty.$$

Les zéros de $J'_\nu(x)$ ne peuvent donc être situés qu'au voisinage des zéros de $\sin\left(x-(2\nu+1)\frac{\pi}{4}\right)$, et dans un voisinage assez petit d'un zéro de $\cos\left(x-(2\nu+1)\frac{\pi}{4}\right)$, il ne peut pas y avoir de zéro de $\sin\left(x-(2\nu+1)\frac{\pi}{4}\right)$. C.Q.F.D.

Remarques. Nous supposons toujours ν réel. Alors :

1. La connaissance des zéros positifs de $J_\nu(x)$ entraîne celle des zéros négatifs, puisque $J_\nu(-x) = e^{i\nu\pi}J_\nu(x)$.

2. On démontre que pour $\nu > -1$, tous les zéros de $J_\nu(x)$ sont réels.

3. Notons que les formules (IX, 1; 88) et (IX, 1; 90) nous donnent *exactement tous* les zéros de $J_{\frac{1}{2}}(x)$ et de $J_{-\frac{1}{2}}(x)$.

Les zéros de $J_{\frac{1}{2}}(x)$ sont

(IX, 1; 120) $n\pi$ pour n entier positif, négatif ou nul.

Les zéros de $J_{-\frac{1}{2}}(x)$ sont

(IX, 1; 121) $(2n+1)\frac{\pi}{2}$ pour n entier positif négatif ou nul.

Fonctions de Bessel modifiées

On pose, en général

(IX, 1; 122) $I_\nu(x) = e^{-i\nu\frac{\pi}{2}} J_\nu(ix) = \left(\frac{x}{2}\right)^\nu \sum_{k=0}^{\infty} \left(\frac{x}{2}\right)^{2k} \frac{1}{k!\Gamma(\nu+k+1)}$

et on appelle *fonction de Kelvin d'indice* ν la fonction

(IX, 1; 123) $K_\nu(x) = \frac{\pi}{2\sin\nu\pi}(I_{-\nu}(x) - I_\nu(x)).$

Notons qu'on a

(IX, 1; 124) $K_{-\nu} = K_\nu$ pour tout ν

et

(IX, 1; 125) $I_{-n} = I_n$ pour n entier.

2. Formulaire

Nous récapitulons, dans ce paragraphe, les formules établies au paragraphe précédent.
Nous supposons x réel > 0.

Équation différentielle de Bessel

(IX, 2; 1) $y'' + \frac{1}{x}y' + \left(1 - \frac{\nu^2}{x^2}\right)y = 0$ ν complexe.

Fonction de Bessel d'indice ν

(IX, 2; 2) $J_\nu(x) = \left(\frac{x}{2}\right)^\nu \sum_{k=0}^{\infty} (-1)^k \left(\frac{x}{2}\right)^{2k} \frac{1}{k!} \frac{1}{\Gamma(\nu+k+1)}$

cas particulier :

(IX, 2; 3) $J_0(x) = \sum_{k=0}^{\infty} (-1)^k \left(\frac{x}{2}\right)^{2k} \frac{1}{(k!)^2}.$

Fonction de Neumann d'indice ν	(IX, 2; 4) $N_\nu(x) = \dfrac{(\cos \nu\pi) J_\nu(x) - J_{-\nu}(x)}{\sin \nu\pi}$ pour $\nu \neq$ un entier.
	Si ν est un entier *n* :
	(IX, 2; 5) $N_n(x) = \lim_{\nu \to n} N_\nu(x)$.
	Cas particulier :
	(IX, 2; 6) $N_0(x) = \dfrac{2}{\pi}\left\{\left(\operatorname{Log}\dfrac{x}{2} + \gamma\right)J_0(x) - \sum_{k=1}^{\infty}(-1)^k\left(\dfrac{x}{2}\right)^{2k}\dfrac{1}{(k!)^2}\left(\sum_{n=1}^{k}\dfrac{1}{n}\right)\right.$
	γ constante d'Euler.
Fonctions de Hankel d'indice ν	(IX, 2; 7) $H_\nu^{(1)} = J_\nu + iN_\nu$
	(IX, 2; 8) $H_\nu^{(2)} = J_\nu - iN_\nu$
	d'où
	(IX, 2; 9) $J_\nu = \dfrac{H_\nu^{(1)} + H_\nu^{(2)}}{2}$
	(IX, 2; 10) $N_\nu = \dfrac{H_\nu^{(1)} - H_\nu^{(2)}}{2i}$
Fonctions de Bessel, Neumann et Hankel d'indices entiers	Pour *n* entier, on a
	(IX, 2; 11) $J_{-n} = (-1)^n J_n$.
	(IX, 2; 12) $N_{-n} = (-1)^n N_n$.
	(IX, 2; 13) $H_{-n}^{(1)} = (-1)^n H_n^{(1)}$ et $H_{-n}^{(2)} = (-1)^n H_n^{(2)}$.
Solutions indépendantes de l'équation de Bessel	Pour tout ν : $H_\nu^{(1)}$ et $H_\nu^{(2)}$.
	Pour ν différent d'un entier J_ν et $J_{-\nu}$.
	Pour $\nu = n$, entier J_n et N_n.
Représentations intégrales des fonctions de Bessel	Pour $\Re\left(\nu + \dfrac{1}{2}\right) > 0$, on a
	(IX, 2; 14) $J_\nu(x) = \left(\dfrac{x}{2}\right)^\nu \dfrac{1}{\sqrt{\pi}\,\Gamma\left(\nu + \dfrac{1}{2}\right)} \displaystyle\int_{-1}^{1} (1 - t^2)^{\nu - \frac{1}{2}} e^{\pm itx}\, dt$.

(IX, 2; 15) $J_\nu(x) = \left(\frac{x}{2}\right)^\nu \frac{2}{\sqrt{\pi}\Gamma\left(\nu+\frac{1}{2}\right)} \int_0^1 (1-t^2)^{\nu-\frac{1}{2}} \cos tx\, dt$

(IX, 2; 16) $J_\nu(x) = \left(\frac{x}{2}\right)^\nu \frac{1}{\sqrt{\pi}\Gamma\left(\nu+\frac{1}{2}\right)} \int_0^\pi e^{\pm ix\cos\theta} \sin^{2\nu}\theta\, d\theta$

(IX, 2; 17) $J_\nu(x) = \left(\frac{x}{2}\right)^\nu \frac{2}{\sqrt{\pi}\Gamma\left(\nu+\frac{1}{2}\right)} \int_0^{\frac{\pi}{2}} \cos(x\cos\theta)\sin^{2\nu}\theta\, d\theta$

en particulier

(IX, 2; 18) $J_0(x) = \frac{2}{\pi}\int_0^{\frac{\pi}{2}} \cos(x\cos\theta)\, d\theta.$

Formules de récurrence Posons

(IX, 2; 19) $D_1 = -\frac{1}{x}\frac{d}{dx}$ et $D_2 = \frac{1}{x}\frac{d}{dx}$

on a alors pour n entier $\geqslant 0$:

(IX, 2; 20) $D_1^n(x^{-\nu}J_\nu) = x^{-(\nu+n)}J_{\nu+n}$

(IX, 2; 21) $D_2^n(x^\nu J_\nu) = x^{\nu-n}J_{\nu-n}.$

Fonction génératrice On a

(IX, 2; 22) $e^{ix\sin\theta} = \sum_{n=-\infty}^{+\infty} J_n(x)\, e^{ni\theta}$

et

(IX, 2; 23) $J_n(x) = \frac{1}{2\pi}\int_0^{2\pi} e^{ix\sin\theta}e^{-ni\theta}\, d\theta.$

Développement asymptotique, pour ν réel, quand $x \to \infty$:

(IX, 2; 24) $J_\nu(x) = \sqrt{\frac{2}{\pi x}}\cos\left(x-(2\nu+1)\frac{\pi}{4}\right) + 0\left(\frac{1}{x^{\frac{3}{2}}}\right),$

(IX, 2; 25) $N_\nu(x) = \sqrt{\frac{2}{\pi x}}\sin\left(x-(2\nu+1)\frac{\pi}{4}\right) + 0\left(\frac{1}{x^{\frac{3}{2}}}\right),$

(IX, 2; 26) $H_\nu^{(1)}(x) = \sqrt{\frac{2}{\pi x}}\, e^{i\left(x-(2\nu+1)\frac{\pi}{4}\right)} + 0\left(\frac{1}{x^{\frac{3}{2}}}\right),$

(IX, 2; 27) $H_\nu^{(2)}(x) = \sqrt{\frac{2}{\pi x}}\, e^{-i\left(x-(2\nu+1)\frac{\pi}{4}\right)} + 0\left(\frac{1}{x^{\frac{3}{2}}}\right).$

Notons qu'on a *exactement*, pour *tout* x

(IX, 2; 28) $$J_{\frac{1}{2}}(x) = \sqrt{\frac{2}{\pi x}} \sin x = N_{-\frac{1}{2}}(x),$$

(IX, 2; 29) $$J_{-\frac{1}{2}}(x) = \sqrt{\frac{2}{\pi x}} \cos x = - N_{\frac{1}{2}}(x).$$

Transformation de Laplace des fonctions de Bessel

(IX, 2; 30) $$Y(t)\left(\frac{t}{2}\right)^{\nu-\frac{1}{2}} \frac{\sqrt{\pi}}{\Gamma(\nu)} J_{\nu-\frac{1}{2}}(t) \sqsupset \left(\frac{1}{p^2+1}\right)^{\nu}$$

pour $\Re\nu > 0$, $\Re p > 0$.

En particulier

(IX, 2; 31) $$Y(t)\, J_0(t) \sqsupset \frac{1}{\sqrt{p^2+1}}.$$

Fonctions de Bessel modifiées

(IX, 2; 32) $$I_\nu(x) = e^{-i\nu\frac{\pi}{2}} J_\nu(ix) = \left(\frac{x}{2}\right)^{\nu} \sum_{k=0}^{\infty} \left(\frac{x}{2}\right)^{2k} \frac{1}{k!\,\Gamma(\nu+k+1)}.$$

(IX, 2; 33) $$K_\nu(x) = \frac{\pi}{2 \sin \nu\pi}\left(I_{-\nu}(x) - I_\nu(x)\right)$$ Fonction de Kelvin.

On a

(IX, 2; 34) $$K_{-\nu} = K_\nu \quad \text{pour tout } \nu$$

et

(IX, 2; 35) $$I_{-n} = I_n \quad \text{pour } n \text{ entier.}$$

Exercices sur le chapitre IX

Exercice IX-1

Démontrer les formules (IX, 1; 70) et (IX, 1; 72) en utilisant les développements en séries entières de e^{itx}, e^{-itx} et cos tx.

Exercice IX-2

Démontrer les formules (IX, 1;, 74) et (IX, 1; 81) en utilisant le développement en série entière de $J_\nu(x)$.

Exercice IX-3

1° Montrer que l'on a pour n entier :

$$J_n(a+b) = \sum_{p=-\infty}^{+\infty} J_p(a)\, J_{n-p}(b).$$

2° Montrer que

$$J_0(\sqrt{a^2+b^2+2ab\cos\alpha}) = J_0(a)\, J_0(b) + 2\sum_{p=1}^{\infty} J_p(a)\, J_{-p}(b)\cos p\alpha.$$

Exercice IX-4

Soit R un nombre positif donné, ω_1 et ω_2, deux nombres > 0, tels que

$$\omega_1 \neq \omega_2 \qquad \text{et} \qquad J_0(\omega_1 R) = J_0(\omega_2 R) = 0.$$

Montrer que l'on a

$$\int_0^R J_0(\omega_1 r)\, J_0(\omega_2 r)\, r\, dr = 0.$$

Exercice IX-5

En appliquant une méthode analogue à celle du cours pour déterminer $\Delta\left(\frac{1}{r^{n-2}}\right)$ dans R^n, calculer, au sens des distributions *dans* R^2

$$(\Delta + k^2)\, N_0(kr)$$

où N_0 est la fonction de Neumaan d'indice 0, et $r = \sqrt{x^2+y^2}$.

Exercice IX-6

1° Calculer directement, en utilisant les développements de J_0 et J_1 en séries entières, le produit de composition

$$S = Y(x)\, J_0(kx) * Y(x)\, J_0(kx)$$

où $Y(x)$ est la fonction d'Heaviside. On admettra la formule

$$\sum_{m+n=l} \frac{(2m)!}{2^{2m}(m!)^2}\, \frac{(2n)!}{2^{2n}(n!)^2} = 1.$$

2° Trouver un opérateur différentiel D, à coefficients constants tel que $DS = \delta$. Calculer

$$D(Y(x)\, J_0(kx))$$

En déduire

$$Y(x)\, J_0(kx) * \frac{Y(x)\, J_1(kx)}{x}.$$

3° Montrer que $J_{-n}(z)\, J_{n-1}(z) + J_{-n+1}(z)\, J_n(z) = \frac{2 \sin n\pi}{\pi z}$ (n quelconque).

4° On pose

$$\varphi_n(z) = \frac{J_{n+1}(z)}{z J_n(z)}.$$

Montrer que φ_n satisfait à une équation de Ricatti.

5° On pose $R^2 = r^2 + r_1^2 - 2rr_1 \cos \theta$; $r_1 > r > 0$.
Montrer que

$$J_0(R) = J_0(r)\, J_0(r_1) + 2 \sum_{n=1}^{\infty} J_n(r)\, J_n(r_1) \cos n\theta,$$

$$N_0(R) = J_0(r)\, N_0(r_1) + 2 \sum_{n=1}^{\infty} J_n(r)\, N_n(r_1) \cos n\theta.$$

6° Montrer que

$$z^{2n} J_{2n+2}(z) = A J_2(z) + B J_0(z)$$

où A et B sont des polynômes en z de degré $2n$. Calculer $J_4(\sqrt{6}) + 3J_0(\sqrt{6})$ et $3J_6(\sqrt{30}) + 5J_2(\sqrt{30})$.

Imprimé en France,
Imprimerie Chirat, St-Just-La-Pendue, N° 4697
Numéro d'édition : 5213 h
Dépôt légal : janvier 1998

HERMANN, ÉDITEURS DES SCIENCES ET DES ARTS

Exercice IX-7

L'équation de Bessel

$$x^2y'' + xy' + (x^2 - \nu^2)\,y = 0$$

a-t-elle, au sens des distributions, des solutions de la forme $\delta_{(0)}^{(m)}$? Cas de $\nu = 0$. N_0 est-elle solution, au sens des distributions, de cette équation?

Exercice IX-8

Démontrer la formule

$$\int_0^z \cos(z - t) J_0(t)\, dt = z J_0(z).$$

(Soit U l'intégrale inconnue, elle satisfait à l'équation différentielle

$$U'' + U = -J_1$$

d'où
$$U = zJ_0 + A \sin z + B \cos z.$$

On montre que $A = B = 0$.)

Exercice IX-9

En utilisant le développement en série entière de J_0, montrer la formule :

$$\int_0^{\frac{\pi}{2}} J_0(z \sin\theta) J_0(Z \cos\theta) \sin\theta \cos\theta\, d\theta = \frac{J_1(\sqrt{Z^2 + z^2})}{\sqrt{Z^2 + z^2}}.$$

Exercice IX-10

En utilisant la formule (IX, 2; 16) dans le cas $\nu = 0$, évaluer l'intégrale :

$$\int_0^\infty e^{-at} J_0(bt)\, dt.$$

Exercice IX-11

Montrer que

$$J_{\mu+\nu+1}(a) = \frac{a^{\mu+1}}{2^\mu \Gamma(\mu + 1)} \int_0^{\frac{\pi}{2}} J_\nu(a \sin\theta) \sin^{\nu+1}\theta \cos^{2\mu+1}\theta\, d\theta.$$

Exercice IX-12

1° Développer $\cos(z \sin\theta)$ et $\sin(z \sin\theta)$ en série de Fourier, comme fonctions de θ. Appliquer la formule de Parseval. En déduire une majoration de $|J_n(z)|$ indépendante de la partie réelle de z.

2° Montrer que

$$(m-1)\int_0^x t^m J_{n+1}(t) J_{n-1}(t)\, dt = x^{m+1}(J_{n+1}(x)J_{n-1}(x) - J_n^2(x)) + (m+1)\int_0^x t^m J_n^2(t)\, dt$$

où n est entier positif et $m + 2n + 1 > 0$.

www.ingramcontent.com/pod-product-compliance
Lightning Source LLC
Chambersburg PA
CBHW080915121126
54723CB00051B/1315
* 9 7 8 2 7 0 5 6 5 2 1 3 5 *